U0262024

本书系国家社科基金西部项目“侗族生态观和湘黔桂侗族社区生态文明实践研究”结项成果（项目编号：13XSH014）

侗族生态观及
生态文明实践研究

刘宗碧　唐晓梅　著

中国社会科学出版社

图书在版编目（CIP）数据

侗族生态观及生态文明实践研究／刘宗碧，唐晓梅著．—北京：中国社会科学出版社，2020.11

ISBN 978 – 7 – 5203 – 7016 – 5

Ⅰ.①侗… Ⅱ.①刘…②唐… Ⅲ.①侗族—生态文明—建设—研究—中国 Ⅳ.①X321.2

中国版本图书馆 CIP 数据核字（2020）第 153386 号

出 版 人	赵剑英	
责任编辑	孙 萍	赵 威
责任校对	冯英爽	
责任印制	王 超	

出 版	中国社会科学出版社	
社 址	北京鼓楼西大街甲 158 号	
邮 编	100720	
网 址	http://www.csspw.cn	
发 行 部	010 – 84083685	
门 市 部	010 – 84029450	
经 销	新华书店及其他书店	

印 刷	北京明恒达印务有限公司
装 订	廊坊市广阳区广增装订厂
版 次	2020 年 11 月第 1 版
印 次	2020 年 11 月第 1 次印刷

开 本	710×1000 1/16
印 张	30
字 数	508 千字
定 价	169.00 元

前　言

　　侗族是我国55个少数民族之一，居住在湘黔桂交界的毗邻地带，以清水江流域为中心建立了以森林生态系统为核心的生态资源和生产生活基础，这里长期以来生态良好，开发较晚。基于实践，侗族形成了朴素的自然观、历史观和独特的生活习俗，生态观或生态意识就蕴含于其中，他们敬畏自然，把自然物主体化理解，形成了一种亲缘关系的生态伦理，以相互依赖生成的"傍生"关系来对待世界万物，特别关注森林、土地、水资源的生态地位。在日常生活中，对待自然物质的利用，采取"取之有时，用之有节"的态度，形成了侗族良好的传统生态观和生态伦理文化。

　　侗族在长期的历史实践中，还建立了适应自然环境的生产生活方式和生产生活习俗以及相应的生态知识与技术。其中最显著的是以"稻鱼鸭共生系统"为代表的复合型农业耕种（耕养）方式，以"人工育林"为基础的林业生态经济模式，以依山傍水为特征的村落居住习俗以及森林保护、村寨防火防灾的各种习俗，这些都是侗族优秀的生态文化资源，许多至今仍然在发挥作用。

　　在侗族地区的历史发展中，在明清两季经历了林业大开发，发生原始森林被大量砍伐，一度出现林业资源和生态资源的枯竭危机，但侗族的人工育林技术的发明和相应的耕作制度创造，通过大量的人工造林，形成了"人工林"森林，解决了历史上的这一次危机，并创造了我国西南最大的"人工林"森林园区。20世纪50年代出现"大跃进""大炼钢铁"的林木消耗和80年代管理失误出现的"乱砍滥伐"，形成了区域生态失衡，但都通过国家政策调整和利用"人工造林"得以补救和实现生态及林业资源恢复。

　　在国家发展的新阶段，由于工业化进程，在侗族地区也产生了生态方面的压力。在全国生态环境恶化的态势下，侗族聚居的清水江流域、都柳江流域，作为我国生态资源的富集地带，在国家生态安全建设中具有战略性地位。因此，侗族地区具有履行国家生态安全的战略建设任务，以致在国家主体功能区规划中，侗族分布的行政区划都进入限制开发区或禁止开发区范围。侗族社会发展需要落实国家生态安全战略和生态文明建设任务，区域发展需要适应这一要求进行规划建设和管理。

党的十九大报告在着眼生态文明战略的基础上，提出了"绿色"发展的方针和政策，把生态文明融入其他文明来开展建设。湘黔桂侗族社区不仅具有良好的生态环境，而且具有优秀的传统生态文化，加之湘黔桂三省也在着力实践生态文明建设，使得湘黔桂侗族社区已经成为落实"生态文明"建设的重要区域。结合民族文化的保护、传承进行生态文明实践已成为湘黔桂侗族社区的一个现实任务。基于此，从超越现有成果出发，本课题进行侗族生态观及湘黔桂侗族社区生态文明实践的研究，将会对侗族生态文化的研究和整体把握，挖掘、整理我国少数民族的优秀生态文化资源，探索生态文明在民族地区实践的重要范例，寻找建立民族传统文化与现代生态文明融合的发展路子，落实国家生态文明建设任务等都具有重要意义。

近年，侗族文化得到广泛关注，尤其今天国家大力实施生态文明建设，开展环境与生态治理已提上日程。在这个过程中，侗族传统生态文化就派上用场了。一方面是基于国家主体功能区的划分，需要加强以清水江流域为核心的侗族地区生态建设，以期发挥其服务于国家生态文明战略的功能；另一方面，侗族社会的历史积淀创造和发明了一些地方性生态知识和技术，这些可以因地制宜地推广到农业、林业生产以及其他领域的实践活动之中，发挥优秀传统文化的作用。在这种前提下，生态学的侗族文化研究也就成为一个重要的维度和课题。基于国家生态文明建设和侗族经济社会发展的需要，本课题关注侗族生态文化及其当代的运用问题。

本书是国家社科基金西部项目成果。本研究成果着眼于侗族传统生态文化及其当代生态文明建设的利用问题。从选题的目的看，着眼于解决两个问题：一是弄清侗族有什么样的生态文化观和相应生态文化资源以及知识与技术；二是弄清这些生态文化观和相应生态文化资源以及知识与技术在当代侗族地区如何运用，以推动区域发展来服务于国家生态文明建设和生态安全战略。基于此，本书研究的基本内容包括七个部分（即七章）：

第一部分是侗族分布及其社区自然社会环境；第二部分是侗族自然观中的生态文化；第三部分是侗族历史观中的生态意识；第四部分是侗族生产生活习俗与生态意识；第五部分是侗族社区生态文明建设的思路和模式；第六部分是侗族传统生态文化资源的当代重构利用；第七部分是大力推进侗族村落的生态文明建设。

本书的突出特色有如下三个。第一，侗族生态文化观和社区生态文明实践研究，开创了侗族社会和文化研究的新领域，对侗族生态文化予以了全面和深入的揭示，拓展了民族生态学和生态民族学的研究。第二，课题基于挖掘我国少数民族的优秀生态文化资源，从实现民族传统文化与现代生态文明融合的道路，探索生态文明在民族地区实践的"文化对接"范例，为民族区域生态文明建设提供参考。第三，课题立足国家生态战略安全的区域发展要求，着眼侗族生态文化传统形态的生态文明运用来揭示少数民族特色文化保护的规律、特征，在实践的层面上对少数民族生态文化传承与生态文明建设的政策和路径分析，成果有针对性的参考作用。

本书揭示了侗族生态观或生态意识（包括生态层面的伦理、习俗、传统知识和技术等）的基本内容和特征，对侗族生态文化形成一个比较全面和深入的认识。同时研究了侗族有历史记录以来所面临的生态问题和解决这些问题的历史经验，总结侗族地区生态资源的特征与人们的活动（生产生活中破坏或保护利用）之间的关系，形成了一些区域意义的规律认识。为民族生态学和生态民族学的研究提供了侗族的相关资料。而本研究对传统生态文化资源的现代重构利用的关注和研究，创新了少数民族生态文化研究的路径，拓展了民族生态学和生态民族学的研究领域，推动了学科建设。

作者结合民族文化的保护，对侗族地区如何传承传统生态文化贯彻于当代生态文明建设进行了研究。具体就侗族地区生态建设的具体安排，提出了"传统"与"现代"对接的发展思路；生态经济文化融合发展的模式；建立综合生态文化保护区；实施主体、经济、法律和监控保障的制度设计。同时立足现实问题的把握，从传统生态文化的利用和基于历史上解决生态问题的经验参考，针对侗族地区生态文明建设对传统文化的重构利用进行了重点项目分析，又在微观层面进行村落政策分析。这些为推进侗族地区因地制宜地实施生态文明建设提供了思路和参考。

目　　录

绪　　论

侗族是我国南方主要少数民族之一，主要分布在贵州省、湖南省及广西壮族自治区交会处，以及湖北省恩施土家族苗族自治州。此外，江苏省、广东省、浙江省也有少数侗族人口居住。2010年第六次全国人口普查统计，侗族人口数为2879974人。

侗族自称Gaeml（近汉语"干"或"更"字音）。侗族源于古代百越民族的"骆越"（"百越"民族分支），也有学者认为起源于"干越"。魏晋以后，这些部族又被泛称为"僚"；宋代称以"仡伶"；而明、清两季曾出现"峒蛮""峒苗""峒人""洞家"等他称。中华人民共和国成立后统称侗族，民间多称"侗家"。①

侗族大抵形成于隋唐时期，有1000余年的历史，创造了丰富的民族文化并自成体系。侗族先民创作了关于创世记和人类诞生的众多神话故事和传说；侗族崇尚万物有灵，保持了原始宗教的遗迹；侗族社会是一个"没有国王的王国"，建立了以款约来治理社会的地域性联盟制度；侗族人热心公益事业，村寨夜不闭户，有乐于助人的社会伦理道德和谦让的社会风尚；侗族建有不用一钉一铆的木结构建筑鼓楼、风雨桥和吊脚楼；侗族有多声部无指挥合声并唱响世界的侗族大歌。不仅如此，侗族村落依山傍水，以栖身于大自然来理解自己的居所，创造了"稻鱼鸭共生系统"的有机农业文化遗产和"人工育林"的传统林业技术，建立了以森林资源为主的生态体系和资源依托的生产、生活方式以及文化体系。从而，不仅创造了包括政治、伦理、宗教、文学、歌舞、建筑的丰富文化，而且创造了特有的农业、林业技术及其文化，尤其基于它们而形成了丰富的生态文化。

---

① 侗族简史编写组：《侗族简史》，民族出版社2008年版，第13—17页。

近年，侗族文化得到广泛关注，人们从民族学、人类学、历史学、文化学、政治学、哲学等学科对侗族文化开展了各个角度的研究，对侗族社会整体的认识加深，推进了侗学的发展。而随着改革开放，侗族社会参与国家现代化进程加快，工业化和市场经济也推入侗乡，在现代化与全球化的作用下，侗族传统文化出现了流失、断层的现象，进而需要抢救和保护。另外，随着社会转型和工业化的加强，资源的广泛开发和消耗，又出现了资源、环境和生态压力问题。今天，国家大力实施生态文明建设，广泛开展环境与生态治理。在这个过程中，侗族传统生态文化就派上用场了。一方面是基于国家主体功能区的划分，需要加强以清水江流域为核心的侗族地区生态建设，以期发挥其服务于国家生态文明战略的功能；另一方面，侗族社会的历史积淀创造和发明了一些地方性生态知识和技术，这些可以因地制宜地推广到农业、林业生产以及其他领域的实践活动之中，发挥优秀传统文化的作用。在这种前提下，生态学的侗族文化研究也就成为一个重要的维度和课题。

基于国家生态文明建设和侗族经济社会发展的需要，我们关注侗族生态文化及其当代的运用问题。基于日常侗族文化研究积累和学界已有成果的基础，这里主要集中于侗族生态文化观和生态知识、技术的梳理及重构利用并形成了本研究的选题。

第一节　选题缘由和研究意义

开展侗族生态文化观和湘黔桂侗族社区生态文明实践研究，选题有特定的缘由和相应的意义。从课题缘起看，包括国家生态文明政策实施、侗族社会现实发展的需要和侗族传统生态文化认识传承的需要；从研究意义看，具有推动生态理论、贯彻国家有关政策和促进少数民族社会发展的重要意义。下面具体论述。

一　课题的缘起

1994 年，根据联合国环境与发展大会的精神，中国政府从本国的具体国情出发，颁布了《中国 21 世纪议程》，提出促进经济、社会、资源、环境以及人口、教育相互协调、可持续发展的观点，这是我国关于生态文明的最早理论。到 2003 年，党的十六届三中全会则明确提出了"坚持以人为本，树立全面、协调、可持续的发展观，促进经济社会和人的全面发展"①。在党的十六届四中全会上首次提出了"和谐社会"理念，并将"节约资源、保护环境和安全生产，大力发展循环经济，建设节约型社会"② 作为提高党的执政能力和构建社会主义和谐社会的重要目标。2007 年党的十七大报告首次提出生态文明的概念，指出："建设生态文明，基本形成节约能源资源和保护生态环境的产业结构、增长方式、消费模式。循环经济形成较大规模，可再生能源比重显著上升。主要污染物排放得到有效控制，生态环境质量明显改善。生态文明观念在全社会牢固树立。"③ 由此，生态文明建设正式提出。2012 年党的十八大报告更是以一个完整的章节阐述"大力推进生态文明建设"，指出生态文明建设的目标是"建设美丽中国"，要求"着力推进绿色发展、循环发展、低碳发展"，并分别就"优化国土空间开发格局""全面促进资源节约""加大自然生态系统和环境保护力度"和"加强生态文明制度建设"④ 等做了系统阐述。由此，我国的生态文明建设更加深入推进。总之，生态文明走出了极端人类中心主义的价值观，从文明重建的高度重新确立人与自然的关系，把人与自然的协调发展视为人类文明一种新的存在方式。从人类文明的历史演化来看，人类已经走过了农业文明，即将走出工业文明，现今正站在生态文明的门槛前，正在步入一个全新的生态文明时代，正在追求人与自然和谐相处的境界，这是人类文明建设的一种自觉。这是开展侗族生态文化问题研究的理论和实践前提。在这个前提下，需要围绕侗族来开展有关生态文化和生态文明的研究。

　　实际上，改革开放以来，广大侗族地区紧跟全国步伐进行现代化建设，尤其国家在西南地区实施西部大开发，身处西南地区的侗族地区得到大面积的开发建设，逐步推入工业化并实现社会转型发展，侗族地区与全国一道进入生态环境治理、保护和建设、发展的新阶段。一是侗族地区地处长江和珠江中上游流域，是两江下域的生态屏障，自然和历史形成的两江生态屏障不容破坏。1998 年长江大水暴发，长江中上游大量木材砍伐，

① 《中共中央关于完善社会主义市场经济体制若干问题的决定》，人民出版社 2003 年版，第 2 页。

② 《中共中央关于加强党的执政能力建设的决定》，《人民日报》2004 年 9 月 27 日第 1 版。

③ 胡锦涛：《高举中国特色社会主义伟大旗帜　为夺取全面建设小康社会新胜利而奋斗——在中国共产党第十七次全国代表大会上的报告》，《人民日报》2007 年 10 月 25 日第 1 版。

④ 胡锦涛：《坚定不移沿着中国特色社会主义道路前进　为全面建成小康社会而奋斗——在中国共产党第十八次全国代表大会上的报告》，《人民日报》2012 年 11 月 18 日第 1 版。

出现森林破坏和严重水土流失是其中原因之一。侗族主要居住在长江支流沅江上游的清水江两岸，侗族的生产活动尤其森林保护构成的生态屏障，对长江以及珠江中下游地区的保护具有十分重要的意义。因此，1998 年之后，中央对长江中上游许多地区实行退耕还林政策，也包括侗族地区。这是适应国内区域之间协调发展，并在生态环境问题上建立科学联系和合理解决的需要。二是侗族所在地区也在不断推进工业发展，现代企业的工厂增多，尤其许多大型工程的建设实施，对侗族居住区的生态也形成了改变和影响。从 2000 年西部大开发之后，加强了工业建设，我国西部地区发展明显加快，新的企业、工厂进入，资源开发和加工企业大量增加，尤其是工业小区、高速公路、高铁、大型水库电站、飞机场、城镇化中大量住宅小区等项目建设，对环境和生态形成了压力。如侗族所在省份之一的贵州省是西南地区首个实现县县通高速的省市，全省到 2017 年底高速公路通车里程总计达 5833 千米，侗族聚居的黔东南州高速公路里程 813.5 千米。2017 年，黔东南全州规模以上工业覆盖有色金属冶炼、压延加工、酒饮料和精制茶制造、电力热力生产和供应、黑色金属冶炼和压延加工、非金属矿物制品、木材加工七个行业，全州有三个县级工业园区，16 个县市每县有一个以上工业园区。工业的国民经济产值比例显著提高，但同时也对环境和生态形成破坏，生态治理、保护责任增大。三是侗族地区相对全国而言，由于森林覆盖面积比例高，达到 68.88%，在全国各地的生态资源比较中形成了优势，这种生态资源的富集对全国生态环境具有调节作用，在国家主体功能区的规划中起着生态支撑的功能，意义超出本地区的需要。

基于国家政策和现实发展的前提，侗族所居住的地方，在各级政府贯彻中央精神，加强生态治理和建设的形势下，被予以了各种层次的生态建设规划。国家层面有"全国生态主体功能区建设规划"，各省市也有配合这个规划的具体规划。侗族在湘黔桂三省区分布的地区，都进入国家和湘黔桂三省区的规划，实施生态建设已经势在必行，这是一个方面。另外，侗族地区依托相应的省市，在特定的生态建设项目和某些特殊的生态政策实施中形成覆盖，相应地贯彻落实。如黔东南自治州的侗族分布区域面积较大，全州 16 个县市中 9 个县有侗族聚居，人口 120 多万，而黔东南州是贵州省成立的生态文明建设试验区之一，涵盖了这里的所有侗族居住地。而且这里的侗族居住地，几乎都分布在沅江上游的清水江流域，是国家在

1998 年长江大水后实施退耕还林的地区，同时建立有许多个自然保护区，在林业方面设立有天然林、公益林保护区工程。生态环境建设与这些政策、工程息息相关，需要严格遵守执行。但是，这里属于少数民族地区，少数民族有自己的生产方式和文化习俗以及生活需要，需要因地制宜地执行政策。在侗族地区推进生态文明建设，需要研究侗族地区的现实条件和文化基础，侗族生态观和生态文化习俗是需要掌握和利用的方面。

　　生态保护和建设是一个现实问题，同时也是一个认知问题，即生态保护和建设需要有生态学的知识作为支撑。生态学发端于 19 世纪晚期的西方，属于工业化造成环境破坏和生态压力的结果。因此，早在 1866 年德国生物学家赫克尔（E. H. Haeckel）就提出了生态学（ecology）概念。[①] 此后，19 世纪末丹麦植物学家沃明（E. Warming）出版《以植物生态地理为基础的植物分布学》，德国植物学家辛普勒（A. F. W. Schimper）出版《以生理为基础的植物地理学》（1898），生态学获得正式建立。[②] 生态学在各个领域的研究，形成了各种学派和观点，也由此推进了生态学的发展。从一般的线索看，生态学的发展经历了从生态植物学到生态动物学，再到生态人类学，然后进入生态民族学或民族生态学的发展阶段。生态学在我国属于舶来品，于 20 世纪 80 年代中后期引入，但在引入过程中，研究指向中国并与中国实际相结合，也形成了中国的研究领域且实现了相应的知识增长。生态学在中国的发展需要把握中国的情况，这是必然的。中国在引入生态学的国内研究中，取得了许多成果，如宋蜀华对全国生态区域的类型划分，云南省昆明南方植物研究所、云南大学开展的南方植物研究。现在根据区域地理、资源和环境状况，形成区域生态规律和特点研究，如内蒙古的草原生态研究、新疆的绿洲生态研究、福建的海洋生态研究、贵州的森林生态研究，等等。而生态学与民族学耦合之后，就出现了民族生态学和生态民族学的高级层次生态学研究领域。民族生态学和生态民族学在我国都有借鉴和发展。民族生态学与生态民族学研究对象相同，维度和方法有一定的差异。从我国的学科发展看，中央民族大学和昆明植物研究所偏向于生态资源要素分析和自然科学技术运用，

---

　　① 　冯金朝、薛达元、龙春林：《民族生态学的形成与发展》，《中央民族大学学报》（自然科学版）2015 年第 1 期。

　　② 　同上。

属于民族生态学道路；而吉首大学、云南大学（尤其前者），则偏向于社会因素分析和主张文化调适来解决生态问题。现在，少数民族地区，由于生物多样性、传统生态知识存在优势或特殊性，以及生产生活方式、文化习俗的不同和对自然资源利用中形成的生态影响都具有典型性，因而发展成为生态学研究的主要资源和对象。侗族地区广袤，而且生产生活方式特殊，再加上具有生物多样性、传统生态知识的优势，自然应当成为民族生态学或生态民族学重点研究的对象。通过对侗族和侗族地区生态问题的研究，不仅能服务于侗族地区生态建设之需，而且也是进行生态学尤其民族生态学或生态民族学学科建设的需要。目前，已经有研究人员对侗族和侗族地区有关生态和生态文化进行了研究，并取得了一些成果，但是还远远不够。侗族的生态问题研究是一份大课题，是民族生态学和生态民族学学科发展不可或缺的内容之一，需要不断研究下去。我们开展侗族传统生态知识研究，这是发展生态学的一个基本任务。

侗族历史悠久，自隋唐形成以来，已经有一千多年的历史。侗族居住区域，在湘黔桂交界，这里是我国地形的第二阶梯到第一阶梯的过渡带，属山地地形，自然环境复杂多变，生物物种丰富，并且历史开发晚，生态资源保护较好。加上侗族一千多年的生产利用，形成了独特的生态知识和技术，生态文化丰富，具有开展侗族生态学方面研究的现实基础。从侗族主要居住地的黔东南地区看，森林覆盖面积比例为 68.88%，其中植物物种中种子植物有 189 科 785 属 2346 种，蕨类植物 65 科 146 属 512 种，苔藓植物 48 科 107 属 401 种，大型菌类资源 4 纲 44 科 367 种。[1] 野生动物也很丰富，脊椎动物 5 纲 31 目 104 科 557 种，其中鸟类 13 目 37 科 217 种，哺乳纲 8 目 25 科 96 种，鱼纲 5 目 22 科 130 种，爬行纲 3 目 11 科 69 种，两栖纲 2 目 9 科 45 种。森林昆虫 16 目 153 科 1299 种。[2] 土壤则有 11 个土类 26 个亚类 66 个土属。[3] 这是生态的自然基础方面，它无疑具有一定的优势性，这只是一个前提。生态方面，黔东南地区除了具有优越的生态自然基础外，而且还具有优越的民族生态文化支撑，使得黔东南地区尤其侗族地区具有生态研究的学术价值。侗族具有泛神论的思想，敬畏大自然，

---

[1] 黔东南苗族侗族自治州地方志编纂委员会：《黔东南苗族侗族自治州林业志》，中国林业出版社 1990 年版，第 121 页。

[2] 同上书，第 122 页。

[3] 同上书，第 4 页。

予以自然物的主体化对待和构建一种亲缘关系的观念，形成了具有特别意义的生态思想；侗族的生产方式和资源利用具有生态属性，一是"人工育林"的林业具有"生态"与"经济"循环发展的生态经济的属性；二是"稻鱼鸭共生系统"的农业文化遗产，也是具有生态性质的农业生产技术；三是侗族居住习惯于追求依山傍水的"风水"选址，村落大量栽种风水树的居住习俗，等等，都无不与生态保护有关。侗族生态文化丰富，这无不为开展生态方面的课题研究提供现实基础。侗族丰富的主体资源和生态文化，为我们开展有关生态研究提供了可行性。

总之，无论从政策背景，还是学科背景和现实背景看，对侗族和侗族地区进行生态问题的专题研究都是有必要的和可行的。实际上，基于民族生态学和生态民族学的发展，国内已经有一些学者对侗族生态资源和生态文化进行了研究，而且也取得了一些研究成果，这为侗族生态问题研究提供了基础。当然，就侗族和侗族地区的生态问题研究，目前的成果还远远不够。随着国家现代化建设的推进，侗族地区在国家生态文明建设中的地位不断提高，为促进侗族社会发展和民族生态学或生态民族学的学科建设需要，加强侗族和侗族地区生态问题研究势在必行。

二　课题研究意义

开展侗族生态文化观及其实践的借鉴研究具有重要意义，可以从理论、现实和民族三个方面的作用来进行窥视和把握。

1. 理论意义。民族与生态的关联研究，目前有两个学科维度：一是生态民族学；二是民族生态学。生态民族学注重族群与其周边生态资源、生态系统之间的互动及影响，研究族群对自然资源的利用情况以及形成的传统生态知识。而民族生态学则利用生物学、民族学、人类学等社会科学的理论和方法，对生态学科进行拓展研究。生态学者从生态的角度提出了民族生态学，而民族学者则从民族的角度提出了生态民族学。这两者似乎研究的角度不同，但是，他们的研究对象则是一个领域的，都落脚于民族与生态的关系揭示。

从拓展的角度看，就民族生态学而言，其分支学科主要包括民族植物学、民族昆虫学、民族动物学等。人类本来就是自然界的一部分，但是，人类通过自身实践与自然界建立了密切的关系，尤其在改造和利用自然界中学习和累积了动植物保育、耕种的相关知识及技能，形成了相互依赖的联系，以此构筑了人类与自然界之间变换的规则与约束，并通过宗教信仰、日常习俗、行为规范等方面体现出来，这些就是民族生态学关注和研究的内容。

从学科发展的情况看，从植物生态学、动物生态学、人类生态学到民族生态学，是生态学经历的四个阶段，其中民族生态学是生态学的高级阶段。比较地看，不同层级的研究领域相互有别，植物生态学只研究植物与其生存的自然环境之间的关系，这是第一层级的研究内容。但是离开了动物，单一地研究植物生态问题是具有严重局限性的，因为动物也在生产和消费植物资源，植物系统与生态系统之间有动物活动的中介关系。因此，生态学研究需要从植物领域推进到动物领域，于是生态学就产生了动物生态学并推进到了第二阶段。而在动物领域里，作为高级动物存在的人类，他不仅生产自己也生产着自然界，因而其对自然界的影响力远大于其他动物，又要区别对待，一旦把生态学归结到人类活动领域的把握时，就出现了人类生态学，使生态学发展进入第三个阶段，并与人文社会科学相关。然而，人类的生产性存在也是普遍性与特殊性的辩证统一，在特殊性上表现为族群的生活方式的差异，于是在人类生态学中，需要研究特定族群的文化、信仰、风俗、习惯对生态环境的影响，于是进一步形成了民族生态学，生态学的第四个阶段就形成了。民族生态学的任务就是基于不同民族和社会的生产生活差异，从其文化背景来研究他们与自然环境中的植物、动物、土地、森林和土壤等因素在族群活动中的相互作用和关系，形成生态学问题的民族把握和地方性知识的学科路径。①

侗族是我国少数民族中一支相对古老的民族，生活在湘黔桂毗邻地带，他们不仅积累了认识、利用和保护自然环境及其资源的传统知识，也与自然的生物以及非生物的环境建立了密切的相互依存关系，并建立了与自然界和谐生存的伦理规范和行为准则，并在其宗教信仰、规章制度、日常习俗和技术实践中得到具体反映。因此，侗族生态文化是民族生态需要关注的对象，而且对侗族生态文化的研究，必将丰富民族生态学的理论知识并推动学科建设。

2. 现实意义。在党的十六大报告中，提出了全面建设小康社会目标，

---

① 冯金朝、薛达元、龙春林：《民族生态学的形成与发展》，《中央民族大学学报》（自然科学版）2015 年第 1 期。

为实现这个目标，在促进社会主义物质文明、政治文明和精神文明协调发展的基础上，着重强调了要"推动整个社会走上生产发展、生活富裕、生态良好的文明发展道路"①。党的十七大报告则在国家的层面进一步明确地提出了全社会"建设生态文明"的思想，把生态文明建设融入中国特色社会主义事业，构成科学发展的内容，深入认识了中国特色社会主义的本质和规律，对于促进我国科学发展和和谐发展具有重要的现实意义。在党的十八大则推进到了"五位一体"的建设目标，把生态文明融入其他文明来开展建设，生态文明建设的理论得到全面深入的阐述，生态文明实践也得到全面推开。随着我国生态文明建设的全面推进，提出了资源、环境的刚性约束，由此而推动我国不断深化改革，促进和实现经济发展方式的转变，为保障和改善人民生活的需要，形成为国家未来发展的新战略。党的十九大在着眼生态文明战略的基础上，基于"五大发展理念"的坚持，提出了"绿色"发展的方针和政策。在侗族居住的各个省区，省委、省人民政府在落实生态文明建设和"绿色"发展中提出了具体对策，如贵州省在黔东南建设生态文明试验区，以苗族、侗族为主体的黔东南州成为贵州省落实"生态文明"建设的重要区域。黔东南州是我国侗族居住的主要地区之一，它不仅具有良好的生态环境，而且具有优秀的传统生态文化，侗族生态文化是其中的代表。近年，落实中央生态文明战略，结合民族文化的保护，传承生态文明实践成为一个现实任务，侗族社区生态建设是一个重要的方面。

3. 民族意义。开展侗族生态文化观及其实践的借鉴研究，对侗族发展具有重要意义。一方面，侗族生态文化是侗族文化的主要构成，开展侗族生态文化研究，能够推进侗族生态文化的深入认识，尤其促进整体把握，整理、挖掘侗族的优秀生态文化资源，是侗族优秀文化保护的重要内容。诚然，民族在本质上就是文化共同体，文化是民族的核心要素，离开了文化民族就不再存在。因而，民族的发展在于文化的发扬光大。基于此，习近平同志就中华民族的伟大复兴提出了"文化自信"的论断。侗族作为中华民族大家庭中的一员，也需要坚持文化自信并落实到优秀文化保护和发展的行动之中，侗族生态文化的研究和推广也担当着这个重要的角色。而

---

① 江泽民：《全面建设小康社会　开创中国特色社会主义事业新局面——在中国共产党第十六次全国代表大会上的报告》，人民出版社2002年版。

另一方面，侗族文化是侗族发展的历史资源，生态文化是其中的内容。从促进侗族社会发展的需要来看，必须加强侗族文化的开发利用，其中生态文化不可或缺。这样，侗族经济发展的各个方面就必然地与传统生态文化利用即开展生态文明建设关联起来。具体上，主要是围绕侗族地区工业发展与生态文明建设、侗族传统村落保护与生态文明建设、侗族地区现代农业发展与生态文明建设、侗族地区城镇化进程与生态文明建设、侗族传统文化生态理念的现代利用与生态文明建设等进行论述，这些都是现实中必须面对的实际问题。本研究从促进民族发展出发，梳理侗族生态观并提出侗族社区生态文明实践的方向，力图通过侗族生态文化的研究，挖掘、整理我国少数民族的优秀生态文化资源，以此来探索生态文明在民族地区的实践路径，寻找民族传统文化与现代生态文明融合发展的路子以及文化重构利用的方案，并提供相关实践方面的借鉴。

第二节　课题相关理论和学术史综述

侗族生态观和侗族社区生态文明实践研究，它涉及的学科主要是民族学和生态学，实际上就是这两个学科的交叉研究。民族学与生态学的结合形成了民族生态学与生态民族学的交叉学科，它构成了侗族生态文化和侗族地区生态问题研究的理论基础，即侗族生态文化和侗族地区生态问题是民族生态学和生态民族学的具体运用。当然，侗族生态文化和侗族地区生态问题研究，还需要其他如民族学、文化学、社会学、地理学、人类学等学科方法的借鉴以及相关成果的支撑。根据这样一种学科交叉、关联和学界研究状况，课题研究的相关理论领域和学术论题主要包括民族生态学、生态民族学、侗族生态文化和侗族地区生态文明研究，它们的已有研究成果构成了"侗族生态观和侗族社区生态文明实践研究"的基础，并提供了相应的理论支持。就其有关理论和学术史分别综述。

一　民族生态学和生态民族学

民族生态学和生态民族学，是生态学发展进入与民族学发生交叉形成的两个分支学科方向，是生态学高级阶段的学科理论，它们研究对象可以相互包含或覆盖，只是因理论方法和学术目标有一定的差异而形成理论分类罢了。从学科发展的路线看，它是基于民族学、民族植物学、民族生物学、民族地理学、生态学、人类生态学等学科的建立和借鉴而发展起来的。

民族学（ethnology）是民族生态学或生态民族学建立的基础学科之一。民族学是研究民族、族群及其社会和文化的学科，属于人类学的分支学科，又称"文化人类学"（culture anthropology）或"社会人类学"（social anthropology）。民族学的早期学派，受英国生物学家达尔文（C. R. Darwin）的生物进化论影响，提出了人类社会与文化的进化思想，称为进化学派。此后，从19世纪末到20世纪中叶，民族学快速发展，相继出现了传播学派、历史学派、法官年鉴学派、功能学派、心理学派等，构成了民族生态学产生的理论基础。①

民族植物学也是民族生态学或生态民族学建立的基础学科之一。民族植物学形成于19世纪西方工业发展时期，欧美国家为了寻找更多的植物遗传资源，开展了大规模的"土著植物资源"清查、调查和编目工作，推动了民族植物学的迅速发展。② 1875年，美国鲍尔斯（S. Powers）提出"土著植物学"（aboriginal botany）一词，表示土著民族在医药、食品、衣料及装饰等方面对植物进行利用的所有方面。此后不断发展，20世纪30—40年代，随着生态学的发展，生态学概念引入民族植物学，美国植物学家琼斯（Jones）发表《民族植物学的性质和范围》（1941）一文③，认为民族植物学是研究早期人类和植物之间相互关系的一门科学，不仅包括早期人类对周围环境的影响，而且还应包括人们如何适应自然环境。民族植物学的进一步发展，扩大到动物领域，推动生态学发展进入民族生物学的新阶段。

1817年，德国地理学家李特尔（C. Ritter，1779—1859）出版《地学通论》；德国地理学家和人类学家拉策尔（F. Ratzel，1844—1904）先后出版《民族学》和《人类地理学》，他们研究了人文地理。④ 此后，20世纪20年代，日本学者小牧实繁提出了民族地理学一词，50年代苏联民族学

---

① 冯金朝、薛达元、龙春林：《民族生态学的形成与发展》，《中央民族大学学报》（自然科学版）2015年第1期。

② 裴盛基：《中国民族植物学研究三十年概述与未来展望》，《中央民族大学学报》（自然科学版）2012年第2期。

③ Jones, V. H., "The Nature and Scope of Ethnobotany", *Chronica Botanica*, No. 6, 1941, pp. 219 – 221.

④ 封志明、李鹏：《20世纪人口地理学研究进展》，《地理科学进展》2011年第30期。

家提出民族地理学概念，注重研究特定地区社会历史发展和经济发展过程中，各族人口和民族成分以及引起变动的原因。这是民族地理学的诞生，也是民族生态学产生的理论前提。①

此后，1866 年德国生物学家赫克尔（E. H. Haeckel）提出了生态学（ecology）概念。19 世纪末丹麦植物学家沃明（E. Warming）出版《以植物生态地理为基础的植物分布学》，德国植物学家辛普勒（A. F. W. Schimper）出版《以生理为基础的植物地理学》（1898），标志生态学正式建立。特别是 1921 年，美国社会学家帕克（R. E. Park，1864—1944）在《社会学导论》一书中提出了人类生态学（human ecology）一词。1923 年，美国地理学家巴罗斯（H. H. Barrows，1877—1960）发表了《人类生态学》一文②，提出了人类生态学概念，主张研究自然环境和人类分布、人类活动之间的关系。这些理论逐步使理论研究向民族生态学靠近。

经历以上的研究后，1954 年美国人类学家康克林（H. Conklin）在《研究农业的民族生态学方法》一文中首次提出"民族生态学"一词，认为民族生态学是人类认识自然界的信仰、知识和实践。1955 年，美国人类学家斯图尔德（J. H. Steward，1902—1972）发表《文化变迁理论》③，阐述了文化生态学的基本理念。1981 年，苏联民族学家 B. 科兹洛夫（Ю. В. Бромлей）发表《民族生态学的基本问题》一文④；1983 年，苏联民族学家 В. И. 科兹洛夫（В. И. Козлов）发表《民族生态学研究的主要问题》⑤一文，将民族生态学作为一门新兴学科进行了论述，认为民族生态学的任务是研究民族群体和整个民族在其居住的自然条件和社会文明条件下生命保障的传统特点、已经形成的生态联系对其健康的影响，研究各民族利用自然环境的特征及其对自然环境的影响，研究合理利用自然资源的传统方法、民族生态系统的职能及其形成的规律性。1989 年，法国民族

---

① 管彦波：《关于民族地理学的概念及其实用价值》，《黑龙江民族丛刊》1995 年第 2 期。

② Barrows, H. H., "Geography as Human Ecology", *Annals of the Association of American Geographers*, No. 13, 1923, pp. 1 – 14.

③ Steward, J. H., "Theory of culture change: the methodology of multilinear evolution", Chicago: Illinois University Press, 1955.

④ ［苏］B. 科兹洛夫：《民族生态学的基本问题》，王友玉译，《国外社会科学》1984 年第 9 期。

⑤ ［苏］B. 科兹洛夫：《民族生态学研究的主要问题》，殷剑平译，《民族译丛》1984 年第 3 期。

学家埃斯库利特（G. G. Esculet）采用民族生态学表示不同社会群体与环境互动关系。① 通过以上一系列的研究，民族生态学和生态民族学才开始正式获得认同和建立。

需要注意的是民族生态学和生态民族学的理论缘起一致，研究对象也同一，但是二者使用的名称却不同，根源在于二者的研究维度和方法存在差异并构成为两个基本的学术方向。研究民族生态问题，需要对二者的学术方法进行甄别，才能有效借鉴。

1. 民族生态学

民族生态学是生态学发展到与民族学结合的阶段，是生态学与民族学结合的一个分支学科，与生态民族学构成同一对象的两个学科方向。第一次提出"民族生态学"这一学科概念是 1954 年哈洛德·康克林（Harold Conklin）首度使用的，此后，因学界逐步认同就慢慢固定下来了。民族生态学是生态学家从生态学的角度提出的学科理论，主要关注生态基础对民族活动的影响，从族群周围的资源、环境、生态条件分析对人们生产、生活方式、文化习俗形成的作用，揭示特定族群活动与周围环境、生态平衡的互动关系，把生态平衡系统的稳定当作起点，探讨人类行为的限制，提出了相应的解释模式和实践指示。诚然，其研究落脚于生态系统平衡如何稳定保持在这一目标之上。对此，宋蜀华先生曾指出：民族生态学"是从生态学角度研究民族共同体及其文化与其所处自然生态环境之间的关系的学科，亦即研究族体与生态环境相互影响的特点、方式及规律，并寻求合理地利用和改造生态环境的方式。它的研究领域……自然包括探讨自然资源的开发与生态系统循环的关系和寻求保持生态平衡的正确方法，揭示生态系统的运行规律以及阐明生态和文化的相互渗透性等"②。

民族生态学的研究，需要去调查、记录、分析、评价不同民族、社会周边的自然环境的各种资源要素，并在此基础上研究人们如何对待它们以及在利用中形成的关系。这样，一定族群与这些自然要素的关系往往就形成特定研究领域，它们涉及植物、动物、土地、森林、土壤，等等。他们基于这些范畴，针对特定民族在某种物种上的利用和生产或影响的关系作

① ［法］乔治·梅塔耶、贝尔纳尔·胡塞尔：《民族生物学》（上），李国强译，《世界民族》2002 年第 3 期。

② 宋蜀华：《中国民族地区现代化建设中民族学与生态环境和传统文化关系的研究》，《民族学研究》1993 年第 11 辑。

为课题。民族生态学研究的第一个层面，在民族植物学的开端那里，他们采用通行的调查、记载、描述和编目并对特定对象的生物特征进行评价。这属于生态资源的基础研究。另外一个层次就是要研究一定族群的人们如何对他们周围自然环境和资源要素的看法以及在利用中形成的关系，这是进一步的工作。如：1954 年，哈洛德·康克林对菲律宾地区哈鲁诺族（Hanunoo）在节日、庆典、农业中所利用的各种植物进行了研究，揭示了哈鲁诺族独特的植物分类系统和相关知识。[①] 1990 年，生态学者开展的台湾民族生态学调查，主要对维管束植物与陆栖脊椎动物的利用，来了解台湾少数民族生态知识和建立相应的资料信息库。[②] 在此基础上，到 20 世纪 80 年代后期，人们开始了应用性研究，使民族生态学得到了推进，主要形成了五个领域的研究，即资源利用、生物多样性保护和自然保护区建设、传统医药知识的传承与发展、农村社区发展、农业生物多样性管理。在这个前提下，研究就有了分支学科，即民族植物学、民族生物学、民族动物学、农业生态学、生态民族学等。当然，研究还有学科依赖的延伸，包括民族地理学、民族人类学、民族人口学等。

民族生态学的方法，一般包括文献研究法、田野访谈法、调查编目法、定量评估法、原地观测法等。民族生态学的理论方法，在我国学界较早的得到引进的是民族植物学。在 20 世纪 80 年代初期被介绍到大陆，云南西双版纳是我国民族植物学的摇篮。初期，采取经典民族植物学的方法，展开民族植物的调查、记载、编目和分析评价。1987 年，昆明植物研究所成立了大陆第一个"民族植物学研究室"。[③] 20 世纪 80 年代中后期，主要采用美国东西方中心提出的人类生态学农田生态系统综合评估方法，开展了资源利用、生物多样性保护和自然保护区建设、传统医药知识的传承与发展、农村社区发展、农业生物多样性管理的研究，并取得了许多成果。[④] 为此，1990 年，昆明植物研究所还承办了第二届国际民族生物学大会（The 2nd International Eth-nobiology Conference）。[⑤] 此外，在国内云南

① 崔明昆：《民族生态学：从方法论看发展趋势》，《广西民族大学学报》（哲学社会科学版）2013 年第 4 期。

② 冯金朝、薛达元、龙春林：《民族生态学的形成与发展》，《中央民族大学学报》（自然科学版）2015 年第 1 期。

③ 尹绍亭：《中国大陆的民族生态研究（1950—2010）》，《思想战线》2012 年第 2 期。

④ 同上。

⑤ 同上。

大学和中央民族大学也是最重要的民族生态学研究单位，如近年他们实施了"生物资源知识产权战略问题研究""全国重点生物物种资源调查专项——民族地区传统知识调查""民族地区传统知识调查与文献化编目"和"民族生物学及生物资源利用技术创新引智基地""履行《生物多样性公约》支撑技术——民族地区传统知识数据库建立"① 等项目研究并取得了丰硕成果。

20 世纪 80—90 年代，受国外民族生态学研究的影响，民族生态学的相关概念与理论开始引入我国并开展了相关的科学研究。我国民族生态学的学科发展和科学研究取得了快速发展。研究范围涉及民族生态学理论探讨，少数民族传统文化的生态内涵与实践认知，少数民族传统文化与生物多样性保护，少数民族传统知识与生物资源利用，少数民族生产方式与生态保护，少数民族地区资源管理与可持续发展等。具体来看，如少数民族传统文化与生物多样性保护方面，有云南少数民族传统文化与生物多样性保护关系的大量相关研究（刘宏茂等），有蒙古族传统文化与自然保护关系方面的相应研究（陈山等），有侗族生物资源的利用与保护方面的知识和经验研究（杨昌岩），以及民族传统文化与生物多样性关系研究（雷启义），民族传统文化与生物多样性保护关系的实地调查和案例研究（薛达元），民族经济生产相适应的生态系统和生态平衡研究（何星亮），我国南方地区少数民族的稻作文化与生态保护的关系研究（何星亮），傣族传统农业生态系统研究（高立士），贵州从江稻鱼鸭共生生态农业传统研究（闵庆文、龙春林、顾永忠等），传统生产方式如刀耕火种、坡地梯田等农业生产的分析和研究（尹绍亭），我国北方民族地区比较典型的传统生产方式如游牧、轮牧、畜禽养殖等牧业生产研究（格·孟和），青藏高原游牧生活的"轮牧制"生产方式及高寒草原的生态平衡研究（白兴发），我国云南西双版纳等少数民族植物资源利用及其相关的传统知识研究（裴盛基），长白山地区人与环境的协同发展研究（白效明），等等。②

从世界范围看，民族生态学研究内容广泛。根据罗斌圣、龙春林的文献计量分析，1995—2016 年的文献数据显示，近 20 年来世界民族生态学

---

① 尹绍亭：《中国大陆的民族生态研究（1950—2010）》，《思想战线》2012 年第 2 期。
② 冯金朝、薛达元、龙春林：《我国民族生态学研究进展》，《中央民族大学学报》（自然科学版）2017 年第 2 期。

研究的热点包括：一是民族生态系统的可持续问题；二是民族生态系统的气候变迁和民族生态系统的变化；三是人类社会生态系统的服务功能；四是现代生态技术手段在传统民族生态系统研究中的利用；五是民族生态学理论及其方法；六是热带地区和国家沿海民族生态系统；七是传统知识、宗教信仰等与生物多样性保护之间的关系；八是民族植物学、植物资源的传统利用方面的研究；九是当地人对森林生态系统及森林资源的传统管理方式；十是生态系统土地退化以及相关政策制定的研究。[①] 这是民族生态学的发展概况。

2. 生态民族学

生态民族学与民族生态学的不同，在于它是民族学家从民族学角度提出的学科理论，主要关注族群活动对环境、资源尤其生态的影响及其对族群活动制约的关系。所谓生态影响包括生态平衡的破坏以及生态灾变的发生，一旦发生必然会对特定区域族群的活动包括生产方式、生活方式、社会习俗等形成制约，从而需要进行文化调适和改进，重点研究文化调适对生态保护的作用。

从学科理论发展看，民族生态学早于生态民族学。在西方，民族生态学又称生态人类学，研究取向强调用生物生态学的理论和方法来研究人类的生物行为，对一定社区的人们在人口的实证基础上来揭示它与周围其他生物以及社区人们的内在关系，其特点在于从"自然生态环境"来解释"人类文化"，而建立了从"物"到"人"的观察坐标系。但是，当斯图尔德出版他的《文化变迁论》之后，以上的理论研究维度就被改变了。斯图尔德把民族文化本身看成不断发展演化的社会规范体系去对待，因而"文化生态"不是修饰关系，而是并列关系，既不能理解为"生态的文化"，也不能理解为"文化的生态"，而必须作为一个整体去把握。生态文化应当是指文化与它所处的生态系统结成的那一个耦合整体。[②] 这就把生态系统理解为自然与人文综合的结果，对待生态环境问题要研究人的因素，并提出从人的活动行为去理解对生态形成的影响。强调"人类文化"在这种关系中的作用，把现存的生活环境归结为人类能动适应环境的结

---

① 罗斌圣、龙春林：《民族生态学研究的文献计量学可视化分析》，《生态学报》2018 年第 4 期。

② ［美］朱利安·斯图尔德：《文化变迁论》，谭卫华、罗康隆译，贵州人民出版社 2013 年版。

果，是文化调整和创造的产物，它弱化了人类以及与之相关的生物物种在遗传、本能等自然性质的作用及其解释力。这大概就是生态民族学的发端。

我国改革开放后，学界也适时引进和借鉴了这种理论。这种研究的借鉴，主要研究人员有北京、贵州、湖南的专家学者，其中主要代表有宋蜀华、杨庭硕、罗康隆、杨增辉、罗康智等。杨庭硕、罗康隆、潘盛之撰写的《民族文化与生境》①，罗康隆的《文化适应与文化制衡——基于人类文化生态的思考》② 和杨庭硕的《生态人类学导论》③ 等是成果代表。杨庭硕、罗康隆的研究，有一个基础性的学科概念，即"民族生境"，用以表达特定生态平衡状态的场域，这种"场域"是人类活动与自然条件耦合的结果。"民族生境"是人类适应生态而形成的生态——社会统一的积极的稳定性的环境结构，具有历史积累的性质。在"民族生境"中的自然与人文因素之间形成了平衡关系，人文因素就是已经模式化的民族传统文化。这种平衡关系对民族主体的活动形成了制约性，一旦平衡关系被打破，人的行为就会越界而形成破坏。这种情况，按照杨庭硕先生的说法就是，"民族生境"对"民族文化"的制约作用，作为一种机制就是"民族生境"的变化将导致"民族文化"失效。杨庭硕等提出的理论就是斯图尔德生态文化的继承和发展，在国内形成为生态民族学的主要流派。

按照"民族生境"的理论，特定民族的生态现实并不是纯粹的"自然范畴"，而是基于自然资源在人活动的基础上发生耦合而形成的一种客观环境状态，是"自然"与"人文"结合的历史结果。在这个"结合"的过程中，"自然"与"人文"相互发生影响，而其中自然因素是既成的客观存在，只有人的活动才会改变它的存在，因而"民族生境"形成的能动因素是"人类"，即人类活动是改变生态环境的主要力量。为此，需要规制的是人类行为。人类活动对自然界的利用，不是盲目去改变自然界，而是不断调适自己的行为来适应自然界，这样才有"民族生境"的合理建构。但是，人类对自己的活动并不能准确把握自己的尺度，有时会发生过度开发，打破"生境"，突破原有的生态平衡。这种状态的结果一经恶化，

---

① 杨庭硕、罗康隆、潘盛之：《民族文化与生境》，贵州人民出版社 1992 年版。
② 罗康隆：《文化适应与文化制衡——基于人类文化生态的思考》，民族出版社 2007 年版。
③ 杨庭硕：《生态人类学导论》，民族出版社 2007 年版。

最终会出现"生态灾变",最后加害于人类自己。基于此,生态民族学的理论主张,就是基于生态现实即特定"民族生境"的需要,把生态平衡的控制落脚于人类行为。这种"行为控制"上升为族群的普遍性要求,则转化为一种文化解释意义上的调适。文化内涵的核心是价值观,价值观则隐藏在特定民族的世界观、历史观之中,并通过相应的生产方式、生活方式、宗教信仰、文化习俗表达出来,对"民族生境"的建构包括以这些范畴作为内容而进行文化调适的要求。

为此,对一个地区某一特定民族的"生境"研究,需要对之进行广泛性的人类学考察(田野工作),揭示他们与自然之间的互动机制和关系,找出区域生产生活对资源利用的合理界限,依据界限对文化进行调适而构建生态适应的路径,建立合理的"民族生境"。这是杨庭硕等人提出的生态民族学理论的基本逻辑。

基于这个逻辑,他们在实践的规划上,与"文化调适"匹配地提出了另一个概念,即"生态修复"。"生态修复"是"文化调适"的目标,也可以理解为结果。从而生态民族学的研究重点就集中到"生态灾变"发生的事实实证或可能的预测上来。通过一个地方的"生态灾变"实证或预测,提出是否需要实施"生态修复"的判断并推进到具体实践的政策建议和方案规划上。在他们看来,"生态修复"除了需要进行工程性的技术项目处理外,重要的就是族群的"文化调适","文化调适"的内容主要是生产方式、生活习俗的优化改进,它构成了生态民族学关于民族区域生态治理的机制理论。

我国生态民族学研究主要开展以下领域的研究并取得了一些成果。

一是民族文化与生态生境之关系的理论研究。1993 年,宋蜀华先生开始介绍生态民族学,提出从生态的角度研究民族共同体,以揭示生态系统的运行规律,阐明生态与文化的相互渗透性。[①] 2002 年他又进一步论证了生态与民族的关系,强调中国是一个多民族、多种生态环境和多元文化的国家,民族文化与生态环境之间具有密切的关系。实施可持续发展战略,必须在人文、资源和生态环境三者之间进行协调,据此他还把中国划分为三个基本区域,即北方和西北游牧兼事渔猎文化区,黄河中下游旱地农业

---

① 宋蜀华:《中国民族地区现代化建设中民族学与生态环境和传统文化关系的研究》,《民族学研究》1993 年第 11 辑。

文化区，长江中下游水田农业文化区，呼吁在现今的现代化建设中，必须注重发扬各民族传统文化对生态环境保护和推进可持续发展的功能。①2012 年，吉首大学罗康隆和杨曾辉发表了《生态民族学的当代价值》一文，也探讨了自然生态与民族生境的意义与关系，他们基于文化生态和本土生态知识的调研，提出在科学技术高度发展的今天，在生态灾变救治的终极目标上，仍然需要依靠特定生态背景下民族文化共同体的本土性知识，否则无效。②

二是生态保护的文化适应与文化制衡的理论和实践方法研究。就此，罗康隆出版了《文化适应与文化制衡》一书，提出以往学者（不论是自然科学的学者还是社会科学的学者）的研究不足是，一旦遇到环境恶化、生态危机、生态灾变等客观环境的事实时，总是将这样的环境改变不加区别的理解为纯自然的环境是因遭到了人类社会的破坏所致，进而将人类社会的存在视为环境维护的"敌人"。进而，研究者大多认为要修复和维护生态环境，就必然要彻底排除人类的因素和社会的因素，将受损的生态系统搁置起来，让它纯粹仰仗自然力去完成自我修复。这样的对策不是不可行，因为在漫长的地质史中，地球上各种生态系统本来就是从无到有地发育起来的，所以只要没有人类干预，它们肯定可以自我恢复。但这种否定人类社会在生态恢复中的价值的做法，是不足取的。事实上，在辽阔的我国各少数民族分布区，今天的研究者所能够观察到的自然与生态环境，在绝大多数情况下不是纯粹的原生环境，而是我国各少数民族凭借其民族文化长期加工、改造后形成的次生生态环境。这样的次生生态环境无不具有特定的民族文化属性，因而，我们应该称之"民族生境"，绝不能将它们理解为纯粹的"自然与生态环境"。对纯粹的"自然与生态环境"而言，它本身就可以自我存在、自我维持，人类社会存在与否与之无关。因而，灾变救治的目标绝对不是凭借社会力量去另建一套与人无关的所谓"优良"的生态环境，事实上，必须依靠特定生态背景下特定文化共同体的本土性知识来不断修复。③2003 年，杨庭硕先生在《生态维护之文化剖析》一文也进行了类似的案例分析，强调族际关系失衡或相关文化转型而诱发

① 宋蜀华：《论中国的民族文化、生态环境与可持续发展的关系》，《贵州民族研究》2002 年第 4 期。
② 罗康隆、杨曾辉：《生态民族学的当代价值》，《民族论坛》2012 年第 3 期。
③ 罗康隆：《文化适应与文化制衡——基于人类文化生态的思考》，民族出版社 2007 年版。

的灾变，进而指出生态维护不能单凭政治、经济、法律手段，还要依靠多元文化并存建构起文化制衡。① 他的另外一篇文章，即《生态治理的文化思考——以洞庭湖治理为例》，则针对洞庭湖的治理提出了"文化调适"的观点②，也是这方面的重要案例研究。

三是民族地方生态知识及其生态治理利用的理论与方法研究。生态民族学强调生态保护尤其在生态治理中发挥文化的作用，因此，把民族传统生态知识的梳理及其利用当作一个重要方向，这种研究有区域综合性的研究，也有生态要素专题研究。如吕永锋发表的《浅谈民族地区水土资源信息的搜集、诠释和利用——兼论生态民族学在信息整合上的特殊价值》一文，从全国的视野对水土流失治理进行了生态民族学的考察，提出它是一项跨学科的综合社会工程，要完成这一工程需要搜集不同学科、不同民族、不同地区的信息资料，特别需要借助生态民族学的理论架构才可以有效地整合来自不同地区、不同民族、不同科学的水土资源信息。这样，在民族区域治理水土流失时，必须发挥生态民族学的特殊价值。③ 其他成果，如孙玲的《毕节地区史前辉煌的启示——喀斯特生态民族学意义探微》，研究了毕节典型的喀斯特地区的生态条件、类型和产业发展选择的状况。④

四是具体工程的生态灾变预防和生态灾变案例的治理研究。南文渊《西部开发中的生态民族学》一文提出：西部开发中生态民族学的研究具有鲜明的现实针对性。需要倡导维护生态系统的完整性，尊重民族文化的多样性，探索民族地区自然环境、社会经济与民族文化的和谐并存和可持续发展的道路。⑤ 聂华林、李泉在《中国西部民族地区产业经济生态化发展初论——来自生态民族学的理论解读》一文中提出：产业经济生态化发展是我国西部民族地区实现可持续发展的重要物质保障和基本经济支撑，

---

① 杨庭硕：《生态维护之文化剖析》，《贵州民族研究》2003 年第 1 期。

② 杨庭硕：《生态治理的文化思考——以洞庭湖治理为例》，《怀化学院学报》2007 年第 1 期。

③ 吕永锋：《浅谈民族地区水土资源信息的搜集、诠释和利用——兼论生态民族学在信息整合上的特殊价值》，《贵州民族研究》2003 年第 2 期。

④ 孙玲：《毕节地区史前辉煌的启示——喀斯特生态民族学意义探微》，《毕节师范高等专科学校学报》2004 年第 3 期。

⑤ 南文渊：《西部开发中的生态民族学》，《大连民族学院学报》2003 年第 4 期。

在西部民族地区产业经济发展的实践中必须重视发展生态产业。① 这是预防部分的研究实例。而生态灾变的治理与修复研究成果则要多一些，以罗康隆、罗康智为代表发表了一系列文章，如罗康隆、彭书佳的《民族传统生计与石漠化灾变救治——以广西都安布努瑶族为例》一文②；罗康隆的《喀斯特石漠化灾变区生态恢复与水资源维护研究》一文③。

　　总之，生态民族学理论研究旨在揭示族群文化理念、生产生活方式与生态环境之间的互动关系，其中生态环境是理论的逻辑起点，但"生态环境"是自然条件与人类活动即族群活动的结果。因此，生态环境是自然与人类共同耦合的产物，这个"产物"理解为人类适应生态的结果。人类活动以构造适合的"生境"为前提，破坏了原有的"生境"就会发生"生态灾变"，因此，社会实践中就需要进行"生态修复"。由于自然要素是客观的，人的活动具有主观性，因而"生态修复"的根本路径就是人类的文化调适，也即"文化适应"。于是逻辑上就形成了"民族生境"→"生态修复"→"文化调适"的解释模式和实践指示。这里，研究目标落脚于生态修复来维护生态平衡这个层次上。

　　民族生态学与生态民族学，研究对象基本一致，只是角度和方法或关注的维度不同而已。民族生态学侧重于生物学科的自然科学技术运用，对民族周围自然生态资源和要素进行检测、评价，利用这种检测、评价的结果来分析周边民族活动对生态系统的影响，发现民族传统生态知识和技术并推进到生态保护中来，比如生物多样性的保护、生物保育技术传承等。生态民族学侧重于社会学科的人文因素的评价和利用，关注对一定生态区域周围生态状况进行评估，通过历史资料对比预测生态灾变的可能或者确定生态灾变的现状，在生产方式、生活习惯、文化习俗等层面上思考和寻找进行生态修复的办法或路径，着重考虑对周边民族进行调适，强调民族传统生产方式、生态知识和技术在生态修复中的利用。二者研究角度和层面不一样，但殊途同归，都走入对传统生态文化的利

　　① 聂华林、李泉：《中国西部民族地区产业经济生态化发展初论——来自生态民族学的理论解读》，《西北民族大学学报》2006 年第 4 期。
　　② 罗康隆、彭书佳：《民族传统生计与石漠化灾变救治——以广西都安布努瑶族为例》，《吉首大学学报》（社会科学版）2013 年第 1 期。
　　③ 罗康隆：《喀斯特石漠化灾变区生态恢复与水资源维护研究》，《贵州大学学报》（社会科学版）2013 年第 1 期。

用上来，只是前者着重生态技术的运用，后者着重文化价值观和生产生活方式的调整而已。二者对我们进行侗族生态文化研究都有参考价值。

二 侗族生态文化研究

侗族生态文化研究是侗族研究的重要内容。但是，由于生态问题的关注来源于工业化反思的结果，而侗族地区的工业生产起步很晚，在改革开放实施西部大开发之前，侗族几乎没有什么现代企业和工厂，侗族地区的生态压力不明显。1998年长江大水，国家实施退耕还林，人们开始意识到生态问题。但是，长江大水这是跨地区的影响，人们对生态问题感受不深。而2000年西部大开发后，各种大型工程启动，环境和生态的变化发生在身边，如三板溪水电站及其大型水库的建立，大量移民发生，这时生态问题直接摆在人们的面前了。因此，侗族地区的生态问题，作为本土研究的起源也就是西部大开发前后，发展到今天也不过20年左右。下面从研究进程、研究领域和成果几个方面介绍。

侗族生态文化研究的时间较晚，在不到20年的这个时段中，大概可以划分为两个阶段，即一是起步阶段，二是深入阶段。

第一阶段：侗族生态文化研究起步时期（1998—2005）。

过去，侗族有农业、林业资源和经营研究，但是，不属于生态学或生态文化范畴。现代生态学的侗族文化研究，当然是改革开放后的事。从现有文献来看，国内最早发表涉及侗族生态问题的研究成果是1998年毛殊凡发表的《论桂北文化与生态文化》一文。该文关注了广西北部地区少数民族文化与当地经济发展的关系，立足对当地的楚文化、百越文化和岭南文化的传统分析，提出生态文化是桂北地方文化的主要特征，而这种文化特征促成了当地具有特色的生态农业。这里百越文化遗存的少数民族就是现今仍然存在那里的侗族和瑶族。针对这些少数民族的生态经济形态具有文化支持的基础，提出必须把当地的文化——社会——经济——自然看成是一个复合的系统，强调应该走复合性的协调发展之路①。这应该理解为侗族生态文化研究的开山之作。

广西是我国侗族生态文化研究的发源地，经毛殊凡的起步研究后，打开了周边人们的视野，引起了注意。2001年，广西师范大学硕士生权小勇

---

① 毛殊凡：《论桂北文化与生态文化》，《学术论坛》1998年第6期。

开始了科班式的侗族生态文化研究，他的硕士学位论文就是《侗族生态文化探析》，这是明确把侗族生态文化当作研究对象的课题和成果。他在论文中提出侗族生态文化主要包括以下内容：一是侗族文化具有自然敬畏观，它与生态文明具有某种谋合的方面；二是认为侗族居住讲究与自然环境的和谐，具有生态知识价值；三是侗族注重人口与自然群落之间的平衡关系；四是侗族主张"重义轻利"的伦理观，具有抑制自然破坏的价值取向意义。① 权小勇的硕士学位论文算是开始了真正的侗族生态文化专题研究，是一个重要的推进。

自权小勇的推进以后，侗族生态文化研究逐渐在广西之外也推开了。湖南的侗族生态文化研究有罗康隆，他在 2004 年发表了《侗族社会传统习惯法对森林资源的保护》，这个阶段他的研究涉及了侗族生态问题。但是，此时他主要忙于西方生态民族学的理论和方法的了解、学习以及一些理论研究工作（如 2004 年他在《吉首大学学报》发表《生态人类学述略》一文），2005 年又发表《论文化适应》一文，都与侗族生态文化没有直接关联。可以说，这一时期，侗族生态文化研究还处于萌芽阶段，没有较大发展。

第二阶段：侗族生态文化研究全面推进时期（2006—2019）。

2006 年之后，侗族生态文化才开始逐步扩大队伍，既着手侗族生态文化的整体研究，又着手一些具体专题研究，有了一定的广度和深度。具体如下所示。

（1）西方生态民族学方法的引进和运用。这一研究方向的代表是湖南省吉首大学杨庭硕、罗康隆、杨增辉等，他们在 20 世纪 90 年代就关注了西方生态民族学的理论与方法，到了 2006—2007 年在国内开始介绍并研究生态民族学在侗族领域的运用。代表性论文，如罗康隆的《论文化多样性与生态维护》② 等。此外，近年，他们从侗族的林农兼营、农田的种养兼容、畜牧与农耕兼容等生计方式揭示其对水土保持、维护生物多样性以及因地制宜利用资源的意义，如罗康隆的《文化特化与生态环境的适应——以贵州省黎平县黄岗侗族社区糯稻品种的特化为例》③，罗康隆、杨

① 权小勇：《侗族生态文化探析》，硕士学位论文，广西师范大学，2001 年。

② 罗康隆：《论文化多样性与生态维护》，《吉首大学学报》2007 年第 2 期。

③ 罗康隆：《文化特化与生态环境的适应——以贵州省黎平县黄岗侗族社区糯稻品种的特化为例》，《云南社会科学》2014 年第 2 期。

曾辉的《生计资源配置与生态环境保护——以贵州黎平黄岗侗族社区为例》，① 等等。

（2）民族志方法的传统村落生态研究。贵州大学崔海洋教授是这一方向的代表，其研究主要涉及侗族经济行为与生态平衡的互动关系，揭示侗族农耕方式对清水江流域山区生态保护的价值。主要成果是出版了贵州省黎平县侗族村落黄岗村的专题研究专著《人与稻田：贵州黎平黄岗侗族传统生计研究》②。此外，还有系列研究论文，如《从侗族传统生计看现代农业内涵的不确定性——黎平县双江乡黄岗村个案研究》《侗族地区引种杂交稻引发森林生态蜕变的文化思考——以贵州省黎平县黄岗村为例》《从混种、换种制度看侗族传统生计的抗自然风险功效——以黎平县黄岗村侗族糯稻种植生计为例》《从糯稻品种的多样并存看侗族传统文化的生态适应成效》，等等。这些是侗族生计方式的生态人类学研究，但还没有提高到生态经济的经营模式和发展方式上把握，只是生产技术和技能的生态价值实证。

（3）侗族传统生态文化的宏观研究。2010 年 10 月在侗乡贵州省黎平县召开了以"中国侗族生态文化研究"为主题的学术研讨会，会上中国林业科学研究院陈幸良博士从整体观就侗族生态文化提出了看法，认为以下几个方面具有深入研究和发掘价值，具体包括：一是同宗共祖的原生观念，这种观念与古代社会"天人合一"的思想、与现代社会"生态平衡"的环保意识不谋而合；二是万物有灵的原始信仰，这个民间崇拜和民间信仰与现代社会"生态平衡"的环保意识殊途同归，在客观上起到了积极的生态环境保护作用；三是依山傍水的居住环境，这种居住环境注定了侗族人民靠山吃山、靠水吃水的生存基础，决定了侗族人必须保护所居住地的生态环境，否则就无法继续生存；四是固水护林的生产方式；五是和睦相处的伦理道德观念；六是身心和谐的艺术文化；七是自我约束的生态保护意识。在这个研究的基础上，2011 年陈幸良博士与中国社会科学院邓敏文研究员合作出版了《中国侗族生态文化研究》③ 一书，对侗族生态文化进行了基本层面的研究和概述。

---

① 罗康隆、杨曾辉：《生计资源配置与生态环境保护——以贵州黎平黄岗侗族社区为例》，《民族研究》2011 年第 5 期。

② 崔海洋：《人与稻田：贵州黎平黄岗侗族传统生计研究》，云南人民出版社 2009 年版。

③ 陈幸良、邓敏文：《中国侗族生态文化研究》，中国林业出版社 2014 年版。

（4）侗族生态哲学研究。2005年广西民族学院教授朱慧珍、张泽忠出版了《诗意的生存：侗族生态文化审美论纲》一书，她从文学艺术的审美观研究了侗族的生态文化，通过研究侗族的民歌、琵琶歌、款词、侗戏、侗族歌舞、传说故事、服饰、工艺品等艺术形式，认为侗族艺术表达了以生存之美、生命之美为基调的审美生存文化，以追求人与自然和谐为价值旨趣。① 北京学者陈应发先生，2012年在贵州省黎平县挂职工作时，立足传统文化与生态的关系来研究侗族文化，并撰写了《哲理侗文化》一书。② 该书由中国林业出版社2012年出版，其第六章和第七章论述了侗族生态文化，主要内容包括崇拜自然、神化自然蕴含的生态意识，爱护树木、保护森林的生态制度，依山傍水、和谐共存的生态行为，以及它们三者构成的"三位一体"的侗族生态文化体系。这是一项有独特视角和一定理论创新的研究成果。但是，就侗族生态文化的研究，只是在著作的两章中涉及，深入的研究方面还存在不足，尤其面向当代实践的对策方面不够。

（5）侗族农林生态文化遗产研究。农林生产是侗族的主要经济范畴，由于侗族的传统农林生产具有生态经济的特点，因此它作为一种经济文化遗存，具有文化遗产性质。学界也关注了这一方面，实际上已经启动的侗族农林生态文化遗产研究，构成侗族生态文化研究的重要方面。首先是对侗族"稻鱼鸭共生系统"传统农业耕作方式的研究。2002年，在联合国粮农组织发起下，从江县侗乡稻鱼鸭共生系统被理解为一种新的世界遗产类型，并归入全球重要农业文化遗产。2011年6月10日，联合国粮农组织在北京主办的全球重要农业文化遗产国际论坛，从江县侗乡正式被确认和列入全球重要农业文化遗产地。李文华、闵庆文等专家从农业文化遗产的视角对贵州从江稻鱼鸭共生系统进行了研究。2010年，李文华主持GEF项目"稻鱼共生全球重要农业文化遗产动态保护与适应管理"的课题项目研究；同期，闵庆文也做过《一个典型的农业文化遗产：贵州从江侗乡稻鱼鸭系统》的学术报告。此外，重要成果如2008年张丹、闵庆文、孙业红、龙登渊写的《侗族稻田养鱼的历史、现状、机遇与对策——以贵州省

---

① 朱慧珍、张泽忠：《诗意的生存：侗族生态文化审美论纲》，民族出版社2005年版。
② 陈应发：《哲理侗文化》，中国林业出版社2012年版。

从江县为例》① 一文，研究侗族地区传统稻田养鱼农耕方式，在面临现代农业技术的推广形成的威胁时，提出尽快列入全球重要农业文化遗产试点以及编制保护与发展规划的对策。杨海龙、吕耀、闵庆文的《稻鱼共生系统与水稻单作系统的能值对比——以贵州省从江县小黄村为例》② 一文，以贵州省从江县小黄村为例，通过对比水稻单作系统研究，分析了稻鱼共生系统的优势和作为我国传统农业可持续发展的典型模式之一问题。相关研究还有，2009 年顾永忠写有《从江县稻鱼鸭共生系统保护与初探农业发展对策》③；2014 年詹全友写有《贵州从江侗乡稻鱼鸭系统的生态模式研究》④；李艳写有《稻鱼鸭共生系统在水资源保护中的应用价值探析——以从江县侗族村寨调查为例》⑤ 一文；雷启义写有《黔东南糯禾遗传资源的传统管理与利用》⑥ 一文，开展侗族传统糯稻保育研究。罗康智与崔海洋也以黎平县黄岗侗族村寨为例研究了侗族传统糯稻育种传统知识。除了农业之外，侗族林业生态经济和林业文化遗产研究也逐步变成一个热点。2011 年以来已经有了包含侗族在内的清水江流域的传统生态林业经济研究，有了相关论文发表，如刘宗碧、唐晓梅的《侗族"人工育林"的文化遗产性质及其价值》⑦，等等。

（6）区域整体发展的规划研究。湘黔桂三省区的侗学研究会，也开展侗族生态文化的相关研究工作。从 2011 年开始，贵州、湖南、广西三地侗族开展了侗族生态文化保护区申报工作，并编制《湘黔桂三省坡侗族文化生态保护实验区规划纲要》等。此外，还有一些专家学者的研究成果，如胡艳丽、曾梦宇撰写了《侗族文化生态保护实验区建设刍论》⑧。他们基

① 张丹、闵庆文、孙业红、龙登渊：《侗族稻田养鱼的历史、现状、机遇与对策——以贵州省从江县为例》，《中国生态农业学报》2008 年第 4 期。

② 杨海龙、吕耀、闵庆文：《稻鱼共生系统与水稻单作系统的能值对比——以贵州省从江县小黄村为例》，《资源科学》2009 年第 1 期。

③ 顾永忠：《从江县稻鱼鸭共生系统保护与初探农业发展对策》，《耕作与栽培》2009 年第 5 期。

④ 詹全友：《贵州从江侗乡稻鱼鸭系统的生态模式研究》，《贵州民族研究》2014 年第 3 期。

⑤ 李艳：《稻鱼鸭共生系统在水资源保护中的应用价值探析——以从江县侗族村寨调查为例》，《原生态民族文化学刊》2016 年第 2 期。

⑥ 雷启义：《黔东南糯禾遗传资源的传统管理与利用》，《植物分类与资源学报》2013 年第 2 期。

⑦ 刘宗碧、唐晓梅：《侗族"人工育林"的文化遗产性质及其价值》，《凯里学院学报》2015 年第 4 期。

⑧ 胡艳丽、曾梦宇：《侗族文化生态保护实验区建设刍论》，《前沿》2010 年第 23 期。

于《国家"十一五"时期文化发展规划纲要·民族文化保护》，提出建立侗族文化生态保护实验区的必要性，并就具体的文化保护机制论述了普查、展示、传承、研究、发展五大工作机制建立的意见，建议从长效机制的有效运转来传承和保护侗族文化。

此外，侗族生态文化研究还有各种专题方向的研究，如传统村落与生态保护、涉及村落居住理念与村寨生态意识、传统村落结构与生态功能、村落防火与生态保护习俗等研究。还有生态资源利用习俗、生态消费习俗以及各种生态生活经验等方面的研究，研究领域宽阔，不再详述。

三　侗族地区生态文明实践研究

侗族地区生态文明实践研究，具有特殊性，一是侗族聚居地带分属几个省区管辖，被划分为不同省属的行政区划，在国家管理上并没有一个侗族整体的地区。因此，侗族地区的生态文明建设研究，学界和理论界在区域对象的论述上，以目前国家行政区划来进行，形成了不同的空间表述。而侗族聚居的集中地带在黔东南，因而黔东南的生态文明建设规划涵盖侗族的主体地区，学界对黔东南生态文明建设研究来关涉侗族地区生态文明的问题相对较多，这是一个特点。二是社会具有结构性，形成社会生产生活的不同层次和范畴，同时管理层级也比较多，有国家、省区市、自治州及地级市、县级管理单位等。因此，生态文明建设论述的对象指向和区域指认往往多元和交叉。对以上这两个情况的把握，是我们正确理解侗族地区生态文明实践研究状况的一个理论前提。基于此，侗族生态文明实践研究形成了相应的范畴和研究领域。

1. 侗族生态文明的区域规划研究

国家主体功能规划，湖南、贵州和广西三省区的省级规划、国家或地区相应专项生态建设规划，这些规划都实际地包含了生态规划建设研究。2006 年中央经济工作会议提出了要"分层次推进主体功能区规划工作，为促进区域协调发展提供科学依据"的工作要求。2007 年 7 月，国务院颁布了《国务院关于编制全国主体功能区规划的意见》，并进行了规划研究，将国土空间划分为优化开发、重点开发、限制开发和禁止开发四类，确定主体功能定位，明确开发方向，控制开发强度，规范开发秩序，建立人口、经济、资源环境相协调的空间开发布局。根据国家主体功能区规划，各省市区又开展了省级规划，以此具体来落实国家规划。侗族地区主要分布在湖南省、贵州省和广西壮族自治区，都在相应的层级进入这些规划，显示了生态文明建设的重要研究成果。此外就是区域专题规划研究，如南部侗族地区，即湘黔桂三省毗邻县市联合开展的"湘黔桂三省坡侗族文化生态保护实验区"规划，提出了把广西三江侗族自治县、龙胜各族自治县、湖南通道侗族自治县、靖州侗族自治县、贵州省黔东南苗族侗族自治州的黎平县、榕江县、从江县，作为南部侗族核心区进行环境、生态、经济和文化一体化的整体规划，这也是侗族地区生态文化研究的一个重要成果。除此之外，还有各种个人研究成果，如中南林业科技大学吴思慧的硕士学位论文《湖南创建国家级生态文明建设先行示范区对策研究》①，这是结合湖南省生态环境、资源禀赋、社会经济发展特点，从经济协调发展、资源节约利用、生态环境保护、社会和谐稳定、生态文化培育五个层面进行规划论述和提出建设发展指标体系的研究成果，它覆盖了湖南省侗族地区，也是有参考价值的。

2. 生态文明建设试验区规划建设研究

2008 年，黔东南州被确立为贵州省落实中央生态文明建设政策的区域生态建设试验区。2009 年，黔东南州在凯里召开"黔东南生态文明建设试验区发展研讨会"，以黔东南州为载体的侗族地区进入了该区域生态文明建设的研究。2012 年，国务院颁布了《国务院关于进一步促进贵州经济社会又好又快发展的若干意见》，对贵州省进行规划建设布局，其中有包括侗族地区在内的"三州"民族地区规划内容，提出扎实推进生态保护与建设。此外，有各种研究报告和论文，如周卫健、欧阳志远等的《利用黔东南区域优势，建立生态文明试验区》②；龙华平的《黔东南生态文明试验区建设的金融支持探讨》③；王献薄等的《贵州黔东南生态文明建设试验区建立和可持续发展》④；陆桂林的《人才资源开发与黔东南生态文明试验区建设》⑤。

---

① 吴思慧：《湖南创建国家级生态文明建设先行示范区对策研究》，硕士学位论文，中南林业科技大学，2016 年。

② 周卫健、欧阳志远等：《利用黔东南区域优势，建立生态文明试验区》，《科技导报》2012 年第 12 期。

③ 龙华平：《黔东南生态文明试验区建设的金融支持探讨》，《会计师》2010 年第 11 期。

④ 王献薄等：《贵州黔东南生态文明建设试验区建立和可持续发展》，《贵州科学》2011 年第 8 期。

⑤ 陆桂林：《人才资源开发与黔东南生态文明试验区建设》，《人口·社会·法制研究》2011 年第 1 期。

3. 退耕还林与生态补偿政策研究

1998 年，长江大水后，国家在长江中上游实施退耕还林政策，建立保护屏障，作为长江支流沅江上游的清水江流域的侗族地区的各县全部进入这个政策实施范围。之后开始了天然林、生态公益林的规划和保护，黔东南州则结合生态文明建设试验区的推进来落实相关工作。随着发展，国家也加强支持管理，2007 年财政部出台的《中央财政森林生态效益补偿基金管理办法》，2014 年又废止并代之出台了《中央财政林业补助金管理办法》。同期的 2012 年，国务院颁布了《国务院关于进一步促进贵州经济社会又好又快发展的若干意见》，指出支持贵州开展生态补偿机制试点。在这个政策的前提下，侗族地区的退耕还林与生态补偿政策研究就成为一个热点。这方面的研究，如龚进宏、熊康宁等的《基于主体功能区划的黔东南州生态补偿机制研究》①，董景奎的《建立黔东南州生态补偿机制探析》②，刘晓燕的《黔东南州生态建设中建立农业生态补偿机制的实践探索》③，向春敏的《黔东南州建立生态补偿示范区的对策措施》④，杨岑、周江菊的《黔东南州森林生态补偿机制及实施途径探讨与建议》⑤，等等。

4. 生态经济发展研究

随着生态文明在侗族地区推进，生态经济成为一个发展方向，生态经济研究就提上日程。侗族地区的生态经济研究，一是通过黔东南州、湘西、桂北的区域经济和县域经济研究来体现；二是通过清水江流域经济研究来体现。目前主要集中在生态旅游、生态农业或有机农业、生态林业或林下经济的研究成果体现出来，这些成果如何雁的《分析黔东南州生态文明建设背景下旅游发展》⑥，顾永江、顾永芬的《黔东南生态文明建设农产品冷链物流市场体系产业发展战略研究》⑦，杨宵的《山区农村经济发展与

① 龚进宏、熊康宁等：《基于主体功能区划的黔东南州生态补偿机制研究》，《贵州师范大学学报》（自然科学版）2011 年第 5 期。
② 董景奎：《建立黔东南州生态补偿机制探析》，《生态经济》2012 年第 5 期。
③ 刘晓燕：《黔东南州生态建设中建立农业生态补偿机制的实践探索》，《贵州农业科学》2012 年第 9 期。
④ 向春敏：《黔东南州建立生态补偿示范区的对策措施》，《中国农业信息》2013 年第 9 期。
⑤ 杨岑、周江菊：《黔东南州森林生态补偿机制及实施途径探讨与建议》，《中国园艺文摘》2015 年第 12 期。
⑥ 何雁：《分析黔东南州生态文明建设背景下旅游发展》，《旅游纵览》2015 年第 8 期。
⑦ 顾永江、顾永芬：《黔东南生态文明建设农产品冷链物流市场体系产业发展战略研究》，《农技服务》2017 年第 2 期。

生态文明建设探索——以黔东南为例》①，刘宗碧、唐晓梅的《清水江流域传统林业模式的生态经济特征及其价值》②，刘宗碧的《清水江流域"人工林"的资源禀赋及其生态经济发展初探》③，等等。

5. 传统村落与生态保护研究

随着现代化发展，传统文化受到挑战，传统村落就是其中的一个问题。21世纪初，民族民间文化的流失日益严重，文化保护与传承变成了一个亟待解决的课题。而村落是民族民间文化保护的载体，文化保护需要落实传统村落保护。黔东南在这一方面的工作走在国内前列。2008年2月28日黔东南州人大通过了《黔东南苗族侗族自治州民族文化村寨保护条例》并于2008年9月1日实施。2012年，我国住建部、文化部、财政部印发《关于实施中国传统村落保护发展工作的指导意见》后，我国传统村落保护进入了一个积极作为的新阶段，国家建立地方传统村落保护名录并分五次进行了公布。黔东南进入国家名录的村落有409个，是全国传统村落分布最密集的地区。在文化保护的现实和政策推进的前提下，传统村落保护研究就逐步成为热点。而传统村落保护不是单纯进行的，与当地生产生活直接相关，其中与生态保护也形成了关联并上升为研究领域。侗族村落也在其中，传统村落与生态保护研究成为侗族发展研究的重要课题。目前已经发表了一些成果，如王东、唐孝祥的《黔东南苗侗传统村落生态博物馆整体性保护探析》④，龙初凡、周真刚、陆刚的《中国侗族传统村落融入旅游保护与发展路径探索——以黔东南黎平县侗族传统村落为例》⑤，都是这个领域研究的例证。

除了上述领域，侗族地区生态文明实践研究，通过湘黔桂行政区划的区域对象研究显示出来还有许多方面，比如区域生态保护的法律研究等，

① 杨宵：《山区农村经济发展与生态文明建设探索——以黔东南为例》，《当代贵州》2008年第6期。

② 刘宗碧、唐晓梅：《清水江流域传统林业模式的生态经济特征及其价值》，《生态经济》2011年第11期。

③ 刘宗碧：《清水江流域"人工林"的资源禀赋及其生态经济发展初探》，《贵州师范大学学报》（哲学社会科学版）2015年第5期。

④ 王东、唐孝祥：《黔东南苗侗传统村落生态博物馆整体性保护探析》，《昆明理工大学学报》（哲学社会科学版）2016年第8期。

⑤ 龙初凡、周真刚、陆刚：《中国侗族传统村落融入旅游保护与发展路径探索——以黔东南黎平县侗族传统村落为例》，《贵州民族研究》2017年第1期。

也得到了推进和取得相应成果。在黔东南民族地区，还于2015年2月7日由黔东南州人大通过了《黔东南苗族侗族自治州生态环境保护条例》，2015年10月1日实施。这也是侗族地区生态保护研究的应有成果，是生态文明实践研究的重要方面，构成了侗族地区生态文化实践研究的重要内容。

第三节　基本思路和主要内容

一　课题基本思路

本课题的研究思路概括为"抓住一条线索，围绕两个层面，着眼三个目标，协调四个关系"。

首先，"抓住一条线索"，是指课题研究的基本技术路线。内容和环节包括："梳理侗族生态文化资源"→"针对现实发展需要分析传统生态文化的必要性"→"立足传统与现代的结合论证重构传统生态文化的可行性"→"立足国家政策分析对侗族地区利用传统文化进行生态文明建设规划提出措施建议"。

其次，"围绕两个层面"，是指研究内容。其包括的两个领域：一是侗族生态观、生态伦理和传统生态文化知识与技术研究。立足文献的研究和村落走访调研，通过二者的结合予以全面的梳理，揭示出侗族生态观的内容以及生态伦理的形式和生产生活中包含的生态知识与技术，为当代重构利用侗族传统生态文化提供基础。二是侗族生态建设的历史和现实状况以及面临的问题研究。通过历史文献资料的查阅和现实状况的调研、观察，总结出侗族生态建设的历史经验，结合中央生态文明政策针对侗族地区的发展需要分析现实面临的问题，为研究侗族地区生态文明建设的未来走向和规划设想提供基础。

再次，"着眼三个目标"，是指课题研究的三个基本目的，即研究解决的三个问题。具体包括：一是通过本书能够揭示侗族生态观或生态意识（包括生态层面的伦理、习俗、传统知识和技术等）的基本内容和特征，对侗族生态文化形成一个比较全面和深入的认识。二是通过本书能够揭示侗族历史以来所面临的生态问题和解决这些问题的历史经验，总结侗族地区生态资源的特征与人们的活动（生产生活中破坏或保护利用）关系，形成一些局部区域意义的规律认识。在此基础上，结合现实的生产状况和国家生态保护政策，分析侗族地区社会、经济发展所面临的生态问题，形成侗族地区生态文明建设的指向判断。三是通过本书能够提出侗族地区生态文明建设的发展思路，开展区域的初步规划的论证和制度设计，同时立足现实问题的把握，从传统生态文化的利用和基于历史上解决生态问题的经验，针对侗族地区生态文明建设对传统文化的重构利用，在宏观层面进行重点项目分析，在微观层面进行村落政策分析，为推进侗族地区因地制宜实施生态文明建设提供思路。

最后，"协调四个关系"，是指课题研究过程中需要合理处理的四个关系。具体包括：一是生态观与生态社会实践的关系。这实质是一个理论与实践的关系。侗族的生态观，属于人们的理念或观念范畴，其意义表现为一种文化价值的存在，并作为生态伦理形成的基础对人们发生规范作用，通过行为约束而融于实践，即规范实践。而生态的社会实践，是指人们在生产生活的实际过程中蕴含的生态保护或破坏的行为。实践是认识的来源，生态实践会形成经验，然后上升为文化观念或理论，形成族群稳定性的思想内容。课题研究必须注意生态观与生态社会实践的关系，应予以科学协调把握。二是传统生态文化与当代生态文明的关系。侗族生态观、生态伦理、生态习俗、生态知识与技术，绝大部分都是传统生态文化，属于侗族历史传统的东西，它构成侗族当代发展的历史基础，过去创造的基础和形成的文化传统时时制约着相应的人们，但作为传统又往往存在时代局限性，需要辩证对待。当代生态文明是立足现实条件和未来发展需要提出的发展理念和规范要求，面对传统而言，表现为创新范畴，符合时代，具有引领作用。但是，当代生态文明理念如果过于创新，就会脱离实际，而没有实践的价值。因此，研究侗族生态观和侗族地区生态文明实践，蕴含着这两个关系，需要辩证处理。三是生态建设的历史经验与当代国家生态文明建设政策的关系。在侗族地区生态文明实践这一层面，它涉及侗族历史过去的生态问题和应对的历史经验研究，这是探索侗族地区生态建设规律的一个基础，也是当代政策思考的一个参考，需要认真研究和总结。此外，国家在当代有相应的并且明确的生态文明建设政策，这是立足当代国家发展战略而提出的，具有当代性。课题研究会涉及这两个内容的比较，前者可以作为后者的参考，但需要注意条件的变化，基于此来科学分析当代政策对过去文化资源重构利用的可行性。四是区域宏观规划与微观具体项目重构利用的关系。

本课题研究最后会落脚于区域生态文明建设的政策分析和措施建议。区域生态文明建设，基于传统生态文化的重构利用，它有宏观的整体规划，也有微观的具体项目运用。宏观整体规划着眼全局，微观的具体项目运用着眼于个别，二者是不同层面的工作。本课题研究要注意两个层面的思考和提出相应的对策建议。

以上的"抓住一条线索，围绕两个层面，着眼三个目标，协调四个关系"，就是本课题的基本思路，研究按照这一逻辑和目标来具体进行。

二　课题主要内容

侗族生态观和生态文明实践研究是一个大题目。从学科角度看，它似乎只是民族生态学中的一个小分支，对侗族文化的观察也只是生态学的一个视角。但是，由于研究的对象是一个民族的生态文化，这就与一般的学科不一样了。因为，民族是一个历史主体，在文化上涉及方方面面，而民族生态文化并不是单纯发生和存在的，它是蕴含在民族的生产生活之中，通过特定的文化观念、生产方式和生活习俗反映出来。因此，研究侗族生态文化需要从侗族文化的整体入手，并剥开许多环节的蔽障才能梳理和揭示出来，这是一件困难的事。

而从侗族生态文化观及其实践借鉴的选题方向看，所要做的事情，一是弄清侗族有什么样的生态文化观和相应知识与技术；二是弄清这些生态文化观和相应知识与技术在当代侗族社会如何运用。基于此，课题研究的基本内容就安排了以下几个方面。

第一部分是侗族分布及其自然社会资源环境。侗族主要分布在贵州省、湖南省及广西壮族自治区交汇处，这里是我国云贵高原向长江中下游平原下降的过渡地带，山地地貌，有清水江、都柳江、溆阳河过境，属于亚热带气候，这种山地自然环境构成侗族生产生活的基本物资条件，区域环境适合种植水稻和经营林业。人口是民族的基本要素，侗族人口287万，人力资源既是民族的自然物质基础，也是社会资源的要件，它是了解侗族社会的基本信息。介绍侗族分布情况及其自然社会资源环境是入题的内容，因此，这一部分主要从自然环境和人口状况来研究。内容主要包括：一是侗族社区历史沿革和人口分布；二是侗族生态资源要素的支撑——森林生态系统；三是侗族自然环境和生计方式；四是侗族地区的林业开发和生态问题。

第二部分是侗族自然观中的生态文化。关于自然观体现为一定民族文化的问题，它不仅仅是关于自然界的认识问题，还包括如何对待自然界的问题，并在这个层面上形成了侗族的生态环境意识。在侗族社会中，自然观与生态环境意识是紧密相连的，透过侗族的自然观可以分析出侗族人们的环境意识和相应的价值观。从侗族自然观的内容来看，内容包括：一是侗族的自然观和生态环境意识；二是侗族的森林资源观和生态意识；三是侗族的土地资源观和生态意识，四是侗族的水资源观和生态意识。

第三部分是侗族历史观中的生态意识。在侗族"起源文化"构筑中，包括四个系统并以神话或传说反映出来，一是世界起源，二是人类起源，三是物种起源，四是歌的起源。其中，世界起源和人类起源以及相应思想是侗族历史知识和历史观的基本表达。在历史观上，哲学需要回答的初始问题就是"世界是什么"和"人是什么"，或者是"世界从哪里来""人从哪里来""人到哪里去"，这是历史观中最基础性的问题。而关于它们的回答则左右一个民族的思维走向以及社会的解释模式。侗族历史观的特点，不仅在于回答这些问题的特殊性，而且在于围绕这些基础性的问题的文化建构的特殊性，即反映了原始思维的特征，使历史观的内容和形式都具有原始性、朴素性、多样性和模糊性，并以此强烈反映了生态伦理的文化意向。内容包括：一是侗族"雾生"说的创世思想和生态伦理；二是侗族"卵生"说的人类起源思想和生态伦理；三是侗族"傍生"说的人类属性论和生态伦理；四是侗族"投生"说的终极关怀和生态伦理。

第四部分是侗族生产生活习俗与生态意识。侗族生态文化并不是作为独特的社会范畴单纯地发生和存在的，它蕴含在民族的生产生活之中，通过特定的文化观念、生产方式和生活习俗反映出来。因此，研究侗族生态文化还需要进行生产生活中许多习俗的剖析。其主要内容包括：一是侗族居住习俗与生态意识；二是侗族耕作习俗与生态意识，三是侗族"人工育林"习俗与生态意识；四是侗族生育习俗和生态意识；五是侗族宗教信仰和生态意识；六是侗族节庆习俗与生态意识；七是侗族防灾习俗与生态意识。

第五部分是侗族社区生态文明建设的思路和模式。生态文明建设是中国当前社会主义事业的重要组成部分，对此，近年中央提出了"五位一体"的战略部署，生态文明建设贯穿于其他四个战略之中。生态文明建设旨在解决当前和未来资源、环境的压力等问题，对于今后我国各族人民具有安身立命的重要意义，不仅如此，而且是世界性工程和文化价值目标，因此生态文明建设也具有世界发展的意义。生态文明建设不是一国一族的事，是全球性问题和任务，必将要求每一个国家和每一民族都参与进来，为推进生态文明建设做出服务和贡献。

我国少数民族地区因自然、社会环境殊异，实施生态文明建设的条件各有不同，其中在社会环境上，生态文明建设与区域民族文化适应是一个必然性的规律，也就是说，民族地区生态文明建设需要对属地传统优秀文化的运用来维持和推进。传统优秀文化包括特定的地方生态知识和技术，同时这些特定的生态知识和技术不是孤立存在的，它们是融入日常生产生活文化习俗之中的。因此，民族文化是民族地区生态文明建设的社会背景，离开这个背景，任何施为都会适得其反。而民族文化对生态文明建设的维持作用，其功能在于能够建构地方生态知识和技术持续发展运用的传承机制。文化发展的独特机制在于能够实现传承，没有传承，文化脉络就发生断裂，人们的价值观和社会规范就会失序，就会引发社会动荡乃至灾难。事实上，促进生态文明建设的持续，其机制形成在于其所依附的文化传统得以存在。侗族分布在湘黔桂毗邻地带，自然环境独特，这是侗族实施生态文明的客观条件；而侗族形成已有 1000 多年的历史，创造了自己的文化体系，这是侗族实施生态文明的历史条件。自然的客观条件与文化的历史条件构成了其生态文明实践的现实基础，立足现实基础是当下侗族推进生态文明建设的前提。因此，在侗族地区推进生态文明建设，需要分析它的依据、基础和面临的问题。然而，生态文明建设，既要立足当下，又要面向未来，因而需要创造性地开展，只有加大侗族地区生态文明建设的创新，才能推进侗族社区生态文明事业。关于侗族社区生态文明实践创新，从宏观的角度看，包括两个基本的层面：一是发展思路，即如何基于侗族社会现实的条件融入国家生态文明发展理念构思区域发展道路，并提出自己发展的路子；二是发展模式和制度设计，即基于发展思路对具体建设工作给予相应的制度设计和安排，建立项目实施的社会体制和机制。具体内容包括：一是侗族社区生态文明建设的基本依据；二是侗族社区生态文明实践的现实基础；三是当代侗族地区生态文明建设面临的问题；四是侗族社区生态文明建设的发展思路；五是侗族社区生态文明实践的发展模式和制度设计。

第六部分是当代侗族社区生态文明建设的传统文化重构利用。侗族地区贯彻中央生态文明建设战略，必须立足自身实际来开展。这个实际，一方面是客观的自然环境，另一方面是历史形成的社会环境，在社会环境上包括文化因素。文化具有传统，而传统就是过去文化的积淀在当代的体现。立足于现实就要继承文化传统，生态文化建设就包括这个要求。当代侗族社区生态文明建设对侗族传统文化的继承，直接就是侗族生态文化，它包括传统的生态文明观、生态习俗、生态伦理、生产性生态知识和技术等。当然，时代发展了，对传统文化的继承是立足于新环境的利用的，需要新的起点，必须立足当代背景的社会需要，重点是重新进行价值发现和重构利用。侗族生态文化的利用，其内容广泛，包括蕴含生态观、生态知识维护的各种观念与习俗，但从深度实践的层次看，侧重点应该在自然资源直接利用的经济生产和建设领域。而立足侗族的经济社会发展来看，侗族实施生态文明建设在方案上，应包括五个基本路径：一是重构传统林业和走区域林业生态经济发展道路；二是做好生态农业文化遗产的保护利用；三是推进侗族传统生态文化习俗的重构利用；四是走村落保护与生态文化传承融合道路；五是加强社区和学校主体的生态信息传播和生态知识教育。

第七部分是当代侗族社区生态文明建设路径的村落层次分析，探索微观层次的生态保护与发展路子。论述包括了三个层次。一是指出侗族推进生态文明建设需要抓住传统村落这一载体，因为侗族地区的自然基础决定了村落作为社区建设单元的客观性和稳定性，侗族传统村落是一种地缘政治力量，具有农村社会组织的动员能力，侗族传统村落承载侗族传统生产生活方式，是生态文化等优秀文化传承和保护的载体，村落是侗族生态文化传承教育和社会生态主体培育的基本单位。二是探讨了侗族社区传统村落推进生态文明建设的基本原则，包括：第一，侗族社区村落生态文明建设需要进行整体性规划；第二，侗族社区村落生态文明建设需要发挥属地主体作用；第三，侗族社区村落生态文明建设需要进行生产性推动；第四，侗族社区村落生态文明建设需要实施救济性参与。三是在此基础上提出促进侗族传统村落生态文明建设的主要思路。认为：首先，需要进行村落生态保护主体的科学界定和职责规定，确立村落的内在主体作用；其次，要与农村振兴计划相结合，发展生态产业，支持传统村落再生产体系的重构建设；其三，正确处理城镇化与传统村落保护的关系，完善村落生态文明功能；其四，加强侗族地区生态博物馆建设，实施分类管理；其五，推进侗族社区民俗文化保护，为传统生态知识和技术传播运用提供社会基础；其六，抓好侗族地区民族民间文化教育，推进生态文化传承主体培育。

第四节 资料来源和研究方法

全国侗族人口有 287 万，国内分布比较广泛，从世居和聚居的状态看，侗族主要分布在湖南、贵州、广西和湖北四个省区内。

贵州省侗族人口 143.19 万人，占全国侗族人口的 49.72%，是侗族聚居最多的地区。主要分布在黎平、从江、榕江、锦屏、天柱、剑河、镇远、三穗、岑巩、玉屏、江口、石阡、万山、松桃、铜仁、荔波、独山、都匀等县市。其中，黔东南苗族侗族自治州又是全国侗族人口最集中的区域，这一区域的侗族人口数量约占全国侗族人口的一半。

湖南省侗族人口 85.49 万人，占全国侗族人口的 29.69%。主要分布在靖州、通道、新晃、芷江、会同、城步、绥宁、洞口、黔阳等县。

广西壮族自治区侗族人口 30.55 万人，占全国侗族人口的 10.61%。主要分布在三江、龙胜、融安、融水、罗城、东兰等县。

湖北省现有侗族人口 5.21 万人，占全国侗族人口的 1.81%。主要分布在恩施土家族苗族自治州的恩施、宜恩、咸丰、利川、来凤等县市。

开展本课题研究，在调研的范围上主要覆盖以上侗族地区。也就是说，课题研究的主要资料来源需要对这些侗族地方进行调研采集。在开展调研中，课题组实际走访、调查的村落主要有：广西三江的程阳寨、银水寨，龙胜的平等村、广南村、高友村。湖南通道的芋头村、皇都村、坪坦村、上湘村，靖州的大林寨、红心村，会同的高椅村、枫木村。贵州黎平的肇兴寨、堂安寨、地扪村、岑登村、黄岗村、四寨村、佳所村、三龙村，从江的洛香村、贯洞寨、高增村、龙图村、占里村，榕江的车江大寨、宰麻村、大利村，锦屏的平秋村、石引村、黄门村、魁坦村，天柱的高顿村、都领村、汉寨村、乌龟村、中敏村、消洞村、甘洞村、地良村、优勒村、摆洞村、地坝村，剑河的谢寨、小广村、洞脚村，三穗的款场兴隆村，镇远的报京寨等。通过这些村落的调研，采集得到了课题有关信息资料，为课题开展研究提供了基础。

一 课题研究的资料来源

任何课题研究都必须以全面和深入地把握基本事实的材料为前提。侗族生态文化观和社区生态文明实践研究，必须开展侗族生态文化的文献研究和进行大量田野调研的取证工作，对蕴含在侗族文化各个方面的生态理念、生产生活的生态习俗进行梳理，这就需要全面地掌握侗族历史和现实的各种文化信息，包括相关项目或活动中的事件、人物的史实、信息、资料、数据及其变化状况等。只有有了大量的文献资料阅读、整理并深入地开展实证研究，侗族生态文化的样态、特征和发展规律才会得到科学揭示和正确认识。由于课题的研究内容包括侗族生态观和生态文明实践的两个方面，因而资料来源既包括既有的文献，又包括现实实证调研形成的资料。从路径看，资料来源包括以下三个方面。

1. 文献资料来源

文献是记录、积累、传播和继承知识的最有效手段，是人类社会活动中获取情报的最基本、最主要的来源，也是交流传播情报的最基本手段。正因为如此，人们把文献称为情报工作的物质基础。文献是用文字、图形、符号、音频、视频等技术手段记录人类知识的载体，或理解为固化在一定物质载体上的知识。文献有各种类型，根据载体把其分为印刷型、缩微型、机读型和声像型。侗族历史上没有文字，较早的时期的经验知识和历史知识都是靠歌曲传唱记忆，但明清通过林业开发和戏曲的传入，中央政权实施民族融合政策，在侗族地区也开设义学、社学，传授汉族文化。侗族对汉族文化吸收很快，明清就开始有人用汉语记事和表达，人们还发明汉字记侗音的记录方法，现在侗族的许多侗歌都是这样处理和流传下来的，形成了侗族文化发展的一个特有文字记录形态。尤其近代以来，汉文已经在侗族地区发挥了文字的工具作用，以致侗族的许多神话、传说、故事和历史事件，都开始用汉文记述，中华人民共和国成立后这方面的工作更是得到加强，以致关于侗族历史、文学、歌曲以及神话、传说、故事乃至巫术的唱词等都是汉文记录的。从而有许多汉文记录或翻译记述的文献资料，这为理解侗族文化提供了方便，这方面的文献一般以纸质文献为主，也有碑文等其他文物的文献资料。研究侗族文化观，首先需要做好汉文载体的有关文献的收集、整理和解读研究。一方面是对有关侗族历史文化的已经出版的和没有出版的各种古籍文献进行收集、阅读和分析，通过研究侗族流传的神话、传说、故事中蕴含的生态文化信息，并结合其他史料开展全息性的侗族生态文化整体研究，完成"有字"的文献和"无字"的信息采集。另一方面，还需要收集和研究目前学界关于侗族生态文化以及相关研究文献，包括各种著作和论文以及研究报告等，并做出研究状况的评介和把握。这方面的资料，除了纸质的外，或许还有以声音和图像形式记录在载体上的文献，如唱片、录音带、录像带记录的资料，甚至包括计算机存储的有关情报资料。

2. 口述资料来源

口述资料是指为研究利用而对个人进行有计划采访的结果，通常为录音或录音的逐字记录形式。侗族没有文字，历史文献不足，侗族许多文化是靠口传获得传承的。因而对侗族社会的文化现象进行调研，需要走访并进行口述资料记录和利用。口述资料的收集主要依靠走访，在走访前要进行走访专题选择和设计，可以提出系列相关问题，围绕一定的问题来进行对话，使走访内容能够集中在一定范围之内，不至于使走访"走神"。走访也要选择好访谈对象，一般需要阅历丰富、熟悉社会历史文化的人物才行，这样的人物在侗乡除了村官外，一般就是寨老和有关社会贤达。当然，对于那些特殊行业的人物也可以选择走访，诸如地理先生、歌师、巫师也需要走访，因为他们是村里的"文化人"，对于村里的情况，属于"上知天文，下知地理"的广识能人。实际上，在传统文化方面，他们就是相应文化的传承人，他们是最熟悉侗族文化的人，是田野工作进行调研的主要对象。

口述资料属于"活历史""活档案"，需要走访特定的人员才能获得相应的口述资料。侗族生态观的研究，需要进田野工作，开展口述资料的收集，可以利用口述资料的优点，即亲历性、情感性和角度的丰富性；但也要避免它的缺点，如资料信息的碎片化即缺乏整体性，以及资料的直观性和经验性。也就是说，通常口述资料大多只是反映历史的局部，缺乏对事件的整体认识；同时，口述资料多数属于现象描述和表述，有的还不具真实性，还需要进行识别。

3. 实地田野来源

侗族生态文化调研的田野工作，主要调研对象或载体是村寨。调研的内容包括侗族村寨的地理信息、自然资源、自然环境、人口状况、村落交通、生产方式、生产技术、耕作制度以及社会组织、伦理规范、社会礼节、交往行为、文化活动、社会教育、生态知识、生产技艺、生活风尚的了解，同时也要了解地方政策、政府和村落在生态文明建设的落实情况等。在微观层次上，尤其需要了解以村寨为单位的历史发展状况，以及他们的各种生活习俗，包括宗教生活、生育习俗、居住习俗、耕种习俗、节庆习俗、禁忌习俗、防灾习俗，也包括历史上和现实中的各种有关人物、事件、文学、歌曲以及神话、传说、故事乃至巫术活动等，力图通过这些内容的调研，形成对侗族生态伦理、生态知识和技术的把握，为理解侗族生态观和生态文明实践提供认知基础。为了完成以上的调研任务，课题组制定了田野工作范围和调研计划并有效开展。侗族居住的湘黔桂毗邻地带多为山区，居住方式为聚族而居，以自然形成的村落为主，即村落是侗族居住的基本单位。因此，村落是侗族社区的基本构成，课题开展调研必须以侗族村落为点来进行。当然，侗族村落很多，只能采取抽样的方式开展。在村落的调查中，为了达到案例选择的典型性和文化样态的代表性，确定了两个调研原则：一是调查点的选取在量上尽量覆盖大部分侗族地区，二是调查点的村落具有典型性，以选择进入国家传统村落名录的村寨为主。进入村寨调查中，通过村寨干部对村落整体信息进行收集，通过对村里的干部、寨老、名人和一些群众进行走访以及村落面貌、生产场景、物质设施、生产生活工具、文化遗产等的实地观察，形成直观的具体材料，为开展课题提供支持。

二 课题研究的主要方法

关于侗族生态文化和侗族社区生态文明实践的研究，遵循"抓住一条线索，围绕两个层面，着眼三个目标，协调四个关系"的思路，采取以下方法来进行研究。

1. 文献研究

文献研究也称历史文献研究法，指通过收集、整理、阅读、分析有关文献资料作为论据来论证、说明和阐述某一事物或问题的实证研究方法。文献法涉及搜集并鉴别有关文献真伪，在此基础上对文献进行详细阅读和摘录，并根据论题需要分析所摘录的材料和形成判断进行科学运用，服务于研究课题和报告论述的需要。或者说，利用文献法，一般的过程需要提出课题或假设、研究设计作为前提，在理解课题宗旨基础上搜集文献、整理文献和进行文献综述评价，在基础上依据现有课题的理论、事实和研究需要，运用有关文献的信息、数据、论据、论点等来论证或解决课题的研究目标。通常开展有关专题研究和论证都依赖于文献法，它是科学研究的基本方法之一。侗族生态观和侗族社区生态文明实践研究，必须依靠文献法才能得到可靠的论证，在于侗族生态观的揭示属于思想传统的观念研究。侗族生态观作为族群的集体意识，它不是一两天就形成的，它是长期积累并凝练而形成的，具有传统性质的理论范畴，它的形成和跨越的时代很长，应该说覆盖了侗族诞生和发展的整个过程。揭示侗族生态观，需要反映侗族历史的厚重历史文献来支撑。而在侗族发展中，虽然并没有直接的生态范畴的论著，但有关生态思想观念蕴含在各种文化载体之中，如神话、传说、故事等。庆幸的是，虽然侗族没有自己的文字，但是侗族受汉文化影响久远，从明清尤其近代以来都能借用汉文来表达和记载自己的文化。因此，侗族的历史文化有许多汉文文献，我们进行侗族生态观的研究，在文献收集利用上也主要是这类文献，而且是我们理解侗族生态观的重要资料基础。

2. 实地调查研究

实地调查研究又指田野调查法或现场研究法，其英文名为 Fieldwork。这种方法出现于人类学田野调查工作之中，它作为一种研究手段，就是调查者与被调查对象一起共同生活一段时间，以此观察、了解和认识被调查对象的社会与文化。侗族生态文化研究，历史文献利用只是其中一个方面，还需要通过田野调研来弥补相关不足。因为，侗族生态文化寓于各种文化形式之中，日常的生产方式、生活方式以及各种习俗都蕴含生态观念和知识，这些需要通过田野工作才能了解和把握。具体开展田野工作，根据课题内容需要，包括具有传统意义的生态观的田野，它是基于民族学、文化学的田野方法对侗族地区生态文化进行实地调查来完成的。而侗族的居住以村落为单位，传统村落就是最主要的田野工作对象。还有，课题又包括当代侗族地区生态文明的状况认识，而将它深入为社区的把握，也需要进行田野式的调研。同时，生态文明又是融入其他社会范畴来进行的，相关现象具有复杂性，如经济建设、文化传承、传统村落保护等，都与生态文明相关联。侗族生态文化的田野工作，在现实上也需要结合经济实践等来分析其社区实践的状况和路径等，并开展实地调研。

实地调查研究的常用方法是访谈法。访谈法包括结构式访谈和非结构式访谈，通常采取结构式访谈为多。结构式访谈需要事先设计好有结构性内容的调查问卷，访谈按设计好的内容进行，能够控制访谈方向和服务于自己的需要。对侗族生态文化进行实地调研，其中最重要的方法应该说访谈法。因为侗族生态文化在民间，而民间文化并不按照学科分类呈现出来，而且民间人们并没有现代科学意义上的生态概念，生态意识是寓于宗教、禁忌、习俗以及生产方式、消费方式之中，观察一个习俗或一个仪轨，没有当地人的解读根本不知道它的文化含义。而且村民的解释也仍然不过是一个中介，真正包含着生态意义的部分，需要研究者去揭开。但是，当地人的解读却十分重要，它是信息来源的重要构成，离不开它，否则真实性不存在。开展实地调研，需要组织访谈，有一般性访谈，也有深度访谈。而关于生态事件、生态知识和生态技术，对这些的了解，必须要有专门的对象开展深度访谈。目前的一个现象就是，年龄大的才知晓相关文化习俗、社会规则，而这些人因历史原因，他们受教育程度低，其知识体系是传统的和经验性的。要了解民间传统生态文化，只有开展针对性的人员访谈，才会使调研具有有效性。生态观、生态习俗和生产方式等方面，还需要专题访谈来布局和完成。

3. 分类研究

分类研究就是把研究对象或内容划分为不同的部分来进行调查和研究，使研究能够深入。侗族生态观和侗族社区生态文明实践研究，它也需要采用分类研究的方法。首先是侗族生态观与侗族地区生态文明实践的区别，这是两个不同的概念，一个属于理论或观念，一个属于实践或行动。因此，调查和分析需要分类进行，这是第一个层次。第二个层次同样需要分类，比如侗族生态观，因为侗族没有抽象而独立出来的生态观，它体现为生态意识，蕴含在侗族的自然观、历史观和各种生态文化习俗之中，因此，对侗族生态观的研究需要从这三个层面进行梳理分析。同样，生态文明实践研究，也包括历史的情况和当代的情况，这也需要分类。课题研究到了第二层次还没有结束，还需要第三个层次的分类，如自然观中的生态观，侗族通过具体范畴体现出来，比如森林生态观、土地资源生态观、水资源生态观等；历史观中的侗族生态观包括融于宇宙创世"雾生"、人类诞生"卵生"、物种依赖生成的"傍生"和终极关怀的"投生"中的相应思想。需要进行不同范畴的分类研究，问题才能得到阐明。

4. 综合研究

综合研究就是把对象的各个部分归纳为一个整体进行的研究。本课题研究的对象侗族是一个民族实体，具有完整的整体性，需要总体把握，这是一个方面。另一方面，侗族的社会包括政治、经济、文化的各个方面或因素，这些方面和因素是具有内在联系的，是相互依存和相互影响的。开展生态观和生态文明实践研究，需要依托于这些范畴来进行。为此，需要从相应范畴的联系来研究相应范畴。不然，难以全面地对问题进行把握。在规划和对策研究部分时，也必须要有整体观，对规划涉及的内容，也是相互联系的，必须采取综合研究方法，才使研究思路和成果叙述严密完整，形成整体观的清晰框架，利于对问题的说明。

第五节　主要概念界定和术语辨识

本课题研究具有多重背景，除了侗族的民族主体外，在相关的自然、社会尤其实践活动所关涉而形成诸多的概念范畴，它们在自然环境、历史传统、民族主体、文化模式、政策体系等各个层面的组合，形成具有立体结构的社会资源、信息系统和实践倾向多个指向。仅就生态方面而言，它们就包括：一是侗族传统生态文化；二是侗族社会现实的生态基础；三是国家生态文明理念、理论和政策；四是国家生态文明实践和区域生态规划，等等。因此，课题面对这些民族对象、理论范畴、生态现实、实践活动以及相应政策的把握，形成课题研究的相关概念和术语，它们是理解课题问题和理论阐述的路径，需要进行相应的界定、释义和辨识。

一　侗族、湘黔桂侗族社区和侗族传统村落

1. 侗族

侗族（侗族自称：Gaeml）是中国南方的一个重要少数民族，根据2010 年第六次全国人口普查统计，总人口数为 2879974 人。侗族是从古代百越的一支发展而来，形成于魏晋之后的唐宋。魏晋时，侗族先民被泛称为"僚"；宋代被称以"仡伶"；而明、清两季曾出现"峒蛮""峒苗""峒人""洞家"等称呼。中华人民共和国成立后统称侗族，民间多称"侗家"。侗族居住于贵州省、湖南省及广西壮族自治区交汇处，以及湖北省恩施土家族苗族自治州。目前主要分布在贵州省的黔东南苗族侗族自治

州、铜仁地区，湖南省的新晃侗族自治县、会同县、通道侗族自治县、芷江侗族自治县、靖州苗族侗族自治县，广西壮族自治区的三江侗族自治县、龙胜各族自治县、融水苗族自治县，湖北省恩施土家族苗族自治州等地。主要从事农业，农业以种植水稻为主，种植水稻已有悠久的历史，兼营林业，农林生产均已达到相当高的水平。林业以产杉木著称。

2. 湘黔桂侗族社区

湘黔桂侗族社区主要指侗族集中连片聚居的地带，主要分布在湖南省、贵州省和广西壮族自治区交界相邻的县市，这是侗族世居区域，包括湖南的靖州、通道、新晃、芷江、会同等县，侗族人口85.49万。贵州的黎平、从江、榕江、锦屏、天柱、剑河、镇远、三穗、岑巩、玉屏、江口、石阡、万山等县市（其中，黔东南苗族侗族自治州又是全国侗族人口最集中的区域，这一区域的侗族人口数量约占全国侗族人口的一半）。侗族人口143.19万。广西的三江、龙胜、融安、融水等县，侗族人口30.55万。湘黔桂侗族地区构成侗族聚居的核心区域，覆盖面积达4.1823平方千米①，集中了侗族全国人口287万中的277.78万，占全国侗族总人口的96.78%。侗族主要居住在以上这些地区，形成了侗族传统村落的主要分布地带，也是侗族社区构成的主要成分。

3. 侗族传统村落

侗族主要居住在湘黔桂交界，形成了一个大抵4万平方千米的世居地带。这个地带是我国地势从第二阶梯的云贵高原过渡到第一阶梯长江中下游平原的地段，落差较大，以山地为主，形成了山河相间的地形地貌。这里分布有武陵山山区、雷公山山区、越来山山区，有清水江（沅江上游）、潕阳河、都柳江贯穿其中。山河交错，在众山之间有较为平缓宽广的坝子，开垦为稻田和其他耕地，或河流经过的山麓地带形成小小的冲积平原，也是耕地的主要来源。

受到山地地形的影响，侗族一般选择在坝子边的山麓或河畔选址居住，一个姓氏或几个姓氏人们聚居一起形成村寨。有的地方没有坝子或河岸，人们便在山麓或山腰平缓有溪水的地方建寨子，也是依山傍水，过着山地田园的生产生活。因此，侗族村落分布实际上是以山河为界，形成网络式的间隔性聚居。村寨在山间星罗棋布，一般近的三五里一座村，远的

---

① 按湖南省、贵州省和广西壮族自治区这三省区侗族聚居的17个县的面积统计。

六七里一座寨，被自然因素划分和活动区域限制形成的村落格局。

侗族建立村寨，首先要建鼓楼，然后以鼓楼为中心在它的周围逐步按需要建立公共设施和居民住房，形成以鼓楼为中心，向四周辐射的网状村落建筑结构。村落中的自然资源利用以及生产生活的活动形态，也形成以鼓楼为中心铺开来的层次结构。第一层次，以鼓楼、戏台、公共活动广场为中心和形成村落中心区；第二层次，是相应的民居和交通要道；第三层次，是粮仓、水井、风雨桥（花桥）、凉亭、风水树、土地庙、宗祠、寨门等；第四层次，是农田、坡土、耕地等；第五层次是山林地、柴火地、祖坟地等；第六层次是荒山或原始森林、猎场，也是与其他村落的界线。总体看，侗族喜欢居住河流两岸或溪流两边，他们相信风水，采取依山傍水的居住形式。村落建设的材料，除了石材外，主要就是木材，因此，土地上面的各种建筑物基本就是木料结构的。侗族分布地带适合种植杉木，而且侗族广植杉木，杉木木材就是侗族村寨建筑物的主要材料来源。侗族村寨四周，除了将平缓地带开垦为良田，坡地种植稻谷、旱粮外，其余的地方全部栽种杉木，因此，杉木一片接着一片，形成"人工育林"的人工林场和森林资源。这些森林资源也是侗族地区最主要的生态资源。侗族人的居住和生活活动方式，具有顺应自然和环境的选择性，体现了追求生态的特点。

侗族聚居地带在湖南省湘西的通道、靖州、会同、芷江和新晃五县，贵州省主要有黔东南州的榕江、从江、黎平、锦屏、天柱、三穗、剑河、镇远和岑巩九县；广西壮族自治区则是北部的龙胜、三江和融水三县。侗族有287万人口，在这些聚居地带形成的村上万个。目前在传统村落保护工作中，进入国家传统村落保护名录的侗族村寨，在第四批名录公布之前黔东南州有123个，再加上第五批的和湖南、广西的，进入国家名录的就有200个左右。侗族传统村落构成了侗族人民居住和人口分布的格局，也是侗族生产生活的空间形态和文化呈现的基本载体，更是侗族生态资源的人工利用形式和生态文化追求或表达的基础。研究侗族生态文化和进行生态文明实践，必须以村落社区作为相应的自然、社会和历史基础。

二　生态文化、生态文明和侗族生态观

1. 生态文化

生态文化是人们在生产生活中形成的对待环境、自然资源的生产方式、制度设计以及观念表达的文化体系，包括从自然观念到生产生活工具

使用以及文化习俗在内的追求人与自然和谐的思想观念和行为要素。

生态文化是一个历史范畴，是人们适应自然，趋利避害，追求美好生活的特定实践形式。从产生看，根据人类学、民族学的研究，最早可能起源于图腾崇拜和相应的禁忌。在这种原始的文化形式中，人们把自然要素和自然力当作特定的神祇或某种主体力量来对待。但是，实际协调的力量就是自然。不同民族有不同的图腾和禁忌，这是不同人对待不同的自然环境适应的结果。

但是，由于生产是不断发展的，人们对自然的认识也是不断深化的。因此，生态文化也随着人们的实践发展而不断发展提升。经历原始社会的图腾、禁忌的文化表达之后，到了农业社会，人们转入表达利于农业生产的观念并产生了农业生产的生态观念，如中国古代的"天人合一"等。这些观念依然崇拜大自然，但是，由于交往的扩大，以致这时的观念范畴更具有广泛性和普遍性，形成民族性的或地域性的文化概念以及观念传统，同时也创造、积累各种朴素的生态知识和技能。当近代工业产生以后，特别是工业化造成生态灾变、生态危机，生态观念就不再是简单的自然适应概念，而是与人活动结果相关的范畴。通过研究，人们已经知道，造成生态问题的人为方面因素，如温室效应、臭氧层耗损、酸雨现象、森林面积压缩、水土流失、土地沙化、水源枯竭、环境污染等。这样，在这种条件下，生态问题就理解为需要调节人的观念和行为这个层面上来了。生态变成了需要建设的任务，生态治理变成迫切的需要和社会行为，从而提出了生态文明概念。在理论上，人们开始对生态问题进行科学研究并形成各种理论，这些生态理论与现实的生态状态构成了近现代工业基础的生态文化特征。

生态文化是一个内涵丰富的综合性概念。首先，它是一种价值观，指人对待自然蕴含人的生存发展的利益关系，推进人的发展需要同步保护生态。其次，生态文化是人文行为体系，即人们对待自然包括相应的伦理规范，形成生态伦理，规定人们对待自然的生产生活行为。再次，它是一种超越工业文明的文化诉求，体现了文明的先进性。具体就是追求人与自然和谐，抑制人的欲望，谋求环境优良、自然资源永续利用的一种价值趋向。最后，生态文化的外延具有多层次性，可以多层次的意涵把握，可以指人与自然的关系状态、生态意义的观念体系、人类及其环境在宇宙空间的关系、人类历史开发和利用自然资源的阶段性及其关系状态等。因此，生态文化概念是理解侗族生态观、生态文化以及生态文明实践的理论基础。事实上，侗族生态文化也是一个具有多层级多含义的概念。首先它是一种生态观，属于精神范畴的方面。而生态观的状况取决于侗族社会发展的历史水平。由于侗族生产生活实践的具体性，有自己的实践范围和认识特征，因而在生态观上也有自己的个性，并表现为相应的生态知识和技术形态。生态文化与侗族生态文化是普遍性与特殊性的关系，生态文化是它的高一级概念，对理解侗族生态文化提供基础性的理论支撑作用。

2. 生态文明

文明指社会和人们的历史进步状况。这种状况包括生产领域的工具使用、生产活动的社会关系即交往关系以及政治、法律和伦理道德水平和思想觉悟状态。关于文明的发展，人类经历有石器时代的原始文明、铁器时代的农业文明和大机器生产的工业文明。真正的文明是指工业时代，因为只有大机器生产才显示人的力量，即发挥了人的本质力量。也正是这个时候，生态问题及其治理才提到日程上来。工业生产过度使用自然和消耗资源，从而发生资源枯竭、环境污染、生态破坏问题。反过来，生态治理又成为人们需要科学认识和着力解决的现实问题，并作为世界性问题出现。

基于以上的现实发展和对问题的反思，当人们意识到需要实现经济、社会、生态的平衡发展时，超越工业文明的生态文明就提出来了。根据有关研究显示，1992—2002年这个阶段生态文明正式形成，并理解为一种新价值观的提倡和新的发展道路选择或重塑，在实践内容上，一般指生态治理和绿色经济构建。因此，生态文明作为一种理念、治理模式和发展方式，是人类反思工业文明的结果，同时也理解为对工业文明超越的诉求，被当作一种社会生产生活形态。不过，在大多的理论中，人们普遍地理解为一种文明形式，并与物质文明、精神文明、政治文明、社会文明并列的一个社会范畴。在内涵上，指人们尊重自然、维护生态、追求可持续发展、推进人与自然和谐，能够使人类社会不断发展的一种进步状态。

生态文明也包含相应的价值判断，并体现于生产生活实践，因而显现为生态伦理的规范与约束，进而表达为社会行为的生态文明建设。生态文明建设要有相应许多生态知识和技术支持，因此，在进行生态问题的认识过程中形成或建立了相关的学科知识。目前发展起来的有生态学、生态人类学、生态民族学、民族生态学、生态伦理学、生态经济学等。

生态文明的实践通过各个层次的主体的建设规划来贯彻。其中最高的规划应是联合国会议层次的安排，如 2015 年 12 月 12 日在巴黎气候变化大会上通过、2016 年 4 月 22 日在纽约签署的气候变化协定，简称《巴黎协定》。该协定为 2020 年后全球应对气候变化行动做出安排。国家层面的生态文明政策和规划，我国在党的十七大、十八大、十九大报告都有安排，而其中具体的规划就是，2010 年 12 月 21 日，国家发改委印发的《全国主体功能区规划》，这个规划责成各个省市区再进行规划。侗族地区生态文明实践的规划依托相应的行政区划规划来落实，或者制定专项区域生态规划建设。侗族地区的生态文明建设，包括在各级政府的生态文明建设的规划中，如"黔东南州生态文明建设试验区"等。总之，生态文明建设是侗族生态文化研究的相关概念。

3. 侗族生态观

生态文化具有层次性，一般可以划分为物质层次、制度层次和观念层次。观念层面的生态文化体现为生态观，生态观也就是生态文化观。侗族的生态文化观，即简称为侗族生态观。

侗族的生态观是侗族生态文化的核心要素，反映了侗族人们对自然、历史作为生态维度的基本立场和看法，并体现为特定的价值观以及伦理规范的思想倾向。侗族形成于唐宋时期，社会发展已有 1000 多年的历史，有一定的文化积累，但侗族社会发展缓慢。目前，改革开放后市场经济因素进入到侗乡，但是由于历史原因，工业化程度很低。因此，生产方式基本保留传统自然经济形态，以致相应的文化观念和生活习俗能够保留下来，其中生态文化观是突出的方面。

侗族是稻作民族，至今仍以传统的稻鱼鸭共生系统的方式进行农业生产；同时，侗族以山地经营林业，并受明朝以来中原王朝对清水江流域林业开发的影响，逐步地建立起自己的"人工育林"的林业模式。中华人民共和国成立后，传统林业模式因所有制改革而淡化，但是"人工育林"的栽培技术则保留下来并一直运用。于是，基于这些传统经济的物质基础，相应的文化观念也得以保存，其中包含生态观。

而值得注意的是，侗族文化基于自然经济的条件形成，它具有经验性，即没有更多的反思性和理性思考，未能提出抽象性的生态理论，即其生态观的存在方式缺乏逻辑化的理论形态。事实上，侗族生态观作为一种基于经验性认识的立场表达，它没有与其他文化范畴完全分离出来，而是蕴含在相应的文化范畴之中，如神话故事、宗教信仰、文化习俗、禁忌规定、伦理行为、道德规范等。因此，研究侗族生态观，不是纯粹的理论梳理，而是基于自然观、历史观以及各种文化习俗的内涵梳理分析，往往以特定的生态意识、生态伦理彰显出来。如在自然观中的天、地、人以及具体的土地、森林、水等这样一些实体对象，都是生态观的表达范畴。在历史观中，侗族从自然引申对人类的理解并在这个基础上形成人文关怀以及生态意识的关联概念。如侗族关于创世的"雾生"、关于人类诞生的"卵生"、关于物种依赖生成的"傍生"和终极关怀的"投生"，以它们为文化根源的各种习俗建构中都蕴含了生态观。对侗族生态观的研究，相应具体分析这些民族的独特范畴，才可对它们深入揭示。

三　侗族生态伦理、生态意识和生态习俗

1. 侗族生态伦理

生态伦理是指人类处理自身与周围自然物质要素，包括动物、植物以及环境等自然因素相互关系形成的价值取向和行为规范。

生态伦理具有规范的现实内容，具体涉及生产生活的生态行为约束、生态平衡保护、生物多样性的保育、自然资源的合理利用，还有生态灾变应对以及人们在处理这些问题中包含的道德品质和责任等。生态伦理强调适用范围覆盖的整体性，伦理规范遵守的强制性和人与自然关系的和谐性。此外，生态伦理与人类可持续发展相关，从而又表达了终极关怀的性质。

侗族在长期的生产生活实践中形成和积累了自身的生态伦理。侗族生态伦理的特征就是经验性，这种经验性体现了许多规范的形成和表达都是与具体的对象事物联系在一起的，具有感性直观的特点和具象表达的丰富性，有的则是我向性思维的延伸和想象构成的规定。侗族生态伦理还与宗教信仰、禁忌习俗等关联而形成，通过其他文化范畴作为中介，不是直接的理性表达和运用。如侗族不兴大兴土木，抑制大型工程修建，凡有动土活路都需请神敬神，这种对自然资源的控制性规范来源于敬畏自然，延伸为生态伦理。侗族对大自然的态度是"取之有时，用之有节"，这就是侗族生态伦理的基本规则。侗族生态伦理之所以能够这样，还在于侗族具有"傍生"的自然观，把自然界的一切万物都理解为具有结构性依赖的一种生存关系，如果让世界缺少或灭绝了什么，这是不道德行为，会因结构性的依赖关系制约，最终造成灾变而危害自己，等等。

侗族生态观蕴含在生态伦理的价值思想中，认识侗族生态观要透过生态伦理的揭示来进行分析，因此，研究侗族生态观往往需要关联生态伦理来进行。

2. 侗族生态意识

生态意识，英文为 Ecological Consciousness，它指一种反映人与自然环境和谐发展的价值观。相较于生态观，生态意识不是总体性的和具有内涵深度的范畴，一般呈现为浅层的表象的零碎的一些意向性意识，通过民间族群的日常生活感知的行为观念表现出来，在观念中包括情感和意志的表达。而不像生态观那样蕴含有反思性、自觉性的理论建构以及作为"世界观"的立场和方法论意义。

侗族的生态意识，既是一种广泛流布的个体意识体现，也是集体无意识的文化形态。这样，侗族的生态意识往往是具象的，呈现为与一定物质联系的或以此为载体所表达出来的一些感知和情感心理。以致这种意识总是指向特定的"物"并以此抓住实际内容获得确认，不能上升到生态原理的"本质"或"规律"的反映或揭示，因此它的存在就是碎片化的和多元性的。实际上，这种意识是蕴含在各种具体的生态伦理的文化之中。如侗族对村寨后山龙脉的禁忌和表达对这里物种的伦理关怀，包含了生态平衡的意识。因为龙脉的破坏，其结果就是村子的水井干枯、六畜瘟疫爆发等，这是非常直观的朴素表达和联系。

当然，侗族生态意识是侗族生态观的具体体现，是它的具体存在形态。以致侗族生态观不具有宏大叙事和逻辑体系，而是通过具象的生态意识体现出来的观念范畴。为此，侗族生态意识是侗族生态观的现象形式，研究侗族生态观需要透过各种生态意识的分析来把握。

3. 侗族生态习俗

习俗即风俗习惯，它指个人或集体的礼节、风尚和习性并为特定文化圈内的人们所遵守和构成为群体行为的规范。习俗的具体形式，其可以通过民族风俗、节日庆典、传统礼仪等表现出来。习俗是经长期历史积累而形成的，对特定人群具有言行的约束作用。

习俗分为"风"与"俗"两个部分的相应内容，"风"指基于自然条件的差异而形成的行为规范，"俗"指社会文化不同而形成的行为规范。以致自然环境和礼节习得总是被理解为风俗或习俗形成的基础，即所谓"十里不同风""五里不同俗"的说法由此而得。习俗具有传统性，因而具有稳定性，对特定区域人们的生产生活产生重要影响。侗族传统习俗，既因自然环境的适应而起，又因社会交往的实践积累而形成。由于有自然环境的适应性关系，习俗就有了应对自然关涉生态的行为规范，从而构成侗族生态习俗。

侗族生态习俗主要体现于日常生产生活方式之中，表现在如物种的保护、资源的取用、灾变的应对等各种行为中。比如，侗族村寨的建立和房屋的营造，在选址和物件的制造设置之中，是基于对自然环境和资源的合理利用作为原则的，具体操作于风水习俗，实质是生态关系的处理。又如，侗族稻作的耕作方式，它具有生态习俗的基本特征。侗族使用"稻鱼鸭共生系统"的方式进行复合型农业生产，它具有保护生物多样性、控制病虫害、保证食品安全等生态作用。

侗族生态观寓于侗族生态习俗之中，通过日常生活行为把生态观蕴含的价值关系表达出来。因此，侗族生态习俗不仅是侗族生态观的载体，也是它的实践存在形式。以致无论是开展侗族生态观、生态文化研究，还是进行生态文明实践，都需要回到对侗族生态习俗的把握上来，这是必要的逻辑关联和事实联系。

第一章

侗族分布及社区自然社会环境

　　侗族是我国56个民族大家庭中的一员，它的形成已经有1000多年的历史，长期以来分布和居住在湘黔桂交界地区，人口在全国少数民族中排名第12位。侗族历史悠久，因而文化丰富，侗族大歌、侗族鼓楼、侗族风雨桥是侗族最有特点的文化遗产内容。不仅如此，侗族经营农业和林业，创造了"稻鸭鱼共生系统"和"人工育林"的生产方式和技术，在生态知识和技术上有独特的文化贡献，其传统生态文化是中华民族优秀传统文化的内容之一，值得继承和发展。但是，民族文化是一个历史范畴，即历史产物，源于民族生产生活的创造和积累。理解一种文化就是理解一个民族的历史，包括它的一切活动和条件。因此，我们研究侗族生态文化，需要先了解侗族的历史、人口分布以及村落、社区的自然、社会环境。我们在进入实质内容之前，先来了解侗族社会和环境的基本情况。

第一节　侗族社区的历史沿革和人口分布

　　侗族是我国目前已经识别的少数民族之一，是中华民族大家庭中的一员，有自己的民族语言，其自称"Gaeml"（侗语发音），属于汉藏语系壮侗语族侗水语的一支。根据学界的普遍观点，侗族是由古代百越的骆越分支发展而来，长期以来主要以经营农业谋生，以水稻种植为主，同时兼营林业。今天的侗族人口大部分分布于湘黔桂三省的交界地带，其中湖南省主要分布在通道侗族自治县、新晃侗族自治县、芷江侗族自治县、会同侗族自治县以及靖州苗族侗族自治县；贵州省则主要分布于黔东南苗族侗族自治州的黎平县、从江县、榕江县、锦屏县、天柱县、剑河县、三穗县、镇远县、岑巩县以及铜仁地区的玉屏县、石阡县等；

广西壮族自治区则主要分布在龙胜各族自治县、三江侗族自治县和融水苗族自治县境内。侗族民族特色鲜明，侗寨村落布局精美，侗族人热情好客，悠久、朴质、多元、和谐、内敛的侗族生活历史，为人类创造了灿烂、多彩、夺目的文化财富。

一 侗族社区的历史沿革

在先秦以前，侗族（侗语称 Gaeml）先民多集中在楚国黔中地带，这一时期的文献记载，大多把侗族的先民称之为"黔首"。秦灭六国后，统一全国，始在黔地设立"黔中郡"。到了唐宋时代，其称谓则开始演变为"峒民"或者"溪峒之民"，地名有"峒区"等相应称呼。当时唐宋中央王朝开始在"峒区"设立"羁縻县""羁縻州"，委任地方官员，建立羁縻政权。据《桂海虞衡志》记载："羁縻州峒，自唐以来内附。分析其种落，大者为州，小者为县，又小者为峒。"① 羁縻州之下，通常管辖有许多个"洞"。至今广西、湖南、贵州的侗族区域内不少村寨依然保留着"洞"的称谓，比如现今的"六洞"就是指称贵州黎平、从江的贯洞、顿洞、肇洞一带，"九洞"就是指黎平曹滴洞、岩洞一带，"八洞"就是指黎平的特洞、潭洞一带。而"洞"的称谓，湖南的会同、新晃，贵州的锦屏、天柱，广西的三江、龙胜等县的许多侗寨都称为"某某洞"，如天柱县高酿镇和石洞镇的侗族村落就有石洞、水洞、摆洞、甘洞、优洞、勒洞、硝洞等。由此可见，侗族的这种族称来历，跟"溪峒"的名称有着密切的历史关系。②

侗族的自称，较早的见之于宋朝的历史典籍，当时谓之"仡览"或者"仡伶"。比如《宋史·西南溪洞诸蛮》记载："乾道七年（1171 年），靖州有仡伶杨姓，沅州生界有仡伶副峒官吴自由。"又比如南宋陆游《老学庵笔记》卷四记载："在辰、沅、靖州之地，有仡伶、仡览。"所谓"辰、沅、靖州之地"，就是现在湖南的会同、靖县、芷江、新晃和贵州的三穗、天柱、玉屏一带，而这一带也正是现今我国侗族重要的居住区域。由此证明，侗族先民聚居这一带最少也有 1000 多年的历史了，至迟在唐代，侗族就已经成为单一民族并见于汉文字历史典籍。到了明清，侗族被称为

① （宋）范成大：《桂海虞衡志·志蛮》，清知不足斋丛书本，第 71 页。
② 侗族简史编写组：《侗族简史》，民族出版社 2008 年版，第 13—17 页。

"侗僚""僚人""峒人""洞蛮""峒苗",或都泛称为"蛮""夷"或者"苗",等等。民国时期,称为"侗家",1949 年中华人民共和国成立以后,称为"侗族"。①

通常认为,侗族是古代百越的一支,尔后不断发展而来。侗族现今聚居的许多区域,春秋战国时期属于楚国商於(越)之地,秦国时期(秦统一中国后)则归属桂林郡和黔中郡,汉代归属郁林郡和武陵郡。魏晋南北朝至隋代,这些区域也被称为"五溪之地",到唐宋时期,这些区域则被称之为"溪峒"。自古至今,这些区域是侗族先民活动的主要地区。从汉文字记载来看,从春秋战国到秦汉时期,在这些区域活动的有"武陵蛮""黔中蛮""越人";魏晋南北朝至唐宋时期,这些区域的少数民族被汉人称为"蛮僚"或者"五溪蛮"以及"溪峒州蛮"。隋唐至宋时期,"僚"不断演进和变迁,分化成包括侗族在内的许多少数民族。比如宋代学者朱熹所著《记三苗》提到:"顷在湖南时,见说溪峒蛮猺略有四种:曰僚、曰仡、曰伶,而其最捷者曰苗。"② 这里提到的"僚""仡""伶",便是《宋史》和陆游《老学庵笔记》所说的"仡伶"。明代和明代以后,虽然"僚"已经不断演进和变迁,分化成为包括侗族在内的许多少数民族,但仍然有汉人称侗族为"僚"。例如明朝后期邝露在其《赤雅》中就说"侗亦僚类"。清朝顾炎武在所著的《天下郡国利病书》也说:"峒僚者,岭表溪峒之民,古称山越,唐宋以来,开拓浸广。"③

历经各种演进和变迁,到隋唐时期,侗族大概才正式成为单一民族。在唐朝时期,侗族中的首领、寨老等上层人物,才逐渐臣服和归附大唐王朝。这一时期,中央开始在"峒区"(侗族聚居的区域)设立"州郡",建立了羁縻政权,任用这些地方的少数民族首领为官,借以巩固中央王朝在这些地方的统治。中央在侗族聚居的区域设立的州郡有羁縻晃州(包括现今贵州天柱的一部分、湖南新晃县全境以及芷江一部分)、思州宁夷郡(包括现今贵州省岑巩县、石阡县、玉屏县、三穗县和镇远县东部)、叙州潭阳郡(辖朗溪、潭阳、龙标三个县,包括现今湖南省靖州

① 侗族简史编写组:《侗族简史》,民族出版社 2008 年版,第 13—17 页。

② 参见(宋)朱熹《记三苗》,《晦庵先生朱文公文集》卷七十一,商务印书馆《四部丛刊》三编影响印本,1935 年。

③ (清)顾炎武:《天下郡国利病书》卷一〇三,商务印书馆《四部丛刊》三编影印本,1934 年。

县、会同县、芷江县和贵州省天柱县、锦屏县、黎平县东部)、古州乐兴郡(包括现今贵州省从江县、榕江县和黎平县的西南部)、融州融水郡(包括现今广西壮族自治区三江县、融水县和龙胜县西北部)。唐朝末期、五代十国时期,由于中央封建王朝颓微,对边疆少数民族的统治鞭长莫及,侗族中的一些大姓豪强趁机自立为"峒主",管理诚州、徽州,辖十个"峒",现今湖南省靖州县、会同县、芷江县、绥宁县、通道县和贵州省黎平县、锦屏县、天柱县等地都在"十峒"管辖之内。"峒"是侗族社会的行政区划单位,由"峒主"掌控"峒"中的政治、经济、军事等重大事项。

到了北宋,随着中央集权的强化,侗族的头人和首领们又逐渐归顺封建王朝,不断向朝廷进贡,朝廷也仍旧延续羁縻策略,保证这些头人和首领及其后代世袭土官。宋太宗太平兴国五年(980年),诚州十峒的首领杨通宝正式向朝廷"纳贡"。宋真宗大中祥符元年(1008年),首领向光普向朝廷投诚,随后被朝廷任命为古州(现今湖南省新晃县和贵州省玉屏县境内)刺史。宋徽宗大观二年(1108年),靖州西道杨再立向朝廷贡献土地,方圆三千余里,四千五百户,一万一千人。朝廷恩威并举,都任命他们为该地方刺史的头衔,而实际上并没有给予刺史实权。在整个宋代,侗族因受到汉文化的深刻影响,侗族社会内部的政治、经济取得了很大的进步。在中央王朝统治力量到达的角落,侗族的地方统治者(首领)也开始修建城池,学习中原,建立私塾,教育孩子。根据《文献通考》记载,当时诚州周围的侗族头人就已经"创立城寨","使之比内地为王民"。[①] 聚居于"峒首"城池周围的"峒丁",也已逐渐变成"熟户",而那些住在深山远岭和边远山区的人们,则被称为"生界"。

元朝时期,朝廷对侗族地区延续了前朝的"羁縻"统治政策。至元二十年(1283年),"九溪十八峒"被元朝的强大武力征服,这些地区的首领土官基本上都归顺了元朝,朝廷于是任用这些"酋长"补缺地方官职,按照地方大小,划定行政区域,确定可以选任土官的头人为官,大的地方设立"州",小的地方设立"县",并设立"总管府"予以管辖。

明朝洪武五年(1372年),朝廷命令江阴侯吴良征服五开和古州

---

① (宋)马临端:《文献通考》卷328《四裔考五》,中华书局1936年影印本。

（现今贵州省黎平县、锦屏县和榕江县一带）等侗族地区，占领了223"峒"，15000余人众。朝廷对于归顺的侗族土官，都按照原来的官职予以任命。1414年，为加强侗族地区的统治，防止地方土官坐大成势，明王朝设置黎平府和新化府，开始委任外地官员（流官）直接管制土官，侗族地区于是出现了土官和流官"共治"的局面。1378—1385年，爆发了吴勉领导的农民起义，这次起义以"五开洞"（今贵州黎平一带）为中心，活动范围到达从江、榕江、锦屏、天柱、靖县、通道、绥宁、武岗等广大区域。随后，朝廷对起义进行了镇压。为进一步加强对侗族地区的控制，明王朝在这些地区先后设置了屯、堡、卫、所等大量的军事设施和军事机构，这种军事和行政并举的统治方式一直延续到了清代。

清王朝初期，朝廷对侗族地区的控制继续沿袭前朝土官和流官"共治"的做法，同时，土官的权力因受到流官的节制，作用已经明显削弱。雍正年间，中央通过调整侗族地区的部分卫、所等军事机构，实现了流官的强力制约。1725年，朝廷改五开卫和铜鼓卫隶属黎平府，1727年又改铜鼓卫为锦屏县，改清浪卫为青溪县，改平溪卫为玉屏县，改五开卫为开泰县。1729年，黎平知府张广泗用金钱贿赂"生苗"，借道秘密探察苗疆腹地，沿途暗中记下道路、山川、险峻等地理标志上报朝廷，尔后统领清兵，武力征剿苗疆。在平定了以雷公山为核心的"生苗"疆域后，为实现对这一新开辟疆域的分割统辖，朝廷分别增设苗疆"六厅"（即丹江厅、八寨厅、清江厅、古州厅、都江厅、台拱厅），这六个"厅"的行政辖区核心，大致处于今天黔东南苗族侗族自治州的凯里、雷山、丹寨、榕江、从江、黎平、镇远、黄平、台江、剑河等县境。此后，朝廷又实行"改土归流"，在这些地方与苗族杂居的侗族，正式纳入了国家统治。

在清朝时期，黔桂湘边界一带侗族地区农业得到了快速发展。由于这些地区加强兴修水利，水稻产量大幅提高。《黎平府志》记载古州（现今贵州省榕江县一带）的上等田每亩"可出稻谷五石"，中等田每亩"可出四石"，下等田每亩"可出三石"。① 同时，农作物种类也增多了，比如道光年间，晃州地区除水稻外，还有小麦、小米、高粱、豆类等十余种。经济作物方面，很多地方都普遍种植麻、甘蔗等。这一时期，重要的副业有

---

① 黎平县志编纂委员会办公室：《黎平府志》卷二，方志出版社2014年版。

手工业等。比如贵州东南的"六洞"地区的侗族妇女都能够染蓝布、织衣服，锦屏、天柱等地妇女刺绣也都十分精致。"侗锦"则产自黎平曹滴洞一带，所出精品，都比其他地方好得多，即"精者甲他郡"。晃州出产的屏风、砚台等，也非常精巧。乾隆至嘉庆时期，纺织技术获得改进，手摇纺车改为脚踏纺车，大大提高了纺织的效率，很多地方开始出现专业的手工业者。黔桂边界一带的榕江、三江等地造船技术已经比较先进，造出的木船可以载重2—3吨，穿梭于黔桂两省河道，促进了沿岸码头的兴盛。这一时期，侗族地区的商业得到了发展，一些城乡和市镇开始形成规模较大的市场，清水江流域木材市场已经相当繁华，锦屏一带成为当时全国重要的木材交易中心之一，大量的优质杉木通过水运，从这里源源不断流向全国。

在社会组织和政治制度方面，"款"是早期侗族社会的一种组织形式，一直传承延续到现在。"款"又称为"合款"，是侗族村寨间的地域性联盟组织，主要功能是应付外族人的入侵和盗匪的掳掠，因此，侗"款"具有政治联合、军事防御、治安维持等作用。"合款"组织在宋代就已出现。侗"款"有小款、大款和联合大款之分。小款，是指周围村寨的联盟，往往以户数的多少命名，比如从"千三款"的联盟名称中，可知此"款"中由约1300户组成；从"千七款"的联盟名称中，可知此"款"中是由约1700户组成。侗"款"组织严密，比如有"款首""款脚""款坪""款碑""款约""款军"等相关事项。"款首"从寨中长者推出，没有任期限制，如果有事就负责主持会议，平时没有事，就和其他普通村民一样，没有特殊权力，也没有报酬待遇，完全是一种基于本寨全体村民信任而行事的义务性工作和责任。"款脚"专门负责通信联络，确保本寨内部和各寨之间的联络通信，比如承担火灾、火警、匪患等紧急事项的信息通报，由此产生的生活费用由全村共同承担。"款坪"为社区中空旷宽敞的公共场所，是款民举行仪式、集会的地方，村民通常将"款碑"立在"款坪"中。"款约"是指款境内的规约，一般都由款首和寨老共同提出，并经过一种程序议定后，成为村民的行为规范。"款军"主要由款境内青壮年人员组成，是村寨社区抵御外来侵犯的中坚。① 历史

---

① 《侗族款文化及社会功能》，三江生活网，http：//www.sohu.com/a/202863437_747222，2017－12－1。

上，侗族地区通过联款方式曾经举行过规模盛大的会议，比如"九十九公"联款议事就是其中的一例。此次联款会议范围之广，涉及今天湖南省通道县、广西壮族自治区三江县和贵州省黎平县、榕江县、从江县等五县。

"埋岩"作为侗族地区的另一种社会组织制度，是指在村寨集会的时候，由寨老们通过主持一定的仪式，将象征当地社区共同遵守的规约和制度的条形石块的一半埋入地下，故谓之"埋岩"。埋岩历史久远，至今许多地方难以看到这一古老社会组织制度的遗迹，现在只有黔桂边境上少数的村寨还能保留这种埋岩制度和"岩规"。从埋岩的内容性质上看，基本上涉及了当时当地社会治安维护、外来入侵抵抗、土地财产婚姻纠纷调解等重大活动。从埋岩的分类上看，主要有处理田产岩、处罚拐卖人口和偷盗岩、联合防匪岩、处理婚姻纠纷岩、男女交往守规岩、惩治对付杀人放火岩、抵御和防范官兵骚扰岩、侗苗汉通婚岩，等等。"岩"有"小岩""大岩"之分，"小岩"是指小范围村寨的埋岩，效力也只及于一村一寨；"大岩"是指较大地域范围的埋岩，效力通常及于数村数寨以上。无论"小岩""大岩"都有"岩主"，当地叫作"执斧头的人"，其职责是主持埋岩会议及其执行。可见，埋岩不仅是调节和维持治安、交往、生产生活等各种关系的重要手段，同时也是当地群众自治和自我管理的社会制度。

图1-1　湖南省通道县皇都村的风雨桥

以前，侗族村寨社会都由村寨里长者（寨老）进行治理，现在则是村委会和寨老对村寨中的社会事务共同治理，但两者参与的领域事项一般有所区别，各司其职，并不混同。所谓寨老，顾名思义即为寨子里的老年人。但实际上，有的村寨也将明白事理、精明能干的年轻人视为寨老，委以村寨中的大事，由他们执行。因此，寨老的认定，首先是这个人必须明白事理、精明能干，其次才是年龄，只有到了一定年龄，才更加稳重。寨老的产生并不经过选举，而是凭借他们自己的历练与威望获得人们的认可，成为自然领袖。寨老凭借自己能力与公认的德行，自愿为村寨办事，并不赚取报酬。寨老对村寨社会的治理，主体职能体现在：召集本寨成员制定款约、代表村民执行款约、主持调解村寨矛盾纠纷、维护传统社会秩序、号令村民抵御外来入侵、组织修桥补路救灾等公益事业、主持祭祀仪式等。中华人民共和国成立以来，侗族寨老社会制度一度逐渐衰落。但近年来，随着国家越来越重视少数民族民间文化的保护传承，许多侗族社区的寨老制度出现了快速复苏的迹象。

"卜拉"也是侗族村寨社会的另一个十分古老的社会组织制度。在这种制度下，根据村寨社区大小和人口多少，一个卜拉往往统辖几十户，甚至几百户以上，一般以家族血缘关系为基础，以男性和父系为核心。随着经济发展、人口增加、社会日益复杂、族际交往频繁和扩大以及非家族血缘成员的加入，卜拉由最初的血缘集团逐渐演变为基层广泛的村寨社会组织，承担着与寨老制度相近的一些社区任务，发挥着调节和稳定社区的功能。20 世纪 80 年代以前，卜拉在侗族社区具有较大的影响。但随着改革开放深入推进，特别是农村基本经济制度即家庭联产承包责任制的全面确立，家户经济日益原子化，家户"单干"的趋势日益增强，特别是 90 年代以后村民不断涌入东部沿海打工的浪潮，直接导致村落人口流动加速甚至"空心化"，再加上计划生育等国家法律文化的普及，现在村落社区已经发生了深刻的变迁，卜拉制度遗迹逐渐消失。

二　侗族人口分布

侗族作为中国的一个少数民族，居住区域主要在贵州、湖南和广西三省区的交界处，湖北省恩施也有部分的侗族。除汉文字史料上的不同称谓外，民间多称"侗家"。侗族有自己的语言，属汉藏语系壮侗语侗水语支。侗族原无民族文字，中华人民共和国成立后的 20 世纪 50 年代，在国家民族政策指导下创制了侗文。现在侗族地区，大部分通用汉文。据 2010 年全国第 6 次人口普查，侗族人口为 287 万人。①

1. 中华人民共和国成立以来侗族人口变化情况

据统计，1953 年到 1964 年，侗族人口净增 123321 人，增长率为17. 30%，低于全国 19. 61% 和汉族 19. 44% 的水平。1964 年到 1982 年，侗族人口净增 590277 人，增长率为 70. 60%，高于全国 45. 24% 和汉族43. 82% 的水平。改革开放初期 1982 年到 1990 年，侗族人口净增1082224 人，增长率为 75. 87%，高于全国 12. 61% 和汉族 10. 94% 的水平。1990 年到 2000 年，侗族人口净增 451669 人，增长率为 18. 00%，高于全国 9. 92% 和汉族 9. 45% 的水平。2000 年到 2010 年，侗族人口净减 80319 人，减少 2. 71%，这是侗族人口自中华人民共和国成立以来首次出现负增长。②

2. 侗族人口地理分布情况

（1）主要聚居区。从全国第六次人口普查情况来看，侗族人口主要分布在贵州、湖南、广西、湖北等省份。具体情况如下所示。

贵州省：侗族人口 1431928 人，占全国侗族人口的 49. 72%，是侗族聚居最多的地区。主要分布在黎平、从江、榕江、锦屏、天柱、剑河、镇远、三穗、岑巩、玉屏、江口、石阡、万山、松桃、铜仁、荔波、独山、都匀等市县。其中，黔东南苗族侗族自治州又是全国侗族人口最集中的区域，这一区域的侗族人口数量约占全国侗族人口的一半。

湖南省：侗族人口 854960 人，占全国侗族人口的 29. 69%。主要分布在靖州、通道、新晃、芷江、会同、城步、绥宁、洞口、黔阳等县。

广西壮族自治区：侗族人口 305565 人，占全国侗族人口的 10. 61%。主要分布在三江、龙胜、融安、融水、罗城、东兰等县。

湖北省：现有侗族人口 52121 人，占全国侗族人口 1. 81%。主要分布在恩施土家族苗族自治州的恩施、宜恩、咸丰、利川、来凤等市县。

湘黔桂三省区的侗族聚居县份的面积和侗族人口状况见表 1 - 1。

---

① 国务院人口普查办公室、国家统计局人口和就业统计司：《中国 2010 年人口普查资料》第一卷，中国统计出版社 2012 年版，第 35—54 页。

② 邓敏文：《对侗族人口 "六普" 数据的疑虑与深思》，http：//blog. sina. com. cn/s/blog_3e5b17040102e293. html.

表 1-1　　　　湘黔桂毗邻地区侗族聚居县份的面积和侗族人口一览

省（区）	县名	面积 （万平方千米）	侗族人口 （万人）	备注
湖南	新晃	0.1508	21.60	
	芷江	0.2096	18.39	
	会同	0.2245	19.08	
	靖州	0.2211	5.178	
	通道	0.2219	17.22	
贵州	黎平	0.4439	37.63	
	从江	0.3244	15.04	非精确数据
	榕江	0.3315	13.50	非精确数据
	锦屏	0.1596	9.65	非精确数据
	天柱	0.2201	28.81	
	剑河	0.2176	11.45	非精确数据
	三穗	0.1035	11.09	非精确数据
	镇远	0.1878	6.21	非精确数据
	岑巩	0.1486	7.58	非精确数据
	玉屏	0.0517	12.63	
广西	三江	0.2454	20.52	
	龙胜	0.2538	4.50	
	融水	0.4665	17.70	非精确数据
合计		4.1823	277.78	

数据来源：根据县志资料统计。全国第六次人口普查侗族人口 287 万，湘黔桂三省区主要侗族县侗族人口大约为 277.78 万，占总侗族人口的 96.78%。

（2）其他地区。除了主要聚居区以外，目前仍有 235400 人的侗族人口散居全国其他地方，占全国侗族人口的 8.17%。20 世纪 80 年代改革开放以来，由于人口流动加快，侗族人口从传统分布地区向经济发达地区延伸。据第六次人口普查有关数据：浙江省侗族人口 88106 人，占全国侗族人口的 3.06%；广东省侗族人口 83574 人，占全国侗族人口的 2.90%；福建省侗族人口 15608 人，占全国侗族人口的 0.54%；江苏省侗族人 12280 人，占全国侗族人口的 0.43%；上海市侗族人口 7787 人，占全国侗族人口的 0.27%；云南省侗族人口 4389 人，占全国侗族人口的 0.15%；北京市侗族人口 3774 人，占全国侗族人口的 0.13%；重庆市侗族人口 3271 人，占全国侗族人口的 0.11%；四川省侗族人口 2376 人，占全国侗族人口的 0.08%；江西省侗族人口 2189 人，占全国侗族人口的 0.076%；安徽省侗族人口 2147 人，海南省侗族人口 1819 人，河北省侗族人口 1451 人，天津市侗族人口 912 人，其他省份 100—900 人不等，全国均有分布，最少是甘肃省，有侗族人口 136 人。①

由于侗族人口外出务工，特别是到东部沿海地区务工，直接导致贵州侗族人口大量减少。侗族人口相关统计显示：2000 年到 2010 年广东省、福建省、浙江省、江苏省、上海市、北京市侗族人口分别增加 27704 人、9840 人、70200 人、2752 人、5817 人、2158 人。② 由于打工经济的兴起，贵州和湖北这两个省份侗族人口外出务工较多，同时，部分侗族改变了自己原报的民族成分，也是导致湖北侗族人口减少的一个因素。而广西、湖南侗族人口则有一点增加，这是因为这两个省份虽然也有侗族人口外出务工，但是外出的人数比贵州和湖北要少得多。从西部省份侗族人口流入东部沿海省份的情况来看，广东省、浙江省、江苏省、福建省、上海市和北京市是流向最多的地方。

第二节　侗族传统村落地理分布和深入认识

侗族居住湘黔桂毗邻地带，区域属于山地地形，因此，居住特点以山区村落呈现并形成特点。侗族生态文化的形成与侗族山区村落居住和生产生活密切相关，因此，侗族传统村落介绍是侗族生态问题研究的一个基础。

一　村落的地理分布

侗族传统村落的分布格局，与历史上的迁徙形成长期定居和聚居的格局在总体上保持一致。只是到了清代，广西、湖南、贵州交界一带部分侗族人口不断迁移到湖北西南山区，这样，侗族人口和村落的分布范围扩大

---

① 石慧：《从"五普"到"六普"看侗族人口数量及地区分布变化》，《贵州民族大学学报》（哲学社会科学版）2014 年第 2 期。

② 国务院人口普查办公室、国家统计局人口和就业统计司：《中国 2010 年人口普查资料》第一卷，中国统计出版社 2012 年版，第 35—54 页。

了。中华人民共和国成立以后，特别是 80 年代改革开放以来，由于外出务工等原因，不少侗族人口外出，散居全国各地。这部分侗族群体处于流动状态，而且人口数量较少，没有影响传统意义上的聚居群落。这里所说的侗族传统村落，是指中华人民共和国成立以前就已经形成的并延续至今的村落。目前，这些传统村落主要分布在贵州、湖南、广西、湖北等省区。

在贵州省，侗族传统村落最主要分布在黔东南苗族侗族自治州，该州同时也是全国侗族传统村落最集中的地区。这些侗族传统村落主要分布在该州的黎平、天柱、从江、榕江、锦屏、三穗、镇远、剑河、岑巩等县。其次是铜仁市，侗族传统村落主要分布在该市的石阡、玉屏、万山特区、江口等县。再次是黔南布依族苗族自治州，有少数侗族传统村落分布在该州都匀、荔波、独山、三都等县市。

在湖南省，侗族传统村落主要分布在怀化市、邵阳市、长沙市、湘西土家族苗族自治州、株洲市、湘潭市、衡阳市、岳阳市、常德市、张家界市、益阳市、郴州市、永州市、娄底市。其中，怀化市和邵阳市的侗族村落最多。怀化市的侗族村落主要分布在新晃、芷江、会同、通道、靖州等县；邵阳市的侗族村落则主要分布在绥宁、城步、洞口等县。

在广西壮族自治区，侗族传统村落主要分布在南宁市、柳州市、桂林市、梧州市、防城港市、贵港市、河池市、百色市等地区。其中，柳州地区和桂林地区的侗族传统村落最多。柳州地区的侗族传统村落主要分布在融水、三江、融安、鹿寨等县。桂林市侗族传统村落主要分布在龙胜县、七星区等县域。

在湖北省，世居的侗族村落主要分布在恩施自治州的宣恩、恩施、咸丰等县市。

二　村落的文化空间布局

在贵州黎平、从江、榕江、锦平、天柱和湖南靖州、通道、新晃、芷江、会同洞口等地区，每隔几里就会看到一个美丽的侗寨村落，这些村落或大或小，其大者有几百户、上千户，小者仅几十户，或傍一湾清流，或依一座大山，整个村落在乡野之间比邻而筑，每个村落的中央的空地上都会矗立着一座鼓楼。鼓楼是侗族村落的标志性建筑，只要是有鼓楼的村寨，就可以确定是侗寨。侗寨的空间布局，从生态环境上看大体有以下类型：依山傍水型、平地坐落型、随山就势型等。无论是在近水还是依山，侗寨的选址，一般都要尽量落在地势平缓之处，如果能有小河或者溪流经过则最好。山间水过之处，一般有一块或大或小的平缓地形，人们视为"龙嘴"。村寨坐落在"龙嘴"上面，侗族认为这是最好的家园居地，叫作"坐龙嘴"。

图 1-2　贵州省黎平县肇兴侗寨一隅

　　寨子依靠的山脉叫作"龙脉"，"龙脉"上面有楠木、枫林、杉木、古松生长的地带，苍翠葱茏，人们视为"风水林"。在当地人看来，风水树、风水林具有祈福、镇凶的神秘作用，所以每一个人都有保护的责任，不得砍伐。侗寨的寨尾或寨头及鼓楼附近，通常建有一些木桥于溪流之上，木桥有廊有顶，可供乘凉、避雨、休闲，当地人叫作"福桥"（或"回龙桥"），又称"风雨桥"。"风雨桥"与"鼓楼"齐名，都是侗寨最有名的建筑。风雨桥的桥体一般有一层檐、两层檐等类型，桥身上往往有各种雕绘，当地又叫作"花桥"。在建筑风俗上，风雨桥的选址也比较讲究，一般是建在寨子范围内"水口"之处，有补"风水"的功能。在此处修建风雨桥，既增添传统村落的景观之美，更有村民出行和交通方便的功能。

侗寨建筑理念和布局，更多的是从人与自然的和谐上来考虑的。侗寨周围环境，一般自然生态环境都比较好。侗寨的村落社区，大多建有鼓楼，整个村落住房建筑布局和居住区域，通常围绕鼓楼而展开。寨子的边缘，常常建有寨门、凉亭、粮仓（禾晾）、风雨桥、水井等建筑和景物。有的寨子有水沟穿过，以供寨中的人饮、清洗、养鱼之用，等等。寨子的外部环境，通常有风景林木、梯田、河流、高山，这些区域，就是村落社区居民从事农业生产的地方。这些地带和区域，一般都有侗家的人工经济林。这些经济林有梨树、橘子、茶油林、桐油林等。再往外，一般是杉木、松木等广泛用于各种建筑之中的用材林，比如房屋、牛棚、鼓楼、风雨桥等，都要使用杉木、松木作为最主要的建材。村落的最外层，便是苍茫的高山，长满了各种野生的杂木，更有丰富的草料，通常是侗寨山民从事放牧、打草、采药、狩猎、砍柴、烧炭等生存活动的场域。有的地带人迹罕至甚至没有人类的活动，形成广阔的原始森林区域，构成了侗族村寨社区繁衍生息所依托的最重要的自然生态资源。上述侗族村落这种布局，形成了侗族人们的生活资源和生计方式，他们以此生生不息、绵延不绝繁育于世界。

第三节　侗族的自然环境和生计方式

侗族人的生活依赖于特定的资源和生产技术，其中自然资源又是重要的基础，它不仅是物质条件，而且是生态要素，人们必须以它们作为前提来生产自己需要的物质财富。而作为对自然环境和资源的适应，人们总是基于它们创造出自己的生活方式，即生计方式。生计方式是人与自然相互协调的结果，因此，它自然地包含人们的生态理念和相应技术，成为人们生态文化的传统内容。理解侗族传统生态文化，需要理解侗族的自然环境和生计方式。

一　侗族的自然环境

据《民族问题五种丛书》之《中国少数民族》记载：从自然环境上看，侗族主要聚居的地区处于云贵高原的东部边缘。这一区域地势总体上西高东低，海拔 500—1000 米，境内北部有清水江、潕阳河以及渠水流经，汇合成沅江、注入洞庭湖，最终并入长江。南部的苗岭山脉，浔江和都柳江流经境内，注入柳江后，最终汇入珠江。这一区域峰峦叠嶂，江河纵横，既有激流险滩，又有清溪幽谷；既有崇山峻岭，也有平坝丘陵。土壤肥沃，平坝及小盆地分布其间，小的有几百亩，大的有上万亩。

这些地区，处在中国亚热带位置，属亚热带湿润气候，年均气温 18℃左右，最冷 1 月的平均气温为 3℃—6℃，最热 7 月的平均气温 22℃—25℃。年平均活动积温 4972℃，无霜期 280—330 天。年降水量 1000—1600mm，年日照时数达 1200 小时，冬无严寒，夏无酷暑，雨热同季，气候宜人。同时，也是我国生物多样性的关键地区，这些地区维管束植物有 154 科 372 属 573 种，苔藓植物有 13 科 14 属 14 种，蕨类植物有 17 科 23 属 24 种，裸子植物有 6 科 11 属 15 种，被子植物有 118 科 324 属 520 种以上。独特的地理位置，良好的自然环境，以及优越的气候条件、土壤条件和丰富的植被，适宜于传统农耕、现代林业和畜牧业的发展。这为侗族群众开发山区、发展经济、生产生活提供了良好的自然条件。

在生态资源方面，贵州、湖南、广西等省区的侗族地区不仅林木充足、林业发达，而且植物物种极为丰富多样。在这些地区，森林覆盖率通常达到 26%—64%。珍稀树种、药材植物种类繁多，其中国家一级保护树种有银杉、秃杉、桫椤等，国家二级保护的树种有二十几种，三级保护树种有三十几种；有可药用的真菌一百余种，药用植物两千多种，主要有天麻、茯苓、八角莲、白芍、雷丸、当归、灵芝、党参、虫草、何首乌、竹荪、杜仲、黄檗、天冬、厚朴、桔梗、金银花、吴茱萸、木瓜、黄连、大小血藤等，中药材、民族药材资源极为丰富，为当地中医、民族医药事业发展提供了重要条件。

在林木资源方面，贵州省黎平、榕江、从江、天柱、锦屏等地盛产杉木，不仅是贵州省重点林业区，也是全国重要的林业区，其中锦屏县自明清以来，一直就是我国南方杉木建筑材料的著名原产地，中华人民共和国成立后，也一直是全国重点林区。作为全国著名重点林区之一，这些地方

图 1 - 3　风水林密布的侗族村落

的森林覆盖率达 66.88% 以上。此外，湖南省通道侗族自治县、广西壮族自治区融水、三江等县，也都是全国重点经济林区域。明清时期，黔东南清水江流域盛产的杉木以"十八年杉"最为著名，成为"贡木"，源源不断地贡献给朝廷，作皇宫建筑的重要材料之用。到了民国时期，更是远销中原内地和东南亚。由于侗族历来有人工培育杉木的传统，中华人民共和国成立以后，侗族地区又培育出"十年杉""八年杉"等杉木品种，为国家建设提供了大量优质木材。

在矿产资源方面，侗族区域各种矿产资源十分丰富。已探明的有重晶石、原煤、石煤、汞等 30 多种矿产资源。其中贵州黔东南的重晶石保有藏量占全国的 60%，金矿和石灰岩等矿产也极为丰富。

在水电能源资源方面，侗族区域地处长江流域和珠江流域中上游的分水岭广大区域，自然生态保持良好，森林覆盖率平均高达 66.88% 以上，降雨量大。由于该区域处于云贵高原东部，海拔较高，河流众多，海拔落差大，水能资源蕴藏巨大。比如，侗族聚居的贵州黔东南一带，水能蕴藏量达 210 万千瓦以上，可开发量 124.4 万千瓦以上；湘西一带，水能资源蕴藏量为 168 万千瓦，可开发 108 万千瓦。①

---

① 参见毛益磊《侗族》，http：//www.gov.cn/guoqing.

二　森林生态系统：侗族地区生态资源要素

侗族地区位于湘黔桂交界毗邻地带，湘黔桂侗族地区以森林资源构成生态系统核心资源，即以森林资源构成了森林生态系统，是一个以森林生态系统占主导地位的生态结构。而之所以森林生态系统能够占绝对重要的地位，主要原因如下。

第一，该区域有利于人工林发展的自然条件。该区域属中亚热带湿润季风气候区，气候温和湿润、雨量充沛、干湿分明、雨热同期，年降水量在1250—1400mm之间，4—9月降水量占全年的70%。山地面积占80%左右，一般海拔高度400—800米。适宜多种林木生长，其中楠木、樟木、栗木等均是明清时期朝廷兴修土木所需木材的重要来源，但是这里更多盛产优质杉木。土壤为黄壤、红壤，土层深厚，通气透水性能好，加上复杂多样的地形地貌形成的山区小气候，构成了适合林木生长的优越自然环境，为近代大面积的人工林提供了得天独厚的自然条件。

第二，该地区林业经营是当地侗族人民主要的经济来源。湘黔桂侗族地区山多田少、坡陡谷深，当地人很多时候都处于缺粮少食的境地。凡是侗族村寨产权范围内较为平坦的地方都尽可能被开荒出来，造成水田，种植水稻，以解决基本温饱问题。因此，当地发展出一种林农兼营的生计模式。加之历史上该区域木材贸易的兴盛，林木的变现较快、价格较为稳定和客观，林业经营收入占据其经济收入中的较大部分，所以当地人很重视林木资源。林木资源成为当地侗族群众主要的生产生活资源，也是评价一个家庭富裕程度的指征。

第三，国家法与侗族习惯法对于林权的共同规制，有效维护当地林业经营良性运转。任何林权保护的不确定性对于林业经营的打击都是毁灭性的。在清水江流域的苗侗人民以林业契约，来确定和保证林权转让的交易安全。当地侗族人工林业中的财产关系，主要依靠林业契约加以规范，而林业契约除了有较好的信用基础保证以外，还得益于其他两个方面的保障：一方面在于国家通过设置港口、建立木材交易市场、征收木材交易赋税以及授权"当江"的形式支持和规范木材交易行为，另一方面，该区域形成了一套地方性林权纠纷解决机制。侗族习惯法则是林业契约效力的后盾，寨老等民间头人在契约纠纷解决中担任着重要的裁判角色。

第四，就该地区而言，森林生态系统是其他生态系统的基础。湘黔桂侗族地区的山地地形造就了侗族村寨"山坡顶上是茂密森林，山坡中间是层层梯田，山脚下是村寨，村寨边是涓涓河水"的美丽画卷，如果没有坡顶上较好的森林生态系统所带来的涵养水源、保育土壤、积累营养物质、调节气候、保护生物物种资源等福泽，就不会有秋收时梯田上的金黄稻浪，也不会有侗寨的安居乐业，更不会有流经村寨边的涓涓河流。

湘黔桂侗族地区的森林生态系统是该地区生态系统的重要支撑，无论在直接的生计收益上，还是生态系统服务价值功能上都有着不俗表现，是侗族地区生态文明建设的核心资源。

从现代科学对森林生态的研究成果来看，也支持了以上结论。近年，我国学者开展了森林生态系统的价值评估研究，提出了森林生态系统服务功能（Forest Ecosystem Services）的概念，并形成了《森林生态系统服务功能评估规范》（LY/T1721—2008）（以下简称《规范》）的评估方法和指标体系，2008 年 4 月 28 日中国国家林业局进行了首次发布。《规范》包括十个森林生态服务功能的具体指标，即：（1）涵养水源，（2）保育土壤，（3）固碳、释氧，（4）积累营养物质，（5）净化大气环境，（6）森林防护，（7）物种保育，（8）森林游憩，（9）净初级生产力，（10）提供负离子。[①] 森林生态系统服务功能评估体系分类的具体指标见表 1－2。

表 1－2　　　　　　　　　森林生态系统服务功能评估体系分类

序号	功能项目	评估指标
1	涵养水源功能	调节水量、净化水质
2	保育土壤功能	固土、保肥
3	固碳制氧蓄氧功能	固碳、释氧
4	积累营养物质	林木营养积累
5	净化环境功能	提供负离子、吸收污染物（降低噪音、滞尘）
6	森林防护	森林防护
7	生物物种资源保护	物种保育
8	景观游憩与生态文化	森林游憩

注：评估体系分类功能项目不单列争初级生产力和提供负离子两项。

---

① 王兵、任晓旭、胡文：《中国森林生态系统服务功能的区域差异研究》，《北京林业大学学报》2011 年第 2 期。

2011 年 3 月，中国林业科学研究院森林生态环境与保护研究所及国家林业局森林生态环境重点实验室学者王兵、任晓旭、胡文采用《森林生态系统服务功能评估规范》中的评估指标体系和计算公式，对 31 个省区（不包括港、澳、台）的森林生态服务功能进行了研究，基于涵养水源、保育土壤、固碳释氧、积累营养物质、净化大气环境以及保护生物多样性 6 项功能 11 个指标的价值量计算，得出中国森林生态系统服务功能总价值为 100147.61 亿元/年。其中，6 项功能的价值排序为：涵养水源＞生物多样性保护＞固碳释氧＞保育土壤＞净化大气环境＞积累营养物质。各单项服务功能价值占总价值量的比例分别为：40%、24%、16%、10%、8% 以及 2%。

侗族地区分属湘黔桂三省区，是该三省区生态环境最好的地方，通过三省区的森林生态系统服务功能的数据，可以看出湘黔桂侗族地区森林生态系统服务功能状况。

1. 广西壮族自治区

2009 年，王兵等学者的调查和评估，广西森林生态系统服务功能总价值为 8388.93 亿元/年，每公顷森林提供的价值平均为 6.070 万元/年，可得出森林生态系统服务功能年总价值约是直接经济价值的 10 倍。①

2. 湖南省

以 2015 年度森林资源统计年报数据为基础，对湖南省进行森林生态系统服务价值评估，得出湖南省森林生态系统服务功能年总价值为 9052.35 亿元/年，其中涵养水源的价值为 4726.30 亿元/年，固土保肥价值为 716.94 亿元/年，固碳释氧价值为 2896.32 亿元/年，积累营养物质价值为 182.01 亿元/年，净化大气价值为 479.16 亿元/年，森林游憩价值为 51.62 亿元/年。7 项服务功能的价值量排序：涵养水源（占森林生态总价值的 52.21%）＞固碳释氧（占总价值的 32.00%）＞固土保肥（占总价值的 7.92%）＞净化大气（占总价值的 5.29%）＞积累营养物质（占总价值的 2.01%）＞游憩功能所产生（占总价值的 0.57%）。②

3. 贵州省

2018 年 6 月 11 日，贵州省林业厅、省统计局联合发布了《贵州省

① 王兵、魏江生、俞社保等：《广西壮族自治区森林生态系统服务功能研究》，《广西植物》2013 年第 33 期。

② 黄翔：《湖南省森林生态系统服务功能价值评估》，《安徽农业科学》2017 年第 45 期。

2016 年度森林生态系统服务功能价值核算结果》，开展此次核算之前，贵州省首先选取了六盘水市、赤水市进行核算试点，在总结试点经验的基础上，以全省第四次森林资源普查成果、长期连续定位观测数据、社会公共数据为依据，结合贵州实际，对全省、9 个市（州）及贵安新区、88 个县（市、区）2016 年度森林生态系统服务功能价值进行了核算。根据核算结果，截至 2016 年底，贵州省森林生态服务功能价值 7484.48 亿元/年，其中：涵养水源 2142.95 亿元/年、净化大气环境 2088.57 亿元/年、生物多样性保护 1431.42 亿元/年、固碳释氧 1169.96 亿元/年、保育土壤 459.98 亿元/年、积累营养物质 137.42 亿元/年、森林游憩价值 54.18 亿元/年。① 黔东南州森林生态系统服务功能价值达 1632.84 亿元/年，单位面积平均价值量 7.89 万元/公顷/年，位列全省第一。其中：涵养水源 453.007 亿元，保育土壤 93.137 亿元，固碳释氧 254.736 亿元，积累营养物质 25.843 亿元，净化大气环境 504.324 亿元，生物多样性保护 301.391 亿元，森林游憩 0.402 亿元。② 黔东南州 2016 年度森林生态系统服务功能价值核算名列全省第一。

湘黔桂侗族地区森林生态系统的保存完好程度都高于所在省份的平均值。从数据上看，贵州省黔东南州森林生态系统服务功能的单位面积平均价值量已经超过了全国排名前 2 名的省份。这一客观事实也反映了湘黔桂侗族地区生态资源最大特征是：以森林生态系统作为生态主要支撑。

三 侗族的生活资源和生计方式

1. 生活资源

侗族是一个典型的南方山地农耕民族，在历史上有"溪峒""峒人"等不同称谓。这里所说的"溪峒"，是指周围皆为青山绿水甚至高山深谷之中的平地或者坝子。侗族通常把家园定居在广袤的山区，安寨落户之处尽可能依山傍水。侗族村寨赖以生存发展的自然生态环境，其最大的特点是"山长青、水长流"。四围的大山，森林长年覆盖，蓄养了丰富的水源，山有多高，水有多深。至今，侗族居住生活环境仍然具有以上鲜明的地域

---

① 《贵州省发布 2016 年度森林生态系统服务功能价值核算结果》，http：//www. guizhou. gov. cn/xwdt/dt_ 22/bm/201806/t20180627_ 1359369. html，2018 - 7 - 5.

② 《黔东南州 2016 年度森林生态系统服务功能价值核算名列全省第一》（2018 - 07 - 05 - 22），http：//www. sohu. com/a/239539512_ 100014558.

特点。

侗族是一个以稻作为主，兼营林木和渔猎的山地民族。在贵州、湖南、广西边界一带，过去侗族以生产水稻（粳稻）为主，并培育有本地优质、独特的水稻品种——香禾糯。这些地方的侗族群众尤其喜欢在稻田里放养鲤鱼，创造和传承了具有独特地域特点的侗族文化和有机农业文化遗产——"稻鱼鸭共生系统"，具有复合种养的特点。中华人民共和国成立以来，为了提高农村农业发展水平，国家不断推广杂交水稻、双季稻等优良高产水稻品种，侗族地区稻作农耕生产方式虽然受到了国家农业政策和现代化农业生产技术的影响，导致原来的水稻品种不断改良，但是这些地方传统的"稻鱼鸭共生"复合农业生态系统一直保留下来。由于侗族主要以种植水稻为生，人们除了充分地利用山间坝子之外，也在山坡从上而下开垦出了层层的梯田。

历史上，侗族先民长期生活在边远山区，社会生产力低下，交通不便，几乎与外界隔绝，脱离了群体的个体力量微薄，难以生存，因而聚族生存、聚村而居、互助生产成为必然选择。人们以村寨为中心，充分地借助地域环境资源的优势，利用森林（林木）建筑了房屋，同时解决了燃料之用，而广阔的大山和森林则为人们提供了采集山货的场所，草坡提供了广阔的放牧场地，丰饶的田土可供人们种植水稻、蔬菜和棉麻等作物，解决了人们的衣食之需。山川河流涵养了不竭的水源，源源不断地供给侗族人民的水利灌溉、稻作农耕和渔猎。故此，绿水、青山、田园是村落生存发展的最基本的要素。这里的村落社区，大多周围森林密布，气候温润，土地肥沃，丘陵、坝子、梯田连绵不断，河流、沟渠纵横交错其中，成为千百年来人们从事农耕稻作的绝佳环境。侗族山区种植作物的土壤类别，主要有红壤、黄壤、黄红壤、土黄泥等。丘陵地为黄红壤，梯田为黄泥，坝区则以黄泥和紫泥为主，除了适宜种植主粮——水稻之外，也适宜广泛种植各种蔬菜、红薯、玉米、小麦、辣椒、高粱、水果、棉花等常见农作物。

2. 生计方式

根据前述，作为南方古代少数民族的重要支系，侗族早期生活在都柳江中下游地区的河谷地带，过着原始农耕渔猎生活，以后他们又溯源而上，不断迁移来到清水江流域为主的山区，开拓田园，从此定居下来。这些地方的侗寨多依山傍水而建，房前屋后田园也往往建有沟渠、古井、池塘，彼此相连，水源长年不断，大小池塘的鱼鸭成群。池塘常年蓄满水，可供村寨在干旱时节浇灌农作物，火灾发生时取水救灾。经过长期的探索，侗族先民最终完成了山区的自然环境改造，不断传承"饭稻羹鱼"的生活习惯。同时，侗族人还通过开荒造田、开辟河道等方式，改造自然环境，再造农耕生态环境。这种改造，一方面使本来仅在江河中下游的生物群落现在可以游移到高海拔地带而与高山森林生态系统毗邻存在，促进了山区生物物种的多样化；另一方面，这种经过人工改造了的山区生态系统，不断衍生出具有侗族特色的生态适应方式和举措，增强当地人的生存能力和适应能力。侗族作为典型的山地传统农耕民族，在改造自然谋求生存的过程中，其传统的生计方式除了"水稻种植""稻鱼鸭共生"[①]，还有"林粮间作"（或者"林下经济"）、"人工育林"等。

中华人民共和国成立以后，随着侗族地区农业生产技术的提高和农业经济的发展以及人们生活方式的变化，以上这些生计方式逐渐呈现出基本型、发展型（兼业性）、缺失型以及其他类型的多样性变迁。特别是在现阶段我国农业基础设施不断完善和国家扶贫开发不断加强的形势下，侗族乡村在养殖、蔬果、经济林等方面，也开始出现了产业化、规模化经营，而这种新的生计方式，也在促进自给自足的传统农耕生计方式的现代转型。但从大的区域格局上看，由于侗族农村社区主要处在西南边远山区，地理环境资源条件毕竟有限，现代农业产业化、规模化经营程度还比较低，所以尽管侗族社区的生计方式一直在发生种种"现代性"的变化，但这种变化的过程是缓慢的。因此，山区传统农耕条件下仍然延续着的"以稻为主""稻鱼鸭共生""林粮兼营"等生产经营活动，仍然是侗族社区现阶段的生计方式的总体特征。

（1）稻作生计方式。现在贵州、湖南、广西一带的侗族地区，广泛种植水稻，是典型的南方稻作农耕区域。作为这里的世居少数民族，侗族一直把稻米作为最主要的粮食，而他们在长期的水稻种植生产实践中，也形成了一套完整的水稻种植知识体系，构成了独特的稻作文化。通常，村民种植水稻，都要根据不同品种，选择不同的田地来进行。因地形环境不同，稻田分为坝子田、梯田、冷水田等。村民对稻种的选择和保存也有自己一套独特的经验和方法。水稻的传统种植，虽然各地因生活习俗、地理

---

① 罗康智：《侗族美丽生存中的稻鱼鸭共生模式：以贵州黎平黄岗侗族为例》，《湖北民族学院学报》（哲学社会科学版）2011年第1期。

图1－4　侗乡的稻田与杉树景观

环境、经验知识等影响而略有差异，但从选种到秋收的总体耕作生产的过程，大致相同。其水稻耕作的主要环节特点如下。

第一，稻种选取。一般来说，当年秋收之前，农户的主人就要比选不同稻田的长势，以确定哪丘稻田里的稻子颗粒饱满、没有病虫害等情况。选好哪丘稻田，就在那丘稻田里插一个草标，以作标记，表明要选定这丘田的稻子作为谷种。秋收选种必须十分慎重，因为它关系到来年的收成。如果有的人家认为自家选取的稻种比不上别人家的好，那么他可能就来年春种的时候，向有优质稻种的邻居人家交换稻种，通常以2—3斤糯米来换取1斤种子。从秋收选种到换取稻种，整个过程特别小心注意，以确保来年丰收。如果种子不好，就有可能导致来年歉收，严重的甚至颗粒无收。这种选种的知识，对于一个长期保持传统稻作方式的社区而言，尤其难能可贵。这是他们根据生产生活经验、长期适应自然生态环境的经验积累。这些经验通过不断传承和发展，保证侗族社区传统农耕稻作技术不断得到完善，成为南方山地少数民族农业知识体系中的重要组成部分。

第二，田地耕犁。20世纪60年代以前，每年农历正月初二，村里春耕伊始，先由"活路头"（寨头）举行一种仪式，即挑一挑农家肥放在村落中的某一块公田里，然后摆上祭品、烧香、挖地三锄，表示这一年的耕作开始。这样，从这一天起，人们就开始进行春耕劳动。在当地人看来，"活路头"（寨头）举行这种仪式后，可保新的一年里风调雨顺、五谷丰登。每年春分过后，村民开始犁地耙田。无论梯田还是坝田，一般三犁三耙，以松软、平整为宜，以便插秧。通常，山坡上的梯田不易蓄水，而平地上的坝田容易蓄水，因此人们根据雨水丰枯情势，往往先犁梯田后犁坝田。犁地耙田也有"炕冬田""泡冬田"等不同方法。每年稻谷收割后，多数稻田都要把水排干，割平稻脚，待干燥后放火焚烧，以烧灰作肥，来年春季始犁，是为"炕冬田"。而"泡冬田"则于收割后不排水，次年多用锄头翻挖或人力犁耕。史载乾隆年间，由于朝廷在侗族地区安屯设堡，使这些地方引进了"犁田过年"的耕作方式。所谓"犁田过年"，即为了好过年，人们在当年冬季就已经把田犁好，而不待来年春季才去耕犁。如此，在每年农历十月、十一月就已经犁好了的稻田面积逐渐增加起来。其实，这种"犁田过年"的耕作方式也只是把犁田的时间提前了，对整个耕作时间统筹稍作了调整，谈不上先进技术。民国时期，坝区稻田主要用牛耕。而高山梯田在斜坡之上，由于坡斜路窄，耕牛不易上下，所以这些地方的梯田，一般都用人拉犁或锄头挖田。中华人民共和国成立后，稻田与旱地轮作的面积不断拓展，为了增加土壤肥力，除了养鱼必须保留部分水田以外，其余稻田都要把水排干，因此泡冬田有所减少。在犁耕方式上，大多数地区还是以畜力耕犁为主。但近年来，随着现代"农具下乡"补贴政策的推行，一些坝区的农户开始购买机器，用机器犁地，从而代替牛耕。而在山区，最主要还是用耕牛犁田耙地，耕牛仍然是山村里最主要的劳动力量。因此，农户对耕牛（一般是用水牛、黄牛耕地，有时也用马来驮运物资）特别依赖和照顾。平时农闲时节，他们每天早晚都要为自家的耕牛备有很好的草料，以精心养肥，蓄力待耕。而在农忙时节（特别是春耕），还要格外给耕牛喂食嫩草、米粥等食物，更加增强体力，确保耕牛有充足的体力耕犁田土。一年之计在于春，一春之劳在于牛，因此农户对自家的耕牛都有很深的感情，一般情况下，不会轻易宰杀自家耕牛，也不会轻易卖掉自家耕牛，只有自家的耕牛老了或者病重了才卖掉。耕牛卖掉后，主人会把以前牵牛的绳索保留下来，以示敬畏与感怀。因此，买家只能自己拿出新的绳索才把牛牵走。侗族村寨，很少见到村民宰杀耕牛的场景，除非村里重大祭祀、家境条件较好的人家有老人去世等特殊情况，才宰杀耕牛。如果没有特殊情况而滥杀耕牛，就会受到道德谴责。因此，一般村民都不敢杀牛，偶尔要杀牛了，也要找专门"杀牛者"来执行（一个村寨，往往只有一两个人敢于杀或者愿意杀牛）。因为这些传统村落里面都流传着一种说法：谁要是杀牛了，他的来世就会变成牛，吃苦一辈子。20世纪80年代以后，随着农业科学技术的推广，稻田旱作逐渐增多，坝区机耕方式也不断扩大。随着机耕推广，人们在坝区平地上对耕牛的依赖有所减少。但在边远山区，牛马仍然是生产生活中不可或缺的主要的畜力，这些山坡上的梯田，只要牛马可以上下安全通行的，都在使用牛马劳动。

第三，育秧。侗族传统的育秧办法是，先把选好的谷子倒入木桶或木盆之中用清水浸泡，用水瓢把不能沉淀的谷种（秕谷）捞走，留下实粒。谷种浸泡一段时间后，充分吸饱水分，开始发胀，然后再倒入筛子或者箩筐里，最后用布料或者木盖加盖，放置于屋子里。当年春天如果气温太低，农户还要适时给予加温，防止谷种受冻。所谓加温，一般就是把装有谷种的筛子或者箩筐置于轻微的炭火之上，时间随时控制，以保湿保温为宜。每隔五六天，打开盖子观察，一旦到谷种发芽，长到适合播撒的时候，就挑到准备好了的秧田里去撒种。秧田的选择是很慎重、很讲究的，其地理位置一般位于水源较好、土壤肥沃、日照较强、视野空旷的地方，并且属于虫害鸟鼠踪迹不多的稻田。撒种结束时，农户一般会在田里插上好几个稻草人，借以迷惑老鼠、驱赶鸟兽和防止入侵。也有农户把一些香和纸捆绑在一根木棒上，插在秧田，以祈求谷种苗壮成长。20世纪90年代以后，国家进一步推广杂交水稻良种，大温棚育秧等科技农业得到快速发展，传统的选种、育秧等生产方式由于效率低下，逐渐退出，代之以现代高效、安全的育秧方式。

第四，插秧。在拔秧苗之前，一般要举行开秧祭祀仪式，也就是选定一个农历好日子，由一个寨老领头，召集村里的几个德高望重的人来到一块秧田旁边进行祭祀。祭祀的时候，要摆上鸡、鱼、糯米饭、香纸等祭品，然后由寨老对着秧田念出祭祀的话语，大意是本寨本村就要开始插秧了，希望天地神灵保佑，今年风调雨顺、稻禾丰收、五谷丰登。现在很多村寨，随着现代农业技术的广泛应用，这种传统的祭祀仪式已经不再实行了。插秧时，人们对插秧技术，全凭村民自己的实践经验，有些村民手脚十分灵巧，插秧又快又整齐，这些人往往就是村寨社区的"劳动能手"或"劳动模范"，村民们是非常敬佩的。梨地、插秧必须赶上雨季，秋收必须赶上晴天，因此插秧和秋收，都是一年劳作最忙的时节。为了不误农时，村民互相帮忙，时间久了，便形成一种互助的习惯。村民往往几家联合起来，一起劳动，通常会在一周或者半月以内，统筹兼顾工作时序，合理轮流劳作，刚好完成各家各户的插秧农活，从不延误农时。

图 1 - 5　侗族存放糯谷的禾晾

　　第五，管理和秋收。村落社区对稻田的管理，不同的社区略有不同，但都以稻田位置、水利灌溉、土壤肥力等条件为基本遵循。平时的稻田管理，通常主要有以下关键环节。①水利灌溉。农田稻作是一项生产周期较长、管理复杂的系统工程，除了选种、育秧、祭祀、插秧等程序外，水利灌溉也至关重要。比如，在黔东南侗族山区，许多地方梯田连绵几千米，山高水远，而灌溉沟渠则只有一两条，有的沟渠甚至绵延十几里以上。从源头梯田到水尾梯田，要是遇上干旱季节，而用水分配不科学的话，那么水尾梯田往往就会需要一个星期或者半个月以上才能轮流分到田水，因此必须尽量平均用水和节约用水，直至迎来下一个雨水丰期，才能保证所有农田得到灌溉。这样，一旦用水分配不当，就容易造成离水源最远的梯田错过最佳插秧和灌溉时间，导致收成无望。为保证所有农田得到灌溉，村民在分配水源时，就必须自觉遵守一些约定俗成的习惯规则，如有违反，轻者就受到社区的谴责，重者就要运用习惯规则进行惩戒。社区水利灌溉方法，有的地方按照农户的人头来分，也有的地方按照稻田面积来分，主要根据梯田分布状况，按照由远及近的原则来分配，周而复始。从离水源最远的梯田到最近的梯田，大概需要一两天或一周以上不等，需要周期性灌溉和分流，时序和次序视灌溉规模而定。如果沟渠出现渗漏问题，那么还要进行水利修缮和建设。②土壤施肥。在湘黔桂边界一带侗族社区，20世纪80年代以前村民仍然使用草木灰、草垛积肥、人畜粪便等作为肥料进行农业生产。这类肥料都是就地取材，对生态环境没有造成破坏。而20世纪80年代以后，人们开始大量使用工业化肥。工业化肥的使用，虽然减轻了劳力、节省了劳作时间，但大量使用工业化肥也造成土壤硬化变质、环境污染等，这是目前农业发展中的新问题，涉及生态环保的改进。③田间除害。田间除害，包括防虫、除草等。防虫，一是病虫害，二是防鼠和其他动物。此外，除草是田间护理的主要工作。高山远岭上的稻田，往往气候较冷，稻田里的水草生长缓慢，人们往往只要薅秧（除草）一次即可。而河谷坝区的稻田，气温相对高，稻田里的水草长得快，人们往往要薅秧（除草）两次，最后才进入秋收季节。薅秧是在插秧结束后30来天的时间段进行，薅秧时人们手上拿着一根拐杖支撑身体，双脚左右开工，不停地刨动稻禾旁的田泥，用力要适中，以刚好除去杂草的同时又不能影响稻禾生长为宜。有的稻田杂草太多了，还得用手逐一拔除，塞到泥里，使其不能复发，烂在泥里，增加肥料。

第六，糯稻习性与复合生计方式。水稻喜欢湿热气候和阳光。这样的生物习性，在平原地区一般是没有问题的，但在高海拔位置的山区，就很难兼顾湿、热和光照，这样的气候条件对于水稻的稳定生长极其不易。因此，山区稻田根据湿、热、光照的不同程度分为冷水田、过水田、向阳田、阴冷田、望天田、高坡田等，并适当改进管护。有的只能顺应自然，如极端的冷水田处于高山峡谷之中，整天日照时间不足四小时，最高水温不超过25℃，最低水温则在11℃，这对普通稻种来说，属于生长条件恶劣。保水能力极差的高坡田，由于经常缺水，水稻产量比普通稻田减少二分之一。而这样的差异，又远远超出了人力调控范围。①

由于土地有限，而且稻田收入不高，为了确保生存，侗族人不得不另辟蹊径，其中之一是培育适应山地的水稻品种，以此来解决这一人地矛盾。糯稻的习性恰好适应了山区的条件，糯稻具有高秆、耐寒等特点，比较适合实施"稻鱼鸭共生"的生计方式。如在黔东南从江、榕江、黎平一带，据调研得知，原有糯稻品种就有30多种（至今尚存十多种）。这些糯稻品种有一些共性：①水稻秆高。出水秆高超过150厘米，最高的可以高

---

① 罗康隆：《侗族传统生计方式与生态安全的文化阐释》，《思想战线》2009年第3期。

过200厘米。高秆的优势还体现于，可以让鸭子自由觅食于水稻间，提升稻田的多元收益，稻穗却不会被伤及。在丛林的夹缝中，高秆糯稻仍然能够争取阳光的照耀。②不怕水淹。田里有十余厘米高的水位（水淹），稻种照样能生长出芽；甚至50余厘米深的水淹也不能将稻根窒息。耐水淹特性对于山区农业来说就是优势：稻田不但能够将暴雨时节的雨水进行有效贮备，以确保旱季对于水资源的需求，而且田中较强的蓄水能力进一步拓展鱼和鸭的生活空间，助力提高鱼和鸭的产量，此外，还能有效规避鸭子对鱼的伤害和攻击。③耐得阴冷。由于稻田中的贮水深，稳定了小区域气温，使得水稻具有了抵御冻害的环境。遇到了阴冷雾湿季节，依然扬花结实。深秋时节，寒露霜降都不会对糯稻构成威胁。这些高秆糯稻的外表均有庇护绒毛，坚韧的长芒长在稻谷上，稍不注意手就会被披针状的倒刺割伤，这一特点能让糯稻免受鸟儿的侵害，稻粒也不容易掉落。正因为这些糯稻品种耐水淹，稻作生计方式成为现实。在阴冷的气候条件下，林粮兼容成为现实。当然，从侗族地区的农业生产经验中，传统的复合生计方式所构成的复合农耕生态系统是一种较优的生态安全状态，值得保护继承。

（2）"稻鱼鸭共生"生计方式。稻作农耕是侗族最重要的生计方式。在此基础上，侗族人们栽秧的同时又在稻田里放养鱼、鸭，从而出现稻、鱼、鸭同一时空共生的一种农业形态。这种农耕形态，人们从生产方式上进行观察并将其概括为"稻鱼鸭共生"的生计方式。[①] 过去，虽然在各种水稻品种中，糯稻因高秆、耐淹、耐寒的特点而适合实施"稻鱼鸭共生"生计方式。但由于人口增多，糯稻低产的问题也日益显现出来。随着国家对优质杂交水稻的推广和普及，除了在糯稻中实施"稻鱼鸭共生"生计方式以外，人们也开始在其他品种水稻种植中实施。侗族在稻田的特定空间上同时种植水稻和放养鱼、鸭的农业形态，它在整体上具有"共生"的基本特征。但是，侗族对于水稻种植、鱼的放养和鸭的放牧又有特定的经验。因此在生计方式上，就侗族"稻鱼鸭共生"系统中的生态意义理解，除了水稻种植外，还需对"鱼的放养"和"鸭的放牧"分别论述，这样才能对"稻鱼鸭共生"系统的生态机制予以整体的了解。

---

① 崔海洋：《浅谈侗族传统稻鱼鸭共生模式的抗风险功效》，《安徽农业科学》2008年第36期。

第一，放养田鱼。侗族人在长期的生产生活环境下，在生产实践中总结了一套生产规范和经验，其中之一是独特的稻田养鱼法。①鱼苗的选择。鲤鱼是侗族农村社区稻田养鱼首选品种，鱼苗通过市场购买、自己培育两种途径获得。现在集镇上也专门有人出售鱼苗，村民可以在集镇上购买到鱼苗。如果不购买鱼苗，则由村民自己培育。鱼苗优选的经验是：通过外形、个头就能观察和判断出鱼苗是否健康。②鱼的放养。鱼苗选好后，侗族人选取一丘营养丰富的好田放养一段时间，在这段时间里，村民要对鱼苗进行人工饲养，鱼苗的食料有鸡鸭粪、猪牛粪、米糠等。这些食料使鱼苗长得很快，以至不久就可以分散放到各个稻田里面去。放养之前，有的村民视具体情况先在稻田里做个鱼窝，鱼窝大小取决于放养鱼苗的多少。也有的村民不做鱼窝，直接放到秧田里。为确保这些鱼苗能够在稻田里不丢失，人们需要加高田坎上的出水口，防止鱼苗从出水口跳出去。为了防止田坎在雨季不被冲垮，同时保证干旱时期充分蓄水，人们还要筑牢、夯实田坎。无论山坡梯田还是坝子田，都有一个出水口，人们通常在出水口装上竹栅，以防鱼从此处溜掉。这些工作准备就绪后，村民就开始把鱼苗陆续放养到每块稻田里。一般情况下，每一丘田放养鱼苗的数量，都是根据稻田的面积大小、距离村寨的远近、土质结构、水温光照综合确定。如果稻田面积不大，就不宜过多放养鱼苗，否则鱼儿觅食不足，生长不大。总之，以充分利用稻田空间和确保鱼儿能够肥大为宜。村民对所放养的鱼不会心中无数。数个月后，稻谷成熟时也就到了开田捕鱼时，清点一下就知道鱼儿的收获情况，这样的计算可以为来年放养鲤鱼做好准备。③鱼的食物来源。被放养在稻田里的鲤鱼，一般不用再人工喂养，因为鱼儿能够在稻田里找到它喜欢吃的食物，包括水草、飞虱、叶蝉等。鱼儿的食物链构成，在减少病虫害方面，对于水稻的生长产生了实质性的保护作用。这种稻田养鱼的方式不会影响水稻种植，基本也无须人工饲养，成本很低。侗族这种养鱼模式，体现了鱼与稻之间的相辅相成、生态循环的关系。在不影响水稻、鲤鱼生长的情况下，村民们在稻田里再放养一些鸭子，使得稻、鱼、鸭三者共生，这使得稻、鱼、鸭三者之间相辅相成、生态循环的优势凸显。稻、鱼、鸭共生共存的生产方式和技术，既能增加对有限稻田的利用，又能实现生态的良性循环，从而实现低投入、高产出的农耕综合效益。

第二，鸭子的放牧。放牧在稻田里的鸭子，品种选自当地，一般属喜食杂食类。环境影响着动物的生长和体型大小，灵活穿梭于水稻间的这些鸭的个头一般都不大，不用担心会毁坏水稻。鸭子在稻田里游来游去，自由觅食，水稻中的害虫、水里的小虾、小虫以及水田中长出的各种杂草，都是鸭子最喜好的食物。因此，人们不用给这些鸭子投入太多的饲料。稻田养鸭，主要抓住两个环节。①孵化鸭苗。村民在孵化鸭苗环节就尤其重视，首先，松动的鸭蛋不适合孵化，这就需要将鸭蛋摇一摇，判断鸭蛋内部是否松动。这样的检测是为了孵化出日后能够苗壮成长的鸭苗。另外一种选蛋方式就是，拿着鸭蛋对着太阳或者灯光进行观察，分辨出哪些是能够孵出的鸭蛋。鸭蛋选好后，侗族人会拿来一个竹箩，铺上一层厚厚的谷糠，再把鸭蛋有序排放在谷糠上，最后加盖一层厚厚的稻草，以这样的方式保温，并促进鸭蛋的孵化。另外，也可借用母鸡代孵鸭蛋。很多时候，母鸡代孵和谷糠代孵齐头并进，方能确保孵化出足够多的鸭苗。②鸭的放牧。在湘黔桂交界一带的南方侗族稻作区域，一年中，人们分别可以在春季、夏季和秋季三个季节放养三批鸭子。每年春分时节，农民忙于犁田，一群群小鸭跟在它们主人的后面，不停地啄食泥土中各种小虫子。等到秧苗下田后，农妇们会在每天的清晨挑起装满雏鸭的鸭笼走到田边，将雏鸭一一放逐到稻田里找食和玩耍。傍晚时分，农妇们回到田边将鸭子召集回家。稻田放养鸭子的时候，也需要考虑鸭、鱼苗生长周期，防止让鸭子把鱼苗给吃光了。这是"稻鱼鸭共生"的一个关键环节。所以，那些有经验的农民，总是把放鸭的时段与鱼苗的生长周期错开，一般是先等鱼苗长大后，保证鱼的活动能力大于鸭的活动能力（鸭吃不到鱼）的时候，才可以把鸭子放进稻田里。鸭放进来以后，人们通过调节稻田水位的高低，一方面可以确保鸭子浮游无阻；另一方面，鱼因为害怕鸭子而四处游动，从而大大增强了鱼的体能和免疫力，故每到秋天稻子金黄的时节，同时是鸭儿壮、鱼儿肥，稻、鱼、鸭共同丰收。

第三，"稻鱼鸭共生"生态机制的运行。稻、鱼、鸭共生的特定环境里面，由于这种鸭的个头不大，所以能灵活穿梭在水稻间而又不会撞坏水稻，游动觅食的过程本身就是在为稻田松土，这正好省去了种稻薅田的部分人力。人们通过调控时序，放养鱼苗先于放牧鸭子，让小鱼稍微长大，保证小鸭吃不到鱼。此时水稻长高，鸭子无法企及挂在枝头上的稻穗，而只能默默地吃着田里的虫和草。同样，稻田里的浮游生物，也是鲤鱼的天然饲料。鸭子和鱼排泄的粪便，经过纯天然的微生物降解后，又转化为水稻生长所需的肥料，这就构成了一个物质能量的循环圈。如此，稻、鱼、鸭各自生长，它们之间形成了良好的运行机制。如果将稻田中的所有动植物都算上，这样的物质能量循环圈数量就大大增多，其生物食物链也拉长，使得这一生态系统更加具有稳定性。①

这里还需要指出的是，水温和稻田的位置问题是"稻鱼鸭共生"生态机制的运行的必要条件，水是维系这一生态机制的关键。侗族村民为了培植稻田肥力，不论是坝区的农田还是山上的梯田，都施以草料作为肥料。侗族人在耕作农田时，为了避免肥水流入外人田，都要将水田的出水口封闭3—5天，切断水源外流的通道。在阳光和暖和空气的作用下，水田里的水温升高，促进草料的发酵。但是，如果水田的水温高到一定程度，秧苗将会被烧死，出现秧叶枯黄。较高的水温也不利于鲤鱼的放养，水田的高温对于水田中鱼苗的存活率也是有影响的。为了对付这一点，侗家人对于投放鱼苗的时间是有选择的，通常会在温度较低的早晨或傍晚和阴雨天，尽量避免高水温对鱼苗的伤害。同样，雏鸭比较稚嫩，也经不起稻田高温，也需要避开，否则容易患软脚病，站立不起来，甚至逐渐病死。而在一些边远山区，山里的稻田灌溉之水都是清凉的溪水，水温不高，加上梯田在斜坡之上，山风吹来，散热较快，稻田里的水温一般不至于上升较高，因此这些地方也就避免了烧苗、死鱼、病鸭的发生。显而易见，适合的水温在稻鱼鸭共生系统中发挥了关键性作用。

近年来，随着生态文明理念深入人心，对于侗族聚居区的"稻鱼鸭共生"的生态机制引起了学界的广泛关注，学者们从村落坐落位置、村落水源、村落排水系统、微生物的多样性、梯田的观赏性和实用性来进行观察和研究，揭示了"稻鱼鸭共生"系统内部的资源整合方式和状态，得知"稻鱼鸭共生"系统的优点。但是，侗族"稻鱼鸭共生"作为独特的农业生态系统，产生于湘黔桂温带气候的山区地带，有特定的自然条件。自然条件决定了"稻鱼鸭生态模式"的局限性。基于此，这里稻田类型不同，耕作方式也有区别，以致"稻田养鱼养鸭"的方式也有区别。稻鱼连作耕种方式适合远离村落的农田；稻鸭连作耕种方式适合排水系统不佳且容易内涝的农田；而容易漏水的稻田，则只有选择植稻，但却无法养鱼喂鸭。

---

① 罗康智：《侗族美丽生存中的稻鱼鸭共生模式——以贵州黎平黄岗侗族为例》，《湖北民族学院学报》（哲学社会科学版）2011年第2期。

因此，事实上还有一些侗族农村地区也一直存在"稻鸭共生""稻鱼共生"等农耕生态系统，只是不具有农耕遗存文化的某些典型性而被忽略了。可见，侗族人们在长期的农业生产过程中，早已总结出了因地制宜的生计方式，在顽强生存与适应环境之间，实现持续性的运用。

实际上，侗族的"稻鱼鸭共生"的农业生态机制，是特定地区的侗族人民适应环境形成和运用于农业生产的一套有效方法。侗族基于传统农耕技术，在梯田中放养鱼鸭，让稻、鱼与鸭相互依存、共同生长，实现稻作生态良性循环，是一种能够在农业周期内实现收获最大化的实践活动。

"稻鱼鸭共生"是侗族农业生产领域里的一个生态系统。而关于侗族的生态系统不仅限于此，除了"稻鱼鸭共生"生态系统外，侗族村寨社区还并存着多种不同的生态系统，比如落叶常绿混交林、亚热带季风区的常绿阔叶林、山地针叶林生态系统，水域生态系统，山间草地、湿地生态系统等，它们共同构成侗族社区生态资源。诚然，侗族地区的生态系统是多元的，"稻鱼鸭共生"生态系统与其他生态系统相互联系、相互依存，共同构成了侗族社区的多元生态系统格局。侗族人们对它的长期维护，使得侗族地区千年以来都没有发生过严重的生态灾变事故，农业生产和社会生活具有很高的生态安全保障。

现今，在湖南、广西、贵州的侗族聚居地区，许多侗族村寨一直传承着"稻鱼鸭共生"的生计方式，形成一道独特的生态农耕文化景观。虽然不同村落的侗族社区，"稻鱼鸭共生"的生计方式又略有差异，但从各地侗族农村社区"稻鱼鸭共生"生计传承发展来看，当数黔东南榕江、黎平、从江一带的侗族农村社区保存得最完整，也最有地域特色。有鉴于此，2011 年联合国粮食及农业组织将黔东南榕江、黎平、从江一带侗族社区"稻鱼鸭复合生态系统"列入"全球重要农业文化遗产"保护名录。

（3）"林粮间作"的生计方式。"林粮间作"又称"林下经济"，是侗族人的生计方式之一。据《黔南识略》记载：清水江流域侗族地区"山多载土，树宜杉。土人云，种杉之地，必预种粟及包谷一两年，以松土性，欲其易植也"。[①] 由此可见，清水江流域的侗族早在清朝初年，就已经掌握了人工育林的技术，并在长期的生产和实践中，创造并娴熟运用了"林粮

---

① （清）爱必达、张凤笙、罗绕典修，杜文铎等点校：《黔南识略》卷九，贵州人民出版社 1992 年版，第 137 页。

间作"技术。因清水江流域的侗族村落所处自然环境，一般都是在高山远水之间，通过人工育林种植的经济林和自由生长的野生林交织密布，在郁郁苍苍的野生林中，红豆杉、榉木等国家保护的名贵树种并不稀奇。林农在人工育林过程中总结了"林粮间作"的耕作方法，也就是在植树造林的过程中套种其他农作物。从现代农业意义上看，这种耕作方法也叫作"林下经济"。需要指出的是，以前俗称的"林粮间作"方式中的"粮"也只是一个统称，泛指林农在新造林地展开林粮间作，按地形、土质、日照以及距村落距离远近情况等，在林地里套种植小米、玉米、蔬菜、水果等经济作物，达到林粮双收。如果根据经济作物类别来分类，有"蔬菜间作""果树间作""杂粮间作"，它们都是"林粮间作"的主要类型。"蔬菜间作"是指在林地里套种蔬菜，例如萝卜；"杂粮间作"是指在林地里套种红薯等杂粮；"果树间作"则是指在林地里套种水果。这些正是现代农业产业中的"林下经济"形式。关于"林下经济"，侗族民间林农自编有不少民谣，如："种树又种粮，一地多用有文章，当年有收益，来年树成行。""林粮混栽好，一山出三宝，当年种小米，二年栽红薯，三年枝不密，再撒一年荞。""种树又种粮，办法实在强，树子得钱用，粮食养肚肠。""栽树又种粮，山上半年粮。"[①] 这些民间谚语鲜明地反映了侗族人对于林粮间作的基本认识，又反映出林粮间作的优势，即可以让树苗苗壮成长，还可以通过在林地进行套种而获得"山粮"赖以度日，有利于解决稻田不多、稻谷不足的问题。从这个意义上讲，"林粮间作"也是侗族人应对人工育林周期过长难以应对眼前的生计压力而对生产方式进行的创新性生产实践，从而达到"以短养长"，缓解周期长与当下粮食紧缺的矛盾。从当时的侗族经济发展水平看，人们主要精力还是在粮食生产。从生态建设的角度看，虽然果林等"林下经济"总体上处于较次的地位，其运用并不覆盖所有的侗族村寨，但这种生计方式在生态保护、粮食补充等诸多方面仍然具有重要的作用。

（4）"人工育林"生计方式。侗族世居的湘黔桂交界的清水江、都柳江、潕阳河流域，宜林山地延绵千里，平均海拔 1000 米左右，土壤肥沃，属于亚热带湿润季风气候，雨量充沛，具有发展林业的良好的自然条件。《黔南识略》记载，今天的黎平县到剑河县再到锦屏县二百里内，"两岸

---

① 罗康隆：《侗族传统生计方式与生态安全的文化阐释》，《思想战线》2009 年第 3 期。

（杉林）裂云承日，无隙土、无漏荫，栋梁木桶之材靡不备具"①。至今，这里依然分布着成片的天然林，盛产杉、松、楠、樟等多种速生用材林木，森林覆盖率仍然很高，是我国南方重要的杉木生产区域。中华人民共和国成立初期，贵州省林业主管部门划定了十个重点林业县，有八个就位于黔东南的侗族地区。这种优越的森林生态形成，无不与侗族"人工育林"生计方式密切相关，构成为侗族经济社会发展的重要基础。有研究指出，正是"人工育林"技术和操作方式，使这里"人工林"的杉木森林及其资源能够持续保持和不断发展下来，至今清水江流域的植被仍然十分完好。侗族"人工育林"的技术和生产方式所具有传统资源、技术运用的代表性，在当代仍具有适用性。

诚然，明清以来，侗族一直是我国西南地区最重要的人工林经营者。木材外销是侗族人获取货币财富的主要路径，这得益于清水江流域的侗族地区木材市场一直存在，促成了侗族人们广泛种植和经营杉木。杉木是优质木材，杉树高大笔直，便于加工使用，因而需求量很高，能形成经济价值，在侗族地区长期以来都是外销木材的木种之冠。令人惊讶的是，侗族人却不盲目追求经济利益而出现只种植杉木的情况。在人工育林过程中，他们讲究的是复合型种植，实施多树种间种。侗族聚居的山区，林地上种植的树种包括樟科、木兰科、芸香科等20余种乔木，杉树仅占到其中的70%。另外，还有一些自然生长的乔木参与其中。因此，虽然侗族人经营的人工林面积大，但在人工林与天然林之间的物种结构却十分协调。在这些侗族地区，人们除了控制藤蔓类植物生长外，对主种的杉树植株进行管护的同时，并不对周围杂木进行清除，即使杉树苗的长势不好，也不会砍掉周围的乔木，仅对出现了病害的杉树采取间伐。这样的经营措施保证了生态的多样性和产量的稳定性，林木遭遇病虫害的侵袭较少。因此，侗族地区长期以来积材率在国内遥遥领先。

"以收代种、收种结合"是侗族传统"人工育林"生计的又一特色。人工林一般有"间伐"与"主伐"的区别，但作为"林农兼营"民族，侗族在人工林经营中并没有采取"主伐"的方式，而是采用"间伐"的方式，不会给人工林剃光头。还有日常用材砍伐树木，一般不会使用锯子，

---

① （清）爱必达、张风笙，罗绕典修，杜文铎等点校：《黔南识略》卷九，贵州人民出版社1992年版。

而是用斧头，而且砍伐的时间多选在秋后。有的地方砍伐后用糯米浆淋洗留下的树桩，确保杉树苗砍伐后能够再生，一般第二年这些树桩上就会萌发杉树苗。杉树苗的生长周期较短，八年就可以成长为可用之材。因此，这些人工林的生物物种结构，与天然状况的森林生态系统极为相近。这些人工林区有着数百年的经营历史，至今仍保持郁郁葱葱的茂盛景象。显然，侗族地区高森林覆盖率是十分稳定的，而且其延续性的时长属于"不断"，这也是令人惊讶的。

侗族地区，以林木资源为基础形成的林业经济，其生计方式并不是在原始资源利用过程中形成的，而是在人工育林基础上逐渐塑造出来的。一般来说，砍树与种树是相反的，但同时又是循环的，因为这里的林农砍树后当年就会立即种树，"种树"在木材生产过程中必不可少。在清水江流域居住的侗族人会在杉木成林后，采取"边伐边种"的采伐方式，即成林一片采伐一片，紧接着又在采伐之后新植一片。"边伐边种"采伐方式的长期坚持，不会导致荒山现象出现。在这里，植树既包括绿化环保，又包括林木生产经营，从而形成了一种特殊的生态林业生计方式。

由于侗族"人工育林"的生产方式及其经营、管理制度的发展，人们利用都柳江、清水江等水上运输通道把木材运往外地，木材销售不断扩大，促进了林业生态经济的日益发达。清代以后，清水江流域已经成为西南重要的林木交易市场，林业经济盛极一时。《黔南识略》上明确记载：从嘉庆到道光年间"商贾络绎于道，编巨筏之大江，转运于江淮"[1]。而贵州《黎平府志》也记载，当时仅由卦治、茅坪、王寨三地每年外运的木材，就价值二、三百万两白银。自雍正时期到嘉庆末年、光绪年间、抗战胜利至中华人民共和国成立前夕这三个历史时期，是清水江流域木材贸易的鼎盛时期，堪称三个"黄金时代"。当时各地木商纷至沓来，有的木商长期住在江河口岸、码头。尤其是到了民国时期，不断涌到侗族林区的外地木商在都柳江沿岸设有十余处"桩口"，有的村寨甚至由两广商人后代组成。民国八年，在清水江等流域地区从事木材贸易的山客达 300 多家，水客有 40 多家，"三江"行户有 80 多家。由于林地、林木等林业资源自由流转和买卖，推动了侗族木商经济的发展，不仅对当时侗族地区的农耕

---

① （清）爱必达、张风笙，罗绕典修，杜文铎等点校：《黔南识略》卷九，贵州人民出版社 1992 年版。

经济影响极大，而且对侗族商品经济意识的生成也起到了重大促进作用，逐渐形成了以木材交易为核心要素的市场制度文化，即清水江林业契约文化。

　　侗族林业经济的长期繁荣，还与当地侗族全民造林育林的传统密不可分。在当地，不管在哪个年代，无论是穷人还是富人，均参加造林育林，林业经营与水稻种植由是成为侗族传统经济社会生活中的两大支柱业态。据记载，随着木材交易的发展，到了清代中期，植杉造林已成为侗族地区仅次于耕地种粮的生产活动，也是当地政府的重要税收来源，政府给予了高度关注。乾隆五年也就是1710年，熟谙侗区的贵州巡抚张广泗向朝廷奏报的施政纲要中说到贵州山多地广，又有人工育林的传统，应鼓励当地老百姓多种树。在地方政府的高度重视下，到了乾隆后期，成片的人工林在侗族地区已经相当普遍。人工林主要以用材林为主，而用材林中又属杉木最受欢迎。从侗族的标志性建筑鼓楼到传统民居，从日常家具再到简易的牛棚等，无不用杉木。因此，杉林也是侗族财富的象征，与田亩同等重要。比如，中华人民共和国成立初期，湘黔桂侗族地区在土地改革过程中划分成分时，一是看粮食产量，二是看杉木（林木）多寡。

　　在侗族地区，由于历史上长期的大规模造林的生产方式及其生产技术的进步，林业稳定持续发展的态势一直没有大的变化。但1958年开始的"大跃进"运动，滥砍滥伐现象十分严重，使得当地的森林资源遭到了前所未有的破坏。但是，此后在国家林业政策的调整和鼓励下，尤其是改革开放以后，社会主义市场经济体制得以建立，侗族区域林业买卖活动日见频繁，当地林业经济再次得到较快发展。与此同时，侗族林业文化特别是以清水江流域为代表的木商文化，作为当地传统的商业观念又开始得到复苏。现今，如何经营林业仍然是湘黔桂侗族地区经济发展需要思考的问题，以森林为主要构筑的生态资源也是这里生态建设的重点对象，要实现二者平衡互惠发展是侗族面向未来的历史课题。

第四节　侗族地区的林业开发和生态问题

　　侗族地区在自然地理位置上属于我国第二阶梯的云贵高原向第一阶梯的长江中下游平原的过渡地带，这里属于山地地形，山河交错分布，地势险峻，地貌崎岖不平，交通不便，适合生产小型山地农业和林业。由于自然环境相对恶劣，侗族地区开发较晚。实际上，唐宋时期侗族才开始形成，在侗族形成的时段里，以清水江流域为核心的侗族居住区，长期是森林密布、野兽出没的地方，自然环境处于原生状态。据清水江中下游卦治的《龙氏家谱》记载，元代仁宗皇庆二年（1313 年），龙氏开发卦治定居时，那里遍地"古木丛生，倒悬挂枝"，遮天蔽日，森林密布，树木十分茂盛。同期，在清水江卦治上游的文斗寨，其《龙氏家谱》记载"在元时丛林密茂，古林阴稠，虎豹踞为巢，月穿不透，诚为深山箐野之地也"①。这说明侗族地区原有的生态环境是良好的。

唐宋时期侗族先民生活的地区，有自然的威胁，但还不是生态问题。尽管如此，侗族在后来历史发展中还是出现过不同程度的区域生态问题。一是明清发生了林业大量开发的情况，到了明中期至清初这个时期，侗族地区开始发生了原始森林逐步枯竭、林木不能迅速恢复的情况，从而此后出现了一定程度的生态危机和形成了"人工育林"的应对。二是中华人民共和国成立后，侗族地区在1958 年的"大跃进"进行"大炼钢铁"和后来的80 年代发生的"乱砍滥伐"，形成了林业资源"盲动"利用的情形，对生态产生较大的破坏，甚至导致了1998 年的长江大水，因此国家才对长江上游实施"退耕还林"政策。进入21 世纪初，现代工业的进入和大工程的实施，对侗族地区生态也形成一定的影响，但这不属于林业开发形成的灾变方面，这里主要介绍前面两个方面的问题。

一　明清时期林业开发对侗族地区的生态影响及其应对

侗族地区的林业开发发端于明朝。洪武三十年（1397 年），现属贵州省锦屏县的原婆洞地区爆发了林宽领导的农民起义，朱元璋派兵 30 万前往镇压。有史料记载，他们由元洲（今湖南芷江）伐木开道经天柱到锦屏。由此开始，清水江流域苗侗地区的木材资源被中原知晓，尤其杉、松、樟、楠等大木始传于外。同时，明朝也开始加强对清水江流域的统治。1397 年，明朝把原设在锦屏铜鼓的千户所改设为铜鼓卫，隶属靖州。此后，不断变换机构，如设黎平府等，以加强统治并开始征用木材。

明永乐年间，都城迁往北京，并重修和改建紫禁城。紫禁城规模很大，需要从全国各地调运木材，所征用木材称为"皇木"。根据《明实

---

①　锦屏县林业志编纂委员会：《锦屏县林业志》，贵州人民出版社2002 年版，第57 页。

录》的《武宗政德实录》记载：政德九年（1514 年），"工部以修乾清、坤宁宫，任刘丙为工部侍郎兼右都御史，总督四川、湖广、贵州等处采取大木"。（《明纪·三十二卷》）嘉靖二十年（1541 年）、三十六年（1557 年）两次遣派工部侍郎到四川、湖广和贵州征用木材。（见《明史·食货志》）尤其是万历年间，紫禁城的乾清宫、坤宁宫、皇极殿、中极殿、建极殿先后失火，全部重建，乃需大兴土木。于是万历十二年（1584 年）、万历十四年（1586）和万历十九年（1591 年），连续几次派员到四川、贵州、湖广征办"皇木"。"皇木"的征采对当地森林形成了影响，那些巨木，即树龄在百年或数百年的巨杉、巨楠、巨樟都被作为"皇木"砍伐，原始森林开始被破坏。如万历三十六年（1608 年），贵州巡抚郭子章说："坐派贵州采办楠杉大柏枋一万二千二百九十八根。"[1] 这只是一次征用数据。又有贵州抚院上奏世宗皇帝道："本省采木经费之数，当用银一百三十八万两，费巨役繁，非一省所能办，乞行两广、江西、云南、陕西诸省通融，出银助之。"（《明实录·世宗嘉靖实录》）可见，不仅朝廷巨资投入，而且还从各省征收经费，这种投入为清水江流域林业开发和市场形成打下基础。在采木的过程中，有的贪官污吏营私舞弊，强买强卖，还在朝廷限额之外夹带私货，与"皇木"混杂一起，运至江南出售。于是，在朝廷征木之外，开始形成经营木商之人。根据记载，大抵分布在洪武三十年（1397 年）至正德末年（1542 年），这个时期在清水江流域出现了木材交易和中介机构。随着发展，到了明朝末年，征收木材由原来的"官办"改为"商办"了，而且数量有增无减，清水江林业市场开始扩大并融入民间。据《黎平府志》记载，明清两代在清水江流域经营木材市场的主要有三大商帮，即安徽徽州的"徽帮"、江西临江的"临帮"、陕西西安的"西帮"。他们常常官商一体，控制市场，经过经营，富可敌国。明朝万历年间，日本入侵朝鲜，明朝出兵援助。当时募捐军费，有徽州木商吴养春一次捐助白银三十万两。以此之款，可见当时木材市场之大。到了清朝，清水江木材被朝廷征用量扩大，同时市场规模也不断增大。清朝雍正年间（1723—1736 年），对清水江有这样的描述："坎坎之声，铿訇空谷，商贾络绎于道，编巨筏放之于大江，转运于江淮之间者，产于此也。"[2] 明清在

---

① 单洪根：《锦屏文节与清水江木商文化》，中国政法大学出版社 2017 年版，第 21 页。
② 贵州省剑河县地方志编纂委员会：《剑河县志》，贵州人民出版社 1992 年版，第 569 页。

清水江流域经营木材并设中介机构而形成的交易市场有"内三江"和"外三江","内三江"指王寨、茅坪和卦治,"外三江"指天柱的清浪、坌处和三门塘。

明清大量开采清水江流域的木材,对侗族地区林业和生态形成巨大影响。明清对清水江流域林业的开发对侗族地区的政治经济文化影响是巨大的,同时也包括生态问题。由于大量开采木材,许多原始森林几乎被破坏掉,许多地方出现了荒山。由于树木生长周期长,在没有人工栽培的情况下,其恢复林业资源和生态就变得困难。这种情况在明朝后期就已经出现了。到了清朝采征"皇木"并不停止,实际是有增无减。"皇木"采征是有规格的,由于原始森林的破坏,到了清朝的中期就更加困难了。据《皇木案考》记载:"楠木二十根,长六丈,径头四尺五寸,尾径一尺八寸;……单求20米(六丈)长度之杉木,尚不易多得,况头尾直径均有严格要求,若尾径60厘米(一尺八寸),则必截下长若干米的树梢,一般非高达30米左右之树,必难取材成楠木。"① 这一段讲的是"皇木"取材的困难。乾隆十二年(1747年)七月,湖南巡抚奏文说道:"楠断二木近地难觅,须上辰州以上沅州及黔省苗境内采取。"②

根据贵州省锦屏县三江镇的《三江镇志》记载:"长期盲目地掠夺性采伐,'山林空竭','杉几尽',原始森林破碎,所剩无几。"③ 在这种情况下,植被和生态被破坏,频发水灾和旱灾。据记载,明崇十五年(1642年)五月,亮江河水暴涨,银洞、平金、亮江村受灾。而正德和万历年间,锦屏县三江镇内发生旱灾数次。其中重大的有三次。那时"久旱无雨,田土龟裂,禾苗尽枯,颗粒无收"④。显然,明清时期对清水江木材的无限制征用和采伐,这里在明朝后期开始逐步发生森林资源减少和生态恶化问题,这是清水江侗族地区第一次生态危机,而且是人为的结果。林木过度采伐,造成森林破坏,不仅发生生态恶化问题,同时也造成当时人们生活困难。如何解决生态和资源危机,这个问题摆在了当时的侗族儿女面前。这时,侗族人们意识到了森林的重要性,再加上木商兴起,木材已经变成了当地生活的主要经济来源和依靠。在这样的背景下,人们开始尝试栽培树木,其中以杉木为主。

---

① 贵州省编辑组:《侗族社会历史调查》,贵州人民出版社1988年版,第10页。
② 同上书,第9页。
③ 贵州省锦屏县三江镇人民政府:《三江镇志》,2011年内部资料印刷,第214页。
④ 同上书,第226页。

据记载，明朝万历年间（1573—1620 年）锦屏农村已经开始出现育苗造林。① "明朝后期，县内始有少量私人栽培杉苗，清代逐渐增多，杉苗走向市场。"② 这是关于明朝开始栽培杉木的记载，到了清朝则更多了。如《黎平府志》记载：乾隆五年（1740 年），朝廷准奏开垦田土，饲蚕纺织，栽植树木，要求每户十株至数百株，种多者更加鼓励。③ 在黎平县茅贡腊洞村的一块《永记碑》中记有："吾祖遗一山，土民跳朗坡，祖父传今（吴传今）曰：'无树则无以作栋梁，无材则无以兴家，欲求兴家，首树树也。'"④ 乾隆十四年（1749 年），《黔南识略》记："人云种杉之地，必须种麦及苞谷一二年，以松土性，欲其易植也。"⑤ "杉阅十五六年，始有其子，择其枝叶向上者撷其子。"⑥

　　这些都是清水江流域逐步种植杉木的少数记载，说明人们已经试图通过植树来弥补森林锐减的势头。尤其是雍正之后，杉木走俏，木材贸易兴盛，于是出现了租山造林现象，租山造林者称为"蓬户"。"造林包括人工造林和迹地更新。人工造林是在无林地（荒山、荒地）上培育森林；迹地更新是用人工在采伐迹地，火烧迹地恢复森林。"⑦ 显然，明朝后期以后尤其清朝中期，清水江流域侗族地区已经广植杉木，人工林变成为恢复森林资源和生态的途径。

　　当然，人工育林包括杉木育种和栽培技术的发明创造。而这一技术发明是明朝中期以来，清水江流域人们面对林业资源和生态危机进行适应环境变化的结果。关于人工育林技术发明的记载，主要是杉树栽培获得成功的运用。最早是"插条"造林，这是侗族等民族先民即古越稻作技术（移栽）的启发运用，在唐宋以前已有零星使用。而大量栽培杉木需要更多的木苗支撑，这在于后来"实生苗"栽培技术的发明。"实生苗"是从秋后砍伐的杉树上采摘杉果，人工培育出杉苗后再进行移栽的杉木栽培技术。这种技术发明，为清水江流域大面积栽种提供了可能。根据徐晓光研究考证，最早记载杉木育苗的文献是 1502 年的《便民图纂》，其中有载："三

---

① 贵州省锦屏县志编纂委员会：《锦屏县志》，贵州人民出版社 2005 年版，第 487 页。
② 同上。
③ 黔东南州林业局：《黔东南州林业志》，中国林业出版社 2012 年版，第 63 页。
④ 同上。
⑤ 贵州省从江县志编纂委员会：《从江县志》，贵州人民出版社 1999 年版，第 228 页。
⑥ 同上。
⑦ 贵州省锦屏县三江镇人民政府：《三江镇志》2011 年内部资料印刷，第 226 页。

月下种，次年三月份栽"的说法。① 此后，1760 年的《三农记》则记载了选苗圃烧地和苗木管理的方法说道："择黄壤土，锄起，以草叶铺面上，火焚之再三，然后作畦。"② "将种子均匀撒畦上，以细粪薄掩之，濒水洒苗生。"③ 这些都是人工育林技术发明创造的史证。"实生苗"技术的发明为清水江流域侗族地区广泛栽种杉木成为可能，这实际上是侗族地区人工林繁荣和生态恢复的基础。

人工育林技术为侗族人们恢复森林和生态提供了基础。而明清两季清水江流域林业市场的形成，为当地侗族等少数民族栽培杉木提供了经济前提。到了清朝中期，栽种杉木十分普遍。《黔南识略》记载：乾隆四年（1749 年），林农对当地"山多戴土，树宜杉"的自然优势已有认识，并从实践中摸索出一套杉木育种、育苗、造林、营林生产技术，人工造林蔚然成风。④ 以致当时百亩至千亩的私人人工林林场已经出现，如黎平大户有朱家的八万山、赵家的包仰山、蒋家的地青山、钟家的铜关山等。⑤

通过以上梳理，清水江流域侗族地区元朝时森林茂密，到明末清朝的荒山出现，再到清朝中后期千亩林场的出现，这是经历了几个世纪发生的原始森林被破坏到人工育林和生态及林业资源恢复重建的过程。这是历史上发生在侗族地区的生态破坏到生态重建的历史实践和案例，也是生态破坏后采取人工补救并形成新的生态模式的成功案例。至今，在侗族地区仍然是以人工栽培杉木并以此为主要树种构成森林资源和生态资源的区域类型，也成为侗族地区经济与环境保护与发展的基础。认识侗族地区历史上的生态危机和生态修复，这是一个重要的具有长期影响的历史事件，能为当代侗族社区生态文明实践提供参考。

二 20 世纪中叶"大炼钢铁"和"乱砍滥伐"的生态危机和应对

侗族地区在明清两季的林业开发中，经历了原始森林破坏的生态危机到人工育林的补救，生态形态形成了以杉木为中心的人工林林业资源结构和生态资源特征的转换。人工育林的林业是一种生态经济的林业模

---

① 徐晓光：《清水江林业生态人类学解读》，知识产权出版社 2014 年版，第 42 页。

② 同上。

③ 同上。

④ 贵州黎平林业局：《黎平林业志》，贵州人民出版社 1989 年版，第 24 页。

⑤ 同上。

式，对侗族地区的发展起到巨大作用。这种模式延续到了抗战前夕。日本侵略中国，全国进入抗战经济，侗族地区外围的长江中下游林业市场冲断，清水江流域的林业经营走向式微。中华人民共和国成立后，进行了社会主义改造，林地、林产收归集体所有，林业贸易实施统购统销，形成了新的林业经营模式，而传统存留下来的人工育林技术为新的林业发展提供了技术基础。

但是，因处于大变革时代，社会生产体系在调整，期间侗族地区林业和生态也受到一定程度的影响，发生了新一次的破坏与修复的过程。这就是 20 世纪 50 年代"大跃进"时期发生"大炼钢铁"的森林破坏和 80 年代后一度"乱砍滥伐"。第一个问题，国家通过推行大面积造林来解决；第二问题，国家通过退耕还林来解决。这是侗族地区生态问题的重要历史事件。

1. 20 世纪 50 年代"大炼钢铁"的森林破坏和造林修复

1958 年 8 月 17 日，中央在北戴河召开政治局扩大会议，通过了"全民生产钢铁"的决议，随后掀起了轰轰烈烈的全民"大炼钢铁"运动。这个运动波及全国，侗族地区也在所难免。以侗族聚居的黔东南自治州来看，从一开始就掀起了热潮，采取土法上马，建立各种高炉、土炉等炼铁设施。如天柱县，以邦洞为中心大搞钢铁会战，在邦洞九甲、相公塘、兆寨、大河边、坪地、牛头山、地妹、都领等地开炉建厂，各种大小高炉达 127 座。会战中投入的人力达 7 万人，月生产钢铁产量达到 430 吨。① 在"大炼钢铁"的过程中，由于煤炭不足，需要大量木材制作木炭用于钢铁冶炼。当时，天柱县投入矿石和燃料方面的人力一日最多达 1.04 万人。劳动工具里，有马车 140 辆，牛车 133 辆，人力车 100 辆，汽车 24 辆。加上各区（当时县下一级的行政单位）也有高炉，各项指标的实际数据可能还要高一些。这样的规模已经不小了，只是技术含量不高，生产出来的钢铁质量不好，许多属于不合格产品。再加上原料不足，这样到 1958 年底就逐步停办。原留在邦洞铁厂的 300 名员工到 1961 年也因铁厂下马而全部下放回乡。②

关于此事，2017 年 2 月 5 日，课题组人员走访了曾参加"大炼钢铁"

---

① 贵州天柱县志编纂委员会：《天柱县志》，贵州人民出版社 1993 年版，第 511 页。
② 同上。

运动的天柱县高酿镇勒洞村村民龙柳英。她说，她原住天柱县水洞乡冲敏村乌龟寨，1958 年下半年"大炼钢铁"在全县征用劳力，当年 11 月她和她的二哥一起被派往邦洞，然后她分在相公塘铁厂，她二哥被分到大河边铁厂。那年，她去的时候才 18 岁。在相公塘炼铁厂干了一个月多一点，开始岗位是给高炉运送矿石，后来负责拉鼓风机的风箱。她说，那时在相公塘参加"大炼钢铁"的人山人海，都是从全县各地派来的，由于大家都年轻，又是中华人民共和国刚刚成立不久，干活都干劲十足。天柱炼铁燃料有一些煤炭，但很有限，都是用木炭的多。木炭是砍伐大量木材烧制而成，由于需要量大，许多人干的活就是砍伐木材、运送木材和烧制木炭。当时毁林厉害，根本不考虑后果。她说，她在相公塘铁厂干了一个月后因解散就回家了。这是贵州省天柱县当时"大炼钢铁"的情况。

而黎平县在"大炼钢铁"运动中也具典型性，该县在 1958 年 10 月就开始了。初期在县境内建 6 个铁厂，后来不断发展，分为县办、区办、公社办和大队办。当时，黎平县共建高炉 159 座，各种小型土炉 2592 个，参加"大炼钢铁"的劳力人数达 13 万多人。[①] 由于黎平县境内不产煤炭，无焦煤冶炼，为了解决燃料问题，就大量砍伐树木，烧成木炭代替，为此每天都消耗大量木材。[②] 就此，2015 年 10 月 23 日，课题调研组人员到黎平县双江镇四寨侗族村调研时，采访时任村委会党支部书记陈良超。关于"大炼钢铁"，他说：在"大跃进""大炼钢铁"之前，四寨风景如画，那时村里古树参天，四周森林密布，整个村落都如建在林子里，夏天来了凉幽幽。但现在不行，村里这些古树即风水树只剩下少数了。原因就是"大炼钢铁"时进行了大量砍伐，那时不仅把村子周边树木砍伐，而且把村里的古树即风水树也砍了，那些树都是几百年甚至上千年的，有的有 30 多米高，直径很大，有的要几个人合抱。这一砍，那些树全部回不来了，村里的风景就这样被破坏了。那时，虽然自己还小，看着大人做的。高炉不过炼一阵子，大树却永远没有了，因为现在栽不出这么大的树了，只能一声叹息。这是黎平四寨侗族村采访获得的回忆纪实。

1958 年，锦屏县在岔路、山洞、新桥、映寨、文斗、新化、龙池、高岑、偶里、皎云和胜利筑建土炉炼铁，全县召集劳力以兵团作战方式组织

① 贵州黎平县志编纂委员会：《黎平县志》，贵州人民出版社 1993 年版，第 325 页。
② 同上书，第 325 页。

人民参与钢铁冶炼。全县建有高炉 306 座，其中县办 128 座，社办 178 座。矿源是当地的鸡窝矿或收民间旧废铁器，燃料纯用木材，致使森林大面积被砍伐被毁。[①] 黔东南侗族聚居县"大炼钢铁"运动开展情况统计，具体见表 1－3。

表 1－3　　　　1958 年黔东南州侗族聚居六县"大炼钢铁"运动情况

县名	铁厂点（个数）	高炉（个数）	小土炉（个数）	参加人数（人）	燃料类型
从江	4	——		——	木炭
剑河	——	100		40000	薪炭
榕江	——	33	372	10000	木炭
锦屏	11	128	178	——	木炭
天柱	8	127		10400	煤炭、木炭
黎平	——	159	2592	130000	木炭
合计	23	547	3142	190400	

数据来源：从江、剑河等六县县志统计整理，有的数据空缺。

通过以上的史料证明，1958 年"大炼钢铁"运动的大量木材消耗对侗族地区森林资源和生态产生了重大影响。由于炼铁厂都是盲目上马，而且规模过大，参与人数之多，前所未有。尤其是以木炭为主要燃料的炼铁业，需要砍伐大量木材，这种土法炼铁无疑造成林业及生态破坏与剧烈危机。这次木材砍伐，把许多原始树木都毁掉了，此后原貌性的林业和林业生态在侗族地区再也无法恢复，像村里的古树、风景林等，它们被砍伐，其伤害是永久性的。"大跃进"的"大炼钢铁"形成的生态破坏是比较严重的。

关于这种破坏，除了"大炼钢铁"外，还有"大办食堂""大购大销生产运动"等。锦屏县三江镇的志书记载："1958—1959 年，在'大跃进'和人民公社运动中，由于刮'共产风'和'大炼钢铁''大办养殖场''大办食堂''大购大销生产运动'等，森林资源遭受到严重破坏。建立人民公社后，山林划归社有，伐木场的建立，竞放采伐木材'卫星'，

---

① 贵州省锦屏县志编纂委员会：《锦屏县志》，贵州人民出版社 1995 年版，第 544 页。

又使大片森林遭受砍伐。"① "三年经济困难时期，毁林开荒种小米到处泛滥，不少阔叶林地被毁，而同期全镇人工造林、林地更新面积仅 61 公顷。"② "1958—1962 年，全镇森林面积减少 3639 公顷，消耗森林资源蓄积量 31 万立方米。"③ 可见当时林业资源和生态破坏之严重。当时，锦屏县由于林木超量砍伐，致使铜坡、裕和等地仅存的少量原始森林也被彻底破灭，再生林也受到严重破坏。1962 年，贵州省林业厅和锦屏县林业局对锦屏县林业进行联合调查，得出的基本数据是：1961 年 10 月—1962 年 10 月，全县林地面积增长量为 3765 亩，消失量为 21795 亩，消失量是增长量的 6 倍左右，林木积蓄增长 25 万立方米，但消耗量为 30.3 万立方米，消耗量比增长量多 21%。④

不过，各级政府随即意识到了这种破坏的恶果，中央很快要求全国"大跃进"和"大炼钢铁"下马，地方也着手恢复相关建设工作。如 1963—1966 年，贵州省下发了《关于植树造林，发展林业经济的决定》，要求制止乱砍滥伐和毁林开荒，重申"谁造谁有，合造共有"的政策。1964 年实行保育金制度，为造林提供资金。侗族地区各县开始实行封山育林，以钱粮补助和规划落实，并当作发展林业的一项重要措施。此后，人工造林面积逐年增加，加上政府调低木材采伐量，控制森林采伐量，林业又逐步恢复到正轨。⑤

2. 20 世纪 80 年代农村发生乱砍滥伐现象的破坏和因应

随着我国农村经济进一步改革发展的需要，1981 年 3 月 8 日，中共中央和国务院发布了《关于保护森林发展林业若干问题的决定》，提出稳定山权林权、划定自留山、确定林业生产责任制的林业发展方针，实质是在农村进一步推进和落实生产责任制。这一项工作，贵州省从 1981 年起实施，到 1883 年基本完成。推行林业"山林三定"是搞活农村经济的新举措。总体上，它属于我国农村经济改革部署的环节内容，但具体上也是改革原林业效益差的问题。

"山林三定"之前，黔东南州侗族地区各县木材实行统购统销，在这

① 贵州省锦屏县三江镇人民政府：《三江镇志》，2011 年内部资料印刷，第 218 页。
② 同上。
③ 同上。
④ 同上。
⑤ 同上。

个政策背景下，林农只有造林权，而没有采伐权、销售权、加工权、出境权，极大地伤害了林农利益，挫伤了他们的积极性，出现"山林越多越苦，树木越砍越难""林农越来越穷"的现象。国家实行"山林三定"林业改革就是解决这些问题。但是，好的政策并不意味着能够科学执行。从《剑河县林业志》的记载看，问题在于，林农取得山林管理权和经营权和基于木材市场放开后，他们担心到手的树木保不住，因而有人只顾眼前得失，见树就砍，乱砍滥伐成灾。一些地方领导和部门领导，也乱批条子和乱开口子，使得山林管理失控，流通渠道混乱，无证经营，伪造证件，乱发证件等，形成了破坏性经营。这种破坏很严重，如剑河县到 1989 年森林面积减少为 84.9 万亩，活立木蓄积下降为 654 立方米，森林面积下降为 30.2%。[①] 其实，这种森林面积和活立木蓄积减少那时在侗族地区是普遍的。这里列举黔东南州 1975 年与 1985 年的林木蓄积量变化情况，具体见表 1－4。

表 1－4　　　　1975 年与 1985 年黔东南州林木蓄积量变化情况比较

项目 （万立方米）	1975 年 （万立方米）	1985 年 （万立方米）	增（＋） 减（－） 蓄积量 （万立方米）	增（＋） 减（－） 百分比 （％）
总蓄积量	6724.5	4989.2	－1735.3	－25.81
林分积量	5327.2	3969.9	－1357.3	－28.48
用材林积量	5298.0	3045.8	－2252.2	－42.51
杉木积量	1446.5	1163.0	－283.5	－19.60
马尾松积量	1313.7	1469.2	＋155.5	＋11.84
阔叶林积量	2552.2	1332.0	－1220.2	－47.80
疏林积量	1098.2	732.8	－365.4	－33.27
散生林、四旁林积量	299.1	86.4	－212.7	－71.11

数据来源：《黔东南苗族侗族自治州林业志》，第 39 页。

同样，通过黔东南州九个侗族人口聚居县林木蓄积量变化情况也可以得到例证。具体见表 1－5。

---

① 贵州省剑河林业局：《贵州省剑河县林业志》，贵州人民出版社 1992 年版，第 30 页。

表 1 - 5　　　　1975 年与 1985 年黔东南州侗族聚居九县林木蓄积量和
林分面积变化情况比较

县名	活立木蓄积量（万立方米）			林分面积（万公顷）		
	1975	1985	增（＋）减（－）	1975	1985	增（＋）减（－）
锦屏	558.00	424.89	－ 133.11	5.63	4.28	－ 1.35
天柱	491.60	321.50	－ 170.10	6.94	4.61	－ 2.33
剑河	913.80	637.54	－ 276.26	6.35	5.56	－ 0.79
黎平	1267.00	676.35	－ 590.65	10.89	6.43	－ 4.46
从江	672.00	488.41	－ 183.59	7.40	9.35	＋ 1.95
榕江	1124.10	831.52	－ 292.58	11.27	9.94	－ 1.33
镇远	183.50	155.07	－ 28.43	3.62	3.28	－ 0.34
三穗	79.20	58.70	－ 20.50	1.68	1.18	－ 0.50
岑巩	189.60	130.45	－ 59.15	3.42	2.15	－ 1.27

数据来源：根据《黔东南苗族侗族自治州林业志》整理，中国林业出版社 1990 年版，参见第 42—44 页。

侗族地区发生乱砍滥伐，出现森林资源和生态资源双重破坏。以黔东南为例，到了 1998 年这个时段，木材已经越砍越小和越砍越远（指距离）了，产生了林业资源危机和森工企业经济危机。同时，也给生态环境带来了一系列问题。1998 年长江大水与长江上游林木乱砍滥伐和生态破坏直接有关。因此，基于全国的情况，党中央和国务院作出了在长江上游、黄河中上游、东北国有林区实施天然林业资源保护工程的决策。[①]

其一，天然林资源保护工程简称"天保工程"，其实施目的就是改善长江上游的生态环境，减少水土流失，从而达到治理长江水患的目的。侗族地区在黔东南的实施，1998 年试点县有台江、剑河和雷山。2000 年，全州除了从江外，其他 15 个县市全部实施。要求全面停止工程区内的天然林商品性砍伐；对工程区 2317.34 万亩有林地、灌木林地和未成年林地进行有效管理；建设公益林 238.6 亩。到 2010 年，项目投入了资金

---

① 黔东南州林业局：《黔东南苗族侗族自治州林业志》，中国林业出版社 2012 年版，第 197 页。

76451.697 万元。① 地方党委政府也形成了相关文件，如 1998 年贵州省林业厅颁发《关于禁伐天然林的紧急通知》，停止天然林砍伐。1999 年 7 月 21 日，黔东南州政府颁发《关于进一步加强天然林资源保护工作的通知》，全面制止天然林乱砍滥伐现象。2000 年 7 月 3 日，中共黔东南州委、州人民政府下发《关于加强资源林政管理工作的紧急通知》，要求各县市委、政府部门不得乱批准以天然林为资源生产、加工项目，必须停止以天然林作食用菌生产、为硅铁冶炼烧制木炭的原料。②

其二，实施退耕还林政策。在黔东南州侗族地区的实施情况是，2000 年开始在黎平县启动试点，2002 年在全州 16 个县市全面实施，涵盖州内所有侗族地区。经历 2005 年、2007 年、2008 年、2009 年的逐年规划建设，到 2010 年全部完成计划，退耕还林达 174.05 万亩，其中退耕造林 55.85 万亩，退耕地封山育林 27.15 万亩，宜林荒山造林 91.05 万亩。③

其三，实施防护林工程。防护林工程包括珠江防护林工程项目和长江防护林工程项目，从 2000 年在从江县开始起点，2001 年后在州内有关县市逐步铺开。具体见表 1-6 和表 1-7。

表 1-6　　　　2001—2009 年黔东南州珠江防护林工程项目实施情况　　　单位：万公顷

年份	实施县市	造林面积	人工造林	封山育林
2001	从江县	1.50	0.95	0.65
2004	凯里市	0.60	—	0.60
2005	凯里市、从江县	13.70	5.10	8.60
2007	凯里市、从江县	0.31	0	0.31
2008	凯里市、从江县	2.00	2.00	0
2009	凯里市、从江县	1.80	1.80	0
合计		19.91	9.85	10.16

数据来源：根据《黔东南苗族侗族自治州林业志》整理，第 234—235 页。

① 黔东南州林业局：《黔东南苗族侗族自治州林业志》，中国林业出版社 2012 年版，第 197 页。
② 黔东南州林业局：《黔东南苗族侗族自治州林业志》，第 198 页。
③ 同上书，第 222 页。

表1-7　　　2001—2009 年黔东南州长江防护林工程项目实施情况

年份	实施县市	造林面积	人工造林	封山育林
2001	黎平县	2.80	1	1.80
2002	黎平县、锦屏县、榕江县	3.05	3.05	0
合计		5.85	4.05	1.80

数据来源：根据《黔东南苗族侗族自治州林业志》整理，第 234 页。

其四，创建自然保护区和野生动物保护区。就黔东南州而言，涵盖其所辖全部侗族地区，总共有国家级、州级和县市级的保护区 23 个，具体见表 1-8。

表1-8　　　　黔东南州自然保护区和野生动物保护区状况一览

时间	批准部门	保护区名称	级别
2000	国家林业部	雷公山自然保护区	国家级
2003	黔东南州人民政府	黎平县大平山 台江县南宫 黄平县上塘 麻江老蛇冲 剑河百里阔叶林 丹寨老冬寨 榕江月亮山 岑巩小顶山 从江月亮山	地厅级
2003	各县市人民政府	13 个保护区，具体名称略	县级
合计		23 个保护区	高于全国水平，占自治州面积的 7.42%

数据来源：根据《黔东南苗族侗族自治州林业志》整理，第 235—236 页。

通过以上一系列的政策实施和治理，从 1998 年到 2018 年，长江上游和珠江上游的森林生态和林业资源又全面改观，包括了侗族地区，如 2018 年黔东南州的森林覆盖率达到了 68.88%，超过全国平均水平很多。这是对改革开放初期农村误用政策出现乱砍滥伐造成生态问题的有效治理。

以上是从明朝以来，清水江流域侗族地区经营林业上的各种事件形成对生态影响的历史。至于西部大开发后，因工业进程形成的当代影响，我们作为当代问题将在后面有关章节论述，此处暂时不表。

第二章

侗族自然观与生态文化

　　自然界是人类生存的物质基础和环境条件，离开了自然物质条件人类是不能生存的，不仅如此，人类本身也是自然界的一部分，即自然界的一分子。但是，人类是实践存在的，人类通过实践从自然界中分化出来形成了相对独立的人类社会，同时人类又通过实践与人之外的自然界发生能量交换形成关联，因此，马克思说自然界是"人的无机的身体"①。生产就要直接面对自然界，如何认识自然界和对待自然界必然反映为一定的意识形式，从而成为自然观。自然观也是一种文化的积淀和体现为一定族群的文化意识，并成为与其他民族区别的文化内容之一。

　　侗族大抵形成于隋唐时期，民族发展历史悠久，创造了丰富多彩的民族文化，其中以哲学意识反映出来的自然观是重要的方面。关于自然观体现为一定民族文化的问题，它不仅仅是关于自然界的认识问题，还包括如何对待自然界的问题，并在这个层面上形成了侗族的生态环境意识。在侗族社会中，自然观与生态环境意识是紧密相连的，透过侗族的自然观可以析出侗族人们的生态环境意识和相应的价值观。从侗族自然观的具体内容来看，主要包括以下四个方面：一是在总体的自然观中包含的生态环境态度，二是森林资源观包含的生态意识，三是土地资源观包含的生态意识，四是水资源观包含的生态意识。

第一节　侗族的自然观和生态环境意识

　　侗族历史悠久，长期居住湘黔桂毗邻地带，虽然历代以来已经纳入中

---

　　① ［德］马克思：《1844年经济学哲学手稿》，中共中央马克思恩格斯列宁斯大林著作编译局编译，人民出版社2000年版，第55页。

央政权统辖范围，但侗族主要以自身的款组织联盟构成社会自治和管理的基本模式，具有部落联盟的性质，这种组织持续存在，一直保留到中华人民共和国成立之前。由于历史上侗族没有建立过自己的政权或国家，主要依靠款组织来维持社会秩序并能良好运行，因此，侗族又被称为"没有国王的王国"。① 然而，在历史上侗族开发不足，与外界交流受限，因此发展缓慢，同时这也体现在其文化的属性上。从传统文化层面看，侗族对自然界的看法还没有形成科学的世界观，基本上仍然采取原始宗教色彩的意识形式或立场来理解自然界和对待自然界，实质上形成了以泛神论为基础的一种原始宗教形态的世界观。侗族人是在这样一种意识基础上来把握自然界和对待自然界的，并由此形成自己思维方式所构筑的生态环境意识。

一　侗族泛神论的原始宗教和世界观

侗族的自然观体现为多神论的原始宗教世界观，通过泛神论的原始宗教及其世界观表达了对自然界的看法和态度。

"五界"宇宙结构是侗族关于世界认识和把握的基本图式。这个图式的结构及其关系显示了侗族的自然观并形成人们的文化观念和规范人们的相应行为，侗族的泛神论的原始宗教及其世界观都与其世界结构的图式设计相关。

侗族传统文化具有原始思维的内容，关于世界的认识，采取了空间的直观形式进行想象和结构划分，提出了宇宙"五界"的观念。"五界"，就是认为宇宙万物划分为五个方面的界域，包括天界、下界、水界、鬼界和人界，如图2－1。②

天界	
鬼界	人界
下界	
水界	

图2－1　侗族"五界"宇宙结构模型

---

① 邓敏文、吴浩：《没有国王的王国——侗款研究》，中国社会科学出版社1995年版，自序。

② 张泽忠、吴鹏毅、米舜：《侗族古俗文化的生态存在论研究》，广西师范大学出版社2011年版，第98页。

天界也称天上，天上分四方，即东南西北方，居住太阳、月亮、雷公以及各种神明等。下界，即地表下面的世界，居住小矮人。水界，在宇宙的最下方，其物质就是水，居住海龙王以及各种水体动物。鬼界，又称阴间，它与人界并列于天界和下界之间，鬼界又划分为"花林山寨"和"高圣雁鹅"，"花林山寨"居住"南堂父母"、四个"送子婆婆"和许多等待投胎转世的男女小孩；"高圣雁鹅"是人死后的灵魂居住的地方。侗族人死后出殡，要在棺材上面制作一个棺罩，棺罩的两边要请人绘画美景如画的"雁鹅寨"和"花林山寨"，指示死人灵魂归去的地方。棺材上面还制作一只引路的"雁鹅"。人界，又称阳界或人间，是我们阳人生活的地方，阳人即在世间活着的人。

图2-2　贵州省黎平县肇兴侗寨寨门

侗族五个界域不是封闭的，五个界域相对划分，但它们之间是打通的和相互影响的，同时所居住的各种"物主"①、鬼神、动物与人之间是相互

---

① 张泽忠、吴鹏毅、米舜：《侗族古俗文化的生态存在论研究》，广西师范大学出版社2011年版，第96—100页。

来往的，有各种交流。如鬼界的"花林山寨"则是给"人界"生育送子的地方，在侗族的"阴阳歌"里传唱死人灵魂居住的"雁鹅寨"有一个美丽的"花林山寨"，那里依山傍水、清美秀丽，有一个"花林大殿"和一条一边浑浊一边清澈的投胎转世阴阳河。当到阴魂投胎转世时，由"花林大殿"的"南堂父母"批准，然后由叫"四萨花林"的四位送子婆婆撑船渡过阴阳河把阴魂送到人间，阳间才会有一批批的小孩出生。

侗族虽然把宇宙划分为天界、下界、水界、鬼界和人界，居住着不同的"物主"，但这些"物主"不是"老死不相往来"的，而是可以跨界来往的。如侗族人们认为死去的祖先，其灵魂仍然活着，他们以灵魂伴随自己的儿孙并保佑他们。因此，侗族人不仅在堂屋设有神龛，而且日常随时都会祭供祖先的，最平常的行为就是每日三餐，吃饭前，若是喝酒就要用筷子或手指沾一点酒洒在面前表示敬供祖先，或者吃饭前用筷子插在饭上，先让先人吃。就连山上劳作的中午吃饭也如此。同时，上山吃饭还有一些特别的形式。在侗族的世界观中人鬼是有交集的，一般在山上饮食，每次吃饭之前，还必须先哄骗鬼怪。要招呼大家停下活计来吃饭，就说"啃槽啊"，即要吃饭了，就故意大声说："因干活不好，被老天惩罚，不得不吃狗屎。"或者说："没有东西可吃，只好吃泥巴喽。"[1] 在山上吃饭，禁忌直接说出食品，而说成吃别的东西，是怕被鬼怪知道，也来抢吃，导致干活的人老吃不饱，或吃了以后也无力气干活。出于消除这些隐患的需要，所以故意说成最难吃的东西，使鬼怪听后，不再作祟于人。因此，在山上饮食时，禁止人们直接说出"吃饭"二字。[2]

以上是鬼界的鬼神来到人间形成人间交往的情形，实际上还有活人到鬼界进行交往的情形。如贵州省天柱县侗族民间有"跳桃源洞"的迷信形式，就是活着的子孙们通过这种形式以自己的灵魂进入鬼界即阴间去看自己死去的亲人的仪轨。这种仪轨，每年鬼节农历七月十五日前后举行，现在也很盛行，流传于民间。举行仪轨时，主持仪轨的师父能扮演其祖先并模仿其讲话，声音、口气非常相似并讲述生前的许多事，有的讲述他在阴间的生活状况并告诉家人各种凶吉和注意事项等。这种迷

---

① 傅安辉：《九寨侗族的原始食俗遗风初探》，《中南民族学院学报》（哲学社会科学版）1998 年第 1 期。

② 同上。

信仪轨，十分神秘和奇怪，目前还不能破解。这是侗族人与鬼的交往实践和方式。

其实，侗族基于"五界"的宇宙结构和世界观，把世间所有事物都理解为是具有灵魂的，形成一种泛神论原始宗教的世界观，认为世界万物各有灵魂和其主，如井有井神，山有山神，河有河神，树有树神等。不仅如此，许多人间造物，月长年久，也会变成神物，不能冒犯，形成禁忌，如人们建造的桥也是有灵魂的物主，侗族年轻夫妇无子者通常会做"祭桥还愿"，祈求赐子，等等。侗族由于相信多神论，并以此形成人类日常的行为规范，对自然界的各种"物主"不能随便冒犯，在重要的节庆还需要像祭供祖先灵魂一样进行祭供。

此外，侗族还基于"五界"的宇宙结构观来理解人类的产生，它们相互联系和交往，而且把人类与世间各种植物、动物以及自然物质或现象想象为具有本源关系相关化生的结果，具有亲缘关系。侗族有关于人类来源的《人类起源歌》，其中描述道：

> 起初天地混沌，
> 世上还没有人，
> 遍野是树苑。
> 树苑生白菌，
> 白菌生蘑菇，
> 蘑菇化成河水，
> 河水里生虾子，
> 虾子生额荣，
> 额荣生七节，
> 七节生恩松。①

恩松，即侗族所讲的人类始祖，他是通过树苑、白菌、蘑菇、河水、虾子、额荣、七节一系列化生而来，因此，认为人类与世间各种植物、动物以及自然物质或现象具有亲缘关系。

---

① 贵州省哲学学会编：《贵州省少数民族哲学及社会思潮资料选编》（内部资料印刷）1884年第1辑，第310页。

侗族另有一些关于人类起源的神话，流传较广的有《洪水滔天》《龟婆孵蛋》《章良章妹》等。在《起源之歌》中讲道，开天辟地之后，有四个龟婆来孵蛋，孵出松恩（男性）和松桑（女性）。他们不仅是人类的祖先，也是动物的祖先，松恩和松桑结合，生了12个子女，他们是虎、熊、蛇、龙、雷婆、猫、狗、鸭、猪、鹅和章良、章妹，其中只有章良和章妹是人类。为了改变人兽同居的状况，章良和章妹放火烧山，赶走了其他动物，也惹怒了他们的姐妹雷婆。雷婆与章良和章妹进行争斗，后来雷婆上天发洪水，淹没了大地，章良、章妹躲到葫芦里，避开了洪水。当洪水退后，大地一片荒凉。章良和章妹为了繁衍人类，兄妹俩只得隔山滚磨石问卜以结婚。兄妹成婚后生下一个肉团，其有头无鼻，有脚无手，有头不会看天，有脚不会走路，呼他不应，喂他不食。父母实在没有希望，实在没有办法，砍成碎块放入箩筐，把肉丢进山林。第二天，山上山下，河边溪头，人声笑语，炊烟浮游。原来，肠子变成汉人，汉人善思，汉人聪明，第一句话会叫"妈"；骨头变成苗人，苗人强悍，苗人勇敢；肌肉变成侗人，侗人老实，侗人温和。没想到生下了一个肉团，把砍碎的肉团丢到山林里，结果变成了汉、侗、苗等民族，人类从此繁盛起来。[①]

这里人类诞生神话也讲了人类与其他动植物有亲缘关系，人类祖先章良、章妹与虎、熊、蛇、龙、雷婆、猫、狗、鸭、猪、鹅为同胞即兄弟姐妹，血肉相连。

显然，侗族的世界观是一种蕴含原始宗教色彩的泛神论世界观，各种事物都赋予生命一种"物主"存在，在认识论上形成了互渗性的原始思维，一切文化、习俗、行为都基于此而形成，构成侗族文化和社会生活的基础。侗族的自然观及其生态意识都是基于此来构成相关解释以及由此生长出来的。

二 侗族的人与自然平等的和谐观

自然观不仅包括人对整个自然界的看法，而且包括人与自然界的关系立场，尤其在生态意识上更是关涉这个内容。侗族的自然观不仅在宇宙的结构上以"五界"构成特色，而且充分体现在人与自然物质的关系立场

[①] 广西三江侗族自治县三套集成办公室：《侗族款词、耶歌、酒歌》（内部资料印刷），1987年版，第15—26页。

上，这种关系就是人与自然界之间形成了平等的和谐观，包含了一种人类价值理念和行为方式的特殊案例。

侗族与自然界之间形成平等的和谐观，其文化机制在于侗族把世间万物都"主体化"，具有神性即以"物主"出现；不仅如此，关键还在于把万物设定为具有亲缘性的一种关系存在。因此，侗族就自然界的万物建构了这样的文化理念，即：一是万物都是生命主体，都有生活需要，形成相应的价值主体。二是万物之间具有亲缘关系，应当相互体谅、关照，采取和谐的方式处理各种相互关系，用主体视野来对待自然界。

首先，是把自然界万物当作价值主体指认。侗族以互渗性思维给予了宇宙万物的生命性理解，这是侗族自然观的重要特点。关于生命，在日常知识上，人们看到的并能确认的有动植物，科学研究揭示的还有微生物。而侗族关于生命的理解，不局限于有机物这样的客观事实和形成分类，它是把生命归结为灵魂存在的一种神性发生，永恒存在，以各种各样的形态分布在"五界"之中，人为地想象和设定一些生命物和现象。如"五界"中除了"鬼神"之外，还有"小矮人"。在"阳界"中除了"人"外，还有各种动植物乃至一切物体都有生命。以生命来把握世间一切物体，实际上就是把自然界万物当作价值主体指认。世间万物都是生命主体，各自有各自的利益，人类是这些价值主体的一种而已。这样，人应以价值主体的角色来对待它们，并渗透在侗族人们的日常生产生活之中。如侗族打猎，认为这不是一种一般的娱乐活动，它是与山神打交道的一种生产，整个过程包含了严肃的禁忌和行为规范。

侗族基于泛神论，认为山有山神，把山"主体化"了。山神就是山的主人，它负责管理山中的一切，包括动植物。因此，人们去山中打猎，实际是去偷抢山神的财产，这意味着侵犯了山神的利益。那该如何办呢？一是让山神允许，这就要求出征前要烧香化纸，祭供山神，让他同意，否则打猎就会空手而归。二是采取障眼法，不能讲去打猎和直接呼喊兽名，让山神没有发觉，他看到的不是真正的猎物，而是石头什么的，以致打到的野兽才能被找到和拿得回来，否则即使打着了，也会被看成别的物质让你找不到。侗族打到猎物后的分配，不仅是直接按人头分的，而且还包括猎狗猎枪，猎狗猎枪都有一份，由它们的主人领用，甚是过路看见的人也要分一份，叫"见者有份"，以防外人说不吉利之言引来山神和枪下次不"显灵"（打不着）等。侗族把猎物当成是山神的财产，而不是没有主人的野物，从而制约和规范他们的言行。类似的行为规范还有很多，如侗族新建房，需要砍梁树，砍梁树就是去偷（一种风俗）。一般是，清晨吃罢油茶，四个腊汉（指成年男子）带着主东准备好的纸钱一叠、线香三炷、布袋一个、红布条一根、红包五个、米花糖或糖果一包前去砍梁木。在找到梁木并准备砍伐之前，腊汉们还需要举行一些仪式。首先宰杀公鸡，用鸡血绕梁树浇淋一圈；然后焚香化纸，燃放鞭炮，以敬鲁班仙师、山神和土地神，目的主要在于辟邪和敬神，同时也表达喜庆和感激的心情。树砍好后，在离开之前，腊汉们会把一个小红包、一些米花糖或糖果放在被砍的树墩上，一方面赠予守护梁木的森林神，感谢他为主东培育了这么好的一根梁木；另一方面当有人来到这里发现红包时，会情不自禁地发出"运气真好"的感叹，从而也期望将这种感叹的祝贺融入新屋中去。① 砍梁树敬神，包括山神和土地神，需要祭供，显然他们都被主体化了，他们在侗族人的眼里就是特定的价值主体，不能冒犯。

其次，是基于亲缘性在主体际的平等关系来对待自然界。侗族不仅基于"五界"的宇宙结构观来理解人类的产生，它们相互联系和交往，而且把人类与世间各种植物、动物以及自然物质或现象都想象为具有本源关系和相关化生的结果，具有亲缘关系，因此，一般是基于亲缘性在主体际的价值关系来对待自然界的。

泛神论地处理自然界的万物，这是许多原始民族都具有的原始思维特征。侗族不仅这样，而且更进一步，亲缘化地看待人与自然界相关物质的关系，采取主体际的方式来处理人与物之间的相互关系，这是特有的。从侗族的神话看，侗族在人类起源上就把虎、熊、蛇、龙、雷婆、猫、狗、鸭、猪、鹅设定为人类始祖的兄弟姐妹，人与动物就构成了一种亲缘关系。其实，人与植物也一样，在《人类起源歌》中，树兜、白菌、蘑菇、河水等也被描写为人类诞生环节的物种，也是一种亲缘关系的指认。

这种亲缘关系对侗族人的生活影响很大，他们敬畏自然、尊重自然，把自然界中的许多物质、物种当作生活的伙伴，时时认为需要相互照顾和平等对待。因此，侗族不仅对自然界进行索取，而且也回馈自然，侗族食

---

① 赵巧艳：《侗族传统民居上梁仪式的田野民族志》，《广西师范大学学报》（哲学社会科学版）2015年第2期。

俗中一些特殊的礼仪可以作为例证。如锦屏县九寨侗族，一到节日，就要制作节日食品来祭祀以及馈赠或享用。节日食品有糯食和各种菜肴。大凡节日食品，其要义不在于活人食用，而在于敬献给鬼神。正月十五、二月二等节日，九寨侗族人要制作吊粑、刀头肉和各种菜肴，去祭拜山神、石神、树神、桥、土地庙、水井、牛栏、猪圈等。节日以祭拜为主要内容。又如七月半过鬼节，家家户户忙得不可开交，除了杀鸡杀鸭捉鱼来操办酒席敬祭鬼神外，还要封包打袋，给各位祖宗送钱送米，给孤魂野鬼施舍钱财，让他们在阴间有吃有用，生活幸福，保佑阳间人。九寨侗族人的一些节日是属于生产性的，如"开秧门""尝新节"，有的则是属于娱乐性的，如"赶歌场"。但是，它们也都与敬祭鬼神联系起来。生产性节日为了祈盼丰收，于是办食品敬神，回馈鬼神，同时也祈神福佑。"赶歌节"是要通过节日对歌找称心如意的伴侣，出发前也要办食品敬供祖魂和"媒神"，求他们赐福。总之，其节日大多与祭祀鬼神有关，包含回馈自然的意念。所以，俗话说"无祭无节"。祭则以物，因此，丰富的节日食品大多用以飨鬼神，然后才考虑活人食用。[①]

采取亲缘性的主体际关系来对待自然界，使侗族人们在日常生活中形成各种规范。如在日常生活中，侗族走过庙宇，因有神灵不能乱讲不敬的话；对待村里的风景林，它们是神树，不能乱砍，也不能予以不敬，实际上，如有小孩有恙，通常以祭拜大树、老树来祈求保佑。侗族对这些自然物予以人一样的主体对待，不会冒犯，人物之间和谐相处。这种和谐的人与自然态度和立场，也延伸到侗族社会。侗族是历史上没有建立过政权的民族，区域管理和治理主要靠"款"联盟来实现。"款"有小款、大款、联款之分，小款联合为大款，大款的联合为联款。"款"是一种松散的社区自治组织，但侗族几千年来就靠这个把侗族治理得井井有条、和睦相处，其成功不仅是制度设计的缘由，而且是制度蕴含的价值观在支撑，一种和谐的价值观渗透在侗族整个社会，包括人与自然和人与人的关系，形成一种优越的文化范式。

---

① 傅安辉：《九寨侗族的原始食俗遗风初探》，《中南民族学院学报》（哲学社会科学版）1998 年第 1 期。

图 2 - 3　侗族小孩贴接关书祭拜古树

三　侗族传统自然观的生态环境保护价值

侗族与自然界之间形成平等的和谐观，尤其是把世间万物"主体化"，并设定为具有亲缘性的一种关系存在，采取和谐的方式处理各种相互关系，用主体际的平等关系来对待自然界，这种传统的自然文化观对于生态环境保护具有重要价值和意义。

1. 自然物的"主体化"，对自然界形成敬畏意识，这在一定意义上形成了尊重自然规律的文化操守

侗族把自然物"主体化"，这不一定是科学的。但是，这种把自然物"主体化"的处置，形成的侗族文化对自然界产生着一种敬畏意识，这在一定意义上形成了尊重自然规律的文化操守，具有生态价值。自然规律的重要内容就是生态平衡，人们的活动尊重自然规律就能够达到生态平衡。侗族在科学文化创造的层面上处于略滞后状态，一般地对自然规律的认识没有形成或提出一些重要的理论，民族文化的自然科学知识构成基本处于经验的现象把握层面。侗族对现代意义上的自然科学知识学习，主要发生于近现代以后，尤其中华人民共和国成立以后，通过汉语文为语言媒介的学科教育来实现的。而在这之前，侗族的自然科学知识停留在一般性的经验层面，而且具有地域局限性。因此，长期以来，侗族自然规律和生态知识的认识及实践利用，不是在现代文化背景下发生的。当然，缺乏现代科

学知识背景，并不意味着过去侗族没有生态文化和遵循生态规律的经验，侗族的传统自然观就包含了生态问题的因应。在传统上，侗族把自然物质"主体化"，就包含了适应生态平衡发展之需要的建构。自然界具有不可抗拒的客观力量，比如地震、水灾、旱灾等，人们对之敬畏，原始宗教的泛神论就来自对这种自然力的非科学认识和崇拜。自然力的"神化"包含了主体化，侗族的自然观中也包括这一机制和文化内容。侗族的神话里有《洪水滔天》《救太阳》，是描写灾变和应对灾变的神话故事，这就是原始宗教产生的一种表现，包含着对大自然的主体化及其敬畏的因应。

侗族有"傍生"的观念。所谓"傍生"，根据张泽忠先生的研究，是指人与宇宙万物之间有一种相互依赖来实现生存的结构性关系。在侗族的世界观和宇宙知识中，提出人来到这个世界，睁开眼就可以看见天地间的一切，却看不到自己，人自己要由他者的观察才能看到自己。这样一种情形，说明了人与其他物质存在依赖关系，因此，人要和他者包括天地间万物尤其各种神灵交友，借助万物生灵的"生气"即生命力来滋养自己，才能有活力和快乐地生存，就像人"晒太阳"得到阳光的温暖而舒服一样，这是借助于外物获得滋养的"傍生"体现。①

显然，侗族通过"傍生"的观念建构把宇宙万物都"主体化"了，其万物有灵的思想与此不无关系。而又反映了侗族的一种处境观、生命观和价值观，它形成的行为操守在于告诫人类自己要认清自己"傍生"的这一位置，要从人在宇宙大自然中的位置来思考自己的地位，规范自己的行为，强调盘古开天是先造山林然后造人的，任何其他自然物质也当如"草木共山生""万物从地起"一样②，具有结构性的依赖性。因此，侗族的价值观不是以人为中心的，而是一种多元价值属性承诺并存的，认为人与万物之间应彼此照顾。

"傍生"的观念直接影响了侗族的自然观。通常侗族泛神论地看待自然界，把自然界现有的景状都理解为自然特定主体神力的结果，那些奇特的自然现象和自然物都是被赋予了神性的事物，就山中尤其村寨边的古树都予以神化，对神化的事物一般不去打扰、伤害、侵犯，否则就会遭报

---

① 张泽忠、吴鹏毅、米舜：《侗族古俗文化的生态存在论研究》，广西师范大学出版社 2011年版，第 141 页。
② 同上书，第 142 页。

应。这样，侗族村寨里古树老了，掉下树枝没人去捡来做干柴的，至于砍古树做柴火更是不可能的，老树枯死了也任其自生自灭。一般自然界里，奇形怪状的山峰、巨石、山洞、河流，侗族人们都不会去碰的，认为都有神性不容冒犯。为此，侗族人们一般不搞大兴土木的事项，以适应环境为主，采取随遇而安的生活姿态。如果建有大桥等其他人工物，年长月久后予以神化，也需要祭供。这样的结果，侗族地区的自然环境很少被破坏，大规模人为破坏自然原貌的事件几乎不发生。不苛刻自然界，就是尊重自然界，就能保护自然界的原有平衡。侗族予以自然物的"主体化"，对自然界形成敬畏意识，这在一定意义上形成了尊重自然规律的文化操守。

2. 人与自然物之间给出了价值关联性，制约着人们的消费行为，从而不透支自然资源

侗族基于"互参性"思维，把大千世界的万物都"主体化"，要么给予它们本身"神化"，要么给它们设定"物主"，这种自然界的"主体化"思维，使世界一切物质都是意志者、能动者，即价值主体。而且，它们都不是独立存在的，而是相互关联的，人类与其他动植物也一样，具有价值关联性。这样，人的活动不能过度侵害自然物的利益，甚至有的根本不能与它们分享，尤其是鬼神的东西。侗族的生产生活有许多禁忌就充分说明这一点。

侗族的禁忌十分广泛，包括自然界的物质、生产领域行为、日常生活方式甚至是思想领域的观念活动等。如自然界的物质禁忌，有古树、井、大河、奇石、岩洞、雷公、太阳、大雾等。在动物世界里，禁忌的龙、蛇、麒麟、仙鹤等。对各种自然物尤其动植物的禁忌，形成了许多生产生活约束和规范。这里举一个侗族"忌蛇"行为的例子便可见一斑了。

侗族"忌蛇"，表现为侗族禁忌吃蛇肉。在侗族的传统观念里认为"蛇"是侗族的祖先，一般人做梦见到了蛇意味着灵魂在梦里见到了死去的祖先灵魂。如果有蛇进屋，那是祖先的化身回家，可以进行必要的"交代"以后把它赶出去，但不能打死。由于蛇具有祖先的化身的意涵，蛇是不能吃的，如果有人吃了就认为或意味着等到他老死之时，其灵魂上不了祖先的神龛。正因如此，侗族在清明节扫墓和祭祀祖先时还形成言语禁忌。扫墓和祭祀祖先时带去的食品之一是"吊粑"，"粑"在侗语里称为"随"，"吃粑"即"借随"。而蛇的侗语也称为"随"，"吃粑"也即"借随"，它与"吃蛇"近音，这是禁忌的，因此需要改称。这样，侗族吃

"吊粑"不称"借随"，而称"借税"。在侗族生活中，由于人与蛇之间给出了价值关联，对蛇有禁忌，碰见蛇时，不能随意将它打死和当作食物。像这样的动物禁忌还有很多，比如喜鹊、燕子等鸟类，不能伤害；一般自然死亡的野生动物，禁忌食用等，他们形成了自然资源消费的特定的约束和行为方式，不随意侵害自然物种，不透支自然界，对于保护自然界的物种平衡有积极意义，也表达了侗族自然观所蕴含的积极生态价值。

3. 平等对待自然并延伸于社会，形成人与自然、人与人的和谐关系，能够善待自然，形成生态化的和友好的社会生活方式

侗族给自然界各种物质设定"物主"，即使之"主体化"，并在这个基础上通过"傍生"的理解而发生依赖的关联和形成一种平等的价值关系。这种平等对待自然的态度也延伸到人类社会内部，形成人与自然、人与人的和谐关系，能够善待自然，形成生态化的和友好的社会生活方式。

在人与自然的和谐关系上，采取"傍生"的处境观和价值观来处理自己行为，不轻易打扰大自然中的其他物种，采取和善的态度与行为。如在侗族山村，人们上山、下河，忌讳乱喊乱叫，乱打乱抛。对此，老人对后代经常言传身教。原因在于乱丢石头，会伤害树林的"山兄弟"（指山魈等），在水里乱打石漂会伤到河里塘里的鱼儿，认为鱼儿与人的老祖宗龟婆一样卵生，与人有亲缘性，人理应照顾它们。[①] 夏天来了，侗族人们下河洗澡，每年第一次下河也是有约定俗成的仪式的，那就是要用手挑一点水，抹在胸口并拍几下。意思是请示河神，请他允许和照护，示意不受凉、不发生意外，游泳和洗澡安安全全。侗族人走远路的时候，要在路的上坎摘下一些避邪的树叶放在衣兜里，表示祖先神灵、山神同在，保护自己前往。凡碰到古树、大桥或其他自然物，都不会大喊大叫，做不尊敬的言行。以一种敬畏和谐共生的态度来对待它们。这样一种文化心态，已经集体无意识地贯彻在人们的日常生活之中，对自然界表达了一种十分友好的立场。

在人与人的和谐关系上，侗族社会堪称典范。侗族是一个"没有国王的王国"，历史上没有建立过自己的国家和政权，完全靠联款的自治组织来管理社会和展开各种交往。自隋唐形成以来，侗族经历 1000 多年的历

---

① 张泽忠、吴鹏毅、米舜：《侗族古俗文化的生态存在论研究》，广西师范大学出版社 2011 年版，第 145 页。

史，在没有政权管理的条件下，他们栖身于湘黔桂毗邻地带，和睦相处，井井有条地生活着，这是较为发达民族的特有社会现象。侗族社会是"文明之乡、公益之乡"。侗族有村寨之间、家庭与家庭之间和个人与个人之间的各种文明交往习俗，具有自治和成熟的文明交往体系，贯彻在生产生活的每一个环节，人人遵守，代代相传。

在村寨之间的联系和交往中，著名的"联款"把侗族以村寨为特定主体联系起来，形成防外入侵和实现内部管理的一种社区管理机制，人们在这种体制之内形成利益关联和照顾。除此以外，侗族村寨之间还有相互联谊的交往形式，叫作"月也"。"月也"是村寨与村寨之间集体交往做客的一种活动，"月也"是侗族称谓，在汉族里则叫作"吃相思""交众亲"等。"月也"一般在农闲时的秋后或春节期间举行，规模没有规定，男女老少都可以参加。届时，人们身穿盛装，并带上"歌队""戏班子""芦笙队"前往。主寨以酒肉招待，白天唱戏、赛芦笙，晚上则对歌，共同活动三五天才离开。次年或若干年彼此回往。"月也"按内容分为大小不同的形式举办，如集体"祭萨"即踩歌堂叫作"月也萨"；男女集体互访互动则叫"月鼎"；相互邀约唱侗戏则称为"月也戏"等，主要的一共有七种。

其一是"月也戏"。"月也戏"是以唱侗戏为主要形式进行的民间文化集体交往活动。交往的两个村寨中，一方到另一方去演侗戏并对歌，这也是青年男女交友、老人走亲访友的时机。其二是"月也老"。"月也老"是春节期间，一个村寨的所有男女到另一个村寨进行走访做客，另一寨的所有男女都出来迎接、招待，这叫作"做众客"。其三是"月也暇"。"月也暇"仅是两个村寨的青年男女的做客交往。一般在春季赶社时，其中一个村寨的腊汉（小伙子）接另一村寨的"娜乜"（姑娘）到自己村里来做客，腊汉们需早晚盛情款待，白天踩堂对歌，晚上行歌坐月，这叫作"做社客"。其四是"月也左楼"。"月也左楼"是一个村寨男女老少对另一村寨鼓楼落成典礼时前去祝贺做客的交往。这种"月也"一般在每年正月举行，活动非常热闹，其被称为"做贺鼓楼客"。其五是"月也鼎"。"月也鼎"是男女青年认识后，有缔结姻缘意向的双方家庭和亲戚朋友的走访做客活动，其目的是增进交往和实现相互了解。这种交往活动的连续时间比较长，有时达几个月。这种"月也"也叫"腊汉姑娘客"或"做众定亲客"。其六是"月也轮"。"月也轮"是在甲戌节、中秋节赛芦笙时举行，一个村寨的人们到另一个村寨去比赛的一种交往活动，同时伴有唱歌、踩歌堂等，称为"做芦笙客"。其七是"月也敬"。"月也敬"是两个村寨正在进行"月也"时，另一村寨给其中的主寨送来信贴。主寨经商议同意后把来帖贴在鼓楼门柱上，以告民某寨来了"敬也"，并迎接形成的活动，内容包括唱歌、演侗戏、交友和走亲等，时间一天，被称为"做敬寨客"①。要注意，"月也"是指没有血缘关系的村寨或人群之间的交往做客活动，在"月也"的交往中有各种活动内容和环节并以此形成相应的礼仪。"月也"活动一般持续三天，有的延长到四天。辞别时，主寨家家户户用禾秆草包上糯米、腌鱼、腌肉相送，以供客人路上享用。临行前，客寨宾主到主寨鼓楼下唱踩堂歌，双方用歌相互称赞，接着唱告别歌。主寨男女青年送到寨门，并送各种小礼品做纪念。

图 2－4 贵州省锦屏县平秋镇石引侗寨一隅

　　侗族个人与个人之间的交往也十分文明。如遇过路人，即使是陌生的，也热情地打招呼。若在屋边相遇，就请进屋乘凉或取暖。外来行人问路，大多耐心指点，若是老弱还陪送一程。年轻人在羊肠小道与老人或残疾人相遇，就立即主动退至旁侧，请老人或残疾人先通行；遇老人或残疾人过小木筏桥、石板桥，就挽扶老人或残疾人过桥；见老人摆渡，就帮撑船；见老人挑担吃力，一般乐意"换肩"，即帮挑一段路程，若同一方向

---

① 杨筑慧：《中国侗族》，宁夏人民出版社 2012 年版，第188—192 页。

又空手走路，有的帮挑到老人的家门。新建鼓楼、石板坪、风雨桥、风雨亭等公共建筑物，竣工之日，众人例须恭请热心公益并擅长建筑技术的中老年人盛装"踩美"（类似剪彩）。年轻人在鼓楼、石板坪、风雨桥、风雨亭、大树脚歇息闲聊，见老人或残疾人来大都不约而同地主动让座。年轻人与老人或残疾人同堂就座，要让老人或残疾人坐在明亮或温暖舒适的位置。年轻人与中老年人交谈，坐姿端正，不跷二郎腿，要用敬语，不说"风流话"（色情语），不"风吹口哨"，即夸夸其谈，自我吹嘘。交谈中，若有争议，不诘难，不瞪眼鼓腮，不面红耳赤，不打断打方话头，而是心平气和地娓娓道来，以理服人。从老人面前绕过，要欠身先道声"欠礼"。晚上，后生到姑娘家"坐妹"（谈恋方式），若长辈还在场，他（她）们便先同长辈谈论农事，或弹唱《敬老爱老琵琶歌》，待长辈离开（长辈一般通情达理，坐一会就离开），才转换话题。两个出嫁姑娘在路上相遇，各自立即从腰间解开花带或取下花头巾送给对方，以示互相尊敬与祝福。凡是邻寨的后生或姑娘来"月也"，本寨中老年人都鼓励姑娘或后生同来客对侗歌。若来的是后生，就由姑娘陪他们唱，若来的是姑娘，就由后生陪她们唱，以示欢迎和爱戴，等等。

侗族十分热爱公益，支持公益，侗族村寨的鼓楼、风雨桥、道路、桥梁、凉亭都是每家每户捐款、捐物、捐力等建立起来的。不仅如此，若有村寨发生火灾、水灾、旱灾，乡亲们相互无偿支持、帮助，红白喜事全部是自愿帮忙。侗族民间谚语说道："一人落难万人帮，一家遭殃万家扛。"侗族人们热情好客，诚实守信，善恶分明，乐善好施，有鲜明的和谐处世态度，千百年来侗族基本是道不拾遗、夜不闭户。侗族高度的社区文明，有着自身历史的积淀，而在世界观上包含了"傍生"和"主体化"的自然观的引申作用，社会和谐与他们对待自然界采取和谐态度密切相关，从而形成了和谐友好的社会关系和生活方式。

第二节 侗族森林资源观和生态意识

侗族主要居住在湘黔桂毗邻地带，这里处于清水江、都柳江、潕阳河流域。这里是一片延绵千里的宜林山地地带，素有"八山一水一分田"之称。这里是珠江与长江两大水系的分水岭，平均海拔为1000米，土壤肥沃，属于亚热带湿润季风气候，年均降水量为1200毫米，年均无霜期约为 300 天，境内气候温和，年均气温在 14℃—18℃ 之间，雨水充沛，物产丰富，具有发展林业的良好自然条件。因此，自古以来就有成片的天然原林，盛产杉、松、樟、楠等 40 多种速生用材林木，是我国著名的杉木产地和杉木生产中心。[①] 这里土壤肥沃、雨水充沛，形成了极强的植被恢复能力，一般树木砍伐或土地停耕后，草木自然速生，一两年植被就基本恢复，树木成林快。诚然，"靠山吃山、靠水吃水"，森林资源是侗族生活的依靠。而且明清以来，侗族与其他少数民族创造了"人工育林"技术和经营木林，在清水江流域境内，有大片茂密的杉木，形成我国南方最大的"人工林"。由于侗族生产生活对森林的依赖，对森林资源的认识构成他们自然观的一种表达，并关联和上升为特定的生态意识和伦理思想。这种意识和伦理思想通过以下几个方面体现出来：一是侗族由山神敬畏形成特定的森林生态伦理；二是崇尚植树蕴含有保水的生态意识，包括"人工育林"传统和木材经营生计方式、村寨风水树、集体林风水景观的保护；三是侗族村寨、森林防火习俗的制定和生态环境意识等。

一　侗族山神敬畏与森林生态伦理意识

侗族对森林资源的认识不是单纯发生的，而是融入其整体自然观之中并构成其中的一部分或者是它的一种演绎的延伸。实际上，森林观是在其自然观的基础上的一种把握。侗族基于泛神论，把森林理解为有神灵的，即有"物主"的，这一"物主"就是山神，森林是由山神来管理的。

侗族民间有许多关于山神的描述，它们被用来理解和规范人们日常在山里生产生活的各种行为，形成特定的生态伦理。

侗族把管理山中动植物的山神又称"山魈"。"山魈"不是纯粹的精神性存在，而被认为是具有化身的形体存在的，人们在山林里能够偶尔碰见的神灵活物。侗族民间对"山魈"的描述是，身型矮小，脚板及五指反长，即与人类相反，它的脚跟在前脚板在后。侗族以"傍生"的理念来理解"山魈"，认为它们与人类是"兄弟"，人在野外作业，单一孤寂之时，要想到山中还有人类的兄弟"山魈"，意思是碰到鬼怪作祟时还有"山魈"帮助你，不要害怕。也就是说，"山魈"有时能帮助人。关于"山

---

① 刘宗碧、唐晓梅：《清水江流域传统林业模式的生态经济特征及其价值》，《生态经济》2012 年第 11 期。

魈"，不仅是侗族有此观念，南方其他百越民族后裔如瑶族也有，它是泛神论的一种观念现象。"山魈"具有"主体"角色，是管理山中动植物的"物主"，如在侗族民间被描述为"山魈"放养的猪，人们打猎不过是偷猎"山魈"的猪而已。在侗族观念里，"山魈"是森林自然资源的守护者。

图 2-5　侗族崇拜的村落风水树

除了"山魈"外，山中许多自然物也是有神之物，他们认为太阳、月亮、雷电、古树、巨石、大山、水井、河流、深潭、蛇、金鸡等自然物（或现象）都有自己的"神灵"，凡被认为有"神灵"的东西是不能随意侵犯的。以至日常的言行中于自然物也有许多严格的规定，这些规定就演变成了各种禁忌。如贵州三穗、天柱、锦屏一带的侗族村寨都蓄有风水树，这些风水树一般都高大且年月已久，它们被认为已有了"神灵"，即变成了"神树"。每逢农历的节庆人们都要对之祭供，求"神树"保护村寨和免除灾难，并认为小孩祭拜了这些"神树"，就可以得到它们的保佑。也正因为这些树被神化了，因而它们同时又是不能随便被侵犯的，在村寨中自然形成了对这些风水树的禁忌规定，如不能乱砍，不能对树乱骂，不能在树下大小便或做其他不恭敬的事，若是侵犯了它，那么侵犯者便不受之保佑，有的甚至认为由此村寨人容易为外来邪魔侵害，或"树神"采取不利于村寨的惩罚行为等。除了风水林外，许多被认为有神的自然物也同样有相应的禁忌规定。一般侗族人们在深山野外或路途之中禁忌讲冒犯奇山怪石（山神）、大河之水（河神）等自然物的话，否则就会招至不幸。侗族往往把人们外出生病看成得罪某一种自然物（神）而遭受惩罚，导致魂魄丢失所致。因此，就形成了相应的禁忌，约束人们的言行。

侗族关于森林里"山魈"的设定和泛神论的观念，实际是把森林的自然资源"主体化"了。"主体化"的自然物，就具有了它们的自我价值的规定，形成了利益要素，与人活动必然包含对立的关系。而且人类如果冒犯各种自然神灵，它们会处罚人类的，于是人对自然之物诸如山神之类形成敬畏，重要的节气、节庆要举行祭祀活动，如大年初一要敬井神，人在野外受惊吓生病要祭供受惊之处的山神或河神等，并举行招魂的精神（迷信）治疗方法，这些习俗众多，各地不一。

侗族对大自然的这样一种态度，在以上的观念作用下形成了包含生态意识和生态伦理在内的文化规范。

一是森林之神不可侵犯，不会轻易冒昧开采森林资源。在侗族的传统观念中，一切万物的发生、存在，都是能动的和自足的，即它们都有生成的理由和按照自己的需要"生活在世间"，相互依存却又相对独立，森林这类山中之物也一样，它们并不是上天赐给人的"天然财富"，它们是与人并存的"物主"，它们有自己生存的价值期许，因此，人类不能恶意侵犯它们，或者冒昧开采使用它们的资源。这就是为什么侗族大年初一每家每户都必须去挑新鲜井水并要祭供井神；有人立新房子时，到山中去砍树要祭供山神、树神；甚是埋死人出殡，一路要撒纸钱，那是给各路土地神、山神的买路钱，与它们进行"交易"。

二是一切劳作生产都是与森林资源的"物主"分享，应该尊重"物主"权利。生产是人的本质，劳作时不可避免的，因此，开采和利用大自然资源是必然的。如何生产、开采和利用呢？由于侗族有泛神论、"傍生"观念以及与自然物予以"亲缘性"关系的指认，人们就认为一切劳作生产都是与森林资源的"物主"分享，尊重"物主"权利。侗族农闲打猎的习俗最能体现这种思想。侗族一般在秋收后的农闲时节打猎，但是打猎不是随意进行的，因为打猎是进山与山神即"山魈"分享森林之物，因此，必须要与山神即"山魈"等进行约定，即得到它的允许才可以，否则冒犯了山神，不仅打不到猎物，还可能被惩罚，如受伤等意外，甚是被障眼后可能发生自己的枪手打着自己人的情况。因此，集体打猎，在上山之前一定会举行祭祀仪式的，即做特定的娱神活动。

在打猎举行娱神的祭祀活动中，除了烧钱化纸之外，关键的是打猎队伍的猎首要念《打猎敬神词》。根据陈幸良和邓敏文收集的黎平侗族《打猎敬神词》，其内容分为五段：第一段是给各路山神祭祀和请示，并报告它们享用了祭品不能白吃，要帮忙，一定要让打猎人进山发财，能有收获。第二段是叙述进山打猎的原因，即讲猎物如野猪如何心肠坏透，它们"白天踏坏田园麻地，黑夜拱坏田埂水渠"①，让村里人们"栽秧没有收，种粮不得食"。第三段叙述打猎人获得好猎犬的过程，对猎犬进行赞美。第四段是叙述土地诸神和猎人一起出猎的过程和场景，对好的预兆进行描述，具体内容有："敬请土地诸神，狠扇野猪的耳朵，使它变聋，不能钻山；狠拍野猪的眼睛，使它变瞎，停留原地，让猎人一瞄就准，一射就中。"② 第五段是叙述打猎丰收归来和喜悦的情景，一般唱词有："砍倒立木抬，砍倒硬树挑。扬腿跨步远，抬脚举足高。男女老少喜，人人眉眼笑。"③ 关键的还有，打得猎物后，分配是"见者有份"，不仅是出猎队伍人人有份，如果得到猎物时被山上其他非打猎人看到了，分配时他也有一份。另外，猎狗、枪都有一份，由主人领取。因为"万物有灵"，不与之分享成果，得罪了有关神灵，下次就不吉利了，甚至是出凶，这些都是需要避免的。而之所以这样做，是由于打猎不过是跟山神以及各种"物主"分享森林资源罢了，不能独占。这一点前面已有论述，不再详解。

三是认为森林资源不是取之不尽的宝藏，不过度取用。侗族把自然资源看成宇宙神灵的馈赠，不是天然属于人的，日常人们的生活不过是与其他"物主"分享而已，因此，侗族人们对自然界任何东西的取用，是不会取完用尽，不会竭泽而渔的，这是人们的一种普遍意识和行为要求，贯彻在所有日常生产生活环节中。这样一种观念和行为，十分有利于生态平衡和环境保护。森林资源的主要内容是植物和动物，这也是侗族人们生活物质的主要来源，侗族格外珍惜和节俭。在传统的生产生活中，用柴林、炭柴林是侗族人们日常的森林资源消费，但侗族不会大规模砍伐使用，而是分区、分季限量采伐。一般地，每个村寨都有用柴林、炭柴林的专属山

---

① 陈幸良、邓敏文：《中国侗族生态文化研究》，中国林业出版社2014年版，第78—79页。
② 同上。
③ 同上。

林，属于公有集体林（侗族村寨一般以同姓而居，他们都是房叔爷崽，旧社会为同房家族公山，中华人民共和国成立后为生产队或村落生产小组集体林），通常以人口计量分配用柴林、炭柴林。农村包产到户和实行"山林三定"后，每户也有专属柴火林地。侗族一般分为春秋两季砍伐柴火，春季在春耕之前按一年的需要量砍伐，不会多伐，砍后堆在山上或扛回堆在屋前屋后，以木皮盖好，干后日常取用。在秋收结束后，人们则利用农闲砍伐柴木烧炭，供冬天御寒，一般每年烧一两窑，只有某些住户因当年冬季需办婚礼等喜事时才可能多烧一两窑。侗族是计划用柴和节约用柴的。不仅如此，侗族十分爱林护林，从不砍伐幼林，对那些稀珍树种更是爱护，通常用打"草标"的方式提示。采取草木类药物，不会断根取绝，总会留有余地，让植物能重新繁殖或生长，尤其幼苗，更是予以关注和保护，有的还移苗种植等。侗族在山中取物，长期做到"植物留根，动物留崽"并形成习惯。侗族，对山中动物的幼崽不吃，水里的幼鱼不抓，树上的幼鸟不捉，这些都是日常行为规范。

总之，侗族很"客气"地对待大自然及其物质资源，不大规模地开采，也不强行地据为己有，认为森林资源不是取之不尽的宝藏，从不过度取用，这种生活理念和行为为侗族地区良好的生态环境形成提供了一定的文化支撑。

二 侗族村落与森林的关系及其生态观

侗族分布在湘黔桂毗邻地带，这里是山地地形地貌，山川错落，其间有许多平原小坝。这种地形地貌，使得侗族形成了"依山傍水"的居住特点。"依山傍水"的居住方式，不仅是自然环境的要求，实际上也是侗族适应生态需要的"发明"，表达了一种生态性的居住选择和生活方式。

侗族注重居住环境选择和打造，"依山傍水"的居住一般分为三种形式，一是山麓河岸型，二是平坝田园型，三是半山隘口型。[①] 这是侗族村落"自然选择"的基本类型，但是，不管这些村落是属于哪种类型，都与山、水、风、光等自然因素之间有密切的关系，其中又以"山"为载体关涉了森林。可以说，侗族的村落建构是坐落在森林之中的，森林是村寨的基本要素，侗族的村落居住充分反映了其浓郁的森林

---

① 陈幸良、邓敏文：《中国侗族生态文化研究》，中国林业出版社2014年版，第222页。

文化情结。

　　首先是侗族村寨的鼓楼。侗族鼓楼是侗族村寨的一大景观，也是侗族的文化瑰宝，它不仅表达了侗族特有的建筑技艺，而且蕴含了侗族文化的灵魂，因为它是侗族议事、集体活动的中心场所和精神表达要素。侗族村村寨寨都有鼓楼，鼓楼形象如杉树，在外在形象上俨然是一株杉树，即仿照杉树建造的，鼓楼是侗族杉文化的象征。鼓楼一般以按聚居的同姓人们为单位建立，即一个同姓聚居的家族建一座鼓楼，因此，一个大的村寨有几个姓氏群落就有几个鼓楼。贵州省黎平县肇兴侗寨，全村同为陆姓，但分为四个分支，也就建有四个鼓楼。侗族村寨建鼓楼，主要来源于对杉树的崇拜，侗族在建村寨之前要先建鼓楼，鼓楼坐落在村寨中心，然后才围绕鼓楼逐步建造住房等。实际上，建造一座鼓楼就是在栽上一棵杉树，一棵村寨灵魂性的杉树，它能庇佑村寨，实际上，鼓楼就是杉树的神灵化身。之所以如此，在于杉树对侗族太重要了，侗族居住的木楼全用的是杉树木材，日常用具也几乎是用杉木制造的，如各种水桶、木盆、柜子乃至死后所用的棺材。苗族崇拜枫木，认为人从枫树中来，又回到枫树中去。侗族也有类似的情结，但其中的树是杉树。杉树伴随每一位侗族人的始终，死了就回到用杉木做的棺材之中去，杉树就是侗族人们的"家"。侗族崇尚土葬，杉木棺材是必备之物，侗族除杉木之物，一般不用其他木料。杉树对侗族的生产生活太重要了，以致杉树变成了村寨神树——鼓楼，它坐落在村寨的中间。

　　鼓楼文化就是森林文化，这在侗族地区具有普遍性。但有人会说，鼓楼在南部侗族村村寨寨都有，而北部侗族已经很少有南部侗族的这些类似景观，似乎不能说是普遍性的。其实，北部侗族不是没有鼓楼情结，而是演化为另外的替代物。据贵州省三穗县侗学研究会的方煜东先生调查和考证，北部侗族的文化象征物之一即"文武笔塔"，其实它有笔形之外，也是形似无枝叶的杉树，是另一类的鼓楼。目前，北部侗族现存的"文武笔塔"一共还有六座，一座在岑巩县县城，两座在镇远县境内，三座在三穗县境内，一般立在风景名胜之地的山顶。这些"文武笔塔"，大都建立于元末明初，是北部侗族从土著文化向明清汉族文化过渡的重要建筑遗存。①

　　"文武笔塔"蕴含了侗族传统文化元素，这个元素就是杉木崇拜，即

---

　　① 方煜东：《侗族北部方言区主要标志文化探析》，《侗韵》2015 年第 3 期。

由杉木崇拜结合汉文化演化而来。诚然，杉树是侗族的重要资源，明清两代，中央王朝政权和苏淮一带的需要形成了对清水江流域木材的开发和市场，杉树种植和买卖使杉木林业成为侗族地区主要产业，对侗族地区经济发展产生了重大影响。自古以来，侗族对杉树都是崇拜的，杉树是侗族的神树。宋元以降，汉文化传播进入侗族地区，在北部侗族兴起了表彰文治武功的风水塔文化，当地土司建造表彰文治武功的风水塔时，就结合杉树崇拜并仿制杉树形态把它们建造成这种"文武笔塔"，它的寓意是文武人才，像杉树一样满山遍布，昂首挺立，生生不息。①

诚然，不管是南部侗族的鼓楼还是北部侗族"文武笔塔"，都是侗族地区杉树崇拜的产物。因此，说侗族村寨坐落在森林里，不仅是指村寨内外都是树木，森林密布，而且是把鼓楼和居住的房子也看作一棵棵杉树，它们是侗族人们心中以灵魂表达出来的另类杉树。侗族以这种意念联结着周围山上的真正森林，看重森林，善待森林，延伸为生态保护的理念和行为。

其次是侗族村寨里的风水树。侗族除了建造鼓楼和"文武笔塔"之外，还在村寨里种上许多风水树，现在又称风景林。侗族居住注重风水，这是受汉文化影响而来，风水文化在侗族地区倍受推崇，形成独特的侗族风水文化。所谓"风水"，郭璞在《葬经》中说道："葬者，乘生气也。气乘风则散，界水则止，古人聚之使不散，行之使有止，故谓之风水。"②可知，"风水"就是"聚气使不散"。中国古代认为，"气"即万物运行之本，人也如此，因此，人活着即有气。人类居住环境（住所）也要为聚气之山形地貌，否则为不宜居。侗族所选居地遵循这一规则形成地理风俗，要求村寨应是有山包围锁住山口或河流的圆形或椭圆形坝子。但是，不是所有的住所都达到这种要求，于是在低矮山脊和路口都要栽上满满的树木，在溪口要建起凉亭或福桥（即回龙桥或风雨桥）。为了村寨"聚气不散"栽种的树木就是风水树，风水树侗族称为"美峰蓄"（侗语中，"美"即树，"峰蓄"即"风水"，合称即"风水树"，侗语偏正词组的修辞是倒装的）。显然，"风水"由各种地理要素和自然物种构成，树木也是其中之一，因此，村里种的树一般都是风水树。在侗族地区，不会出现有村无树

---

① 方煜东：《侗族北部方言区主要标志文化探析》，《侗韵》2015 年第 3 期。
② 陈怡魁、张茗阳：《生存风水学》，学林出版社 2005 年版，第 3 页。

的现象，也就是说有村必有树，村村寨寨都会栽种风水树并构成村寨的景观之一，因而又称为风景林。

侗族村寨四周均有风水树，这还与侗族崇拜的生育之神（花林婆婆）有关，认为风水树越葱郁繁茂，村寨的人丁也就越兴旺。侗族认为人的灵魂不死，因此，阳人死后其灵魂就要渡过浑水河（阴阳河）安顿在收归祖先灵魂的"雁鹅寨"，居住在其间的"花林山寨"，在那里等待"南堂父母"审批重新投胎回到人间。"花林山寨"是一个有山、有水、有花、有林的美丽地方。这样美丽的地方才是灵魂居住之所。人投胎来到人间，也是选好的地方，为了迎合送子婆婆即"四萨花林"，人间村寨也应是有山、有水、有花、有林的确美丽的地方，否则不受它们喜欢，就不送人投胎过来，从而会造成人丁不旺。当然，如果居住地方不聚气，人会"走魂"生病甚至死亡，那就是灵魂离开。侗族人们一旦认为有人被鬼神吓倒而生病，那就一定要做"招魂"来进行巫医治疗。由于风水树有这么多的文化负载，它就包含了一定的社会职能并变成了"神树"。

关于风水树，一般当然是一年四季常青稀珍优质的树种，种类包括银杏、红豆杉、樟树、楠木、枫香、侧柏、大叶青冈、杉木、马尾松、杨梅等。风水树的栽培，有的是建寨时自然存在的天然林保留下来的，有的是建寨时人工栽种的，一般银杏、红豆杉、楠木、侧柏、杉木、马尾松、杨梅为人工栽培。侗族村寨的风水树，多数"年长"古老，满布全村。风水树是神树，承担的社会职能，除了上面的"风水"功能外，还有对全村老小的庇佑，因此，逢年过节要祭树，小孩生病则要拜树。祭树，现在在南部侗族地区的黎平、从江、榕江诸县的一些村寨还保留，祭树时民间巫师还要念"祭树词"；而拜树是小孩生病时，经巫师即祭祀师或阴阳师按小孩出生年月和时辰计算得出该拜什么，有的是人，有的是石头，有的是井水，有的是大树，拜他们做保爷。拜大树做保爷即拜树。拜树就是父母将自己的孩子"过继"给大树，由大树给接养，称为"接关"。做"接关"的仪式简单，由父母事先请祭祀师或阴阳师用红纸写好"接关"字据，选好日子，父母带上祭品到大树脚下祭祀，请求大树收下孩子和给予护佑，同时把"接关"字据的红纸贴在树干上就算完成。二是为侗族人们架桥求子。侗族大龄青年结婚无子者，要架桥求子。日常的习俗是建桥或祭原有的桥，但是年久不得子者，则要请巫师做"架桥"求子仪式。这个仪式中的"桥"是用竹子制成的"楼梯"桥，这个桥是象征性的，用来引诱即将投胎转世的灵魂，使小孩灵魂渡过一边浑浊一边清澈的阴阳河、跨过阴阳桥来投胎。这个桥放在哪里呢？就是架在风水树即神树的枝干傍，风水树在这里起作中介作用。由于风水树的神性和担负社会职能，因此人们对风水树就形成了许多禁忌，对风水树是禁伐的，不仅如此，还不能有任何不恭的言行，甚是风水树干枯的树枝也不能用作柴火或其他，风水树是任其自生自灭的。如果有人对之不恭就会遭报应，如果有人砍伐，那村寨要给予处罚，实际上是绝不允许的。诚然，风水林是侗族村寨的保护神。

图 2-6　侗族村寨里自生自灭不许取用的风水树

总之，侗族村寨的风水树是与侗族文化紧密结合在一起的文化载体，表达了侗族人们的自然观、人生观的内容并关涉森林、资源以及生态、环境保护的观念等。侗族村寨的风水树，包含了一系列的文化行为和环节并与一些神话传说结合在一起，因此，日常的文化表达不仅是它的栽培和保护，而且包括风水树的职能以及人民行为的禁忌在内。风水树是侗族森林文化的一部分，它也具有生态环境保护的价值。

三　侗族的植树风尚及其传统生态意识的形成

侗族依山傍水而居，靠山水资源生活，养山护山是侗族人们的生产方式和日常习惯。养山护山的核心内容就是崇尚植树，注意保持水土，建设良好生态，并基于维持这种生产生活价值的需要，在观念、制度、生计方式、道德规范、言行习惯以及社会风俗上都形成了相应的文化传统和习俗。

侗族因对森林资源的依靠，又因泛神论、"傍生"的亲缘关系，因杉树、风水树崇拜，树木无论在物质关系上还是在精神关系上，都与侗族人们紧密相连。因此，侗族种树护树是十分自然的事，实际上是崇尚植树，它构成为侗族人们的价值理念、生活需要和社会规范以及一种风尚。栽树丰富生活物质，栽树能护佑风水，栽树能使人丁发旺。在这种机制引导下，侗族社会里村村栽树，户户栽树，人人栽树，无论是集体林地还是私有林地都不会留下空地的，如果哪一户留有荒地，则会被别人谴责，由此形成一种良好的栽树护树的社会风气。

侗族居住的清水江流域自古以来就分布着成片的天然原林，是我国著名的杉木起源区和杉木生产中心。这里土壤肥沃、雨水充沛，形成了极强的植被恢复能力，一般树木砍伐或土地停耕后，草木能自然速生，一两年植被就基本恢复，树木成林快，目前森林覆盖率为 68.68%。[①] 明代以来，这里的侗族就创造了"人工育林"技术，并在林业市场的作用下，形成了以生产杉木、松木为主的林产区，"人工林"得到大面积的发展，在清水江流域，有大片茂密的杉木，这都是人工育林的结果。"人工育林"的技术一直保持至今，并形成了良好育林习惯。

清水江流域的侗族地区以木材作为经济产品，木材的供给又以林木作为前提，林木的种植成为其基本的经济要素。区域内林木种植的增加就直接是生态资源的生产，林木经营本身存在经济与生态的双重目标。而最关键的是"人工育林"的生产方式及其经营、管理制度的出现，它为以林业为资源的生态经济形成提供了机制保障。在清水江流域，虽然林业自然条件良好。但是，以林业资源形成的生态与经济一体化发展不是原初资源利用形成的，而是在人工育林基础上塑造出来的一种"经济—生态互动循环"的生态经济模型。砍树与种树是循环的，一般是山主或林农砍树后当年就会立即种树，木材生产过程的种树能促进生态优化。一般清水江流域杉木成林后采伐是采取整片砍伐，即成林一片砍伐（卖出）一片，接着又

---

① 刘宗碧：《必须妥善处理生态目标与生计需要之间的关系——关于黔东南生态文明试验区建设中的问题之一》，《生态经济》2010 年第 5 期。

种植一片，因此，一般不会出现荒山现象，种树既是财产经营也是绿化活动，人们乐于造林。可以说，清水江的林业本身蕴含"从经济到生态"和"从生态到经济"的双重生产循环和互动功能，形成了特殊的生态林业生产方式。清水江"人工育林"技术及其生产方式是一种生态林业，不仅具有经济价值，而且具有生态价值，其生产方式蕴含了经济与生态循环的双向效应，体现了一种传统生态林业的典范和意义。①

　　总之，明清以后，侗族森林得到开发，大量森林被砍伐。但是，侗族并不因此而使当地生态受到影响，他们基于清水江木材市场形成的契机，发明"人工育林"的杉木种植技术创造了我国西南最大的人工林的林业产业区，又保证了侗族地区常年绿色，把过去形成的植树传统发扬光大，森林生态将得到新的发展。侗族的"人工育林"技术及其林业生产方式和由此形成的林业生态文化，是从明初逐步创造和积累而来的，具有几百年的历史，而且它包括了对特定林业的技术传统、文化习俗以及生产、生活方式的依托并传承至今，它的独特性，不仅在我国西南林业经济中具有代表性，而且作为传统生产方式具有历史价值和科学价值，是一种重要的林业生态文化遗产。

四　侗族森林资源观及生产生活方式的生态价值

　　侗族的森林资源观及其生态环境意识是侗族传统文化的重要构成并表达了相应的文化特征和价值，对当代侗族地区生态经济发展和生态环境建设仍然具有重要意义。

　　侗族的森林资源观及其生态意识具有独特性和丰富性，概述起来主要反映了三大特点。

　　一是森林资源非纯粹性的"属人之物"，排除了人类中心主义。世界文化具有族群的多元性以及差异性，人类中心主义是其中的一种，但是近代以后，随着启蒙运动的思想解放，尤其以工业化为核心的近代化发展，人类中心主义演化为一种"普世"的价值观并主导几个世纪，人们征服自然、开发自然，把自然界的资源据为人类所有。同时以资本生产的方式进行资源掠夺，世界出现了资源枯竭、环境污染、生态破坏的危机，生态文

---

① 刘宗碧、唐晓梅：《侗族"人工育林"的文化遗产性质及其价值研究》，《凯里学院学报》2015 年第 2 期。

明被提上日程。生态文明的提出，就是推进人与自然、人与人之间的和谐发展，其中人与自然之间的和谐就是要求人与自然界之间的物质变换要适度和合理，做到可持续发展。侗族的森林资源观属于非人类中心主义的文化体系，没有把自然资源当作人类专有的物品，人们的生产生活不过是与其他自然"物主"分享而已。因此，侗族的非人类中心主义特点具有符合当代生态文明实践的要求，是一种真正能够与自然界和谐相处的文化类型，蕴含了生态意识及其价值。

二是森林资源与人的命运具有感应性，人应积极予以人工补护。基于泛神论并通过"傍生"的亲缘关系建构，自然界的物质在侗族那里是"主体"单位，与人类相互依存并形成关联，这是侗族文化中的独特之处。由于自然物被"主体化"，从而就具有了"精神"或"意识"的属性，以致人类与自然物之间就被认为是可以感应的。侗族基于这种感应性，把树木为核心的森林资源理解为与人类具有"命运共同体"的一种存在，即一荣俱荣和一毁俱毁的关系。前面我们列举的风水树，它的茂盛与村寨人丁兴旺相关联，把森林生态与人群生态互动关联并以成正比的方式解读，于是人们将对自己的关注变成对森林环境的关注，实现了价值同构和行为迁移，对生态保护发生着积极作用。在这种背景下，侗族倡导人们积极植树，凡土地、山坡、屋前屋后，如果没有树木就必须人工补之并积极管护。这就是为什么侗族具有"山林是主，人是客"，"先造山林，后造人群"的思想由来。以此，侗族形成了积极植树的文化风尚，这对当代侗族地区生态文明实践具有相当重要的价值。

三是把森林资源当作有限循环衍生和在取用上采取限制性约束加以对待。侗族以生命现象来对待大自然，万物都处于生死演化的过程中，即属于一种有限循环的衍生，表现出一种平衡的状态发生，不是取之不尽的存在。基于此，就形成了侗族人们取用自然资源采取限制性的立场、态度和方法，这就是要做到"取之有时、用之有节"。侗族砍木材不挖根，砍柴不伐幼林，取草药不挖主茎，河塘捞鱼不抓幼崽，不打不吃小动物，即所谓"杀鱼千斤不有罪，害鸟一命罪难当"，形成一种自我约束的文化理念和行为方式。侗族不过度使用资源，这是利于生态平衡的生产生活方式，符合生态文明实践的需要。

总之，侗族的森林资源观以及形成的生活习惯，其所表达的森林资源的利用方式具有积极的生态文化价值，表达了一种资源利用的可持续型、环境友好型和资源节约型的生产生活方式，这是侗族提供给人类的生态生活智慧，对现代社会发展尤其生态建设具有重要意义。

第三节　侗族土地资源观和生态意识

土地资源是生态形成的基础，人们如何对待土地和进行怎样的开发、生产，直接影响生态平衡以及可持续发展的走势。在现代学科知识的体系里，土地是地理学上的国家疆域、地形地貌、土质的自然禀赋、生产生活的环境，尤其作为工农业活动的基本要素发生。侗族对土地的认识没有现代自然科学和工业生产性的概念，纯粹是基于自身族群朴素的世界观和传统农业生产形成的认知所建立的一种文化观念以及特有的知识经验，关于侗族的土地资源观和生态意识也不过是这种文化观念及知识经验的延伸。因此，土地资源观和生态意识与泛神论的神学世界观同构，与日常生活习俗以及禁忌联系在一起，表达了一种特定的环境观和生态意识以及行为规范。综观侗族土地资源观和生态意识，通过与"天体"对应形成的"地体"范畴及其崇拜反映出来，大抵"地体"崇拜包括萨堂崇拜、土地神崇拜以及延伸的戊日禁忌、土王节等观念和习俗，并蕴含了相应的生态意识和形成行为约束。

一　侗族土地崇拜与环境意识

侗族有土地（土地神）崇拜，总体上是地体崇拜的表达。侗族把地体理解为天体的对应物，是宇宙构筑的载体之一，对地体及其物质崇拜并神秘地理解。

侗族把地体与天体进行对应理解，可以从其关于宇宙发生的神话故事得到例证。侗族古代有这样的传说，认为在天地还未形成之初，宇宙有两个叫罗亦和马王（有的地方称是盘古和马龙）的大力士神人，两人相约合作一起造天和地，并且两人进行了分工，约定在某一天把二人所造的天地合拢，具体是罗亦负责造地，马王则负责造天。罗亦十分勤奋，夜以继日地干，经过努力，不久就造出了又宽又大的地面；但是，马王懒惰贪玩，常常与姑娘"行歌坐月"，耽误了时间，到了约定的时日，他造天只有一块相对较小的天盖。当二人把天盖和地面合拢时，天盖就盖不了地面，而强行使力合拢为一体时，地面就形成了皱褶，这些皱褶就是起伏不平的山川，出现了山岭、河谷、坝子等。

图2-7　广西三江县程阳风雨桥

这个神话的传说里，天地是对应的，由神灵人物创造，本身就具有了神灵特征并包含了崇拜。天体的崇拜也包括天体的各种事物，诸如太阳、月亮、星星、云雾、彩虹、雷公（闪电）等。而地体的崇拜包括地体中的各种物质，如土地、大山、河流、巨石、树木等。地体中的土地崇拜十分突出并形成了文化仪轨，这是侗族宗教的重要内容，渗透于侗族人们日常生产生活之中，形成重要影响。

关于侗族土地崇拜，也与其他有关民族类似，恐怕源于土能生万物之功能，一般被看成万物之母。侗族对土地十分看重，在其创世古歌《嘎登》中关于神明创造世界有如下叙事：

> 姜良姜妹，
> 开亲成夫妻，
> 生下盘古开天，
> 生下马龙开地；
> 天上分四方，
> 地下分八角；

上天造明月，
地下开江河；
先造山林，
再造人群；
先造田地
再造男女；
草木共山生，
万物从地起。①

侗族的创世纪诗《开天辟地》则说道：天地起源于混沌朦胧的大雾，后来大雾发生了变化，发展为天地万物，轻者为天，重者为地。还说盘古开天辟地，盘古创造万物，他们生下了天王十二兄弟、地王十二兄弟、人王九兄弟。其古歌唱道：

天王十弟，
造出乌云遮天，
造出雾罩遮地，
造出太阳巡天府，
造出月亮照九州。
还造了一个雷公，
住在半空中，
白天替我们驱妖，
夜晚帮我们搜怪。
天干旱时为我们造雨，
地潮又为我们天晴。
天王十二兄弟最大就是雷王。

地王十二兄弟，
置下山坡千千，
置下绿林万万，

---

① 贵州省侗学研究会编：《侗学研究》（三），贵州民族出版社1998年版，第9页。

置下五大名山。
这才有五柱撑天，
天高地远。
又置下江湖河海，
急流险滩，
让龙王住在深潭，
让鱼虾住在浅滩。
使万物各有所处，
使天地从此分明。

人王九兄弟，
创造男女千千，
人群万万。[①]

侗族关于宇宙自然构造形成后的因素当作天、地、人、日、月、江河、田地、山林、草木等，其中"地"与"天"对应排在第二位，这已经说明"地体"在侗族宇宙观中的地位。当然，在侗族人们的意识里，"土地"不等于种植植物的"土壤"，它是包括它们在内的天之下方，即承载万物的"地体"，包含宇宙结构中的"下界"和"水界"，"土地"表达了"地体"的整体理解。

关于侗族的"土地"观念，具有泛神论的原始宗教意识特征，并且以"傍生"来看待它与万物的关系。因此，关于"土地"——它并不是当作任人宰割的东西，而是赋予生命的，认为是能生长万物的有意识的"物主"，这个"物主"就是土地神，从而形成土地崇拜文化。

侗族的土地崇拜具有广泛性，表现为土地庙的广泛设置等。首先是侗族的萨岁崇拜所设立的萨岁神坛具有土地崇拜的意涵。萨岁神坛，侗族称之为"萨堂"（Sax dangc），即祖母堂或萨玛词，又称社稷坛。于露天安宫设坛，大多用土石垒成，插上半开半闭的纸伞，内挂一把纸扇。外建房屋，内安宫设坛，并筑围墙保护。侗族属于泛神论，其中以祖母命名的女神很多，包括"萨啪"（sax bias，雷婆）、"萨亚"（sax yav，田婆）、"萨

---

① 贵州省侗学研究会编：《侗学研究》（三），贵州民族出版社1998年版，第9页。

图 2 - 8　侗族萨玛祠

对"（sax tuik，山坳奶奶）、"萨高桥"（sax gaos jiuc，桥头奶奶）、"萨高降"（sax gaos xangc，床头奶奶）、"萨高困"（sax bias yengp，乡村祖母）、"萨化林"（sax wap lienc，酒曲奶奶）、"萨两"（sax liangx，魂魄奶奶）、"萨朵"（sax doh，传播天花奶奶）等十多个，至高无上、主宰一切的女神则是被供奉在萨堂（坛）里的萨岁。[①]

　　侗族土地崇拜的形成过程中受到汉文化影响。根据黄才贵先生的研究，我国殷代时期，中原汉族出现了将土地神分为东西南北四方神并进行祭祀，殷商之后土地神观念和祭祀则更加复杂化，逐步出现国家的和民间的不同层次的土地庙或土地神坛，祭祀形式也开始多样化。其中，四方土地神转变为代表方位的东西南北中的五方方位神，当作各方土地、资源管理的神祇，它又衔接我国南方的"金木水火土"五行本体论，提出了"东木""南火""西金""北水""中土"的方位神，包括"东方青帝"、"南方赤帝"、"西方白帝"、"北方黑帝"和"中央黄帝"。其中，黄帝为土地神居中，其神祇与萨岁地位相当，都居中安置和进行相关职能的神位设定。[②] 总之，"萨岁"

---

　　① 黄才贵：《侗族堂萨的宗教性质》，《贵州民族研究》1990 年第 4 期。
　　② 同上。

神本身就具有土地崇拜的一定意涵。

当然，侗族有独立的"土地神"，只不过侗族的土地崇拜与上述方位神相互渗透，使方位神观念里也包含土地神崇拜的文化因素，互相关联。这里值得注意的是，侗族信奉萨岁要设立"萨坛"，即"萨堂"。侗族设置"萨坛"时，要从黎平县肇兴（过去为肇洞）的名叫"弄堂概"的地方背来"萨岁之土"进行安放。很远的侗族村寨，不能到那里去，可以从河边等地"背土"，具体从哪个方位"背土"，其方式由四方土地神所在的方位来决定。这里，"背土"安放，包括了土地崇拜的意蕴。在侗乡，萨岁通过"背土"安放于"萨坛"宫内正中，与方位神的"中土"的"中央黄帝"居于中央一致，有了表达土地神之意，因而萨堂系象征物土和祖先的偶像。

另外，还要分清侗族"土地神"与"萨岁神"非同一种神，"萨岁神"为大祖母崇拜之神，而"土地神"称为"土地公"，系男性神，是"萨岁神"的辅助神。在安置"萨坛"时，在萨坛中心即安了象征萨岁"背土"的四周，有的要打入地下立起四根木桩或铁钉以代表"东西南北"的四个方位神。因此，"土地神"与"萨岁神"是结合一体的，功能上是土地神辅助"萨岁"管理各方土地资源和自然物产。因此，侗族在村寨附近设立"萨岁坛"时，也同时设有"土地神坛"，实为土地公神坛。侗族人们出行或办事，不仅需要拜祭"萨坛"或"萨堂""萨岁坛"，而且还需拜祭"土地神"，进行相关的祈祷。

其次，侗族每个村寨都按姓设立自己的土地神庙。土地崇拜的具体行为就是设立土地神庙。设立土地神庙是广泛的，大到国家，小到村寨。国家以设土地庙祭祀并称"社稷"，村寨则设土地神坛祭祀称为"社坛"。侗族有土地崇拜文化，同时受汉族影响，以致民间村寨都普遍设立土地神坛。据有关文献记载和考证，1917 年，贵州省黎平县肇洞（今肇兴寨）纪堂上下两寨与登江寨联合在纪堂下寨安设萨岁坛，其中有一块名为《千秋不朽》的石碑，碑文记述：古者，立国必有庙。庙既立，国家赖以安。立寨必欲设坛。坛既设，则乡村得以吉。我先祖自肇洞移上纪堂居住，追念圣母娘娘功威烈烈，德布洋洋，以能保民清吉。请工筑墙建宫，中立神位，供奉香火。

侗族一般按姓聚族而居，因此，土地神设坛一般是一寨一姓一庙。但也有多姓杂居的情况，因而就有一村有多个土地神庙的情况，祭祀土地神

图 2 - 9　侗族村头的土地神龛

是按族各自祭供自己本族的土地神坛。贵州省天柱县高酿镇勒洞村某寨居
住有龙、刘两姓人，龙姓是原住户，刘姓是中华人民共和国成立后于1958
年农村"并寨建队"时迁入的，即"下放食堂"实行"大包干"分土到
队时正式定居的。1962 年，刘姓人家则在自己房子附近设自己家族的土地
神坛，因此，现在这个寨有龙刘两姓土地神坛，各自祭拜，没有冲突。土
地神坛一般设立在村寨的入口处，其有"对内护寨，对外御敌"的作用。
所谓"护寨"即保护村寨人畜无恙，五谷丰登；"御敌"这里是指防范各
种邪恶鬼煞人寨入宅侵犯。

　　最后，侗族还可以根据活动需要随地应时设立土地神神坛。中华人民
共和国成立后，1957 年至 1959 年期间国家实施工业优先政策，全国普遍
进行"大炼钢铁"，号召农村"打窑烧炭"。贵州省天柱县石洞镇黄桥村
一生产队的几户人家负责在其辖地的一片深山老林里烧炭，打了好几个
窑、砍了许多炭柴木，但是柴质上窑后，窑中的炭柴几天都接不上火，烧
不成炭，开始不知何故。后来派人回村拜访寨老问其中究竟，回答是深山
老林有"山神"把守，要设土地庙和拜祭后才可以打窑烧炭，因为这是在
使用"山神"的财产，如果得不到山神允许，烧炭不会成功。接着，他们
就请来巫师在烧炭之处设立土地庙祭供土地神，之后窑中的炭柴才接上

火，烧炭才成功。此事真伪难考，但侗族崇拜土地神，一般根据活动需要随地应时设立土地神坛，通常在离老村寨住地较远地方开辟新居所需要先设立土地庙和进行祭供，筑建水库水塘要设土地庙，开辟新坟山也要设土地神坛。侗族有的坟山不只是有祖先坟墓，左右还有两个小土堆也需要祭供，那是祭供土地神设立的，当然还有作为"坟地"标记之意，指示此处将来还可作为坟墓，其他非本族之人以后不能使用。

土地神坛设立后，不能让它自然存在，它变成了"有生命的东西"，是一定"物主"之魂，需要设立之人日常护理和祭供，否则它就不能保护人。按照侗族的理解，土地神像人一样需要吃喝，因此，逢年过节必须到土地庙祭供土地神，而且家里每做一件大事都要祭供土地神。一般，立房先要拜祭土地神，打猎要祭拜土地神，甚是出远门也要祭供土地神。尤其是人死后，挖穴要给土地神烧纸钱，出殡过路时要撒下买路的纸钱，这是给土地神的。

土地神坛遍布侗族各村，是因为土地神普遍存在侗族人们心中，它与人们生活在一起，人去哪里都要对它祭拜、供奉，它才予以财物，防范邪鬼恶煞入侵，反映了侗族土地崇拜的普遍性和神秘性。土地神祭祀是侗族一项频繁的祭祀活动，它还有延伸，如演化为祭田，现在许多侗族村寨还保留。每年农历二月左右，侗族村寨选择一吉日，全寨集资，买猪宰杀，备办酒席，请巫师主持敬祭仪式。先祭萨神后，众人来到村寨边的大田举行祭田仪式。田里祭祀道具由巫师准备，他根据天时地利，选择一黄道吉日，在田边扎一个简单的土地台，在上面摆上一升米，米上插有"值坛土地护教威灵众神之位"牌。升子前面摆一个香炉、一面彩色剪纸小旗、一台蜡烛，其后摆5个小酒杯，杯内盛有少许米酒，升子与小酒杯之间摆有一堆"三粑两豆腐"。土地台周围用细竹竿挂着红红绿绿的标语式的请神帖。主坛师穿法衣戴法帽，一手拿着用粗铁条做成的形似乒乓球拍的招令牌，一手拿着牛角号。待祭田队伍到来后，他举号吹三声，芦笙、歌声停止，巫师开始祭祀。其间有老者扮演土地神做农活，边做边唱边表演，队伍里几位一身褴褛、涂烟抹黑的小伙子也时而说笑，时而做些怪动作，或乱蹦乱跳，逗惹众人笑。毕后，队伍回寨，全寨男子聚餐。祭祀活动就在神与人轻松愉快的"合作"中结束了。其他类似土地神崇拜延伸的祭祀各地也还有，不一一列举。

二　侗族土地崇拜的相应禁忌和习俗

侗族土地崇拜属于原始宗教文化，基于互渗性的思维方式，土地这些自然资源要素也被"主体化"地理解，予以了神灵的地位。因此，在侗族社会里，自然崇拜物的地位不是低于人，而是高于人。人的一切福禄来自神灵的安排，人必须敬畏神物和服从神物，甚至还需要祭拜来娱神。长期以来，侗族人们对自然物（神灵）的敬畏及其与风水理论的结合等就形成相应的禁忌，而祭拜和娱神则形成节庆习俗。

1. "戊日"和"土王节"的时节禁忌

在侗族社会里，土地神管理东南西北中所有物土资源。因此，侗族人们取用土地或土地上的资源不是任意的，而是要有土地神的允许。侗族进山打猎都需要事先祭拜土地神，就是这个原理。而土地神是方位神，天下所有物产都归其管理，因而人们取用必然需要神灵的同意，侗族因土地崇拜又形成了日常生产生活的言行禁忌，其中最普遍的是戊日禁忌和土王节习俗。

戊日禁忌和土王节属于"时节禁忌"。戊日禁忌和土王节的产生直接源于土地崇拜，是土地崇拜产生的时节性禁忌习俗和节日。侗族按旧历叙述："十日有一戊，百日一土王。"而侗族禁忌的主要是立春后的五个戊日，即立春后的五个戊日，不能动土，不能下地耕作。这五个戊日的禁忌内容为：一戊忌天，指如果天上打雷或下冰雹，不能指责，不能乱骂，要烧香化纸敬天；二戊忌地，不能挖土，不能犁田地，不能在土中播种子；三戊忌阳春，不能破土动土，不能薅刨庄稼，不能进菜地打菜；四戊忌本身，指在第四个戊日，人不能吃荤；五戊忌逢社，指在第五个戊日即逢社，这天不能动土，这一天是春社节，要做社饭并用米酒等祭祀社神即土地神，祈求社神保佑新年取得丰收。有的地方有些差异，如天柱是：一戊忌天地，二戊忌耕牛，三戊忌阳春，四戊忌本身，五戊忌逢社。而按"十日有一戊，百日一土王"计算，侗族社会一年有三个土王日，土王日就是禁止下地干活。由于土王日不能干活，人们就参加各种集会活动，尤其是给青年男女交往提供机会，于是演化为土王节。土王节过得最隆重的目前是贵州省天柱县高酿镇的甘洞、凸洞、地良、优洞、木杉等侗族村落，这些侗族村落每年第一个土王节即谷雨的前一二天都集中在凸洞过土王节。这一天，各个村寨青年男女，靓丽打扮，组队参加对歌、斗鸡、拔力比赛等，由于人多还伴随市集形成。第二个和第三个土王日也要进行动土禁忌，但没有第一个土王日严格。总之，如果有人在土王日动土了，那要被谴责或惩罚的。

侗族"戊日禁忌"的产生，一般认为"戊日"是土地神用工的日子，不与神争功。其实，具体上应有道教文化的渊源。道教有"戊不朝真"之禁忌。道教宫观于"戊"日前天傍晚，主殿外必须悬挂"戊"牌，以告示道众。此日名曰"鬼哭日"。在民间，戊日不能动土，不能以粪便不净之物污秽地面，以免冲犯土煞。在一年四季里面，有六个戊日是禁忌的日子，大家都要休息，民众在这一天动土耕地的，就是犯了阴阳禁忌了，天道自然降下灾祸，如缺水干旱，致使百谷不收，民众必然遭受饥饿等。侗族在立春后的五个戊日与此有关。诚然，侗族崇尚风水文化，这是事实。而风水文化源于道家学说，对中国多民族产生了影响。风水学的理论基础是《易经》的"阴阳"理论，而这正是起源于道家。道家主张"道法自然"，宇宙和社会产生解释为："道生一，一生二，二生三，三生万物。"①这里，"一生二"的"二"即"阴阳"二气，事物的衍生在于阴阳二气结合和变化。起于道家"阴阳"理论的风水学说和实践，在于主张"法自然"，积极适应自然环境，按照"阴阳"二气变换理论建构追求"生气"的居地选择和活动行为的文化生活方式。风水学就是把道家"法自然"的"生气"价值目标贯彻在居所（包括阳宅和阴宅）建筑选择等的一种表达。东晋郭璞《葬经》定义的"葬者，乘生气也。气乘风则散，界水则止，古人聚之使不散，行之使有止，固谓之风水"②。这里，他予以了经典解释。然而，风水学有"形势法"和"理气法"两个派别。"形势法"倾向关注环境的"外在格局"，根据自然山脉、河流走势以及平原、树木、池湖的相应分布来判断居所的凶吉；其"生气"的风水理论通过山形走势以及相关的水流、风向、林木生长等形成"优质生物能"得到解释。我国风水书《地理大全》记载："外山环抱者，风无所入，而内气聚。"③这是其解释的一个例证，这一学派的风水理论就称为土地之"生气"法则。"理气法"则以河图、洛书、阴阳、五行、八卦、九星、十天干、十二地

---

① 《道德经》，第 42 章。
② 陈怡魁、张茗阳：《生存风水学》，学林出版社 2005 年版，第 3 页。
③ 同上书，第 65 页。

支、二十八星宿、纳音、纳甲等理论为基础，搭配"元运"和"二十四山"的时空因素来论断居所的吉凶。"理气法"以适应平原和都市这些居所外在几乎完全相同和难以以"外在格局"的"形势"分出高低而产生，它的特点在于依赖"个人生辰""居住时间"来进行吉凶判断，以致与"磁场""星辰引力"相关起来。"理气法"关于"生气"的风水理论的构建，不同于"形势法"的土地之"生气"法则，而是天空的"生气"法则。天空的"生气"法则，其"气"来自天空，即天空星辰的"瑞气"。我国风水书《阳宅统楷》记载："何以藏气？何以聚？乃为垣周四外，宅居其中（如同盆地）……即'瑞气'无从而泄；蔼蔼乎，如祥云之捧日，绕绕乎，若众星之拱辰，观此，可卜为吉宅。"①

当把居所的地理选择连接为星辰等天象的观察和解释，就形成了"天文"与"地理"互为表里的风水理论。典型的就是汉代发生的"二十四山"与"二十八星宿"的结合，其中包含了"天干"和"地支"的运用，方法的运用不仅包括选地，而且包括择日。侗族的戊日禁忌和土王节属于"时节禁忌"，虽然它不是风水理论，但是它与风水理论中的"择日"在学理上一致。侗族崇尚风水习俗，凡建筑、立坟、动土无不依据于风水先生的卜判和择日。侗族土地崇拜记忆禁忌习俗的形成，应有风水理论的支撑。而与此相关的"太岁值年"禁忌更能说明，下面一节再谈。

2. "太岁值年"禁忌

侗族动土有"太岁值年"禁忌，凡新开建筑、造田、土种、修沟、挖塘、立坟等，均有禁忌，即不能在"太岁"值年的方位动土，否则必遭祸害。侗族的这一禁忌来自汉族的影响。

一般，俗语有"太岁头上休动土"的口头禅，意为"太岁"不可侵犯。那到底何为"太岁"？

"太岁"初系古代天文理论中所假设的星名，太岁与岁星相对应，岁星即木星。古代认为岁星每十二年一周天，并将黄道分成十二等分，以岁星所在部分为岁名，包括：寿星、大火、析木、星纪、玄灼、烟营、降娄、大梁、实枕、鹑首、鹑火、鹑尾，故《国语》中有"岁在鹑火""岁在星纪"等记载。岁星运行的方向是自西而东，它与黄道划分十二支的方向正好相反，古代人们以此假设一个太岁出来，太岁运行方向与岁星实际

---

① 陈怡魁、张茗阳：《生存风水学》，学林出版社2005年版，第67页。

运行相反，古人则以每年太岁所在的部分纪年，如太岁在寅叫摄提格，在卯叫单阏。后来，又配以十岁阳，组成六十干支，用以纪年。太岁每十二年绕天一周，与表示方位的十二地支正好相配。就形成了太岁值年。逢甲子年，甲子就是太岁，逢乙丑年，乙丑就是太岁，依此类推至癸亥年为止。"太岁"实际上是时间之神，因此才有"值年"之功，"太岁"禁忌就是对时间之神的禁忌。

侗族迷信风水理论，盛行"太岁"禁忌，并与土地神崇拜联结，形成日常生活习俗。侗族的"太岁禁忌"包括两类，一是指人的生辰八字"犯太岁"形成的禁忌，生辰八字"冲犯太岁"，就要请巫师祭祀并施法改掉"冲犯"，才能免灾。二是"太岁"值年禁忌又延伸为"风水"行为，即形成"太岁风水术"，在侗族地区也流行。传统风水观念认为，太岁星每年所在方位为凶位，即所谓"太岁值年"，如果这一年在这一方位破土兴建房屋或做其他的动土行为，便会招致祸事。这种观念早在先秦就产生了，到了汉代，对太岁的禁忌十分盛行，后世的风水先生严格遵从这个观念。

"太岁值年"就是时间运行的年份，按天干地支排出"太岁星"所在的方位为其"值年"的地方，所谓"值年"即太岁神"食物"的地方。汉代王充在《论衡》中论述道："岁月有所食，所食之地，必有死者。"①这里"有所食"即太岁吞食（侵害）的地方。每年太岁的"岁食"位置，则按照地支位序的"逢六则冲""遇四必合"的五行规律排序计算。在此基础上形成了"三刑"之祸和"冲犯"理论。侗族的"太岁禁忌"就是"冲犯"理论表达。地支位序相差六为"冲"，包括"子冲午、丑冲未、寅冲申、卯冲酉、辰冲戌、巳冲亥"②六个组合；地支两两相同，机"互见"为"犯"，包括"子遇子、丑遇丑、寅遇寅"等。这种地支排序形成的"冲"和"犯"合称"冲犯太岁法"。所谓"太岁冲犯禁忌"就是根据"冲犯太岁法"计算得出的"冲犯"时节，在人们建筑（建房）、迁徙、嫁娶、动工等都不能与太岁处于同一个方向（根据住所形成坐标方位），并以此形成了太岁风水的禁忌。侗族民间至今仍然十分忌讳太岁，人们在太岁值年的方位严禁动土和办理各种事务，它根植于日常生活之中。侗族

---

① （东汉）王充：《论衡》卷23《谰时篇》。
② 参见梅霞道人《鳌头通书大全》卷5。

以"太岁禁忌"关联土地的开发利用，虽然不同于土地神的崇拜的禁忌，但它是与土地神禁忌并存和互补的，一起形成了土地资源观和行为习俗，制约着人们的生产生活。

3. 山神禁忌

侗族盛行山神禁忌，这也与土地神崇拜有关。侗族持泛神论的世界观，凡世间各物都作为"物主"存在，神是多元化的。就"萨岁神"而言，不是单一的，目前的文献研究提出至少有 16 种"萨岁"，如"萨啪"（雷婆）、"萨亚"（田婆）、"萨对"（山坳奶奶）、"萨高桥"（桥头奶奶）、"萨高降"（床头奶奶）、"萨高困"（乡村祖母）、"萨化林"（送子奶奶）、"萨两"（魂魄奶奶）、"萨朵"（传播天花奶奶）等。那么，土地公也一样是多元设定的，如街坊的土地有街坊土地公，道路边土地有道路边土地公，山坳土地有山坳土地公，桥头边土地有桥头边土地公，园圃土地有园圃土地公，山里头土地有山神土地公等。其中，山神的崇拜和敬畏是最普遍的，山神就是山神土地公，它负责管理和看护森林以及各种野生动物。侗族人们认为，无论山之大小，山都有山神，山神是看护和管理山中森林树木和飞禽走兽的神祇。所以进山做任何活动取出资源都要祭祀山神。采伐树木时，要在森林中焚纸烧香禀报山神，祈求山神保佑后才能开始砍伐，否则就会出现工伤或其他不顺利的事情，使伐木出现困难或问题。集体进山打猎时，也要在村寨的土地庙或进山山口祭祀山神，认为焚纸烧香禀报后才被允许并得到山神的暗中帮助，否则打猎不顺利，可能空手回归，或者得罪山神会出现被伤害的事故等。打猎结束后也要对山神进行感谢，把猎物放在地上祭祀山神，让山神先"享用"，以此感谢山神的帮助，然后才能回家，不然下次打猎就不利。侗族进山烧炭也要在烧炭的地方祭祀土地神，不然烧炭不会成功。凡此种种，不胜枚举。总之，山神禁忌属于侗族土地崇拜产生的一个文化现象，是土地崇拜的一种延伸，贯穿在侗族人们的日常生活之中。

三　侗族土地资源观及其行为的生态价值

侗族的土地资源观基于泛神论和风水理论形成，并产生了以各种禁忌为内容的行为规范，它们对当地资源利用、环境保护具有一定的积极意义，形成了相应的生态价值，主要包括基于土地崇拜形成了土地要素的民族生态伦理文化与习俗，使人们不过度开垦土地及其附属物，利于生态资源保护，同时土地崇拜的宗教信仰表达形式简约，也利于生态资源保护。

1. 土地崇拜形成土地要素的生态伦理文化与习俗

生态保护需要相应的价值观作为支撑和保障，也就是说一定的生态型生产及生活方式的形成是包括支撑它的生态价值观的，没有相应的价值观的支撑，其生产和生活方式不会长久，更不能形成传统。侗族对土地资源的利用保持了一种突出的生态特征，也孕育了它的生态文化，典型地表现为以土地崇拜形成的土地要素的生态伦理文化与习俗。禁忌习俗已经充分反映了这一点，它贯彻于侗族人们生活的各个环节，影响重大。

2. 不过度开垦土地及其附属物，利于生态资源保护

侗族的土地神崇拜，延伸于日常生活形成了"戊日"和"土王节"的时节禁忌、"太岁值年"禁忌和山神禁忌。这三重禁忌对侗族的土地等资源利用和日常劳作都带来极大的影响，不能随时打扰自然资源"物主"，以致不会过度开垦土地及其附属物，十分利于生态资源保护。侗族生活的地方是我国自然生态优越的地方，森林密布，没有巨大的人工湖泊、水利工程，当代大工程高速公路、飞机场、高铁都是近年才修建的。侗族村寨里修房子，基于风水选址和建设，附和自然风水建造，依山傍水，一般不会改造自然形成的地形、山势、河流，一般按照风水理论修一些桥或亭来弥补其中风水不足，主要是一种顺应自然生活，随遇而安的"人地关系"，自然相洽。

3. 土地庙的设置、拜祭仪轨简约，利于生态环境保护

侗族社会没有形成统一的宗教，信奉多种神灵，万物有灵和灵魂不死是其宗教信仰的思想基础，主要有自然崇拜、灵魂与祖先崇拜、萨岁（女性神）崇拜等。20世纪初，个别地区虽有天主教和新教传入，但本民族固有的宗教信仰仍然流行。

侗族相信万物有灵，认为自然界各种物类和自然现象都有神灵主宰，并影响人们的生产和生活。虽然侗族具有多神崇拜，但没有发展成为神学阶段的宗教，因此，各种神庙、神坛的设置和拜祭仪轨都简约，不会太费神劳力，宗教生活不劳民伤财，破坏自然。如土地神，一般分为桥头土地、寨头土地和山坳土地等几种。每个村寨大都设神龛供奉，只有牌位，无神像；有的供一块石头，也有悬挂猪下颚骨的。人们以为土地神执掌人畜兴旺，地方安宁，并震慑猛兽。逢年过节或遇自然灾害，必须用猪、羊、鸡等献祭，祈求丰收和平安。出猎前，有的狩猎引头人就

到溪沟里捞取三尾小鱼作为供品，烧香化纸敬祭土地神，然后就可领队上山。又如水神。一般岁首要敬祭水神。正月初一这天，妇女到河里或水井汲水，需先在河边或井旁点香烧纸，然后才能取水回家，但方法和仪轨也十分简单。

侗族的祖先崇拜也比较简约。侗族除本族共同的女祖先、男祖先和英雄人物外，每个家族和家庭还各自奉祀自己的先人，而妇女又单独供奉郎家神和外家神。萨岁是侗族共同供奉的女祖先，被认为是本民族的最高护佑神。黎平、从江、榕江、通道和三江等县的侗族村寨都有名为"萨殿""堂萨"或"然萨"的神坛。农历每月初一、十五，要烧香化纸和供茶。农历正月初三或初七，二月初七（春种前）和八月初七（秋收前），为隆重祭祀日。有些地方每次都要升寨旗，连祭3天。其间还要举行名为"耶萨"的集体娱神活动。青年男女尽情歌舞，对唱"祭祖歌"和"侗族创世纪"等歌。盛祭之年，有些地方还要安排人装扮萨岁女神巡乡游寨。

虽然如此，但侗族宗教处于泛神论的原始宗教阶段，不像道教、佛教、基督教这些神学宗教那样发达，垄断一方资源，形成严密庞大的组织，创立教义，发展信徒，建立观、寺、教堂，占地广居，开展盛大祭祀、法事活动，形成庞大开支。侗族土地庙就一块石头，萨堂大部分也很小，祭祀活动简单，不像诸如苗族的牯藏节等那样浪费。因此，侗族的宗教生活简约，利于生态环境保护。

第四节　侗族水资源观和生态意识

水是自然资源的基本要素，也是生态形成的基础。世界上没有哪个民族不重视水资源，甚至争夺水资源是产生战争的根源之一。历史上，侗族祖先的居住都选定在有水的山谷平地之间或依傍水的地方建立村寨，以耕作田地为生，种植水稻为主，侗族是稻作民族。同时，侗族又有稻田养鱼习俗，这不仅是一种特色的生产方式，还关键在于稻田的"鱼"是侗族肉食的主要来源，成为侗族的主要食物之一。侗族的稻作农业、稻田养鱼以及人工营林都与"水"有关。因此，侗族历来就十分重视水资源的保护、管理和使用，只不过侗族对水资源的保护、管理和使用要通过相应的水体作为生产、生活的要素的行为规范得以体现，并与人们的宗教文化、禁忌习俗、日常规范等联系在一起，成为侗族的水资源观和文化体系。由于侗族重视水资源的保护、管理和利用，其中就包含了相应的生态知识、技术和文化价值观，对于今天侗族社区实践生态文明仍有重要意义。

一　侗族的生计物产与水资源的关系

侗族源于秦汉时期的"骆越"。魏晋以后，这些部落被泛称为"僚"，侗族即"僚"的一部分，明清才称为"洞"或"峒"，中华人民共和国成立后始称"侗"。① 其在唐宋时期形成，具有悠久的历史，主要分布在湘黔桂毗邻地带，即现今贵州省的黎平、从江、榕江、天柱、锦屏、剑河、镇远，湖南省的新晃、靖县、通道和广西壮族自治区的三江、龙胜等县。所居住的区域属亚热带低地河谷地带，海拔在 500—1600 米之间，年降水量在 1200 毫米左右，年均气温为 18℃ 左右，无霜期较长，冬无严寒，夏无酷暑，自然环境良好，十分适合农业和林业生产。②

侗族源于我国南方百越民族，而百越民族是我国最早发明种植水稻的民族，侗族很早就掌握了水稻种植，在文化发育上属于稻作民族，主要从事农业兼营林木，同时善用稻田养鱼，林业以盛产杉木著称。

稻作是侗族的主要农业内容。据侗族分布的湖南省靖州县新石器遗址发现有炭化稻，证明了在 4000—5000 年前的先民就已经种植水稻了。"侗族在形成单一民族前，其先民的经济生活已从以采集、渔猎为主的生活方式手段转向以种植水稻为主（也兼采集和狩猎）的原始农业生产阶段发展。较早使用牛和犁耕，掌握了根据地势高低筑坝蓄水和开沟引水等灌溉技术。千百年来，侗族人民不断兴修水利，扩大耕地面积。"③ 据《晃州厅志》记载，明洪武年间，仅晃州就开凿了 5 口大堰塘；《黎平府志》记载：清康熙年间天柱县修筑了大小堰塘 36 座，其中 3 座可灌田千亩以上。④ 如今，天柱县的天柱、兰田、高酿坝子，榕江县的车江坝子，黎平县的中朝坝子，锦屏县的敦寨坝子和通道县的临口坝子等稻田面积均在万亩以上，被誉为侗家粮仓。人们还在山谷溪流两旁开辟出许多良田，形成绕岭梯田。耕种技术也逐步提高，至清代中叶已普遍进行中耕除草，车水施肥；发明了适应水田耕作的农业劳动工具，如踏犁、挖锄、犁、耙等，还学会

---

① 　石干成：《侗族哲学概论》，中国文联出版社 2016 年版，第 4—6 页。
② 　杨筑慧等：《侗族糯文化研究》，中央民族大学出版社 2014 年版，第 40 页。
③ 　同上书，第 227 页。
④ 　（清）徐渭等：《黎平府志》，清光绪十八年刻本。

筑坝引水、堰塘等传统农田水利设施，发明了桔槔、筒车等提水工具，对旱田进行浇灌；学会了选种、育秧等稻作技术。"侗族人们喜食糯米，培育了适应各种自然环境的优良糯稻品种。如适应烂泥田的牛毛糯，适应冷水田的冷水糯，适应干旱田的竹岔糯，具有一定抗鸟兽害能力的野猪糯，约计40多个糯稻品种。侗族人们也很早开始种植粳稻，从粳稻的名称和收割粳稻的工具名称来推断，粳稻是从汉区引进的。榕江章鲁等地把糯稻称为侗米，把粳稻称为汉米。"① 现今侗族粳稻的种植量已大大地超过糯稻。侗族的稻作生产，形成了对水资源的重大依赖，水资源是侗族生产的基本条件。

伴随稻谷种植，稻田养鱼也就成为侗族延伸的一种基本生产方式。侗族早期就兴起了养殖业，饲养家畜家禽，主要有牛、猪、狗。侗族的远古祖先——百越族系的先民是最早饲养水牛、猪、狗者的族群之一。但是，牛是侗族田间劳动的畜力，狗主要用以护家和狩猎，不是肉食的主要来源。养猪和鸡、鸭、鹅等家禽是侗族获取肉食的主要来源，但限于技术使得生产能力有限。实际上，由于稻田条件和放养的方便，鱼成为了侗族肉食的主要来源。捕鱼是侗族早期经济生活之一。侗族居住在溪河间，捕捉野生鱼是侗族改善饮食的重要内容。侗族捕捉河鱼的方法多种多样，如置鱼簖（duàn），即用竹栅插在河流中拦捕河鱼等，这些古老的捕鱼方法沿袭至今。水田养鱼才是侗族水产肉食的主要来源，水田养鱼是侗族的养殖传统，侗族普遍利用水田养鱼。侗族完全人工养殖的鱼类主要是鲤鱼和鲫鱼，还有少量的草鱼。为了养鱼，每家都有一块常年泡水田或泡冬田，除在此养鱼外，还放养母鱼，繁殖鱼苗。一般插秧七天至返青前夕施放鱼苗，每半月放一次猪牛粪，保持一定水深。农历九月秋收时开始收鱼，每亩能收鱼25公斤以上。稻田养鱼使侗族对水资源形成更大的依赖。

另外，侗族地区气候温暖，雨量充沛，晨昏多雾，很适宜杉木生长，侗族房屋全用杉木建成，其他活动也依赖林木，林业是侗族的传统产业之一。侗族人民很早就掌握了人工培植杉木的技能，又形成了植杉造林的传统。境内沿河流两岸杉林郁郁葱葱，绵亘不断。到了明清时期侗族地区木材开始大量外销。乾隆年间，苏淮一带木材商已进入今锦屏县采购木材，

① 杨权、郑国乔等：《侗族》，民族出版社1997年版，第11—12页。

至嘉庆、道光年间，已是"商贾络绎于道，编巨筏之大江，转运于江淮"①。据清光绪《黎平府志》记载，当时仅由茅坪、王寨、挂治（均属今锦屏县）每年输出的杉木价值白银 200 万两至 300 万两，林业成为侗族的主要经济来源。基于林木商业的刺激，侗族地区林木边砍伐边种植，不断扩大杉林面积，积蓄量有增无减，成为全国著名的杉木产区之一。杉木种植也依赖于湿润气候，同时也改善水土保持，并与稻田相互作用，形成良性发展。因此，杉木种植也与水资源息息相关。

侗族的主要产业都依赖于水，因此，对水资源是十分重视的，为水崇拜构建了现实基础。事实上，对水资源依赖的生产方式，在文化上形成了相应的特征，并延伸为水崇拜的宗教文化以及禁忌等。侗族对农业预期有一句口头禅叫："有水无粪三分收，有粪无水连根丢。"侗族居住选址，有一种"称土"习俗，就是对选址居地的土地进行称重，一般选在土质重的地方居住。所谓土质"重"，其中指标之一就是水分高。侗族对水的崇拜体现在大年初一，每家每户必须清早去挑新年水，挑新年水时要对水井烧香化纸，进行井祭。以上这些习俗充分反映了侗族人们对水的看重和意义的把握。在水崇拜形成的宗教文化以及禁忌主要有龙崇拜、鱼崇拜以及禁忌和习俗等。下面分别论述。

二 侗族基于水资源重视的龙崇拜及其文化习俗

侗族崇拜龙，天边出现彩虹，称作"龙喝水"，此时，任何人也不能去挑水，也不能用手指虹。《起源之歌》中讲道，开天辟地之后，有四个龟婆来孵蛋，孵出松恩（男性）和松桑（女性）。他们不仅是人类的祖先，也是动物的祖先，松恩和松桑结合，生了 12 个子女，他们是虎、熊、蛇、龙、雷婆、猫、狗、鸭、猪、鹅和章良、章妹，其中只有章良和章妹是人类。龙与人具有同根同源的关系。贵州锦屏一些侗族在每年一月开展敬龙神活动。"活动之前，全寨各家各户集资准备祭献物品。捐献最多的 3 户被指定为社主和副社，由社主和副社组织主持敬龙活动。开社期间，立幡杆于寨边各道路，示意外人不得进入。届时，由社主带领寨人向龙神下跪祈祷，求其保护乡民，人畜平安，五谷丰登。寨内 7 天不能断香火，一

① （清）爱必达：《黔南识略》卷 21《黎平府》，《续黔南丛书》（第二辑上册），贵州人民出版社 2012 年版，第 196 页。

天 3 次上供品。用茶油和蜡点燃的香火有几百盏，供品为米圆子、肉等。祭祀活动的最后 3 天，全寨斋戒，不得私下吃荤，只能用茶油炒豆腐蔬菜之类进食。最后由社主带玩龙队到各家，祝福全寨老小平安吉利。"①

侗族龙神崇拜因受中原传统文化影响形成，龙神崇拜即龙王崇拜，常将龙神称为龙王。"龙王实为道教神祇之一，源于古代龙神崇拜和海神信仰，被认为具有掌管海洋中的生灵，在人间司风管雨，因此在水旱灾多的地区常被崇拜。龙王是多元的，大龙王有四位，掌管四方之海，称四海龙王。小的龙王可以存在于一切水域中。文献记载中，如佛经常有龙王'兴云布雨'之说。唐宋以来，帝王多次下诏祀龙，封龙为王；道教也有四海有龙王致雨之说，四海是指东、南、西、北四海，但四海龙王的名字却有不同的说法。《封神榜》中称有：东海龙王名为敖光，南海龙王名为敖明，西海龙王名为敖顺，北海龙王名为敖吉。文学作品中的海龙王以及民间文学艺术中龙王都人格化了，它们有为民造福的，也有与民为害的，善恶各异、性格似人。"②

民间龙王形象多是龙头人身。龙王被认为与降水相关，遇到大旱或大涝的年景，百姓就认为是龙王发威惩罚众生，所以龙王在众神之中是一个严厉而有几分凶恶的神。中国东部的广大地区由于多受旱涝灾，民间为祈求风调雨顺，建有龙王庙来供拜龙王。庙内多设坐像，通常只立有一位龙王。

以上讲的是中原汉族典籍中关于龙王的神话和故事。侗族地区也流传汉族这些故事并深受影响，如上述的把彩虹出现称作"龙喝水"便是例证，认为龙王有促使风调雨顺的职能等。但是，侗族水崇拜而演绎为龙神崇拜的主要方面还是与承续道家的风水文化相关。

侗族迷信风水之说，凡新建寨子、祖先埋坟、新房建造讲龙脉走向，都要选风水好的地方。侗族人们认为，建房有好的屋基，立坟有好的墓地，必然会使该户今后人丁兴旺、发财发家。不然，不好的屋基或墓地会使人灾害不断，甚至家破人亡。好的屋基和墓地在于它们是风水宝地，有地脉龙神保佑。关于侗族的一般风水理念，即风水宝地就是依山傍水之地，即后有山前有水的开阔地带，"后山"为靠山，前溪河之水为"滚滚

---

① 杨筑慧：《中国侗族》，人民出版社 2014 年版，第 282 页。
② 《南海龙王》，https：//baike. sogou. com/v156186. htm? from Title.

财源"之水。这里，侗族的依山傍水而居是得中国风水之法的。中国风水的核心在于"聚气"，即有否"生气"，风水学的目的就在于找到有"生气"的吉祥地点而居。三国管辂在《管氏地理指蒙》中提出："万物之生，皆乘天地之气善（善即生气），祥气感于天，为庆云，为甘露；降于地为醴泉，为金玉；腾于山成奇形，为怪穴；感于人民钟英雄，钟豪杰。"[①] 这里讲明了风水"生气"的由来和功能。那么，"腾于山成奇形"后，具体的"生气"在哪里？按唐代杨筠松《地理正宗》的说法就是："土者，气之体。欲知气，可观形，土有形，即有气。"[②] 而晋代郭璞的《葬书》也说："气乎，行乎地中，其行也，因势而起（指山脉）。"[③]《管氏地理指蒙》则强调："土愈高，其气愈厚！"[④] 基于"生气"行于山中和因势而起的解释，于是形成了"龙脉"理论，即蕴藏"生气"的山脉叫"龙脉"。"龙脉"不仅指山，而且也指河流，因而分为"山龙"和"水龙"，这在历史上又引出不同的风水学派。

　　侗族的风水理论以观"山龙"为主，不过也以此关涉于水。因为，经典风水理论认为，高为山，低为水，以山水的高低来指"气"的运行"动向"，确定最高处和最低处来观察"生气"之所在而已。当然，"气运"低到"水面"而止。故《葬书》有言："气，乘风则散，界水即止。"[⑤] 这样，"生气"就是山脉（龙脉）经"太祖山""少祖山""父母山"下来集聚在"临水"的"星穴"之处，即所谓"结气止息"的"龙穴"，选屋基或坟地的吉地都应在这个地方。因此，《葬书》又言："风水之法，得水为止。"[⑥] 水是气聚的止息状态，即气化为水并居而不走了。这样，因"生气"形成的"龙崇拜"就引申到"水崇拜"了，龙神存于水也与此关联，通常是未有山先看水，有山无水休寻地。侗族依山傍水的居住选址，严格遵照以上的风水理论为法度的。"依山"就是接住"生气"，"傍水"则是安在"生气"聚结止息之处，即所谓的"星穴"位置，这就是侗族以"依山傍水"居住讲究"环山抱水"的原因所在。当然，在科学的环境学

---

① 陈怡魁、张茗阳：《生存风水学》，学林出版社 2005 年版，第 16 页。
② 同上书，第 17 页。
③ 同上书，第 56 页。
④ 同上书，第 17 页。
⑤ 同上书，第 66 页。
⑥ 同上书，第 56 页。

来看，"依山傍水"是云贵高原山地地区最宜居的地方，所谓风水学不过是居址环境选择的一种传统文化罢了。

侗族的风水理论和实践，不是严格的科学生态理论应用，但是它对山林、河水的重视和保护形成了生态价值，并主要通过龙脉的保护和龙神的禁忌实现出来。龙脉的保护和龙神的禁忌是两面一体的东西，所谓龙脉是"生气"发生和存在的外在形态，而龙神则是"生气"宗教化予以神格的称呼。侗族严格保护龙脉和崇拜龙神并形成一些禁忌习俗，要求人人遵守。

侗族一般把村寨的后山或后山的延长部分看成村里的龙脉或龙脉组成部分，龙脉就是龙神的化身，不得冒犯，并且需要保护，不能当作房基、坟山或开垦进行农耕。而且认为，山土就是龙脉的肌肉，植树就是给龙脉穿衣打伞，以此披上鳞甲，形成禁土，实现封山育林、龙脉的保护。[①] 侗族村寨的特点之一，就是村寨后山都是风水林连片保留，古树参天，而且是作为村寨集体山林保存着的，任何年代都不会划分给谁，村内谁也不会去争要这块土地。后山龙脉属于禁忌开发之地，谁进行了开发，那就是触犯龙神，败坏风水，龙脉所在村寨将受到灾难。北部侗族的天柱县石洞镇冲敏村乌龟寨流传一个故事，即民国30多年，外村有人在乌龟寨的后山龙脉上山偷偷挖穴作为坟地埋了死人，埋后不久，乌龟寨以及冲敏村附近的村寨发生了狗不叫、鸡不鸣、井水干的现象，一直几个月，当地村寨只有到河里去取水用。后来村里研究，认为是有人盗用龙脉做了坟山引起的。于是组织几个寨的人进山搜寻，终于找到了埋坟处并把棺材挖出地面，弄清是谁做了坏事，请他来做招龙巫术即接龙脉才罢休（接龙脉即用碗当作龙骨一个接着一个把挖断的地方接上，当然要举办宗教仪轨来安置）。做了招龙以后，乌龟寨以及冲敏村附近的村寨狗也叫、鸡也鸣、井水也来了，人们能恢复正常生活。这是一个奇怪的现象，但当地人们相信这与龙脉破坏和保护有关。无独有偶，这样的事情在贵州省天柱县高酿镇勒洞村的石保寨也发生过。2015年4月5日，笔者采访了经历这一事件的石保村77岁的村民杨先华。据他介绍，1958—1962年勒洞村实施开荒造田和兴修水利，在石保村上方的万合村，在该石保村后山山脊（龙脉）的

---

① 徐晓光：《清水江流域传统林业规则的生态人类学解读》，知识产权出版社2014年版，第159页。

地名叫阿隆处的地方开渠引水灌溉，崛开深 12 米、宽 1 米的一条山腰水渠，结果挖断了石保村的龙脉，没过多久，石保村就出现了狗不叫、鸡不鸣、井水干的现象，井水干枯后石保村连续四年都是到附近村寨的地棉村或宜佑村挑水用。由于严重影响该村生产生活，到了 1962 年，依据当地侗族的习惯，认为就是万合村挖渠弄断了石保村的龙脉造成的，需要招龙接龙。于是石保村村民请优洞村巫师伍宏开来做招龙接龙仪轨。事先去锦屏县小江乡西江街租用龙头（春节舞龙的龙头，给租金 3.3 元），在招龙接龙仪轨上，根据巫师安排，人们抬着龙头从约 4 千米外的优洞村招龙（引龙魂）到阿隆（挖断处），并接龙。当时接龙买了 24 个大青花碗，以口对口、底对底的方式，按下面两排、上面一排的三排形式进行接骨，把接骨的碗埋在水渠最深处，同时把原挖的水渠全部埋好。奇怪的是，接好后石保村逐步恢复到原来的情况，即狗也叫、鸡也鸣、井水也来了。这个事的许多当事人都还在。

龙脉崇拜的附属物就是村寨溪水流出的村口修建"风雨桥"，也称"花桥"或"福桥"。"风雨桥"是汉族的称谓，来源于 20 世纪 60 年代中国科学院院长郭沫若先生在广西壮族自治区三江县的程阳侗寨程阳桥的"风雨桥"题词。其实，侗族"风雨桥"的自称都是"回龙桥"，湖南省通道县芋头村的"风雨桥"的桥名就是"回龙桥"，贵州省剑河县小广前村的"风雨桥"桥名也是"回龙桥"，黎平县地扪村的则称"双龙桥"。侗族"风雨桥"之所以称为"回龙桥"，在于它是风水的附属物。因村寨溪口"漏气"，不利于风水而需要挡风而建桥，目的是弥补自然不足以达到"使生气不散"。而"龙"不过是"生气"的外在形态和称呼，建立"使生气不散"的桥，就是使将流出的"生气"返回留住，形成了"人工的龙"，故称"回龙桥"。贵州省从江县往洞乡的侗族色里村，村前只有一条 2 米的小溪，但建起的"风雨桥"长却有 32 米，为什么呢？这里不在于溪水大小，而在于发挥它是"回龙桥"的风水功能。侗族村寨的"风雨桥"本质上首先是侗族风水文化的一部分，然后才有其他文化功用和表达。

总之，村寨的龙脉是禁地，不容许开发或破坏。历来，侗族村寨大部分依山傍水而居，村寨的后山都是一片古树参天的原始森林，形成侗族村寨美景的重要构成。龙脉起于山止于水。侗族生产生活方式严重依赖于水，便对水产生了崇拜。侗族的水崇拜，不仅延伸为龙崇拜，赋予调节风雨的职能，更是与风水文化结合，形成相应的文化习俗，产生着生态文明的意义。

三　侗族基于水资源重视的鱼崇拜及其文化习俗

侗族"以鱼为贵"。在祭萨敬神时必用鱼当祭品，老人过世必须用腌鱼祭祀亡灵，招待贵客需有鱼，重大节庆摆合拢宴要有鱼，等等。侗族崇拜鱼，联宗或认亲时，先问对方是否知道三鱼共头，若答得上，便认为是同族人。侗族地区的鼓楼、花桥、寨门、戏台上的绘画都有鱼的图腾，在侗锦、刺绣、石刻、木雕等上都有鱼的图案。如石刻上、建筑物上有"三只鱼共一个头"的图案，意为侗族人民团结齐心的表现。因此，侗族是崇拜鱼的民族。

图 2 - 10　侗族三鱼共头图案（肇兴）

"鱼"在侗族人们的生存中有着很高贵的重要地位，同时以"腌鱼"为重。在侗族地区不论红白事都离不开鱼，而"腌鱼"又是侗族人民最好，且又能保存几十年、上百年的美味佳肴。如果你到侗家做客，主人将腌鱼摆在桌上，那你可算是珍贵的客人了。如在建筑方面，建造鼓楼、花桥（风雨桥或回龙桥）、戏台、寨门、房屋等民族传统各类建筑，开工时和竖楼房都必须有三条腌鱼为祭祀供品，每逢婚丧嫁娶等大事，请客送礼都离不开鱼。特别是侗族地区的丧葬文化，人去世后，第一餐整个家族的人都必须吃"腌鱼"下饭，这一餐什么菜都不吃，以此表示主人和整个家族以及亲朋好友的遭遇不幸，同时也表示悲伤和对死者的思念。侗族的丧葬仪式一般都在鼓楼举行，在祭祀死者的供桌上必须有一条腌了几十年的"腌鱼"摆设。日常食鱼，侗族有许多独特的、原始的制作方法，有色香俱全的"生鱼片"，健胃助食的"酸腌鱼"，酸甜醒目的"红虾酱"，清凉润肺的"太阳鱼"（冻鱼），百草调味的"烧烤鱼"，做法各异，吃法不同，味道绝佳。

图2-11　侗族村落附近的鱼池

侗族的祖先居住在有水的山谷平地或依傍水的地方，以耕作田地为生，种植水稻为主。稻田养鱼是侗族的一大特色，即侗族传统以来都以稻田养鱼为主，鱼种选的是"鲤鱼"。鲤鱼是侗族肉食食品的主要来源，而鲤鱼能放养并且肉质和营养都很丰富，成为侗族生活的资源依赖。在日常生活中少不了鱼，要把鱼放在最重要的位置，而且吃鱼、腌鱼一般不随意乱刮乱动鱼的全身，以保持它的完美。

侗族有"腌鱼"制作、保存、养殖的传统技术。稻田养鱼收获一般在收割结束后，即农历九至十月。鱼收回家后用鱼篓将收来的鱼放在清水中几个昼夜，等鱼把肚子里的泥等物排完后再剖杀，鱼剖杀好后（除去内脏，可吃的部分收做"鱼浆"菜），将剖好的鱼每只撒上盐，一层层地存放于桶中。存放两个昼夜后，再将蒸熟的糯米拌散在每一层鱼上，并加生姜、花椒、少量茶油、辣椒等。腌桶一般都是杉木板制成的圆桶，把鱼放入腌桶盖好后再用重石块压上进行密封。三个月后就可以开来食用。侗族的腌鱼，腌桶密封得好的可以保存一两年，而一般从腌桶里取出腌鱼也保鲜五天左右。

因鱼与侗族生活息息相关，养鱼、护鱼构成侗族人们日常的生活行为并生长出许多习俗出来。而养鱼、护鱼的一个基本关联就是水资源保护。其实，侗族鱼崇拜与水资源保护是关联同构的。

侗族生产生活中，通过水资源的关联，使鱼、稻田与森林三者的生产关系密切，即三者的生产形成一种依赖和互补的关系。这种关系就是，生活需要鱼，养鱼需要稻田，而稻田依赖于森林的水土保持。侗族乐于保护森林和"人工育林"①，不仅仅是追求木材资源和财富，这只是其中一个方面，另一方面更在于森林保护和形成的优质水土，涵养稻田和保证稻田养鱼功能的持续发展。侗族的水稻种植、稻田养鱼和人工营林，都是侗族生产的重要内容，它们之间具有重要的生态支持和平衡关系，过去人们注意到了"稻鱼鸭共生系统"（即稻田养鱼又养鸭）的生态经济关系和意义，并得到深入阐述，2011 年入选联合国粮农组织全球重点农业文化遗产保护试点。② 但其实，它们应该是水稻种植、稻田养鱼和人工营林的一种生态型复式生产方式。以水作为循环链来看，侗族通过人工育林来保持大面积的森林，森林是保持水土的最基本方式，才使侗乡山泉、溪水密布，水稻灌溉成为可能，稻田有水种植，养鱼就变成现实。它们是复式关联的生产结构，而且以水作为资源链条，因而就构造了一种良好的生态经济行为。侗族村寨长期保持良好的生态环境，无不与这种生产方式密切联系着。目

---

① 刘宗碧、唐晓梅：《侗族"人工育林"的林业文化遗产性质及其价值》，《凯里学院学报》2016 年第 1 期。

② 《"全球重要农业文化遗产"助推当地经济发展》，新华网贵州频道，贵州从江，http：//www. gzgov. gov. cn/xwzx/mtkgz/201509/t20150923_ 337930. html.

前，这种传统生产方式保持得比较完好的侗族村寨还有许多，其中贵州省黎平县双江镇的黄岗村最为典型。

侗族的"稻鱼鸭共生"和"人工育林"，都把水资源提高到了十分重要的地位，虽然侗族崇拜的是鱼，但对鱼的崇拜蕴含了对水的重视，也促进了人们的生产生活形成利于生态环境形成和保护的发展方向，这是侗族鱼崇拜中蕴含保护环境的积极意义，应该得到阐发、认识及积极利用。

四　侗族传统水资源观的生态价值

侗族水资源观的内涵，通过龙神崇拜、鱼崇拜的延伸，蕴含于风水习俗、宗教禁忌和特定的生产方式之中，形成了利于生态保护、优化的价值取向。

1. 侗族水资源观融于风水习俗形成特殊的生态价值观

居住选址追求依山傍水的风水宝地，这种价值观包含了生态信息的负载，产生了生态维护的实践效应。侗族水资源观具有多维度的表达形式，其中融于风水习俗是重要方面并蕴含了生态价值观，它通过居住选址追求依山傍水、龙神禁忌等理念体现出来。侗族崇尚风水文化，阴宅、阳宅选址都要看风水的。中华人民共和国成立后初期，因"立四新，破四旧"活动，一度风水也被批判为迷信。实际上，它一定程度上是一门择居的环境学问，是人们如何适应自然环境并选好自然环境的地方作为居住的一门地理实践技艺，虽然在传统形式上包含了神秘和不科学的成分，但也包含了科学的成分，其中包括追求生态的价值思想。实际上，居所的依山傍水理念，它就是生态价值理念的表达。风水作为一种择居的环境学，虽然其理论形态采取了神秘解释方式，但在内容上不过是环境的生态要素及其组合的优化选择罢了。从现代的环境科学来看，风水理论的择居不过是依据居地的环境要素，即山脉、河流等来考察其阳光（日照）、空气、风速、水质、土壤、地磁、温度、湿度以及人工建筑等构成的生产生活环境及其宜居状况。侗族崇尚依山傍水的村落选址，它就是风水理论中就上述要素综合考察形成的居住环境优越判断的一个模式化的总结和概念。侗族依山傍水的居住模式，它在阳光（日照）、空气、风速、水质、土壤、地磁、温度、湿度等要素上具有合理组合的状态，是云贵高原山地地形择居中最理想的场所，反映了良好的生态构成。因此，侗族水资源观融于风水理论的展开包含了特殊的生态价值观内容，只是基于文化因子的交叉、互渗，不容易辨析和直观把握罢了。

总之，侗族风水文化以关涉水资源的利用、保护作为前提，并以此蕴含着生态保护的价值理念，构成了一种良好的生态文化负载和行为操守以及意义。

图 2 – 12   侗族村落里的凉亭

2. 侗族水资源观融于宗教内生相应禁忌形成了特殊的生态价值规范

侗族基于敬龙神保护风水的文化实践，具有抑制生态破坏的作用，同时侗族宗教生活依赖于鱼，必须养鱼，因而注重水资源的保护和利用等。侗族龙脉文化源于风水理论与实践，形成了龙神崇拜。而龙神崇拜又与农业相关，结合龙王表述规定为实现风调雨顺的保护神。因而，基于多元文化的融合，龙神崇拜具有多样功能的宗教职能。实际上，侗族龙神崇拜关涉龙王实现"风调雨顺"保障农业的文化功能，它蕴含了水崇拜的情结，在一定意义上它又是水崇拜的某种延伸，即包含崇拜的中介环节扩充，也就是说，它是水资源观内生宗教禁忌的一种现象。

关于侗族水资源观内生宗教禁忌的积极意义，其中之一就是形成了特殊的生态价值规范。就其关联的"龙脉禁忌"来说，首先，"龙脉"作为土地资源，本身就是村寨依山傍水格局中先天的自然环境物件，是村寨建立生态生产生活的基本要素；另一方面，它作为村寨自然资源，在被利用的过程中又成为需要人们不断保护的对象，通过禁忌而使其能够持续存留和发挥作用。

依山傍水中的"依山"，在具体形态上就是每个村寨的后山龙脉，以龙神崇拜进行禁忌，不准开垦、不准埋坟，甚至不准砍柴、不准挖药、不准放牧，禁止一切人为活动，让其以原始形态存在，形成了森林保护、水土保持的作用。其次，侗族依山傍水是前有水后有山的一种二元结构要素论，在风水学上追求有山必有水，如果有山无水，村落、房基乃至坟地都不可取。这样，任何村寨都以水为贵，人们不仅建构"龙脉"对山的保护，而且村里的河流是不能让它干枯的，如果干枯了，河水不在，则等于风水被毁，这是大忌。如何做到不干枯，就是保持良好的森林生态。实际上，侗族在维护依山傍水的居住模式中就包含了生态维度的价值观和实践要求。侗族龙脉禁忌以及形成培植、保护风水林，大面积实施"人工育林"，植被常年处于十分高的比例，形成良好的生态环境，利于人们生活。

还有，就是侗族宗教生活依赖于鱼，必须养鱼，因而注重水资源的保护和利用，也影响侗族的农业、林业生产形态，从而对生态构成积极影响。诚然，侗族在祭萨敬神时必用鱼当祭品，老人过世必须用腌鱼祭祀亡灵，过年祖先祭祀需要有鱼，一些重大活动的仪轨也需要有鱼。基于这样一种宗教生活，养鱼就变成了侗族家家户户的事。为此，侗族才发明了"稻田养鱼"的复式性生态农业模式，并构成了世界重要的农业文化遗产。"稻田养鱼"的生产方式，不仅种植水稻需要做好水土保持，同样养鱼也需要做好水土保持，并且种植水稻对水的依赖是季节性的，而养鱼则是全年的，即长年要有水田。基于这样一个生产需要，长期保持丰富的水资源对于侗族来说十分重要。而这个要求就延伸到了林业，森林是保持水土的最重要、最简单的方式。侗族自觉的保护森林和长期自发的植树习俗，无不与这种生产方式关联在一起。侗族地区是我国南方人工林地最大的片区，"人工育林"习俗深入人心，在侗族的屋前屋后、田边山坡，几乎很少有荒地，一般都是绿油油的一片森林。虽然，侗族人们积极进行"人工育林"也有林业本身的发展需要，但与实现保持水土，保证长期"养鱼"不无关联。世界上，人类生产生活有不同的形态，但生产生活内容都不是单一的，而是丰富多彩的，它们相互关联和支撑。侗族宗教生活连接生产是自然的事，进而影响生态环境的形成，这是其中关联。虽然，宗教生活不一定是科学的，但是它通过生产关联形成的生态积极效应，对于传统文化的意义把握上，应当得到肯定。

3. 侗族水资源观蕴含于生产方式的承诺之中并形成特殊的生态价值行为

侗族的水资源观不仅融于宗教生活，影响了人们的生态生产生活行为，而且促成了生态生产方式的形成以及生态作用的发挥，这就是侗族基于水资源链条的稻作、稻田养鱼与人工营林的复式生产，形成生态聚集效应和倍乘效应。

关于"稻田养鱼"和"人工育林"，前面论证了它通过鱼崇拜渗入宗教生活，促进了这种生产方式的形成，同时也保证了水崇拜、鱼崇拜的宗教生活的需要。但另一方面，"稻田养鱼"和"人工育林"作为特定的生产方式，它本身就是一种生态性的生产，特点在于它以水资源作为链条的稻作、稻田养鱼与人工营林的复式生产，形成生态聚集效应和倍乘效应。我们知道，在生态生产的行为中，特定的生产行为都对生态形成积极作用，即侗族的稻作、养鱼、造林都各自有自己的生态作用，但是侗族的稻作、养鱼、造林不是单一的，虽然各自可以作为生产的目标，但它们在生产中相互作为条件而发生，构成了依赖的关系。这样，生产中的生态促进不是单一发生，而是复合结构综合发挥作用。侗族"稻田养鱼"和"人工育林"及其相互补充、依赖的生产方式，通过复合作用，能够对生态资源形成起到聚集作用和实现倍数增加，使生产生活区域形成良好的生态环境。目前，在工业化的背景下，侗乡却保持了许多传统村落，山清水秀，变成了乡村旅游的资源和目的地，无不与侗族生产方式有关。

总之，侗族的水资源观基于生产生活需要并通过中介环节的作用，形成了相应的文化表征，贯穿在日常的行为之中，支持着地方生态资源的建构，支持其良好生态环境的形成，这是十分有意义的，作为优秀传统文化的因子，也是必须应加以重视和弘扬的。

第三章

侗族历史观与生态伦理

人类以实践而存在。人作为一种实践存在，就是一种对象性关系的存在。具体上，一方面与自然界发生物质变换，另一方面又是人与人的交往、互换劳动成果，并且二者互为媒介。这样，在侗族的社会生活中人与人的交往蕴含着人的自然关系，即人与自然界的物质变换，也就是说，人的社会关系总是以人的自然关系表达出来，从而在人的自我生产中也是人的自然关系的再生产，进而就关联到环境和生态。因此，历史观只是世界观的特定形式，它蕴含着特定资源利用的社会秩序、使用方式和生态的价值观。

历史观与自然观构成了世界观的基本内容，侗族的生态文化蕴含于世界观的结构中并体现为相应历史现象的把握、说明和叙事，呈现为历史观特定意识形式。侗族的历史发展相对滞后，没有科学的世界观和文化体系，一方面不能完全把自然界与历史领域划分出来，另一方面对历史现象的把握没有规律性理论形态知识，仅仅是生活经验的归纳，而且由于自然与历史的不分，历史领域没有清晰的界限，同时又局限于宗教性的解说，因此，使历史解说使用简单、朴质的范畴，历史意向仍然隐含在神话故事的传说和情结之中。

这种以经验性的简单范畴以及神话故事的传说情结表达，使得历史观所体现的知识体系具有早期人类的思维定式，停留在人类起源和繁衍思想、原始宗教的信仰和习俗中。侗族的生态思想和生态文化不是独立的体系，一般地也蕴含在以这些经验知识为载体所表达生产生活价值的社会历史或文化范畴之中。其中最典型地包括世界起源、人类起源、人类本质、人类发展的相应思想以及灾变思想、宗教信仰所负载的生态意识，构成侗族历史观中生态观和生态文化的重要内容。

在侗族"起源文化"构筑中，包括四个系统并以神话或传说反映出来，一是世界起源，二是人类起源，三是物种起源，四是歌的起源。其中，世界起源和人类起源以及相应思想是侗族历史知识和历史观的基本表达。在历史观上，哲学需要回答的初始问题就是"世界是什么"和"人是什么"的问题，或者是"世界从哪里来""人从哪里来""人到哪里去"的提问，这些是历史观中最基础性的问题。而关于它的回答是左右一个民族的思维走向以及社会的解释模式。侗族历史观的特点，不仅在于回答这些问题的特殊性，而且在于围绕这些基础性的问题的文化建构的特殊性，反映了原始思维的特征，使得历史观的内容和形式都具有原初性、朴素性、多样性和模糊性，并以此强烈反映了生态伦理的文化意向。侗族基于以上世界起源和人类起源思想关联宗教信仰和社会关系的结构建构，形成社会生活秩序及其价值观，并以此规范人们的生产生活，建立制度、习俗，长期积习成为传统，引导人们把握历史构造新的生活。具体上，侗族回答"世界何以起源"有"雾生"说，"人从哪里来"有"卵生"说，回答"人是什么"有"傍生"说，回答"人到哪里去"有"投生"说，这些关于世界起源和人类起源、人的本质、人的发展的终极关怀（去向）的多种观念，它们作为侗族历史观和相应文化的重要内容支持着侗族生态伦理的建构和操守。

第一节　"雾生"说的创世思想和生态伦理

创世思想就是关于世界的起源的看法和观念。关于世界起源的思想，不同民族有不同的神话和传说，并蕴含着不同的历史理解和形成相应的历史观，这也是不同民族产生文化差异的因由之一。

在西方，如犹太圣经《旧约》就创世记描述道：起初上帝创造天地，地是空虚浑沌，渊面黑暗，上帝的灵运行在水面上。上帝说："要有光！"就有了光，然后把光与暗分开了。接着创造"水"并将水分为上下，以及称之为"天"的空气、陆地、大海乃至记号、节令、年岁等。这里描述上帝创世是用七天完成的，后来人们按照上帝造世的时间，也把每周分为七天，六天工作，第七天休息；或是五天工作，第六天做自己的事，第七天休息，并把每周的第七天称为"礼拜天"或星期天，用来感谢上帝造世的功德。在中国，古代的创世神话最有名的是"盘古开天地"，其叙述道：

天地浑沌如鸡子，盘古生其中。万八千岁，天地开辟，阳清为天，阴浊为地。盘古在其中，一日九变，神于天、圣于地。① 盘古死后，化身为万物。②

侗族也有自己创世的文化，体现在各种神话、传说、故事之中。侗族关于世界的起源有多种说法，"雾生"说是其中之一。"雾生"说是侗族关于世界起源的一个重要表达，它蕴含了侗族关于历史理解和把握的文化情结和观念，以此解释社会、解释生活并延伸到社会生活其他范畴和构筑行为方式（包含着生态伦理），建构并践行自己的生态伦理。

一 侗族关于世界起源的"雾生"说

侗族关于世界起源的描述是通过神话、传说、古歌、故事和典籍叙事体现出来的，不同的地方也就有不同的流传内容，因而同一主题出现多个"版本"，"雾生"说是其中之一。"雾生"说首见于典籍《侗款》之中，也见于神话、传说、古歌、故事等。

侗族典籍《侗款》关于世界起源是这样描述的：

> 天地原先是一片混沌，
> 有了"气"后，
> "气"才像生命摇篮一样，
> 哺育了人类和繁衍了万物。
> 也就从那时起，
> 人类有了生儿育女的"根"，
> 侗寨里的男男女女，
> 才进进出出，
> 像蜂儿筑巢一样热闹非凡。③

在侗族的创世记古诗《开天辟地》中也有世界起源方面的叙事：

---

① 《三五历记·艺文类聚》卷1。

② （南朝）祖冲之：《述异记》。参见邓晓芒等《东西方四种神话的创世说比较》，《湖北大学学报》（哲学社会科学版）2001年第6期。

③ 黔东南苗族侗族自治州文艺研究室、贵州民族民间文艺研究室（杨国仁、吴定国整理）：《侗族祖先从哪里来》（侗族古歌），贵州人民出版社1981年版，第3页。

天地起源于混沌朦胧的大雾，

　　后来大雾发生了变化，

　　发展为天地万物，

　　轻者为天，

　　重者为地。①

　　在另一首关于世界起源的古歌《人类起源》中则说道：

　　起初天地混沌，

　　世上没有人，

　　遍地是树菟，

　　树菟生白菌，

　　白菌生蘑菇，

　　蘑菇化成河水，

　　河水生虾子，

　　吓子生额荣（注：一种水中的浮游生物），

　　额荣生七节（注：节肢动物），

　　七节生松恩，

　　……②

　　这里"起初天地混沌"之说中的"混沌"就是指"雾"或"气"，即"雾气"。就是上述例子中的"气"和"大雾"。根据这些神话、传说和典籍文献，侗族关于人类起源有"雾生"说，即一切万物和人都是由"雾"变化而产生的。侗族有民间传唱的《阴阳歌》，对人死后灵魂皈依并再次投胎的地方即"高圣雁鹅"有这样的景观描述："那个地方长年一边云雾漫漫，一边阳光灿烂。中间一条河水，一边河水浑，一边河水清。明媚的阳光，清澈的河水，这是阳人生活的地方。沉沉的云雾，浑浊的河水，这

---

　　①　黔东南苗族侗族自治州文艺研究室、贵州民族民间文艺研究室（杨国仁、吴定国整理）：《侗族祖先从哪里来》（侗族古歌），贵州人民出版社1981年版，第3页。

　　②　同上。

是阴间人居住的地方。"① 侗族有转世投生的观念，这里用"雾气"来形容"投胎"阳世的伊甸园的特点，这也是"雾气"衍生人类的逻辑的一种比附。为什么有"雾生"说，这可能与侗族先民观察水可变成"雾气"和"雾气"也可变成水的现象而起，因为在古歌《洪水滔天》中就有这样的经验认知描述："请一双龙、八四作凭证，又请汪乔父子打太阳；共打太阳十二个，挂在天上亮堂堂；晒得洪水成雾气，葫芦兄妹往下降。"② 还有，侗族居住在湘黔桂边界一带，这里属于亚热带气候，雨水较多，森林密布，湿度很大，雾气环绕，让他们对宇宙各类物种、人类起源归之为整天密布和变化无常的"雾气"。当然，这只是直观的比附理解，但它构成了侗族先民理解、把握世界和人类的一种方式。

二 世界起源的"雾生"说与风水习俗

侗族世界起源的"雾生"说对侗族文化构成重要的影响，其中之一就是与中原汉族的"气论"形成谋合，几乎全部吸收了汉族的风水理论，在侗族地区形成了强烈的风水观念，渗透于侗族社会生活之中，是侗族人们理解人类生活的一个基础，并深入地影响着侗族人们的社会生活。

侗族关于世界起源的"雾生"说的文化影响，与道家文化融合有关。侗族人类起源的"雾生"说，基于"雾气"的凝结与变化现象的直观理解，但学理上与道家关于宇宙本体的"气论"类似，并以此为基础吸收道家观念形成自己的风水文化。我国道家文化产生于先秦，是中国传统文化构成的内核之一。而侗族大约产生或形成于隋唐时期，此时中原封建王朝政权在侗族地区已有了建制，侗族文化受到道家影响是现实的。道家关于世界的起源包含了"气论"的观点，在道家鼻祖老子的《道德经》中说："道生一，一生二，二生三，三生万物。"③《周易》中也说："易有太极，是生两仪，两仪生四象，四象生八卦。"④ 这里，"一生二"的"二"和"是生两仪"的"两仪"，就是指阴阳"二气"。阴阳"二气"是道衍化出有形事物的环节，万物的生灭不过是阴阳二气的演化，人也如此。《淮南

---

① 张泽忠、吴鹏毅、米舜：《侗族古俗文化的生态存在论研究》，广西师范大学出版社 2011 年版，第 102 页。

② 杨权、郑国桥：《侗族史诗——起源之歌》第 1 卷，辽宁人民出版社 1988 年版，第 54—63 页。

③ 《道德经》，第 42 章。

④ 《易传·系辞上传》。

子》的精神篇中记述：有二神（阴、阳二神）混生，经天营地……烦气为虫（混浊的气体变成虫鱼鸟兽），精气为人（清纯的气体变成人）。[①] 道家主张"法自然"，推崇"天人合一"，因此，道士的修行在于"得道"。这样，历来有许多的道学者推崇人感应"阴阳二气"的作用，把道观建在深山老林之地，那里自然界的"雾气"重重，是感应"阴阳二气"，实现"法自然"即"天人合一"的好地方。道家这种宇宙本体论和修行主张中，对"雾气"的看重和直观把握与修炼，把人与"雾气"直接相关，这里与侗族关于人类来自"雾气"几乎类同。这种文化类同的相互作用，就是侗族对道家文化的吸收并同构为自己文化体系中的因子，最核心的是风水文化推崇和迷信。侗族的一切建筑、坟地都基于风水理念来进行操作的，实际上整个村寨以及村寨维护就是一种风水价值观的表达。

前面我们说过，追求风水不过是"藏风聚气"，这里的"气"与道家经典中的"气"是同一的，只不过风水理论根据阴阳二气的运行划分了山水中"藏风""聚气"呈现吉凶二态而已。好风水就是保持"生气"存在而不泄漏的地方。基于此，侗族建新房找地基和埋祖先找坟地中看龙脉山势、水流走向以及面向，村寨里建寨选址称土、保护后山龙脉、建鼓楼和凉亭、村寨前后尤其隘口大量栽种树林，这些都是保护风水需要。实际上，侗族社会风水习俗盛行，其原因在于侗族具有"雾生"的文化基因，正是这个基因使侗族文化能够迅速与道家文化耦合，并在侗族直观、朴素的形态上接受风水文化，风水文化习俗是侗族人类起源的"雾生"观的一种成功嫁接与延伸。这就是为什么侗族社会风水文化盛行的缘由。

中国其他少数民族受汉族影响也有相信风水的习俗，但不一定像侗族受影响那么大，如同样生活在贵州、湖南毗邻的苗族就可以例证。在贵州省雷山县西江苗寨问及当地的风水习俗时，村里人说他们也有风水习俗的，体现在屋基和坟地选址上。苗族屋基选址，在朝向上讲究避阴就阳，背靠青山龙脉，面朝开阔之大坳；苗族坟地选址，主要用顺葬的方法，即依据山势选择背靠青山龙脉及左右对称的地形选址，墓的正前方须对准远处一个突出的山峰。其实，从村落选址看，苗族建寨一般是在山顶、山梁或山腰，很少建在山脚或平地的。因此，山坡上建房，由于地势陡峻，多采用吊脚楼的方式，把木屋架在山坡上，则有效避免了潮湿的问题，也避

---

① （汉）刘向：《淮南子》卷7《精神训》。

免了蛇虫的骚扰，而且通风采光，冬暖夏凉，也十分巧妙。寨子整体形成依山而建，层层叠叠。原因在于，苗族在历史上多次迁徙，大致由黄河流域迁至长江中下域，然后到湖南、贵州和云南，长期处于战乱，为了逃避战争，利用居高临下的地形，便于防御外敌袭击和骚扰。同时，因人多地少，为了生产生活，建房绝不轻易侵占一寸产粮耕地，首先保证口粮供应，而且同样坟墓多建在偏僻荒远之地，不与活人争地，也是为了保证耕地不减少。

以此来看，苗族也相信风水，但已经融入了自己生活实践的需要和经验。正因为如此，在黔东南出现的村落景观就是侗族居住在河坝、盆地的平地，苗族居住在山顶、山梁、山腰。这种区别跟两个民族文化基础以及对汉族风水文化吸收状况有关。侗族的"雾生"说与中原"气论"文化类同，形成了更能接收"风水"文化的文化基因。侗族的村落选址与苗族依据"逃避战争，利用居高临下的地形，便于防御外敌袭击和骚扰"经验选址目标不同，已经纯粹是风水理论的运用，如侗族村寨的普遍依山傍水，完全基于"气临水而止"的理念，即龙脉临水而停的地方就是"藏风聚气"之处，是建立阳宅阴宅的好地方。苗族和侗族比较地看，侗族对风水习俗的吸收要强烈得多。

在侗族村寨，处处讲究风水，保护风水不仅是一种自然需要，更是一种社会行为，是一种社会义务，因为风水一旦被破坏，遭殃不是一个人，而是全寨甚至是连在一起的几个村寨，这就是为什么龙脉、风水树有禁忌的规定由来。然而，从现代来看，风水文化虽然采取不科学的方式表达，但是一定意义上包括适应环境、保护生态的意义和作用。

三 "雾生"说支撑风水文化并蕴含生态环境保护

侗族的风水文化习俗对侗族村寨、社区具有生态建设、保护、优化的作用，这是侗族风水文化最有价值的部分。侗族的村寨特征一般是依山傍水，前有水后有山，后山必有古木、杉树、竹子，绿绿油油；村里古树密布，清澈河水流过，清凉水井点缀，鱼塘、鼓楼、风雨桥、禾仓、凉亭错落有次，一片美景，而且从古到今保留不变。贵州省黎平县地扪侗族村，目前被评为首批全国最宜居的村落之一。它之所以能够评上，在于以上要素为基石构成的生态环境优越以及与之相适应的村寨文化生活。其实，侗族居住连片，尤其在湘黔桂的三省坡文化区，这里的侗族村寨建构、生产、生活以及文化生活都是一样的，比如一般见于媒体的包括广西壮族自治区三江县的程阳侗寨、龙胜县的平等村侗寨，湖南省通道县的芋头村、皇土村，会同县的高椅村，贵州省黎平县的肇兴寨、堂安寨、纪堂寨等，都是美不胜收、令人入胜的，无须一一枚举和过多例证。

　　侗族生态性村寨形成和几百年不变，它的文化机制之一就是风水文化。风水文化包含了迷信，虽然其存在不科学的因素，但它的存在使村寨的生态环境得到建设、保护和优化，这是侗族风水文化的社会意义。风水文化作为一种传统，它的积极一面，在生态文明意义上应当得到肯定和发挥。

图 3-1　依山傍水的侗族传统村落地扪村

　　第一，基于风水保护文化习俗，形成了一种注重环境选择的居住文化，主动对生态因素进行建构。侗族的风水习俗根深蒂固，不只是外在的行为操守，而是深入到价值观的深层文化领域。在侗族人们的思维里，自然界与人类社会是相通的，认为自然界的变化必然直接影响到人，同时人的变化也会影响到自然界。但是，人类只是自然界的一部分，因此，自然界对人类具有决定性的影响作用。在侗族的世界观里，天地这种自然界的结构被理解为永恒不变，是承载一切事物的基础，人类产生和繁衍不过是大自然的恩赐和其中表达而已。这样，适应大自然是人类社会必须遵守的要求，居住选择上的风水文化就是其中体现并且构成一种嵌入民族心灵内部的价值观，同时也形成相应的外部行为和习俗。

侗族文化有浓郁的风水价值观。侗族强调自然界与人类的同构性，即人类不过是大自然的结构部分，具有同一的运行规律。在侗族社会里，传统以来就有"天地同流"之说，而这句话也用于讲人与天地的同一关系。通常，天气变化，某人的身体跟随之变化，如阴天下雨引起人的身体风湿疼痛发作，便称是"与天地同流"。由于人同构于大自然，是大自然的构件，因此一切都受大自然的支配，这种支配影响人类个体乃至家庭的命运，即与家庭能否健康成长和发富发贵直接有关。人建房居住的住地，其依托地理形成的风水是大自然的基本因素，通过风水感应形成的人的命运则是这种影响的表达之一。同理，侗族也认为祖先埋藏的坟地所依托的风水同样有着这种影响的关系和作用。基于此，侗族民间形成了强烈的风水文化价值观，村村户户人人都重视。这种重视的程度，这里举一个例子便可知了。贵州省天柱县高酿镇勒洞村某一个龙姓家族的侗族村里曾出现过这样一件事情，20世纪90年代某一年的一天，他们姑婆的孙子结婚，其家族各户集中集体去送礼恭贺，当看到结婚场面富裕气派，他们羡慕而同时高兴地赞扬道："我们姑婆埋的好啊！"（当时其姑婆已经过世）这里，姑婆孙子的发达富裕，在他们看来源于其姑婆祖坟的风水好。对风水的迷信，使得侗族民间往往因风水抢屋基和坟地闹矛盾甚至打官司的事也时常发生。因此，侗族选择居住环境以及祖先坟地的风水是非常盛行的，形成了浓郁的风水民俗文化，有的人家为追求风水宁愿消耗钱财，不断搬家，有的则经常搬动祖坟，就是为了有一个好的风水，利于家庭发旺。

第二，基于风水保护文化习俗，形成了适应环境的文化传统。侗族把人类自己在大地之中的居住、生活理解为在大自然中的"栖居"，这与风水文化尤其风水保护需要息息相关。而"栖居"在价值观的倾向上，充分体现了人类要适应自然环境的一种选择。侗族生产生活的方式是努力去适应自然环境和条件，不强求对自然要素的改变。在侗族人们的观念里，大自然既成的模态，比如山川、河流，这是上天的禀赋，是造物主的安排，具有神的意志，因此将龙脉也称为龙神。神灵的力量巨大，它们不仅统治人类而且统治世间万物，宇宙万物生长、四季变化都理解为神灵的安排和作用。自然现象和自然力被理解为神灵意志的表达，那些自然因素都是理解为具有神灵的，如河有河神、山有山神、井有井神、树有树神等。因此，在侗族看来，人类面对自然界只能是服从、顺应，不能随意冒犯自然界，否则就要被其处罚。侗族认为有人在山上或河边受惊吓而生病，那是其言行得罪了山神或河神，造成"落魂"所致。为了治疗"落魂"之病，侗族自己创造了一种应付于此的巫医术——招魂术。招魂术不仅使用于治疗"落魂"之病，也使用于村寨龙脉遭到破坏后进行修复的需要，也就说通过招魂术把龙脉的龙神招回来。关于龙脉的禁忌不仅指挖山修渠对龙脉实地发生的破坏情况，而且包括村外人突然到本村内生育的事的发生，这也被认为是破坏龙脉的，不利于本村人们以后繁衍，这也需要当事人来做龙脉招魂术。1987 年，贵州省天柱县高酿镇勒洞村某寨，该寨外嫁出去的一名怀孕了的妇女，因娘家叔父的旁系兄弟立新房需要去贺礼，在贺礼当天不慎在娘家早产。但这事被娘家村里人们认为是触犯了龙神，引起了全村人的公愤，并对早产妇女的郎家提出交涉，要求请巫师来做"招龙神"仪轨补救，几经商议，最后郎家也只有请来巫师为该村做了"招龙神"仪轨才了事。这些事都说明了侗族崇拜自然，对自然神灵具有依附性，这不仅是外部行为的，而且是内在精神的，内外都依附于大自然。

事实上，这种生产生活行为的文化形态，形成了一种适应环境的文化传统。侗族人们的生活不是随意破坏大自然和任意利用大自然的，而是力求最大化地顺应大自然并服从大自然。因此，侗族社会不会去人为挖大山、改变河道、大面积地砍树什么的，对于那些高山峻岭、险峻的河流、奇怪的石头甚至是古树，他们都认为是神灵的化身，不能碰、不能动、不能讲，要好好保护，小孩生病了甚至要祭拜它们寻求保护。在这种文化传统下，侗族人们对大自然的破坏是很少的，因而就利于自然环境和生态保护。这就是为什么在湘黔桂毗邻地区侗族生活了上千年的地方，到今天依然是村村寨寨美景如画，村落保持全貌性的良好生态环境的原因。

第三，日常各种行为规范蕴含生态资源保护。风水保护具有生态资源保护功能的文化延伸。侗族崇尚风水文化，注重居所的地基和祖先坟地的风水选择，同时也注重保护，不容任何破坏。风水保护习俗是侗族村落的文化传统，这种传统不是局限于某一村一姓，而是所有的村寨都如此，而且并不是保护自己的风水而不管别人的风水，而是所有村寨的风水都不容许破坏，这是人人遵守的规则。关于风水，具体包括村寨后山龙脉，或一家一户的后屋龙脉以及祖先坟地的后山龙脉，这些地方不开山种粮，不砍柴和烧炭，不埋坟不立房，不修庙宇不修水渠，不放牛养鸡，甚至不能在那里胡言乱语和讲不吉利的话，等等。对于那些认为影响风水的地方，还要修鼓楼、风雨桥和凉亭来弥补。而且关键的是，龙脉山上的草木被理解为龙的鳞片，不仅需要保护，而且需要加强栽培；村里面的风水树被认为是保风聚气的自然载体，人人都要培植、爱护。这样，侗族的生产生活包括的行为规范蕴含着生态资源的保护功能，其日常行为就是生态保护行动，具有积极意义。

第二节　"卵生"说的人类起源思想和生态伦理

世界关于人类起源的神话传说有很多，如著名的希腊创世神话说认为，人类是普罗米修斯按照天神的模样用土做成的；南非布次曼人的创世神话认为，第一批人类是蛇转化的；北美阿兹特克人的创世神话认为，人类是从地洞里钻出来的；大洋洲的柯迪亚克人的创世神话认为，人是海石的大泡囊孕育的；澳大利亚土著人的创世神话认为，人是善神毛拉捏就的蜥蜴变的，等等。基督教也有人类起源传说，在《圣经》中说，上帝创造了日、月、星辰、植物、动物之后，按照自己的形象用泥土造出人类的始祖亚当，并把灵魂注入亚当的身体，于是亚当有了生命。上帝又在亚当熟睡时从他身上抽出一根肋骨造出他的配偶夏娃。亚当与夏娃偷尝禁果被逐出伊甸园之后，他们生息繁衍后代，成为人类的老祖宗。中国在汉族地区则有"女娲用土造人"之说，在传说中，她与兄长伏羲结为夫妻，并繁衍子孙。还有传说人类是她用黄土抟造而成，并炼五色石补天，折断鳌足支撑四极，治平洪水，杀死猛兽，人民得以安康。苗族关于人类起源传说提出，人类以及雷公、老虎、龙等都是由枫树孕育的蝴蝶妈妈生的；台湾高山族的创世说则提出，最初的人类是由鹅卵石变的。侗族关于人类起源的具体思想则是"卵生"说，它也构成了侗族历史观的基因并产生影响。侗族用"卵生"来解释人类的发端，并以此解释社会文化生活，对人们形成一定的规范作用，其中也包括生态方面的意义。

一　侗族关于人类起源的"卵生"说

侗族的"卵生"说，主要见于《龟婆孵蛋》这个古歌的传说，在这一古歌中，关于"卵生"是这样描述的：

> 四个龟婆在坡脚，
> 它们各孵蛋一个。
> 三个寡蛋丢去了，
> 剩个好蛋孵出壳。
> 孵出一男叫松恩，
> 聪明又灵活。
> 四个龟婆在寨脚，
> 它们又孵蛋四个。
> 三个寡蛋丢去了，
> 剩个好蛋孵出壳。
> 孵出一女叫松桑，
> 美丽如花朵。
> 就从那时起，
> 人才世上落。
> 松恩松桑传后代，
> 世上人儿渐渐多。①

当然，侗族先民关于人类来源的观念不是凭空产生的，而是侗族先民从当时自然和生命变化的实践中总结出来的。从侗族先民所塑造的人类史上的第一对先驱及其名称，我们即可看到耐人寻味的唯物主义的灵感。"松恩""松桑"都是侗语的音译，"松"是"放"或"放下"之意；"恩"是筋或茎；"桑"是"根"。松恩、松桑合起来的意思是"放下了茎，扎下了根"。这种把人的生命的产生与植物生命的产生相类比，意蕴含蓄而深刻。

---

① 黔东南苗族侗族自治州文艺研究室、贵州民族民间文艺研究室（杨国仁、吴定国整理）：《侗族祖先从哪里来》（侗族古歌），贵州人民出版社 1981 年版，第 3 页。

侗族先民关于人类生命来源于"卵"生的观念，与他们崇拜蛇类、鸟类动物有关。他们所崇拜的蛇和鸟都是由蛋孵化而来，由此推测，人类的始祖也一定是由蛋孵化出来。从中也可以看出，侗族祖先已经认识到人的生命是由低等生物通过长时间的逐渐进化而形成的。

侗族先民对人类来源的基本观点认为人是"卵生"，即由龟婆孵出来的。龟婆在这里不是专指"龟"，而是泛指一种神圣的动物，意指人类的先祖。有的地方称"棉婆"，"棉"也是指一种稀有而珍贵的动物。意指侗族崇拜的"萨婆""萨神"，加上"棉"字表示是人类的先祖。这些棉婆各孵蛋四个，其中三个寡蛋（即未受精的卵）没孵出来而被丢弃，只有一个好蛋（即已受精的卵）孵出了世界上第一个男孩，他的名字叫松恩；第二次又孵出了第一个女孩，她的名字叫松桑。这就是宇宙间人类的始祖。他们长大后成婚，才有了后来的人。这是侗族先民对人类生命来源的一种朴素的认识。这种认识产生于他们对客观世界的观察和推测。这种推测不仅表达出生命由卵演化而来，而且反映出初始的进化论意识，具有男女结合、阴阳交合而万物化生的朴素思想。

《洪水滔天》中的葫芦救命传说也是"卵生"的寓意。《诗经·大雅·绵》有记："绵绵瓜瓞，民之初生。"即把绵绵不断的葫芦作为华夏民族的始祖诞生之所。传说中的伏羲、女娲、盘古等中华民族的始祖，其实为葫芦。《周易》中记载伏羲，称其为"包牺"。"包"即指"匏"，意为"葫芦"，至于那个捏土造人的女娲，古籍上有的直接将"女娲"写作"匏娲"。"娲"，古音为"瓜"。按古汉语音韵学之规律，则"女娲"完全可读为"匏瓜"，也就是葫芦；而《搜神记》《水经注》诸书中将"盘古"写作"槃瓠"，据民族学家刘晓汉考证，即槃瓠为葫芦的别称。"槃转为盘，瓠转为古，由槃瓠转为盘古。"而其他民族的这类传说尽管情节各不相同，但万变不离其宗，就是认为人类始祖出自葫芦。由于葫芦形体颇像女性生殖器或岩洞，因而人从葫芦出，隐寓人从母体生出，以及人类早期穴居生活的深层意义。① 侗族在《洪水滔天》中讲人类始祖章良、章妹种葫芦救命，实际上是以"卵生"寓意人类起源。据此，可以理解为什么侗族鼓楼顶端造型是葫芦串，其包含了"卵生"的寓意。鼓楼是村寨象征，

---

① 薛世平：《葫芦崇拜鱼崇拜水崇拜——中国文明史上的奇特现象》，《福建师大福清分校学报》1997 年第 1 期。

立寨前先建鼓楼，"先建鼓楼"包含了村寨起源之意。但要注意到，鼓楼是以血缘亲宗家族为单位建立的，一般村里有几个姓氏就建有几个鼓楼。而且鼓楼的层级一定是单数（天数），即以奇数代表天，而鼓楼平面均为偶数（地数），寓意天地化合，万物生长。鼓楼，从上到下都表达了"生殖"含义。其中，顶端的葫芦串就是以"卵生"象征着人类起源。

图 3 - 2　侗族置于鼓楼的具有卵生寓意的葫芦

图 3 - 3　侗族鼓楼顶端的葫芦串

当然，侗族先民关于人类来源的观念不是凭空产生的，而是侗族先民从当时自然和生命变化的实践中总结出来的。从侗族先民所塑造的人类史上的第一对民族先驱及其名称就可看到耐人寻味的生殖寓意。松恩、松桑合起来的意思是"放下了茎，扎下了根"。这种把人的生命的产生与植物生命的产生相类比，意蕴含蓄而深刻。

侗族先民关于人类生命来源于"卵生"的观念，与他们崇拜蛇类、鸟类动物有关。他们所崇拜的蛇和鸟都是由蛋孵化而来，由此推测，就认为人类的始祖也一定是由蛋孵化出来。从中也可以看出，侗族祖先已经认识到人的生命形成经过漫长的时间，从而才有与低等生物关联并意指是它们逐渐进化而形成的，这是"卵生"出现的文化基础。

二 侗族人类起源的"卵生"说与动物崇拜与禁忌

侗族先民关于人类生命来源于"卵"生的观念，是互渗性的原始思维的一种结果，即以对动物的观察认知比附对人的认识。侗族的这种比附集中在"卵生"的蛇类动物、鱼类动物和鸟类动物的崇拜或禁忌习俗上，尤其对蛇和鱼，侗族把它们看成同源的祖先，予以图腾化崇拜。

侗族有以蛇为始祖的神话与蛇图腾禁忌。在广西三江、龙胜等县民间侗家传说，上古时有两父女在上山打柴路上遇到一条大花蛇，昂头张口、尖长牙齿，令父女俩摆脱不了，大花蛇对老父说："你们不用害怕，只要你家姑娘做我的妻子，以后日子就会越过越好！"后来，姑娘就走入山洞与花蛇成亲，并产下一对男女。侗家人认为信奉蛇神的人就是"登随"（即蛇种），而"登随"只是存在于母系，女子是"登随"流传的渠道。每年元宵节期间，侗族都要以隆重的蛇舞来纪念蛇祖"萨堂"。跳蛇舞时，侗民们身穿织有蛇头、蛇尾、鳞身的蛇形服饰，在侗寨神坛前的石板上围成圆圈，模仿蛇匍匐而行的步态。侗民有严厉的蛇禁忌，禁捕禁食蛇，若违犯禁忌，就要斟酒化纸敬祭祖先，向其赎罪，否则就会遭遇瘟疫、患病等灾难，甚至认为遇见蛇蜕皮、交尾是惹祸损财的凶兆，也要通过祭祖才能逢凶化吉。①

侗族"忌蛇"，还表现为侗族禁忌吃蛇肉。由于蛇具有祖先化身的意

---

① 吴春明、王樱：《文物中的蛇：无锡鸿山越国墓葬出土蛇形器物》，《南方文物》2010 年 2 期。

涵，蛇是不能吃的，如果有人吃了就意味着等他老死之时，其灵魂上不了祖先的神龛。明清扫墓和祭祀祖先时带去的食品之一是"吊粑"，"粑"在侗语里称为"随"，因蛇的侗语也称为"随"，"吃粑"与"吃蛇"近音，这是禁忌的，因此需要改称。这一点前面已经涉及，不再列举。在侗族生活中，由于人与蛇之间给出了价值关联，对蛇有禁忌，碰见蛇时，不能随意将它打死和当作食物。

　　基于"卵生"引申形成的崇拜或禁忌习俗，其中还有鱼。侗族的传统观念认为，生活在水中的鱼非一般动物，它是最洁净吉利的，可以予以人类消灾赐福，通常以超自然存在物对待即视为鱼神。这样的观念体现在社会生活各个领域，如在祭祀上，侗族以鱼作为首要祭品。无论祭祀祖先还是其他鬼神，供品除了猪肉、鸡肉、鸭肉外，一般都要用鱼。有时其他供品不备可以不要，但鱼则是不可或缺的。[①]

　　鱼的崇拜和禁忌也延伸于日常生活，如小孩经常生病或长时间食欲不振、体弱面黄，其父必须择个吉日请巫师并背上小孩到水潭边祭拜鱼神。如果发生小孩死亡，埋葬时父母或长辈要给死者左手捏鱼仔和右手捏饭团，其意为到阴间不做饿鬼，能早日转世投胎。老人去世入棺后，儿孙要在死者灵位前供祭一条腌酸大鱼和其他祭品。出殡告别亡魂时，女婿要在供桌上供祭一条新鲜大鱼等，这是给死者亡魂返回祖宗原籍之地的路上食品。清明节祭祖的供品中也少不了鱼。每年农历所过的"初六节"，家家户户老年人都要带上一盘炒好的干鱼、一碗糯饭到本族自家开的"娘田"（即祖先开辟的一块水稻田）边祭祀鱼神，祈求其保佑本年鱼肥禾壮。每年农历十一月过"冬节"时，家家户户老年人都要用酸汤煮鱼（或清炖鱼）祭祖，祈求保佑新年鱼粮丰收。[②]

　　侗族大多傍水而居，他们善于在水稻田里放养鲤鱼，在寨旁池塘放养草鱼。他们养鱼却很少出卖，除了少量鲜食或烘干外，大部分都用坛子腌制酸鱼，珍藏起来，以备食用。平日，侗家晚餐多以腌酸鱼下酒送饭；春耕大忙，上山干活，大都带糯饭、腌酸鱼当午餐；秋收大忙季节，也是包糯饭；带食盐、辣粉去收割打谷，中午，在田旁地角烧起火堆，从田里捉来活鱼，洗净剖腹，掏去内脏，搓盐、辣椒，用竹篾串起来，在炭火上烘

①　陈维刚：《广西侗族的鱼图腾崇拜》，《广西民族研究》1990 年第 4 期。
②　同上。

烤成烧鱼下饭。逢年过节、办红白喜事设宴待客，第一道菜先上腌酸鱼或清炖鱼，后上其他菜肴。开宴，主人先夹鱼肴给客人品尝，以示厚爱。若客人是其他民族不习惯吃腌酸鱼，主人便把它下锅油煎，或放在炭火上烘烤后方用来敬客，等等。①

此外，侗族视鱼为贵礼。人情往来，互送礼品总少不了鱼。青年男女订婚，男家要托家族或亲戚中一位老年妇女携带一条腌酸鱼，一只鸡或鸭到女家行聘；办老人寿诞酒，女婿要给岳父或岳母敬送五六斤重的大条腌酸鱼或新鲜鱼、米酒等祝寿；新房建成进居之日，亲友们大多携带腌酸鱼、大米等前往祝贺。各地家有年逾花甲老人，儿孙要常备几坛乃至十几坛腌酸鱼待老人去世时办白喜酒待客食用。中老年人去世，守灵待葬期间，死者的亲属晚辈们都要吃素菜，但不禁食鱼。寨中鼓楼，河上风雨桥，山坳风雨亭的栋梁木大都绘有水波潆鱼，其房屋的瓦梁檐角多塑立翘尾鱼。鼓楼旁的石板坪，溪涧上的石板桥，路旁的石板围成的泉水井，富裕人家的祖墓石碑也刻各种鱼形。庙宇神台、大型芦笙音筒绘有或雕有水波游鱼。妇女自制的床毡四沿织有许多头头尾尾相连的长体鱼。②

为什么侗族要以鱼为图腾崇拜的主要对象呢？

根据陈维刚先生的研究，这涉及"洪水滔天"鱼救侗族祖先的传说。传说古时候，侗族始祖两兄妹在屋后菜园挖土，旁边池塘一条大鲤鱼突然跳出水面大声说：再过五天要下大雨，洪水漫过山头，你们两兄妹要赶快种芦葫瓜，造瓜船避难。兄妹依照鲤鱼的话，即刻种下一颗葫芦瓜子，第二天就发芽，第三天牵藤上屋瓦，第四天开花满寨香，第五天结个大瓜王。兄妹取下，挖空造船。第六天起，连日下倾盆大雨，洪水滔滔，涌进寨子，兄妹急忙进船，随水漂流，才保全性命。此后兄妹结婚，繁衍人类，才有侗族之今天。③

因此，侗族把鱼当作自己民族的保护者，并尊为本民族的始祖加以崇拜。他们的先人所以选择鱼为图腾崇拜的主要对象并非偶然，而是与其居住的自然环境条件有关联。侗族是我国具有悠久历史的南方土著民族之

---

① 陈维刚：《广西侗族的鱼图腾崇拜》，《广西民族研究》1990 年第 4 期。
② 同上。
③ 黔东南苗族侗族自治州文艺研究室、贵州民族民间文艺研究室（杨国仁、吴定国整理）：《侗族祖先从哪里来》（侗族古歌），贵州人民出版社 1981 年版，第 3 页。

一，南方江河纵横，盛产鱼类。鱼是侗族先人进行狩猎活动攫取食物的主要对象，即赖以生存繁衍的主要生活资料的来源。因此，对鱼产生特殊的感情，把它当作神灵来崇拜，企求其保佑。众所周知，图腾崇拜是原始宗教信仰之一，不是真正的民族起源及祖先由来。远古侗家人吃图腾物是一种顺巫术，今日侗家人尊鱼吃鱼是传统习俗的传承。据古籍记载，鱼是古越人图腾崇拜对象之一。侗族属于古越人的后裔之一，以鱼为图腾崇拜对象，时至今日，尚有残存。

侗族对动物崇拜和形成禁忌不止这些，有关喜鹊、燕子之类的鸟类，侗族也有相应的传说故事，这些故事蕴含了这些动物与人的亲缘关系和各种伦理规定或禁忌，以致人必须善待他们，尤其不能伤害它们，这些贯穿在侗族日常行为之中。

三 侗族动植物崇拜与禁忌的生态保护价值

侗族的文化理念要求不要伤害各种各样的动植物，实际上，甚至对一般自然死亡的野生动物，也是禁忌食用的，在传统的生活方式中形成了自然资源消费的特定约束要求和行为方式，不随意侵害自然物种，不透支自然界，对于保护自然界的物种平衡有积极意义，也表达了侗族自然观所蕴含的积极生态价值。

1. 侗族动植物崇拜与禁忌利于保护动物多样性

生物多样性是生态平衡的基础。人类活动对环境的适应、对自然界的改造和利用，关涉生物多样性能否保持、保护问题。一定的区域的生态环境实体是当地动物、植物以及微生物相互依赖的平衡综合体，这种依赖包括食物链、自然要素功能作用的生态支持、物质及其能量流动和转换，尤其有机物的生长环境甚至气候优化等。人类生活环境其实就是一个相对自足的生态综合体区域及其要素的协调平衡运动状态。人类谋求良好生态环境就是维护并合理利用区域资源，保证生态平衡和稳定。生物多样性针对特定区域而言是一个相对概念，因为不同地方的自然环境和资源不一样，能够立足其环境生活的物种是一种环境长期适应形成的结构，区域物种的多少是一个长期自然历史互动的结果，即那里有多少物种就是这种结果的表现，具有常数的特征。人的活动对生态保护的一个基本要求，就是维护生物物种的常数不变，这也是保护生物多样性。

根据侗族古歌《起源之歌》和《侗族祖先哪里来》的传说和记载，在《天地之源》篇中有创天地之神：赐广、乐慰等；在《人类起源》篇中创人之神虎、蛇、雷、章良、章妹①；在《救太阳》篇中有太阳神；在《救月亮》篇中有月亮神；在《神牛下界》篇中有牛神；在《青蛙南海取稻种》篇中有青蛙神。② 除了上述外，侗族人们认为万物皆有神，如古树、怪石、大山等，这些自然物（神）是不可随意侵犯的，只要人们对之膜拜、供祭，它们就会对人进行保护。侗族有很多的"自然神"，这些"神"作为一种"价值主体"，与人之间存在一种利益关系的价值判断、取舍问题并贯彻到人们的日常行为中，对"神"的某种膜拜和忌讳就成了禁忌。如黔东南侗族春季的忌雷之日（具体按干支推算），这一天不准人们上山下地，或上山下地不准挑粪施肥等，认为若不这样做就是对雷公（婆）的不恭，会遭受其惩罚而使得当年风雨不顺。

侗族自然物（或现象）的禁忌是与其泛神论思想密切联系在一起的，万物有灵是侗族人们普遍的自然意识。他们认为太阳、月亮、雷电、古树、怪石、大山、水井、河流、深潭、蛇、金鸡等自然物（或现象）都有自己的"神灵"，凡被认为有"神灵"的东西是不能随意侵犯的。以至日常的言行中于自然物也有许多严格的规定，这些规定就演变成了各种禁忌。如贵州三穗、天柱、锦屏一带的侗族村寨的风水树被认为已有了"神灵"，即变成了"神树"。每逢农历的节庆人们都要对之祭供，求"神树"保护村寨和免除灾难，并认为小孩拜祭了这些"神树"，就可以得到它们的保佑，同时又是不能随便被侵犯的。一般侗族人们在深山野外或路途之中禁忌讲冒犯山（山神）、河（河神）等自然物的话，否则就会招致不幸。侗族往往把人们外出生病看成得罪于某一种自然物（神）而遭受惩罚，导致魂魄丢失所致的。这通常被看成不遵守禁忌的结果。

2. 侗族动植物崇拜与禁忌减少人为干预促进生态平衡

侗族的自然禁忌习俗延伸到社会生产生活方面，形成社会禁忌。其一，是生产性禁忌。侗族生产性禁忌的内容是十分繁多的，有的涉及生产时间，有的涉及生产对象，有的涉及生产方式等。就时间方面而言，如侗

---

① 黔东南苗族侗族自治州文艺研究室，贵州民族民间文艺研究室（杨国仁、吴定国整理）：《侗族祖先从哪里来》（侗族古歌），贵州人民出版社1981年版，第3页。

② 杨权：《侗族民间文学史》，中央民族学院出版社1992年版，第64页。

族人们按特定的方式推算，每逢阳工日、红沙日、地火日、天贼日、落灭大退日、季破凶日等不能栽种庄稼；四大土戊（即立春、立夏、立秋、立冬各转十八天之日）忌犁田、挖土；立春后五个戊日忌下地干活。谷雨、立夏和四月八日这三天忌用牛。相传谷雨犁田，牛要生虱子；立夏犁田，牛要屙血尿；四月八日犁田牛要死，等等。这些是时间性的生产性禁忌。生产对象和方式性的，如教牛犁田忌孕妇看见；行猎时忌带有肉菜的午饭上山和高呼兽名；立房竖柱时所用的绳索忌呼其名而称之为"黄龙"，敲柱子的棒槌亦改称为"响子"，忌妇女上屋梁盖瓦等。其二，是生活性禁忌。侗族的生活性禁忌涉及的面很广，既有与婚育相关的，又有与殡葬相关的，其涉及吃、喝、住、言、行的日常各个方面。如正月初一忌吃肉，要吃斋一天，这天忌把洗脸水、扫地的垃圾物等往外倒，同时忌哭骂和说死伤之类不吉利的语言，妇女忌做针线活等。大年三十夜，忌不洗脚过年。日常在深山里工作、夜晚在家里忌打口哨；忌踩煮饭用的三脚架；忌鸡狗上屋脊；忌牛进堂屋；在坡上忌拾死兽回家；下河忌捡死鱼等。

不仅如此，还包括了众多的以人工物为对象的禁忌。人工物的禁忌是侗族自然性禁忌的重要内容。人们对于人工建造的某些东西也产生崇拜，以至"神化"。一旦人工性的东西被人们神化后，那么就必须对之进行膜拜、祭供，每逢节庆必须烧香化纸进行祭献。在日常生活中，人们不得随意对之破坏、侵犯，如打坏或指骂等。这些规定引申和渗透到人们的日常言行之中就构成了禁忌的内容。人工物的神化和禁忌的对象主要有桥、石凳、石井、石碑等。如侗乡的大桥，在修建中要先祭祀各种神灵，央求它们保佑后才施工；修好后则认为桥已有了神灵在保护它或桥本身已有了神灵，故此后必须年年有香火供祭，不容随意侵犯、破坏，如果有人随便在桥上或桥边乱挖、乱打、乱骂等，都认为这是对桥（神）的侵犯或不恭，必然祸及自身或村寨。由此，村寨是严格地禁止人们对桥有不良行为的。这些禁止的规定一直贯穿在侗族人们的言行之中，并构成为禁忌的重要内容。侗族的人工物禁忌还很多，如安在路口的石碑（指路牌、功德碑等）这些石碑一旦经过人们烧香膜拜过，都被认为有了神灵附上，人们也不能随意侵犯和破坏。

侗族多种禁忌存在的生态意义，就是减少人为干预促进生态平衡。禁忌是侗族人们能够栖居于大自然的保障或体现。侗族把自己融进整个大自然，即仅仅把人类自己看成大自然的一分子，与大自然其他物种共生共养，协调生活。禁忌就是这种协调的行为规范。今天，侗族地区依山傍水，自然资源和生态环境良好，还包括侗族人民的文化贡献。

3. 侗族动植物崇拜与禁忌形成村落公共自然资源，禁止使用或节制利用，利于和谐生活

侗族动植物崇拜与禁忌形成，使侗族人们与自己周围自然界和谐相处，而且社区、村落之间也能够和谐相处，团结互助，积极参与公益，他们善良地、美好地生活于这个世界。侗族社区或村落的公共资源，基于自然物崇拜和禁忌形成的自然资源对象有村寨后山龙脉、风景林、风水树、河流、井水、湖泊、水塘、坟山、炭火林以及一些野生资源等；而人工物资源方面也有公共资源，主要包括土地庙、家祠、鼓楼、凉亭、桥梁等。在侗族村落的社会里，山龙脉、风景林、风水树是禁止破土、砍伐等行为发生的；而河流、井水、湖泊、水塘、坟山、炭火林以及野生资源这些是可以利用的，但是有约定俗成的原则，即一是必须获得村落集体同意；二是利用时遵守共享规则，个人使用时必须适度，不能用尽用竭；三是不能对村寨环境和他人形成危害。比如河流、湖泊、水塘的水，用于灌溉是共享的，不能单个人霸占；河流、湖泊、水塘里面的鱼等资源，即便是自然生长的那也是公有的，不能独家单户打捞享用。村里集体炭火林，每年分配限制使用，不能大面积地无限砍伐，而且还有区域限制，要保证已砍伐的地方能够恢复，维护林木和生态有序调节。就是埋死人的坟山，那也是村落家族的公共地，那是属于死人的，不允许活人生前抢坟地，基本原则是谁先死谁先埋。如果谁未死先占坟地，那就是要先死的，谁也不愿意去做这个事。公共资源的人工物，不管是由谁建的，都不能私人占有和随意破坏，否则就要被谴责，有的要赔偿。事实上，侗族人们不会破坏这些，如果是由于其他原因造成损坏的，一般都自动赔偿或修复。侗族对公共资源的爱护、保护和自动赔偿、维护，它形成对资源利用的节制作用，或者说，人们对公共资源的行为利于自然资源的节约使用，在生产生活行为和习俗上，不过度去开发自然和使用资源，这是十分利于良好自然环境形成和生态平衡的。而且这种和谐与平衡的生活方式贯穿于村落人们之间，因而和谐生活是自然和社会共荣的，悠然自在，人们生活没有那种需要强烈征服形成的疲惫感，这是真正的和谐生活。

第三节　"傍生"说的人类属性论和生态伦理

"傍生"观念是侗族特有的文化现象，通过反思人依赖于其他物种存在的局限性来观察侗族作为自然界物种与其他物种的关系，在来源上确认人与宇宙万物之间都是一起同时衍化出来的，具有一种相互依赖来实现生存的结构性关系，以此指认为人的生活属性，形成历史观的重要内容并构成包括生态伦理在内的社会价值观和特定言行规范。

一　侗族"傍生"属性的人类生活观

"傍生"概念一般见于佛经，指"下贱"的畜生类别。大唐三藏沙门义净译《金光明最胜王经》卷二《分别三身品》第三有叙："善男子，若有善男子、善女人，于此《金光明经》听闻信释，不随地狱、饿鬼、傍生、阿修罗道，常处人天，不生下贱。"也就是说，"傍生"是佛教中的"五趣"或"六道"之一。何谓"五趣"？趣即趋向之意。五趣指众生由善恶业所感而应趣往之处所，又称为五道，具体包括地狱、饿鬼、傍生（畜生）、人、天。而其中天趣又别开阿修罗，故又总称六道。五趣非净土而均为恶趣，总称五恶趣。其中地狱、饿鬼、傍生（畜生）三种为纯恶所趣，人天为善恶杂业所趣，故也名恶趣。另有六趣之说，其中把人、天、阿修罗称为三善趣，把地狱、饿鬼、傍生（畜生）称为三恶趣。总之，傍生即畜生，是佛教的五趣之一，众生该往何处由其业缘感应所至，这是佛教文化的概念。

侗族受佛教文化影响，也有"傍生"概念，也指畜生和其他物种，但是它不是简单从"下贱"的生物类别去对待的，而且还有与其他生物种类共生相依而存的意涵，强调所有生物物种的差异性依存才能形成共生的一种指认，尤其突出差异性依存的内涵。差异性依存指不同物种之所以能够存在，正是由于相互之间有差异，这种差异赋予了它们相互依存的必然性。侗族对待人类，也就是站在这个高度来看待人自身的。这样，侗族关于人类起源的"卵生"说，这只是指人诞生的形式。但是对于人的诞生，依据"傍生"的理解，不能当作单个物种的独立事件，而放在与其他事物的关联中发生的，即与其他物种处于一种依存的关联中产生的，这种人的诞生的关系情形就是"傍生"。这样，关于"傍生"，实质就是指人与宇宙万物都是一起同时衍化出来的，具有一种相互依赖来实现生存的结构性关系。这种观念，用侗族自身的世界观和知识经验来表达，那就是为什么人来到这个世界时，睁开眼就可以看见天地间的一切，却看不到自己，人自己要由他者的观察才能看到自己。对此，侗族人们认为，人与其他物类都是"傍生"的，即相互存在依赖关系的，并以此理解和提出人要和其他生物包括天地间万物尤其各种神灵之物交友，通过借助万物生灵的"生气"即生命力才能滋养自己，才能有活力并快乐地生存，就像人通过"晒太阳"获得阳光变暖和舒服、吃饭菜不饿一样。① 这是"傍生"的主要意涵。

侗族的"傍生"观念是十分独特的，在生态观上有一定的先进性。这一观念与马克思在《1844 年经济学哲学手稿》中讲到的人是对象性存在物的观点有些接近。马克思说道："人作为自然的、肉体的、感性的、对象性的存在物，同动植物一样，是受动的、受制约的和受限制的存在物，就是说，他的欲望的对象是作为不依赖于他对象而存在于他之外的；但是，这些对象是他的需要的对象；是表现和确证他的本质力量所不可缺少的、重要的对象。说人是肉体的、有自然力的、有生命的、现实的、感性的、对象性的存在物，这就等于说，人有现实的、感性的对象作为自己本质的即自己生命表现的对象；或者说，人只有凭借现实的、感性的对象才能表现自己的生命。""太阳是植物的对象，是植物所不可缺少的、确证它的生命的对象，正像植物是太阳的对象，是太阳的对象性的本质力量的表现一样。"② "一个存在物如果在自身之外没有自己的自然界，就不是自然存在物，就不能参加自然界生活。一个存在物如果在自身之外没有对象，就不是对象性存在物。……就是说，它没有对象性的关系，它的存在就不是对象性存在物。"③ "人对自身的关系只有通过他对他人的关系，才能为对他来说是对象性的、现实的关系。"④ 侗族的"傍生"观念实际蕴含了马克思所说的"对象性存在物"思想，但对人的理解而言没有马克思基于

① 张泽忠、吴鹏毅、米舜：《侗族古俗文化的生态存在论研究》，广西师范大学出版社 2011 年版，第 142 页。
② ［德］马克思：《1844 年经济学哲学手稿》，中共中央马克思恩格斯列宁斯大林著作编译局编译，人民出版社 2000 年版，第 106 页。
③ 同上。
④ 同上书，第 60 页。

唯物史观和辩证法的高度而已。

"傍生"说确立了侗族人们具有一种"关系性"的特征或回答方式来理解人类的存在，触及人的本质或者就是侗族对人的本质的理解，虽然这种"触及"是朴素的。关于人的本质，马克思是从人的社会关系予以规定的。但是要明白，社会关系源于人的劳动的历史展开。关于劳动作为人的本质的理解，在于认识到人的对象性存在与其他动物不一样，即人的"对象性存在"需要通过自己的"对象性活动"即实践去实现，即依赖于创造或生产自己的产品，这也是人和动物的区别。这样，虽然"社会关系"是人的本质，但它包含了"对象性关系"作为前提。为此，虽然侗族没有上升到"社会关系"的历史本质来理解人的存在，但能从"对象性存在"或"对象性关系"来理解人的"本质"，这无疑是一种可以被"接受"的观点。不过，侗族的"傍生"说没有现代科学知识支撑，不划分人与其他物种的不同，尤其缺乏人的社会性的阐述和规定，只是认为人与自然界其他物种一样，仅仅当作一种等同的依赖关系，这是侗族"傍生"说的不足和局限。但是，无论如何，"傍生"说"触及"了人的本质的理解，必然地引申到社会历史现象的把握，从而关涉历史观。由于这一性质，以致"傍生"文化对侗族的世界观、历史观乃至日常行为都产生着影响。

二 侗族"傍生"观对泛神论的影响和生态价值

"傍生"说给侗族泛神论的世界观提供了文化基础。

"傍生"的观念直接影响了侗族的自然观，给生态伦理提供了文化基础。显然，侗族通过"傍生"的观念建构把宇宙万物都"主体化"了，其万物有灵的思想与此不无关系。而又反映了侗族的一种处境观、生命观和价值观，它形成的行为操守在于告诫人类自己要认清自己"傍生"的这一位置，要从人在宇宙大自然中的位置来思考自己的地位，规范自己的行为，强调盘古开天是先造山林然后造人的，任何其他自然物质也当如"草木共山生""万物从地起"一样，具有结构性的依赖性。因此，侗族的价值观不是以人为中心的，而是一种多元价值属性承诺并存的，认为人与万物之间应彼此照顾。

通常侗族泛神论地看待自然界，把自然界现有的景状都理解为自然特定主体神力的结果，那些奇特的自然现象和自然物都是被赋予了神性的事物，就连山中尤其村寨边的古树都予以神化，对神化的事物一般不去打扰、伤害、侵犯，否则就会遭报应。这样，侗族村寨里古树老了，掉下树枝没人去捡来做干柴的，至于砍古树做柴火更是不可能的，老树枯死了也任其自生自灭。一般自然界里，奇形怪状的山峰、巨石、山洞、河流，侗族人们都不会去碰的，认为都有神性不容冒犯。为此，侗族人们一般不搞大兴土木的事项，以适应环境为主，采取随遇而安的生活姿态。如果建有大桥等其他人工物，年长月久后予以神化，需要祭供。这样的结果，侗族地区的自然环境很少被破坏，大规模人为破坏自然原貌的事件几乎未发生。不苛刻自然界，就是尊重自然界，就能保护自然界的原有平衡。侗族予以自然物的"主体化"，对自然界形成敬畏意识，这在一定意义上形成了尊重自然规律的文化操守。

侗族基于"傍生"的观念把人与世界万物之间的关系理解为一种开放性"衍生"连接和互助依存，从而使它形成另一文化特征，这就是"自然的主体化"和"主体的客体化"的双重关系结构。在侗族社会中，"自然的主体化"和"主体的客体化"是同时存在的。关于"自然的主体化"，前面已经论及，就是指把自然神化和设定为价值主体，以能动的主体地位来理解和对待它们。这一点容易明白。而"主体的客体化"，是指人面对整个大自然和自然物主，人不过是屈从于它们的"客人"而已，即服从于它们和被它们操纵的"对象"罢了。人作为主体的存在被理解为"对象"的存在，这无疑蕴含了"主体的客体化"。"主体的客体化"，这是侗族独特的文化心理。侗族在《许愿歌》中说道："山林是主，人是客。"这里是鲜明的例证。而"自然的主体化"和"主体的客体化"是同构的，即处于一种双重关系结构状态并相互作用。基于这种文化心理结构，侗族才把自己的存在理解为是在大自然中的栖居。所谓栖居，就是把人理解为大自然构成的世界中的一部分，是"与草木共山主"的和与自然界各种物主一起共同生活的一种状态。栖居，才使侗族在人与自然物之间给出了亲缘的价值关系设定，制约着人们的活动行为，与自然协和相处，不透支自然资源。这样，栖居的这种选择实际包含了通过"自然的主体化"和"主体的客体化"互渗所建构起来的自然和社会伦理，自然界各种物质、物种被理解为具有神灵的物主存在，它们有自己的需要和意志，人类不能随便侵犯和消费大自然，人的生活不过是大自然的恩赐而已。同样，对待自然的这种规则倾向也渗透到人类社会内部，这就是为何侗族社会能建立起"与邻为善"的价值观和行为准则的原因。同样，社会伦理的贯彻也支撑着人们友善地对待"自然物主"，人们与自然界和谐生活。

侗族"傍生"的文化观念，把自身看成"栖居"于自然之中的一分子，这样一种态度和立场不可能产生人类中心主义。侗族村落处处依山傍水，处处青山绿水，良好的生态环境一直保持至今。今天以侗族作为主体民族之一的黔东南州，其森林覆盖率达68.88%，[①] 不仅是因为自然环境优越和人们保持"人工育林"的习俗，关键是有利于生态保护的价值观的文化支撑。

侗族依据"傍生"的文化观念，把人自身看成"栖居"于自然之中的一分子，这样一种态度和立场，能够抑制人类中心主义的膨胀，利于生态保护和建设。人类中心主义是把人类自身看成高于一切的思想，这种思想不仅把世间万物理解为是为人服务的，而且理解为都是人类可以战胜的对象。人类的存在具有"为我性"，这是作为物种的客观规定，但是这种特性必须与相依的自然环境相协调，因为"自然界是人的无机的身体"[②]。人类通过实践或劳动与自然界进行能量变换，才使人类自身获得生存与发展。然而，如果人类把自己生存的"为我性"无限膨胀，以人类中心主义主宰世界，任意支取自然资源，破坏自然环境和生态平衡，自然立即就对人类进行报复。西方发达国家近代工业化，对自然资源的无限索取，结果是生态破坏，环境污染，产生恶性传染病等，英国伦敦地下博物馆至今还保留有当年工业化时代造成的传染病大面积恶性死亡的大量白骨，这些就是铁证。这种灾难就是人类中心主义的产物。总之，在侗族地区，大自然被当作了自己的"家"，美化大自然就是美化自己的家。这是一种利于生态保护和建设的文化理念和生活方式。

三 侗族"傍生"说对社会影响和生态价值

侗族的"傍生"观念，对侗族社会产生重要影响，其中最重要的是促进了特有的款组织这一社会组织的形成，或者说在款组织的形成中"傍生"的文化观起重要作用。因为，侗族社会里基于原始的互渗性思维，把

---

① 刘宗碧：《必须妥善处理生态目标与生计需要之间的关系——关于黔东南生态文明试验区建设中的问题之一》，《生态经济》2009 年第 5 期。

② ［德］马克思：《1844 年经济学哲学手稿》，中共中央马克思恩格斯列宁斯大林著作编译局编译，人民出版社 2000 年版，第 56 页。

自然界和人类社会同构性地理解，其中款组织的社会治理模式充分反映了"傍生"的文化特色和价值观并延伸到自然生态领域。

侗族社会自隋唐形成以来，没有建立过自己的国家和政权，但是侗族有自己的管理模式，这就是以联款的款组织形式来治理和维护社会秩序，使人民和谐相处，共同生活和发展。款组织是侗族以地缘的村寨为单位联合建立起来的村落联盟。款组织有小款、大款和款联盟三个基本层级，小款是临近几个自然村寨结成的联盟构成的基层款组织，一般以700户至1000多户为一小款，各地户数不等；大款则是小款联结构成的大规模款组织，一般以"户数"命名，如从江县包含六洞、九洞在内的"二千九款"，涵盖2900多户，地盘以八孖为中心，覆盖东到高增、西到大榕洞、南到丙妹、北到银谭，方圆总面积480平方千米。到中华人民共和国成立前，湘黔桂边界还保留有"十三款坪"的款组织划分，即十三个大款。① 在大款之上则是款联盟，这相当于部落联盟。款联盟即大款联合，宋代文献《熟降台记》有记：淳熙三年（1176年），湖南靖州中洞侗民起义，出现"环地百里为一款，抗敌官军"② 之说，这是所见的最早"大款联盟"记载。而古代所说的"头在古州，尾在柳州，五十江河，寨寨立碑"③，也是"大款联盟"指称。古州即今天贵州省榕江县城，柳州即今天广西柳州市，这是指以湘黔桂交界"三省坡"为中心的侗族地区款联盟。

过去，侗族地区社会都纳入款组织管理，款组织产生的原因主要是联合对外御敌和统一内部秩序建构和管理之需。因此，人们因应联款需要而进行各种规定，这些规定的内容叫款词，款词包括请神、送神、族源、创世、款坪、约法、英雄、习俗、礼赞、祭祀、婚丧、交际（月也）、礼仪、集会、出征等。而召集来约定款词则叫起款。起款有"三月约青，九月月黄"之说，也就是说农闲之季，人们约款和说款。起款一般由大款之间联合定制定，此称为"款约法"。如清代道光年间，侗族各地大款共99位款首集会黎平腊洞举行大款联合，开展"款约法"议定，内容包括治偷鸡鸭、治偷猪狗、治偷牛马、治冤枉好人、治偷人妻、抓歹徒、治不孝、治

---

① 徐晓光：《款约法——黔东南侗族习惯法的历史人类学考察》，厦门大学出版社2012年版，第45页。

② 吴浩、张泽忠、黄钟警：《侗学研究新视野》，广西民族出版社2008年版，第296页。

③ 吴浩：《款坪、埋岩、石碑的共同文化特征》，《中南民族学院学报》1990年第1期。

嫁娶、治打人、防贼、防火、治不遵守此规约，共十二个方面。此款称为《九十九老款》，也称《十二款约》或《侗族古法十二条》。①

款词约定以后，需要款组织中人人遵守，因而一般会"款场立规，以岩为证"②，此称"埋岩"习俗。款词，一般还要编成歌谣，让人们口述传唱。在集会、节庆等场合，款首都要宣讲或传唱款词。明清以后，有的地方还借用汉字叙述刻成碑文，以物象明理，百世流布，侗乡各地呈现款碑，如今从江县境内仍保存完好的《婆洞八议碑》《高增款碑》以及广西三江县境内的《永定规碑》等。③ 侗族村寨还有专门起款、讲款和执行款约法的款坪和款堂，开展款约法的传承、教育和管理活动。

显然，侗族的社会组织是款组织，是基于血缘村寨基础上建立起来的地缘性社会组织，具有部落联盟的性质。它是侗族社会过去得以维系的基础，对侗族社会起着重大的管理作用。同时也反映了侗族社会的特征以及文化内涵，对侗族人们具有规制作用，并折射到物产、生态资源的利用和保护中。

1. 款组织的自治社会结构和文化特征，充分折射了侗族"傍生"的文化理念和价值观，使侗族"亲缘"和"平等"地对待自然界和他人

侗族的款组织是一种地缘性组织，是各个村寨自治基础上的一种联盟。款组织的建立，它不是某个集团对另外集团强制的结果，是一种村寨平等的自由联盟，每一个村寨都是主体，它们之间地位平等，利益一致，团结、互助，共同遵守款约法。具体地看，款组织的建立是通过起款、聚款来具体实现的，即由之付诸实践的。而起款、聚款的一个重要特点是"邀约"。"邀约"就是起款时，由款坪所在地的村寨的款首认为需要起款，就担当主持人安排全村青年人，奔走于各个村寨，邀约天下各方款众，一起到款坪来集聚，进行议事，称为"祭标邀寨，杀鸡邀省"④（省，侗语，指天下）。侗学研究专家吴毅鹏先生对广西三江侗族调研，岜团侗族村保留有起款、聚款的款词，其中描述了"邀约"的情景：

① 徐晓光：《款约法——黔东南侗族习惯法的历史人类学考察》，厦门大学出版社 2012 年版，第 47 页。
② 吴浩、张泽忠、黄钟警：《侗学研究新视野》，广西民族出版社 2008 年版，第 299 页。
③ 同上书，第 301 页。
④ 同上书，第 331 页。

我从寨底往上邀约，

又从寨头处往下约请，

邀约那三十户不够，

四十户不难，

三十有余；

四十不足；

旧岁邀约，

新岁游说

来到"地普"之地，

开得十几款，

备得十马几鞍。①

    侗族款组织中的起款，一般在大款层级进行。通常，某一大款所辖区域议事即起款设在中心村寨并建有款坪，因此具体款坪具有该款组织覆盖的地理空间意涵。起款邀约一般就在特定款坪范围内进行。那么，在款组织内的村与村之间，没有任何统治关系，都是平等的村落主体，款民之间地位平等。因而，起款不是行政命令，而是邀约。只是邀约由款坪所在村落来实施、承担和完成罢了。款词的形成是各村集体讨论一致同意并议定而成的，充分表达村落和款众的意见。这样，在侗族社会没有建立相应的国家及其政权，社会治理靠集体联盟管理和维护。因而，在社会关系上，村与村之间、款民与款民之间，没有突出的地位之别，平等相处，相互扶持，共同生活。侗族村落里，公益事业是人人出力和户户出钱、出物，私人的嫁娶、立屋、办丧甚至外出求学，家家户户都聚集起来予以义务帮助。

    为什么会这样？显然与侗族"傍生"观念有关。侗族的"傍生"观念，把世界一切物种予以一种"共生"理解，他们之间的存在具有结构性的生存关系，相互依赖，需要平等相处和支持。这种观念也迁移地用于理解人类社会内部的村落和款众之间的关系，款组织的建构与"傍生"的文化价值直接相关。这种平等的"傍生"关系观念，不局限与人类社会，而是涵盖天下所有生命物种的。正因这样，侗族才会"亲缘"和"平等"地

---

    ① 吴浩、张泽忠、黄钟警：《侗学研究新视野》，广西民族出版社 2008 年版，第 331 页。

对待自然界以及同类。侗族的自然观与历史观通常是耦合在一起的，统一在"五界"互通、关联的宇宙观下来理解一切，不是特别区别人类与其他物种，而且也不区别人与鬼神世界，认为它们也有七情六欲，所有需要都应该得到尊重。实际上，侗族具有很广泛的生态伦理精神和相应文化，是侗族社会特有的生态文明构成，具有区域意义。

2. 基于"傍生"观念的作用，侗族以款约法的形式维护社会秩序，不强行争夺资源和破坏资源，利于生态环境保护

"傍生"是侗族重要的伦理文化要素，它作用于大自然就形成生态伦理，其中重要的意义就是不强行争夺自然资源和不破坏自然资源，利于生态环境保护。首先，是不强行争夺自然资源。在款组织中，村寨是基本细胞，在社会活动中具有突出的主体地位，也是共同体的基础单位，人们的社会利益从村寨开始建构，在利益联结的作用下，村落就形成共同体的基本生产单位。这样，村落在血缘和地缘的关联中，出现家族式的或村落性的公共资源或集体财产，如公共土地俗称"公山"，包括坟山、龙脉山、风景林、木林、稻田，此外还有井水、河流、道路等。较多的公山长期保留存在，说明侗族集体观念强，具有古代氏族性质的集体生活形态。实际上，南部侗族村寨之间集体走访做客，还有"吃合拢宴"，这些都是特定的集体生活遗存。往往大家一起使用资源、享用资源，不分彼此，不会出现争夺的现象。而北部侗族，由于明清以后的木商经营影响，土地、森林等才逐步私有化，公山才逐渐减少。而对公山资源的使用，一般自由而节制地使用，不会发生过度占有现象。这一点，我们可以从侗族的"草标"习俗得以例证。"草标"在侗族民间社会称为"多标"，"多标"就是打记号的意思。通常侗族在上山、田野或路上、路边对什么东西进行保护或提示相应什么信息，就通过"草标"来表达和实现，告诫别人别动、别用或别进等。"草标"的内容一般包括林标、水标、田标、鱼标、路标、猎标以及环山标。基本做法就是用当地山上的野草或其他植物给需要保护、保留的树木或场所显眼的地方打结提示。如寨子或路边生长的好树苗，有意保护并留为风景林则可以用草打标；田里养鱼，提示别人这是人工放养，可以在水田中插上一根木棍并在木棍上用打结的草挂上，表示不要破坏或取走等；侗族过去常有刀耕火种的习俗，人们在公山里开垦荒地来种小米、红薯等杂粮时，看中某一块荒地但还不能及时开垦时，可以在那里砍一根小树枝插在地上打草标，别人见到这里有了"草标"就不会再来开垦

这块荒地。不仅如此，如北部侗族青年人恋爱约会，是由一个村一帮男青年与另外一个村的一帮女青年在两村交界的山里对歌开始的，这叫"玩山"，因而玩山又有许多约会场所。先到的约会人群可以在约会场所的路口打上草标提示这里已经有人，后面来的人或过路的人都不会去打扰他们。侗族打"草标"包含了物权占有和使用的一种约定俗成的秩序，谁先发现或谁需要就谁先使用，不会强行争夺的，而且荒山的开垦利用并不是谁开垦了就属于谁，如果你一两年不用了，就当作恢复为公山的荒山状态，别人又可以开垦使用。有的常用资源或稀缺资源，一般采取户户有份、人人担当进行有序分配，如农业稻田用水中的水资源分配就是如此。侗族是稻作民族，种植水稻需要足够的水资源。但是，侗族居住地区多为山地，水田都开垦在山冲里，稻田的水源靠的是山沟小溪或井水，流量不大，然而需要灌溉全村家家户户的水田，于是村里总是进行合理分配，实行定时定量分流，每家每户轮流派人管理，保证上坎的田和下坎的田、近水的田和远水的田都能灌溉，保证共同合理公平使用，让人人都能受益。

其次，是不随意破坏自然资源。侗族以亲缘性地对待大自然，而且认为自然物是具有神性的主体，有其自身利益和需要，因此，主张尊重物种权利，提倡不与鬼神争功。侗族把人类的生活理解为是栖居在大自然之中，人类取用自然资源完全是大自然对人类的恩赐，人不能随意侵犯大自然，而且对大自然是要感谢的。比如侗族过年，首先要举行祭祀，先敬天敬地以及各路神灵和祖先，然后自己才能享用节庆食品。此外，还有各种延伸，如除夕之夜吃饭前，要敬鼎罐熟饭的三脚架；大年初一挑井水需要敬香等。农忙季节，开展耕种，都要对天地有礼仪，侗族的开秧节、关秧节等都属于对天地之神的祭祀、供奉和感恩。因为，侗族人们认为，实现生产的更重要的作用是天地和各路神灵，而不是人类，天不下雨或天过度下雨，对人来说都是灾难，生产的事功不先在人而在天地和各路神灵。因此，不能与天地和各方神灵争功，不仅如此还要感谢它们，侗族的节日都有感恩自然之意。在这种观念的作用下，侗族是不会随意破坏自然资源的，山川河流，万物生长都是天地的安排，不得随意改造，也不能随意地灭绝。当然，人类生活需要大自然资源，动用大自然资源是不可避免的，但侗族是比较节制的。如侗族生活于杉木之乡，建居所基本用的是杉木，而这种木房的最大弊病就是容易发生火灾，一旦发生火灾往往使全村全寨倾家荡产。而一旦发生火灾后，需要重新建房，从而可能砍伐大片杉木，容易使家庭或村里财产耗竭，同时破坏生态。因此，侗族为了避免这种现象发生，通常是一方有难，八方支持，附近的村村户户都要出力帮助，先要送米送菜送穿保住基本生活，然后各家各户根据亲疏关系或多或少地送灾户木材帮助建房等，这样木材等资源不会集中在一个地方被用竭。实际上，日常一些生活资源利用也是十分节制的，侗族冬天为取暖砍柴烧炭，村里材薪资源也是按年度计划性分配砍伐的，不允许发生过度使用现象。

总之，侗族的"傍生"这一独特的文化因子，具有一种亲缘、平等、和谐、节制对待人类和世间万物的态度，它上升为价值观及其行为规范蕴含在人们的社会制度、道德观念和行为之中，不仅对社会治理发挥作用，同时也延伸到自然界，发挥生态保护的作用，具有积极的生态文明意义。

第四节　"投生"说的终极关怀和生态伦理

侗族的历史观由"雾生"、"卵生"、"傍生"和"投生"所蕴含的世界起源、人类诞生及其社会发展的内容构成，形成了人的本质以及终极关怀的文化解答等。"投生"说包含的就是终极关怀，是终极关怀的一种文化解答。"投生"的终极关怀属于人生观的伦理建构，规范侗族社会生活；同时，人的再生产也是自然现象的方面，因而它没有完全割断与自然界的联系，并立足于这种视野对人类自身进行思考和价值建构，从而延伸到生态伦理方面。可以说，侗族"投生"说的历史意涵是其生态伦理的文化基因之一。

一　侗族终极关怀的"投生"说

"投生"说即投胎转世思想，它在侗族社会普遍盛行，表达了侗族人们的终极关怀。侗族在关于宇宙"五界"说中，就"鬼界"与"人界"的关系包含了投胎和转世的思想。鬼界，又称阴间，它与人界并列于天界和下界之间，鬼界又划分为"花林山寨"和"高圣雁鹅"，"花林山寨"居住"南堂父母"、四个"送子婆婆"和许多等待投胎转世的男女小孩；"高圣雁鹅"是人死后的灵魂居住的地方。鬼界的"花林山寨"则是给"人界"生育送子的地方，在侗族的"阴阳歌"里传唱死人灵魂居住的"雁鹅寨"有一个美丽的"花林山寨"，那里依山傍水、清美秀丽，有一个"花林大殿"和一条一边浑浊一边清澈的投胎转世阴阳河。当阴魂投胎转世时，由"花林大殿"的"南堂父母"批准，然后由叫"四萨花林"的四位送子婆婆撑船渡过阴阳河把阴魂送到人间，阳间才会有一批批的小孩出生。

侗族投胎思想的实践还衍生许多文化事象，最普遍的事象之一就是祭桥。一般夫妇婚后两三年不见生育或只生女孩，便上庙里求观音菩萨，给他"上红"或"献佛鞋"，以及其他求子活动和仪式。日常，就给村里或社会人们做一些善事，以感化神明并求得赐子，通常给村里修路、架桥等。尤其有的人相信"修桥修路修子孙"，便许愿修桥，贫家则砍几根木棒搭在小沟上让人通过，有山林的家庭便捐大树作为桥梁。富家无子，则捐钱修石拱桥。侗族聚居区的乡间桥梁多是这种情况下由人捐建的。

现在，贵州省南部侗族地区的黎平县九龙等地，还有到风雨桥上给关帝庙烧香燃纸，求关帝保佑早生贵子的习俗。求子时，请巫术先生操弄仪式，嘴里念念有词，以此请关帝神灵到场，然后求子者请巫师抽签打卦，求得的签，由巫师解释；打卦的卦象为一阴一阳则为灵验，仪式结束。若不灵验则需重求。来年应验成功得子，还需还愿，方法是购买一块红布，在上面写上"名垂千古"或"显灵万历"，然后找一个吉时挂在桥上，同时供奉猪头，烧香燃纸，以此颂扬关公功德。通过这些形式表达生育子嗣的愿望。

北部侗族地区的天柱、锦屏各地侗寨，一般久婚不孕则就行架桥索子仪式。索子仪式，一般要请巫师。举行仪式所要准备的物质包括染成红色鸭蛋一个、公鸡头一只、针一枚、红绿色丝线若干根装入陶罐内，封好罐口，另备红蛋、猪肉、公鸡、糯米饭、米酒等品。摆在桥头，祭桥求子。尔后将陶罐埋入桥端，当事者各拿一红蛋，男方从现场牵一引线，长短不拘，一直牵完为止。返家后，用红布把两人拿的红蛋包好，放在床头，伴之入眠，谓之孵或抱，经三夜后食之。以此认为可怀孕生子、传宗接代。①

侗族人们还有架桥求子的巫术习俗或仪轨。侗族大龄青年结婚无子者，要架桥求子。日常的习俗是建桥或祭原有的桥，但是年久不得子者，则要请巫师做"架桥"求子仪式。这个仪式中的"桥"是用竹子制成的"楼梯"桥，这个桥是象征性的，用来引诱即将投胎转世的灵魂，使小孩

---

① 杨筑慧：《中国侗族》，宁夏人民出版社2012年版，第230页。

图3-4　剑河县小广侗族村架桥求子道具

灵魂渡过一边浑浊一边清澈阴阳河、跨过阴阳桥来投胎。这个桥放在哪里呢？就是架在风水树即神树的枝干旁，风水树在这里起作中介作用。由于风水林的神性和担负社会职能，因此人们对风水树就形成了许多禁忌，对风水树是禁伐的，不仅如此，而且不能做任何不恭的言行，甚至风水树干枯的树枝也不能用作柴火或其他，风水树是任其自生自灭的。

从总体看，侗族的"投生"说，它不仅是一种理念，而且是一种行为，通过巫术等迷信行为付诸实践的，通过"祭桥"等求子仪式把"投生"具象化，变成可感的事情。因此，它是知行合一的文化形态，以此嵌入历史和影响着人们的生活。

二　侗族终极关怀的"投生"说与社会伦理

"投生"说，它的文化内涵实际表达了侗族终极关怀，是侗族从个体和种族的生命持续发展的一种文化设计，用以解决人类生命有限存在通向无限存在，实现能够面向未来的文化建构，在侗族的文化体系中也是十分重要的，是不可或缺的并关涉人类历史形态的一种把握，同时与人们生活理念和习俗同构，融入整个民族的文化之中，发挥文化生态的作用。

1. "投生说"构建了侗族社会的终极关怀

侗族通过"投生"的不断"再生"设计实现了人类从有限存在变成无限存在，解决了终极关怀问题。但是，侗族文化受佛教影响，所谓"投生"又是与"傍生"联系在一起的，"傍生"又有"五趣"的差异，从而"投生"就不只是在人类种类内部的循环，使单个的人的"再生"过程中出现着物种之间的交叉循环和来生的身份差异，这个来世的规则就引起了个体对自己来生的命运关切。诚然，根据佛学，人的"再生"变成什么物种决定于当下世道里人的业缘状况，即前世多为善积德则来世就命好，意味死后的来生不仅转世在人界，而且投生在富贵人家，可以享尽荣华富贵；否则转世投胎时转为猪狗等其他物种，或者还"投生"于人界也只能是贫苦人家，终生受穷劳累，被人欺凌。侗族关于"投生"的业缘所趋观念包含了因果报应，往往认为前世做了什么坏事，下世就会受到相同的惩罚，例如做屠户的，因杀猪杀牛过多，对生灵有罪，下世就可能投生转世变成猪牛等，任人宰割，接受惩罚。侗族的终极关怀是联系个体未来来设计"再生"命运的，而且依据业缘形成转世的趋向。因此，这种来世设计对当下形成规制，具有鼓励积德向善的要求，不仅包括人与人之间要相互善待，而且包括人与各种自然物之间也要相互善待。对于不善待自然物的，自然界作为"神"不仅可以当下惩罚你，而且来生也因业缘所趋而没有好结果。这种规制对侗族建构和维护社会秩序发挥特别的作用。我们知道，侗族是历来没有建立过自己国家和政权的民族，是一个仅仅通过建立地缘组织即款联盟就能够自治的民族，而之所以能如此，在于有人人向善的文化基因并形成了社会秩序，在侗族地区不仅倡导人与人要和谐相处，而且倡导人与自然要和谐相处。就此，我们看《侗款》的这一段歌词叙述就明白了，歌词这样说的："水流一条河，莫争高低。都是一村人，莫伤和气。赢你三分不长胖，让他三分不瘦人。多说一句不长高，少说一句不变矮。肚量宽广，莫听闲言。鱼在河自在，大家住寨平安。"① 总之，以"再生"中物种差异性"循环"的规制形成个体命运的关怀以及向善的文化效应，支撑着建立相应的生态伦理准则，对自然环境和良好生态平衡的形成产生积极的作用。

---

① 米舜：《侗族神话遗存与"救月亮"母题的适生智慧》，《怀化学院学报》2012 年第 4 期。

2. "转世"理念的规俗及其社会延伸

除了祭桥外，侗族关于投生文化还有"再生人"之说。"再生人"，在侗族社会里指人生下来更事后，便能如数家珍般的说出他前世姓甚名谁、家住何处、做过什么事、怎么生如何死、周围的邻里亲戚人员等。这些人能找到前世居住之地，或下葬之所，也能找到上辈子的亲人，再续前缘的。根据记者调研报道，目前在湖南省通道县坪阳乡民间流传存在大量的"再生人"群。关于这些人有各种描述，如在湖南省通道县坪阳乡侗族社区的"再生人"群中有一个典型人物叫石尚仁，她1962年出生。据石尚仁母亲回忆，石尚仁在两三岁时，就说她是从县溪（地名）来的，原名叫姚嘉安，并生有一男一女，男的叫吴春，女的叫吴梅。面对记者的采访，石尚仁并没有回避，说自己小小的时候，能爬在楼梯上的时候了，就有了知道前世的这种感觉。但当时还不知道那就是前世，后来到了11岁的时候就去与前世家庭的"孩子"等相认，他们都感觉来相认的这个人跟以前的母亲很相同、很相似，从那个时候他们就建立关系并一直在相互走动。如今，年纪大过石尚仁的吴春、吴梅一直称她为"娘"。自然，无论是吴梅嫁女，还是吴春儿子娶媳妇，石尚仁都以母亲的身份给他们备礼送去。石尚仁对记者说，能回忆起前世这种特异，使她有了两个家庭，同样也使她很烦恼，因为人的那个感情与别人不同，从小开始就好像没有童年一样，这种状态对感情造成很大的折磨。或许，正是因为这个原因，那里许多"再生人"都不愿再提及前世之事。[①]"再生人"使侗族的"投生"文化观似乎得到了实证，是侗族"投生"文化的奇怪现象，也表达了侗族人们对人自己历史的一种文化构造。当然，由于"投生"与"傍生"的互渗，"投生"不仅仅指人类内部的投胎转世，也包括人的业缘作用使投生包括"人变成其他动物"和"其他动物变成人"的转世情况。调研得知，在湖南省通道县坪阳乡的"再生人"群中，有上辈为猪下辈为人的情况，然后发生这个再生人一见屠户就逃跑的现象等。

3. 促进人们形成向善的社会伦理意义

侗族宗教文化的多元性还体现为深受佛教的影响和对佛教思想的吸收。而佛教的传入主要是从中原传进来的，即侗族接受的是汉传佛教的影

---

① 《记者调查：湖南通道侗族自治县的转世奇闻》，汗青网，http://www.Sinocul.com/zhuanshilunhui/show－3565－1.html.

响。佛教传入侗族地区，从可考年代来看至少在元、明时期。现可查的文献如贵州三穗县岑坝村的《陆氏族谱》中记载："洪武三年，开圣德山佛堂，设庙堂。"到1956年前后，根据当时的统计，三穗县仅新场、坦洞、等溪、款场四乡就有大寺院21座，小庙不计其数。寺庙占有大量土地，住着不少僧尼，其中圣德山佛堂占的田地最多。每年农历七月十五日，附近村寨的人们数以万计前来朝山拜佛，顶礼膜拜。1979年后，也还有人前往烧香化纸，人数也在数千人。侗族信佛的人认为人在世间做了善事，后世后代会得到福祉，即善有善报，谓之"因果报应"。侗族在佛教的影响下，成年人死后都要请"先生"来"开路"，为死者超度亡魂，宣扬佛教的"生死轮回"、"因果报应"、"四谛"、"十世因缘"和"八苦"等佛教教义。除上述外，侗族受汉传观音思想的影响，观音菩萨也成为侗族人们礼拜的一个宗教对象。现在侗族地区仍有祭祀观音菩萨的庙宇。侗族民间还有不生育者祭求观音，求其助孕等，侗族民间有"送子观音"之说。总之，侗族丧礼仪式中有许多汉传佛教因素的迁移，形成佛教科与道教科混杂而用。在侗族宗教文化结构中，佛教是重要的方面。

三　侗族"投生"说的社会伦理及生态价值

"投生"转世中物种身份性的业缘差异追求，形成向善的理念和行为习惯并投向自然界。侗族的"再生"转世思想使侗族人们解决了有限的现世存在，能够面向未来，而且对来世充满着期待。虽然转世的循环论不科学，但却给出了有希望的价值目标，对侗族人们具有终极关怀的特别意义，对人们的日常生产生活以及言行形成影响。由于"再生"转世突破了物种的界限，可以是其他物种，同时因业缘来决定来世所趋和形成个体来世身份。这样，人们对下辈的规划来源于当世的业缘状况，于是形成了向善的理念和行为要求。这就是为什么侗族人们热心公益事业的原因之一。在侗族村寨，那些道路、鼓楼、凉亭、水井、桥梁等，都是人们捐钱、捐物、捐力建造起来的，而且在私人领域里也是一家落难百家帮，红白喜事就更不用说了。而其中一个特点是，侗族向善的理念和行为习惯不局限于社会人间，而且是投向自然界的，即以同样的方式对待大自然。侗族忌讳无理对待自然物，尤其随意伤害自然物。如走路都不许小孩往河里、往山上丢石头，那是难免打伤鱼儿、鸟儿或树木；而严重的是惊动土地神、山神、鬼怪，夺走人的灵魂，招致生病或其他灾难。侗族小孩外出遭受惊吓或生病都理解为"落魂"所致，要进行"招魂"巫术治疗。侗族人们忌讳独身走进深山老林，忌讳在深山老林胡言乱语、大喊大叫。必须收敛、约束自己的行为，友善对待大自然的一切，人才会真正地栖居于大自然，实现和谐生存。总之，侗族历史观中蕴含的社会伦理也是人们对待自然界的要求，对于促进生态平衡和推进环境保护具有积极的作用。

第四章

侗族生产生活习俗与生态意识

文化来源于实践，也就说文化在本质上是实践的。正是文化表达人的创造性并使自己及其产品与自然界区别开来，因而有人说"文化就是人化"。由于人类居住、生产、生活和繁衍的族群性，因而，文化又有社会性。基于实践的历史性，文化又有创造和积累两个相辅相成的方面，创造能使文化发展，积累能使文化厚重。这些特征促使文化具有民族性、地域性、历史性、现代性等相应特征。

但是，人类不管是什么样的族群及其如何发展，他们虽然改造和利用大自然，但始终还是大自然的一部分。生产生活对大自然的依赖，这个关系就是生态问题。生态现象是一个普遍性的问题，因此，人类任何活动都无时无刻地与生态相关。但是，人类活动的地域性居住和实践的历史性造成不同族群之间的差异，文化就有了地域性的不同，人类的生态适应和文化表达也一样。这种区别作为特定的文化现象呈现出来，就是生产生活习俗。人类的生态文化通常蕴含于特定的生产生活习俗之中。

侗族历史悠久，因而生产生活习俗具有丰富性和独特性。而与生态具有密切联系的方面主要反映在居住、耕作、节庆、防灾等领域。因此，研究侗族生态文化，就要研究侗族的生产生活习俗。生产生活习俗是侗族生态文化的重要承载形式并形成多样化呈现，有的是观念性表达，有的是日常行为取向的规范，有的是生产生活技术性运用等。总之，认真研究侗族生产生活习俗与生态意识的关联，侗族生态文化才能在全貌性的观察中把握它的丰富性。

第一节　　侗族居住习俗与生态意识

居住是人类生产生活的基本内容并以特定的方式实现出来。居住涉及对环境的适应、资源的利用、人际关系的构建等，实际上，居住也是一种文化表达。这种文化源于族群长期积淀形成并以特定的习俗传承下来，构成了民族文化传统。

侗族从形成到今经历了 1000 余年的历史发展，文化灿烂多彩，许多都通过居住习俗体现出来。就居住所蕴含的生产生活特点并作为文化的表达，侗族具有自己的特征，概括起来主要有三点：一是形成了以栖身于大自然的居住理念；二是形成了以遵循风水理论为基础的居住学理；三是形成了追求和谐共处的居所营造方式，都不同程度地反映了以适应自然为线索的一种居住选择，蕴含了相应的生态意识和价值。

一　栖居——侗族村落居所的居住理念

"栖居"用于描述人类居住，它并不是一个关于现实的范畴，而是一个文学概念，因而是一种理念的表达。"栖居"观念屡屡出现在中外的文学作品中，18 世纪德国诗人荷尔德林写有《人，诗意的栖居》的诗篇，其中感叹到人应该"诗意的栖居在大地之上"。后来，德国哲学家海德格尔借用"诗意的栖居"来表达不同于物质的"本真"存在的生命的意义和存在的价值，追求心灵安置的一种至高情怀的境界。而我国早在《诗经·硕鼠》中就有追求"乐土"作为"我所"的描述。而晋代陶渊明的作品《桃花源记》所期待的蓝图表达了古代中国人民追求"栖居"的理想。

侗族也有"栖居"的理念，但不是上述虚幻的愿景描写，而是对人类生活于天地间一种状态的把握，当然也是一种具有价值境界的理想目标。事实上，在侗族看来，"栖居"就是人类居住于大自然中的一种真实情景，因而，关于"栖居"就是现实居住中的特定状态。

关于这一点，我们可以从侗族村落的称呼和含义的理解上得到例证。侗族对村落称之为"兜"，如某某村寨就称为"兜某某"①。"兜"在侗语

---

① 侗族对类别性对象称呼有倒装修辞现象，即作为类别的修饰词在前面，指称对象的名词在后面。"兜某某"中，"兜"是类别修饰词，故置前。

里就是指树上的"鸟巢"。鸟在树上建立"鸟巢"作为自己的居所，在侗族看来这就是"栖居"，而人类的居住也被看成和鸟一样属于"栖居"，即人在世间生活安置自己不过是建立一个"鸟巢"于自然界而已。这样的理解，不仅是侗族借助于"鸟巢"来对自己的人生进行反思，而且在过去的历史长河中也有过如鸟生活的居住经验。

图4-1 侗族坐落村落河边的风雨桥

诚然，侗族居住的湘黔桂毗邻地带，这里属于亚热带气候，雨量较为充沛，加上山地地形，地貌险峻，森林密布，自然环境恶劣，不利于生产劳动，也不利于居住。历史记载，这里潮湿，多瘴气、害虫，生活艰难。因而，为避各种灾害，侗族有的人居住在山洞，有的人则制巢居住于树上。不管是居于山洞还是树上，侗族先民的居所安置就如分布林间的"鸟巢"，以致侗族也把自己的居所（村寨）称之为"兜"，"兜"的意涵就是"鸟巢"。侗族把自己的居所称为"鸟巢"（"兜"），包含了类比飞鸟一样来理解自己的居住行为，即建巢于树林而栖居于大地之意。

侗族的栖居并非强调人的独特性，而是指人类与大自然其他物种的一致性，都是寄居于自然界，受大自然的恩惠的馈赠，包含着对大自然的感激情怀。侗族有一句俗语表达着这个意思，即"山林为主，人为客"。这句话的意思是：山林这些大自然物质、物种先于人类存在，它们是生命之根，人类依赖于它们而存在；同时，山林能生生不息，而人是要死的，生死都归于山林的养育和安置，即大自然予以了人类安身立命之所，这是无限的恩情，因而侗族人们也敬畏大自然。

当然，侗族的栖居不局限于此，包含对灵魂物种居所的划分和安排。侗族对宇宙的认识，提出了宇宙"五界"的观念。"五界"包括天界、下界、水界、鬼界和人界。天界也称天上，居住太阳、月亮、雷公以及各种神明等。下界，即地表下面的世界，居住小矮人。水界，在宇宙的最下方，居住海龙王以及各种水体动物。鬼界，又称阴间，划分为"花林山寨"和"高圣雁鹅"，"花林山寨"居住"南堂父母"、四个"送子婆婆"和许多等待投胎转世的男女小孩；"高圣雁鹅"是人死后的灵魂居住的地方。人界，又称阳界或人间，是我们阳人生活的地方。这样，在侗族人们看来，人类居住于阳界不过是宇宙按照物种的特性进行的一种安排罢了，因而，侗族的栖居概念是很大的，即人类生产生活于此就是栖居，是大自然恩泽下与其他物种的分享和安排，具有神性的天然禀赋。

不过，随着发展和与中原文化的交流，侗族的居住文化不断吸收外来文化尤其汉族文化。其中最有影响的是道家。因此，"栖居"的理念也有道家"天人合一"的精神。"天人合一"把人与天地理解为一体。《周易》提出："道生一，一生二，二生三，三生万物。"[1] 提出万物皆由气生成，气分为阴和阳，聚天地之气而化生万物，人也不过是气所生者。因此，人与万物是相同、相通、相感的。在我国传统文化里，把人是否还活着称为是否有"气"，甚至把为家族或父母让自己追求功名成就的行为也称为"争一口气"。基于这种哲学思想的理解，认为人与天地一体，人的居住不过看作一个与天地合一的有机整体的规划和设计，人的居住与自然环境之间必然"物我共生"，相辅相成。

在这种世界观的作用下，侗族按以上的"栖居"内涵来想象、理解和赋予自己在宇宙中的位置，由此形成了自身特定的居住理念和文化，这构成了侗族居住习俗的第一个特点。

---

① 《道德经》第 42 章。

二　风水——侗族村落居所营造的学理基础

栖居是侗族人们居住的理念。这种理念最初有各种文化来源，但最后最具影响的文化范畴是风水并形成了相应的风水学，它构成了侗族居住的理论基础即学理基础。所谓学理之言，当然就是把风水原理当作规律和具有必然性的东西来对待、把握和运用。

侗族居住的栖居理念落脚在风水理论上，这不是偶然的，在于它与风水学所蕴含的世界观尤其价值观是一致的。它们都看重甚至敬畏大自然并把人类归结为自然界的要素去理解和把握，只是栖居强调大自然是生命之根和人类存在对它的依赖性，而风水学讲的是人类的居住（包含活人的阳宅和死人的阴宅）与自然环境的协调，并可从中吸收大自然的瑞气来造就人类自己和福荫后代。

从文化源头看，风水学缘起汉族，侗族的风水学来自与汉族的交流、学习，通过吸收、涵化并创造性使用而进入自己的文化体系，可以说侗族的风水理论是侗族文化与汉族文化融合的结果。在历史上，我国风水文化起源于道家思想，关涉风水问题的最早文献应该是《周易》。关于《周易》，有的学者认为就是古代的一部"环境科学"理论，即关于人居住、生产、生活如何适应环境的地理学，因而是风水学的源头。从实际内容看，《周易》的论述包括"义理"和"象数"两个方面，"象数"就是我国传统的术数文化，通过"象数"的演变计算形成了巫术、占卜、阴阳、五行、八卦等学说。其中以八卦、十二支、九星、五行为纲，逐步建立起风水法理。独立的风水理论主要发端于汉代，汉代提出的"天人感应"为风水学建构天、地、人之间的感应关系打下基础。风水理论的基本学理在于相信自然界与人类能够相互感性形成影响，认为大自然的先天性对人类具有统治力，人必须敬畏大自然。但是，大自然与人类能够感应，因而大自然的力量也是人类可以借用的资源，这种资源的正确使用可以产生"天人感应"的结果，从而帮助人类获得特定的利益。而风水学就是基于人们生产生活活动从居所这个维度来进行查看、辨认、掌握有关"天人感应"原理的方法论。

关于"风水"的解释，最早见于晋代郭璞的《葬经》，其中说道："葬者，乘生气也。""气乘风而散，界水则止，古人聚之使不散，行之使

图4-2　湖南省通道县芋头侗族村

有止，故谓之风水。"[1] 中国的风水理论发展复杂，出现了很多流派和方法，但基本的范畴和使用功能包括巡天、望气、觅龙、察砂、观水、定向、点穴等，通常在聚落选址、民居选址、房屋营造、阴宅埋坟、建筑装饰灯方面都使用。风水学说是中国社会独特的知识门类和神秘的生活习俗，具有多个学派的传承特点，而从代表性和普遍性的角度看，有"形势法"和"理气法"两个大类别，具体派别很多，其中如风水五行学说属于"形势法"，而阴阳八卦学说属于"理气法"，它们都相对流行广泛。侗族的风水文化主要受之影响并形成了自己的知识文化和日常生活使用的特定技术。

　　从风水五行学说看，它在聚落选址、民居选址和房屋营造方面使用广泛并形成了有关理论范畴。其风水机理在于看山观水"形势"，山是龙脉，体现气运之行，山脉越长越高越好，否则气运不足，因而关于龙脉有"太祖山""少祖山""父母山"下来集聚在"临水"的"吉穴"之处，即所谓"结气止息"的"龙穴"。但未有山先看水，有山无水休寻地，原因是"风水之法，得水为止"。水是气聚的止息状态，即气化为水并居而不走了。其中关于"风水宝地"的理论概述包括四点特征：一是靠山背水，负阴抱阳之势；二是左右有山，呈现青龙白虎合理搭配；三是形成山水环抱的中央地点，有凝气吉穴；四是吉穴前面有流入之水环抱，谓之金带环绕。侗族受汉族影响形成了自己的风水认识和实践原则。关于风水认识，侗族吸收了汉族风水理论中关于"风水之法，得水为止"的原则，形成了"得水为上，藏

<hr>

① 陈怡魁、张茗阳：《生存风水学》，学林出版社2005年版，第3页。

风次之"的认识。因此，侗族村落选址的第一原则是"依山傍水"。"依山傍水"是按照"气乘风而散，界水则止"来进行的。"界水则止"，意为水是气聚的止息状态，即气化为水并居而不走。这样，采取"依山傍水"而居，就是选择在山脉绵延至平坝到河边、溪边、水塘陡然而止的地方建立村寨。这些地方能"藏风聚气"，最有利于人的生养繁衍。

村落选址以后，就按照"藏风聚气"的原则来建设和保护村寨形成相关实践原则，其中表现在三点：一是村落选址及"藏风聚气"的"挡风水"处理。侗族关于"气"的认识，具有直观的性质，一般就把"风"和"雾"当作"气"的具体形态，"气"遇风则散，"藏风"则生。河流、道路等通道就是"气"可随风流走的地方，以致要保护村落能够"藏风聚气"，就要避免"气"遇风则散的情况出现，因而就要在路口、河口的地方修"福桥"，用于"挡风水"，让"气"（财气）不跑，留住风水。所谓"福桥"就是今天的"风雨桥"，侗族又称"花桥"或"回龙桥"。村寨修"福桥"是公益事业，户户出钱，人人参加，没有谁不愿意。

二是房屋营造中的"迎、藏"风水方法。房屋营造中的"迎、藏"风水方法，实质是"藏风聚气"的原则在具体家庭建房中的运用。在侗族看来，具体家居也需要"藏风聚气"，具体方法就是"迎、藏"的风水方法。关于"迎"，指房屋大门要对着流动的水，意思是大门对着河水、溪水，财源才会广进。河水流进象征财源滚滚进来。因而侗族有"门向迎水，财源广进"的说法。而关于"藏"，就是修建房子不要临路而建，避免"财气"流走，因而侗族有人选择建在离路远的地方，而且走进去道路总是弯弯曲曲。同时，营造具体住房也要"挡风水"和"防煞避煞"（煞即煞气，就是无意发生的对"气"的冒犯现象等），方法是在大门上悬挂镇邪灵物等。

三是家居解决日常"踩破"的"聚气"策略。在侗族家居房子的风水理论里，大门是"迎水"的，即聚气进财的地方。因此，凡所建新房都要举办"开财门"仪式，亲戚朋友当天会送礼恭贺。而每年新年开始，家家户户都在大年初一再次进行"开财门"仪式。"开财门"就是特定时间举办的聚集财气进屋的一种风水仪轨。但是，家里的财门也有被"踩破"的时候，所谓"踩破"是指守住民居中的财气的"屏障"被打破了，造成财气游走了。出现这种情况，诸如有产妇、流产妇女或煞气很重的人路过家门或进过房屋就会发生。为了重新聚集财气，就必须请巫师来做净化大门的"聚财门"仪式，这就是家居解决日常"踩破"的"聚气"策略，属于风水法术。

侗族风水理论除了"形势法"的风水五行学说外，还有阴阳八卦学说方面，限于篇幅不再详论。总之，风水学就是侗族居住的学理基础并构筑了若干实践原则。从现实的侗族村寨看，"依山傍水"而居的这些村落都是"风水学"的"活教材"或"活化石"，这就是为什么侗族村寨环境优美而富有魅力的原因。今天，还有许多村寨都保持着遵循风水法则建设的村寨，目前最能例证的有湖南省通道侗族自治县的芋头村、皇土村、坪担村、上霜村等。从芋头村看，其位于通道县城西南约 9 千米的芋头山下，始建于明朝洪武年间的 1368 年，至今已有 682 年的历史。到了清顺治年间（1644 年），不幸发生大火烧毁。此后，注意防火复建，并形成了以芋头溪流为轴线向两边分叉营建鼓楼、住房的七个聚居点。到了清代乾隆四十二年（1777 年），大兴土木建造芋头回龙桥、崖上鼓楼、龙脉鼓楼等，而道光和光绪年间，村里接着分别修建太和鼓楼、芦笙古楼、龙门及维修古驿道街道等，由此形成了目前的建筑群落和规模。现在村落面积约 11.6 公顷，共有 188 户，全村均系侗族，是我国保存完整的民居古建筑群之一，堪称侗族民居的"生态博物馆"。村落从选址、建筑整体布局到建筑细部安排都具有独特性，体现了"天人合一"的理念，民居以"杆栏式"吊脚楼为主，沿山、沿谷因地就势布局，形成独特的"山脊型"与"山谷型"布局模式。芋头村建设与环境巧妙融于一体，是典型的侗族村寨，反映了侗族村落的居住特点和风格，其中有名的回龙桥①，建在寨尾的水口处，用于堵风水、拦村寨，使村寨"消除地势之弊，补裨风水之益"。芋头村就是一幅典型的侗族风水实体，反映了侗族居住的风水思想。

三　和谐——侗族村落居所的营造特点

侗族居住以栖居为理念，以风水为学理，形成的居所营造特点就是"和谐"。"栖居"追求人与自然"合一"，而"风水"立足"天人感应"，都基于遵循自然规律和利用自然力量的立场上，因而都坚持人与自然相和谐为原则，并上升为行为的价值依据。侗族的居所营造就充分体现了这个原则及其价值规范。

侗族的居所建造坚持人与自然相和谐的原则，并延伸到社会生产生活

---

① 该桥始建于（清）乾隆四十二年（1777 年），因年久失修于 20 世纪 70 年代初毁损，原址至今立有"津梁有陀"的石碑。

领域，形成社会生产和交往的相应规范和行为取向，和谐是一种文化体系的整体特征，而居所和相关的建筑尤为明显。就此，我们可以从多方面得到例证。

1. 村落建设遵循天、地、人之间的和谐相处

侗族村寨的建设体现着和谐的美感，一般鼓楼在寨子中心，周边才是居民的住房。这些住房都是特有的民俗建筑——吊脚楼。吊脚楼沿着河边依山而建，河边有连接两边的福桥（即花桥或风雨桥），河岸的房子一排排的，鳞次栉比，错落有致，而且吊脚楼群楼中间点缀着一些古树，远远望去，能感受它的规整、协调，有着线条波动的节奏及其韵律感。侗族村落建设充分体现了和谐的原则。侗族村落的和谐建筑，不仅仅是外在建筑物的排列问题，而且包含内在精神的，这个精神就是遵循天、地、人之间的和谐相处，这个精神才是侗族村寨得以和谐建设的中枢。在侗族的村落建筑中，不同的建筑物是代表天、地、人的界别象位的，其中鼓楼寓意"天"的象位，即"天界"，花桥即风雨桥寓意"地"的象位，即"地界"，而吊脚楼寓意"人"的象位，即"人界"。[1] 按照人在天下和地上生活的理解，鼓楼一定是村寨的最高建筑物，其他一切建筑物都不能高过它；而花桥即风雨桥则不能高过吊脚楼，或者吊脚楼一定低于鼓楼，但一定高于花

图 4 - 3　侗族吊脚楼民居

---

①　石干成：《侗族哲学概论》，中国文联出版社 2016 年版，第 131 页。

桥（风雨桥），因为人不能高于天，但也不能低于地，意味着人活在天地之间。这是侗族村寨建设的根本规则，所有的侗族村寨都如此。这也体现了侗族主张人与自然和谐栖居的理念，因此，侗族村落建筑在这一原则的主导下才出现和谐的安排和景状。

2. 家庭房屋营造中追求主人命相与环境的"匹配"

侗族的居所营造是以风水为原则的，即房屋建立也要选址，必须是有好风水的地方，方法是按照风水宝地的特征来选择和确定。但是，选择风水宝地居住，包含了对自然力的控制和利用，要实现"天人感应"，才能服务于人，以促进有益生活和顺利发展为目标。然而，风水宝地不是一般人可以享受的，只有房屋主人的命相与风水宝地相"匹配"，风水宝地才可发挥积极作用，即带来好运。否则，因不匹配会出现房屋主人不能掌控的局面，出现厄运，这样好风水反而会变成不好的风水，居住该地的家庭会发生一败涂地的境况，如人丁不旺，家产流失或者灾难不断，穷困潦倒。因此，侗族营造房子必须考虑选址与房子主人的命相是否相匹配。所谓"匹配"问题就是主人命相与房子地址的环境的"冲与合"的关系，一般只能"合"，不能"冲"。而实际的情况并不是出现简单的"冲"和"合"两种情况，而是某些方面为"合"，某些方面为"冲"，具体的选址和处理在于调和"冲"与"合"，至少要使二者处于平衡状态。这种"调和"方法就是通过调整堂屋和大门的方向来实现，具体方法地理先生熟知。这样，侗族人们建造新房需要请地理先生来确定房子朝向。房子朝向关涉主人命相与环境"匹配"问题，事关后来家庭的命运，因而也十分重视。这个原理其中也包含了人与自然和谐的命题和文化操守。

3. 侗族村落建筑形制和内部布局及其功能的和谐构造

侗族村寨具有独特的生态环境，因选址于山水之中，依山傍水而建，通常溪流穿寨而过，风雨桥横跨其间，鼓楼屹立寨中。侗族村寨的民居和公共设施建设，都是因地制宜，就地取材而建。整体村落建设的资源和物件内容丰富，自然条件因素主要包括屋基、耕地（菜地）、井水、道路、风水树等；而人文创造因素主要包括寨门、鼓楼、鼓楼坪、风雨桥、祖母堂、凉亭、戏台、吊脚楼、谷仓与禾凉等。侗族村落建筑就是把自然因素和人文因素融合在一起，形成一种独特的和谐结构。建筑的原则是先公后私，围绕鼓楼向四周辐射开去的，如同一面巨大的蜘蛛网，鼓楼居中，居民楼密集簇拥着它，房前屋后溪河小径，纵横交错，将鼓楼和各家各户连接起来，互相依存，和谐共处。村落建设充分体现了公益需要、交通优先、服务生产生活的一种布局，从空间合理分配到人际和谐的相应安置。一是首先满足公益需要进行公共空间和设施安排。侗族村寨的公共空间和设施包括鼓楼、鼓楼坪、祖母堂、萨坛、土地庙、戏台等。侗族的鼓楼、鼓楼坪、祖母堂、萨坛等是村落的核心要素，是宗教信仰、价值观、社会关系、理论道德等文化精神的表达载体，是凝聚村落的人文枢纽，具有举足轻重的作用，因此一般设在寨子中央，构成村落布局的第一层次。二是优先考虑交通功能进行用地选址和营建。侗族村寨的交通空间和设施包括寨门、花桥（风雨桥）、敞廊、凉亭等。寨门、花桥（风雨桥）等是村寨人文要素与自然物质要素结合的公共设施，它们表达文化，也是生产生活方便的物质设施，一般穿插在村寨吊脚楼民居之间的相应部位，如进村的路口或连接交通的河上、溪上等，发挥特定文化标识和公共设施的作用，构成村落布局的第二层次。三是以服务生产生活需要进行资源和空间分配。侗族村寨的生产生活资源和空间包括禾晾、谷仓、水井、水渠、菜地、风水树等。禾晾、谷仓、水井、水渠等是生产工具或生活资源，依赖一定的资源和自然条件才能形成，一般都在村寨的附近，有的也在村寨的中间，构成村落布局的第三层次。侗族村落建筑和设施是以鼓楼为中心展开的网状形态，其向四周辐射体现了以上布局的层次感，错落有致，却也十分和谐。

4. "以款为王"的村寨联盟及其村寨的和谐相处

侗族居住的和谐特征，不仅体现在村寨的内部，而且体现在村寨之间，这既包括自然分割和布局的物质关系，也包括人文交往、相处的社会关系。侗族居住地方属于山地地形，其间山河分布，通常以山河为界划分出土地、水源等自然资源，侗族按照这种自然划分选择居住和形成村寨，村寨之间相隔3—5华里不等，因而每个村寨都是点缀在大自然中的"鸟巢"，星罗棋布，十分和谐，如同自然天成。但是，村寨之间的和谐更体现在它们之间的关系建构和交往。侗族是没有建立过自己政权的民族，他们以款约进行村寨联盟管理和自治，因此被称为"没有国王的王国"。[①] 侗族社会管理和社会秩序的理念是"人无王者，款约至上"。[②] 这样，村寨之

---

① 邓敏文、吴浩：《没有国王的王国——侗款研究》，中国社会科学出版社1995年版，序言。

② 石干成：《侗族哲学概论》，中国文联出版社2016年版，第50—53页。

间没有谁统治谁，大家是平等关系，真正做到和谐相处。在侗族村落习俗中有如"月也"，它是村寨之间的走动、集体做客的交往形式，相互关注，相互敬重，相互帮助，这是十分罕见的。基于这种和谐相处的关系，侗族社会才会有全村集体待客的"合拢宴"，才会有全村或几个村集体合唱的侗族大歌出现。这是侗族村落中特有的和谐关系和文化。

四　侗族居住习俗的生态价值

侗族的居住，追求一种适应自然，与大自然和谐相处来安置自己的模态，具有迎合环境，顺应自然为价值理念的行为特征，因而，这种居住习俗蕴含着极强的生态理念和价值取向。

1. 侗族栖居的理念包含融入自然为主题的居住价值观

侗族栖居思想包含着侗族关于人与自然之间的价值关系的把握和相应观念，其中蕴含的出发点就是从自然界的维度来看待人和万物，在思维上是把人归结于自然进行定位的，而不是相反，或者说，从自然界去解释人而非从人去解释自然界。在侗族的世界里，人类与其他物种一样仅仅是自然界特定因素而已，对于自然界而言，人很渺小，人类从属于自然界而发生、发展，或者就是自然界存在中的一部分。这样，自然界在侗族的世界观里具有主导地位，自然物就往往被理解为具有神志的主体，人必须对之敬畏并加以照顾，这就形成侗族生活里，节日很多，而且节节有祭，无祭不成节。在这种背景下来理解栖居，栖居所蕴含的宇宙观是这样的，即人的存在就是安放于天地间，而非人创造了一个新世界，天地永远是人的"家"。自觉地保护大自然，不随意破坏天然存在的自然现象，这是侗族生产生活中的规矩。这是侗族天然的道德良心，并认为可以从自然界中得到好的回报，获得安然居住，生活自得，安详顺利。侗族的居住就是一种生态化的生活方式，其生态价值实然可知。

2. 追求风水的居住学理强调顺应环境的功能选择

侗族居住的风水学理，虽然立足于"天人感应"，即人与自然界的相互感化作用。但是，从环境选择的使然看，更强调环境对人的影响一面。因为，在侗族人们看来，自然环境是一种"先在"的因素，人可以利用它，但不能改变它。为此，风水资源的利用是基于顺应自然作为原则的，改造不是主要的。自然条件是长期形成的，在客观上已经形成了某种平衡即实体平衡，如果人类大力改造某一环境或大量利用某一资源，必然出现原有的生态平衡破坏，进而可能出现生态灾变。在侗族社会里，人们不仅要选择风水，同时也要保护风水，如果风水遭破坏了，那么居住那里的人们也会遭厄运。在对待自然界方面，侗族人们一般是以维护原有的状态为原则，让自然界的各种现象自生自灭，不主张人为干涉。而利用必须坚持顺应环境，因此，原有的自然环境都能够得到维持和保护。正因为这样，侗族的居住对环境没有产生重大的改造和破坏，居住环境中的各自然要素的功能就会得到正常的发挥。可以说，侗族追求风水的居住学理和强调顺应环境的功能选择，极具生态价值。

3. 村落、居所的和谐营造形成资源利用的适度性原则

侗族基于居住的栖居理念和风水学的运用，形成了侗族居所营造的和谐性。这种和谐营造的审美特征，又形成了人们对资源利用的适度性原则，不过度开发。侗族资源利用的适度性原则，一方面是对自然界资源利用的适度性；另一方面是对这些可用资源的利用时要有人人照顾的分享性，即占有份额的适度性。比如侗族上山采药，拿大留小，不会取绝断根的；下河下溪捞鱼，也是拿大留小，让小鱼来年生长。村里打造禾晾、谷仓、水井或修造水渠、开发菜地，不是一家独享，要么是建成公共资源，要么是家家户户都有安排；日常上山打猎，不管是谁，只要在现场就是见者有份。对自然资源利用的适度，在人类之间物资分享的适度，这是侗族文化基本特征。而且这种适度性是具有整体性、系统性地贯穿在侗族人们日常生活的各个环节里，资源节约、生态保护与伦理道德建构和相应礼仪的文化表达是交织在一起的。因此，当前的人居环境主要存在着三个缺失，即生态缺失、道德缺失、文化缺失，但这三个缺失不会在侗乡出现。由于追求这种适度性，因而侗族的生活方式具有遵循合理占有、共同分享、怡然自得的休闲性，随遇而居，包含了生态平衡和心态平衡。如此的文化作用，侗族才会处处有文明，事事讲礼仪，人们和谐相处。

第二节 "复合式耕养" 习俗与生态保护

独特的生境是特定民族产生和发展的前提。侗族是一个典型的农耕民族，依赖于其丰富的农业资源及其生产才得以生存和发展。在侗族农耕文明的发展历程和结构中，刀耕火种是最早的农耕形式，后来才逐步发展成为定耕农业。定耕农业是目前侗族的农业主要方式，占着较大的比重，其

中的水稻种植和林木经营就是典型例子。侗族依赖于地区自然资源来进行生产生活，他们栽培杉木、种植糯稻、养殖鲤鱼以及牛、羊、猪等动物，这些是其生活的主要保障。而侗族的耕作制度与养殖习俗的结合形成了"复合式耕养"的生产方式，它也反映了侗族在农林牧渔经济生产中对环境、资源和生态的适应，蕴含了相应的生态价值及意识。因此，从生产生活习俗来看侗族的生态文化，"复合式耕养"习俗是一个重要的方面。关于"复合式耕养"习俗，从侗族的现实生产方式来看，基于对自然资源的利用观察，可以通过两条主线进行梳理，一条是以林地为支撑的林业"复合式耕养"的产品生产；另一条则是以稻田资源为基础的"稻鱼鸭共生"的"复合式耕养"。而且"林业""稻作"与"养鱼"之间具有生态关联性的经济性质，形成了特别的区域经济联动。

一　侗族林业的"复合式耕养"

侗族的林业经济具有民族性区域特征，不仅具有"复合式耕种"的生产内容，而且有"复合式耕养"的生产内容。"复合式耕种"是指林业种植中林种的多元栽培和经营；而"复合式耕养"是指在"复合式耕种"的基础上还进行放牧，形成了"林业＋养殖业"的种养复合兼容经营的产业状态。后者涵盖前者，故统称"复合式耕养"。"复合式耕养"是侗族生产的一个重要方式。

侗族的"复合式耕养"除了依赖当地自然资源和环境以外，还有一个重要基础就是"人工育林"。诚然，侗族林业不是自然形成的，而是栽培和种植形成的。因此，林业种植决定于人的选择性并能够延伸为养殖利用。

我们知道，以清水江为核心的侗族地区是一个我国人工传统林区，"人工育林"形成林业资源历史悠久。该地区地理环境良好，地形以山地为主要地貌，气候属于亚热带湿润季风，杉木、松木是它的主产木材，这一地区中国南方林区占有重要地位。在中国明代之前，这一地区大部分被归于"外化"之地，森林呈原始状态，十分丰富。明朝永乐年间，迁都北京后，由于新建皇宫以及三宝太监郑和下西洋建造多艘远洋船舶的需要，侗族主要聚居的清水江流域产出的优质木材，就被选为"皇木"而运送至京师以及苏淮一带。也基于此，从明代起侗族地区以杉木为中心的木材资源开始得到开发。经明代中早期开发后，到中后期开始就日渐形成和繁荣了木材商贸。侗族地区的自然基础和明代以来的林业开发是其林业经济的基本前提，而作为一种人工林业耕种方式，其形成的条件不只在于区域的自然资源禀赋，还在于人们对这个自然资源利用中形成的问题的应对，即"人工育林"栽培技术的创造。

诚然，明代对侗族地区的林业开发，不久后就出现原始森林的消耗，大量木材的减少一度对林业资源形成冲击。如何解决原始森林的剧减和维护林业市场的繁荣，确保当地人们能够利用林业持续生活，这是一个重大的现实问题，它对侗族地区的经济发展有着巨大的影响。然而，有幸的是在这个迫切问题的刺激下，侗族人们开展了杉木栽培技术的探索，经过试验，实现了从无性"栽条"的移植到有性的"种播"栽培，创造性地发明了人工栽培杉树的技术，使侗族林业获得了一个巨大的突破。"人工育林"栽培技术的获得，为杉木的不断栽种提供技术条件，而杉木的不断栽种则有力地支持了当地林木的市场供给，从而保持了侗族地区林木和相应林业资源的频繁交易，促进林业经济的壮大，也以此而逐步形成了一个区域性的独特的林业经营模式。

"人工育林"确保了侗族地区林业资源不断得到恢复，保证了林业资源持续发展，也是在这一模式的作用下，侗族地区林业资源构成为地方经济的重要资源。诚然，侗族"人工育林"的林业经营模式，虽然在民国时期因抗日战争的爆发而逐步走向衰败，但它的造林习俗和社会文化机制一直存在，为这一地区保持高森林覆盖率提供了保障。中华人民共和国成立后，伴随着社会主义公有制的改造，林木以及林地交易只得暂告中止。但随着改革开放后尤其贵州地区实行"山林三定"政策，当地植树造林和林木交易又逐步得到复苏，加之近年推进集体林业制度改革，林业市场获得支持、引导和逐步发展，今天侗族地区林业资源仍然十分丰富，林业经济也依然繁荣。实际上，侗族地区的经济资源离不开林业，林业一直是侗族地区的支柱产业。人们注重造林植树，根据最新的统计数据显示，在黔东南地区，森林覆盖率达到68.88%①，湖南省靖州县的森林覆盖率达到73.9%②，湖南省通道县的森林

---

① 《黔东南州森林覆盖率连续五年位居全省第一》，http：//www.qdn.gov.cn/xwzx/bmdt/201708/t20170808_1955665.html.

② 《中国最美侗乡文化生态之旅——靖州篇》，http：//www.0745news.cn/2015/1027/891449.shtml#g891448＝1.

覆盖率是 77.7% 以上①，广西三江侗族自治县的森林覆盖率约 78.2%。② 这些数据在一定程度上表明，林业在湘黔桂侗族地区仍然十分重要。

　　杉木的栽培保证了以杉木为核心的林业资源的富集，也使得侗族地区有着高覆盖率的森林植被。而更加值得注意的是，侗族地区虽然注重杉木栽种，但不是单一地栽种杉木，而是杉木栽种与其他经济作物进行兼种，形成一种复合式耕种的结构形式，这是侗族地区 "人工育林" 基础上形成的一个林业特征。

　　侗族林业的杉树种植是与其他经济作物兼种的，而非单一栽种，或者说，杉树的兼种包含着丰富的副产品。侗族本地林副产品品种丰富，主推桐油和油茶，侗族种植杉木是与这些经济作物兼种来进行，形成复合种植特点。桐油是侗寨建筑、农具、家具的主要漆料，具有提色和防腐的功效。桐油主要产于新晃、玉屏、龙胜、通道、天柱、三江等地，尤其三江被誉称为 "桐油的海洋"。1949 年以前，桐油的年产量在 50 万斤左右③，成为侗族的主要经济作物之一。而茶油是物质生活匮乏时期侗族人的主要食用油，而炸干油后剩下的残渣（茶饼）却成为十分珍贵的优质有机肥，同时还被侗族女性用作护发的 "洗发膏"。油茶主要盛产于浔江两岸及黎平、三江侗族自治县的交界地区，有相当大的种植规模，形成侗族的食用油和经济重要来源。除此之外，侗族还有其他经济作物，如芷江县的白蜡产量占全国的十分之一，并且已经有 400 多年的历史，所以芷江也被称之为 "白蜡之乡"。桐油树与杉树可以混合种植，但桐油树的间作不能过密，一般栽种在山脚。而茶油树与杉树不能混合栽种，而是划分出不同的地段分隔栽种，而杉木稀松之地也可栽种茶油树。茶油树种植，不仅是解决地方食用油需要，而且也弥补杉树单一栽培的不足。侗族地区林地除了以上树种栽培和经营之外，还可以栽种药用植物。据侗族民间草医的初步统计，侗族地区有药用功效的植物 1700 多种，常见并主要的药材有：茯苓、黄朴、雷丸、桔梗、灵芝、党参、蜜环菌、大血藤、小血藤、当归、何首乌、木瓜、木耳、黄连、猴头、竹荪、香菇、银耳、天麻、杜仲、厚朴、天门冬、银花、艾粉、白芍、吴茱萸、牛藤、金银花、黄草、八角莲、川

---

　　① 《湖南省通道县生态保护走上法治化》，http：//news. makepolo. com/6224705. html.

　　② 《三江侗族自治县 2016 年政府工作报告》，http：//www. gx. xinhuanet. com/liuzhou/shanjiang/20160318/3094310_ c. html.

　　③ 《近代广西桐油贸易的发展简况》，http：//www. doc88. com/p－908972909040. html.

桂、苍子、樟木，等等。

侗族林业经营的特点，就是可以多元种植，形成多样化收入。基于这个特点，目前在地方政府产业扶贫政策的大力引导下，当地侗族农民已经开始产业化种植油茶、油桐，近年种植面积节节攀高。根据湘黔桂侗族地区统计的数据显示，这一地区油茶的种植总面积已经达到 10 万公顷，其中的两个种植大县，即广西的三江县和贵州的天柱县，分别达到了 4.98 万公顷和 1.4 万公顷。① 还有，近年来贵州省黔东南州还大力发展"林下经济"，在林下种植、养殖，开展林下产品采集加工和森林景观利用，面积达 226.95 万亩。② 在林下种植方面，积极发展林菌、林菜、林花、林药、林茶、林果、林草等林下种植项目，培育药用植物太子参、天麻以及菌类植物，林间还套种魔芋、折耳根、蕨菜、薇菜等；在林下养殖方面，扶持林下养殖项目，利用林下丰富的植物资源，养殖动物；在森林景观利用方面，推广观光采果、森林农家乐、生态休闲旅游等旅游项目；在开展林下采集及林产品的加工方面，采集加工松脂、竹笋、蕨菜、薇菜，加工中药材及竹藤制品，都受市场的欢迎。至 2016 年，创造了高达 20.42 亿元的年总产值，带动企业 246 家、农民林业专业合作社 218 个，参与农户 13.61 万户。③ 此外，侗族林业中还有"林粮间作"，这也是"复合式耕种"的内容，这一点下面的"人工育林"习俗一节将专门论述，这里不再赘述。

以上讲的是"复合式耕种"，而在"耕种"的基础上又还有放牧而形成的"复合式耕养"。侗族利用林地进行放牧，这是侗族林地拓展经营的一种方式。畜牧业在侗族人们的生活中也占有很重要的地位。侗族有一个饲养牲畜的习惯（做法），就是将大部分牲畜集中在林地中放养，这使得林业与畜牧业之间形成了极强的优势互补关系，这是畜牧业对于林地资源再利用的延伸。在长期生产实践中，侗族人民总结的一套放养家禽家畜的好经验，即利用林地给饲养生猪及各种家禽提供大量优质的植物饲料，而家禽家畜的粪便又为林地林业提供优质的有机肥，实现资源利用的互利性经营。而且农户将猪、牛、羊置于林地内放养，发展成了独具特色的家畜家禽品种资源，如从江的香猪、小个子黄牛，都是这一模式的放养产品，

---

① 杨春茂：《三江侗族自治县大力发展油茶产业》，《柳州日报》2016 年 4 月 10 日。
② 《黔东南大力发展林下经济拓宽林农致富路》，http：//www. gzforestry. gov. cn/xwzx/xxkb/201706/t20170623_ 2560795. html.
③ 同上。

而且这一生产经验也契合了现代人对于绿色食品的要求，具有长期发展的良好远景和前途。

二　侗族农业的"复合式耕养"

除了林业外，侗族的农业生产也是"复合式耕养"，侗族的"稻田鱼鸭共生"系统就是典型的"复合式耕养"的生产模式，稻田放养鱼鸭是基于农业基础上的一种养殖延伸。

在侗乡，最为常见的美丽农业场景就是，糯稻与鱼鸭在层层梯田中相互依存，相得益彰。其实，这是侗族农业的"复合式耕养"。"复合式耕养"就是以种植水稻为主，在这个基础上兼鱼、鸭的养殖经营，开展植物类产品与动物类产品混合同构性生产，实现多维收入。在谷子成熟前利用稻田放养鸭子，形成一批禽类收入。而与插秧同步，侗族在稻田里放养鲤鱼、鲫鱼等，形成稻田养鱼，在收谷子之时也是鱼儿收成的时节。侗族有制腌鱼习惯，这些鱼都来自稻田养殖。大的稻田，一年一季鲤鱼收成几百斤甚至上千斤，是侗族食品的重要来源。

而进行这种"复合式耕养"是有技术支撑的。首先，在稻种的选择上，侗族人倾向于选择高秆糯稻种类的谷种，这些类型的传统稻谷在抗旱、抗寒、稳产等方面能力惊人，适应侗族地区的环境。另外，这种类型的稻谷的长度也有利于鱼鸭的共生。放入稻田中的鸭子也需要进行挑选，一切以便于"共生"为目标，同时，投入稻田中的鸭子，也选择符合个头小、食性杂以及成长周期与一季稻成熟的周期大致相同的品种。侗族人在这里早已进行了测算，鸭子的个体小，有利于在高秆糯稻之间自由穿行，同时也便于在水中觅食，当然还避免破坏水稻的生长，反而能为水稻灭虫除草。如果在稻谷生长的初期就放入成年鸭进入稻田，水稻生长容易遭到破坏，所以此时放入的只能是雏鸭。根据罗康智博士田野调查提供的信息得知，"育成快才能确保在水稻定根后，连续放养二至三批雏鸭，并且在育秧和插秧时段，则靠人为压缩鸭群规模，或者实施舍食，或者转移到鱼塘放养，以免鸭克稻"[1]。这样一来，便可以轻松提高鸭以及鸭蛋的产量，并有为人类代行替稻田增肥和为水稻除虫除草之功，支持水稻的生长。

---

[1]　罗康智：《侗族美丽生存中的稻鱼鸭共生模式——以贵州黎平黄岗侗族为例》，《湖北民族学院学报》（哲学社会科学版）2011年第1期。

稻花鱼的放养也是有讲究的。鱼苗进入水田的时间确定在插秧前，确保雏鸭进入水田时鱼苗长到2寸长，不用再惧怕成为鸭子的盘中餐。两种可爱的动物在水田里、在水稻间"和谐共生"。当然，稻田中放养的鲤鱼，以浮游动植物为食，它在增加自身产量的同时，也和鸭子一样，完成为稻田增肥，降低稻田虫害，代行人类中耕作业。除了稻、鱼、鸭并存生长外，其他的一些野生动植物也在同一块稻田中能找寻到自己的栖息之地，并为鱼、鸭提供日常饵料的同时，还能给人类提供采集和捕捞的生物产品。

"稻田鱼鸭共生"中的"共生"这一生产模式的操作要素包括：①稻种选育，优选插上适宜于山地生长的高秆糯稻；②放养的鲤鱼进入水田后，等待与后续进入的雏鸭共生共长，共同肩负肥土、施肥、防虫害的农业责任，支持了水稻的生长。人在这一生产模式中，扮演像导演的角色，随时观测稻田的变化，掌控好水稻、鱼、鸭进入稻田的出场时间及数量，不断地调整稻鱼鸭的共存关系。在水稻收获的季节，也是鱼、鸭收获的季节，此时劳作者从"导演"转换为"剧务"，亲力亲为庆丰收。在这样的生产模式中，稻、鱼、鸭三者之间合作，所带来最直接的好处就是在

图4-4　侗族用于稻田灌溉的水车

水田的承载下，收获肥美的鱼鸭和美味的稻米，还捍卫了一方水土的生态安全。当然，该"共生"系统也不仅仅只有稻、鱼、鸭三种生物，伴生的可见生物多达 100 多种。单是侗族居民取食的动物就有 21 种，如泥鳅、黄鳝、小鲫鱼、田螺、三化螟、水蜈蚣、卷叶虫等。

三　侗族农林经营中的休耕制度

侗族的农林生产不仅有"复合式耕养"习俗，而且伴随休耕制度进行，可以说休耕制度是"复合式耕养"的调节性耕作制度，也可以理解为它的延伸。

侗族休耕制度主要体现在三个方面。

第一，林地、田土轮歇制度。首先需要根据林地自身的承载能力，将林地人为地划分为若干区域，逐年新辟轮歇地。被纳入规划的若干林地，将以"接力跑"的形式，轮流享受休养生息的机会。这样一来，每个区域的林地至少可以休耕 10 年左右，而且机会均等。在侗族人的传统观念中，开垦荒地的行为受到褒奖，摊荒则受到唾弃。轮歇制度在稻田耕作中也得到了体现。侗族的稻田耕种，一般实行一年一季制，大部分土地在冬天都处于休耕状态，只有少部分田土用作种植蔬菜或小麦、油菜等。

侗族的稻田分为旱田和水田。水田与旱田都进行各自的保养，尤其是水田，因为水田能够保证水稻产出需要重视。侗族人们通常将水田分为三等，划分的依据是区位、水利、阳光和土质。一等田主要为坝子田，分布在村寨周围。二等田主要为高坡梯田和塝上田，分布在半山腰附近。下等田多分布在山坳里。根据不同等级的水田，侗族人们会选择与之相适应，能够保持稳产的水稻品种。侗族传统糯稻一般都种植在一年四季都蓄水的稻田里，侗语称为 Yav Mas（软田）。软田一般都不用犁田、耙田。秋收后人们把糯稻秆踩进软田泥里，侗语称 qaitgaos bangl（踩禾兜），腐烂后的糯稻秆功能相当于有机肥，能够加速土壤熟化，提高土壤肥力滋养水田，为来年新一轮的水稻种植打下基础。侗族地区的水田大多是梯田的形式存在。它们在丘陵山坡地上沿等高线方向修筑的条状阶台式或波浪式展开。层层梯田是水土治理的有效措施。首先，梯田能够发挥蓄水、固土以及增产的作用。其次，梯田很好地实现了通风与采光的农作物生长所应具备的优势条件，有利于农作物汲取丰富养分而苗壮生长。梯田包含了侗族休耕保养稻田的技术设计，许多田土秋收后随即放干积水，晒干，然后翻土过冬。翻土过冬，在于让土质增加养分、杀虫等，这种休耕的目的。

第二，林粮间作。侗族林农在植树造林的过程中，积累了林粮间作的耕作方式，在树木之间套种农作物。林粮间作也蕴含休耕的制度安排。诚然，林粮间作就是以粮养林，即在栽种杉树的前三五年，利用杉树还在幼苗期在其间种植旱地作物。林粮间作的内容和步骤包括：①林农需要在新造林地进行林粮间作，实现林地的充分利用以及林粮双收；②林粮间作，可套种各种旱地作物，作物物种十分丰富，包括粮食作物类，有小米、黄豆、玉米、红苕、荞子、洋芋等，或者可以套种蔬菜作物，有辣椒、红萝卜、白萝卜、食用菌等，此外还可以套种水果，如椪柑、西瓜、地瓜等；③林粮间作情形下，对于树苗进行精耕细作，才能促进树苗的苗壮成长；④林粮间作的生计方式可以缓解林业生产周期长的不足来利用土地。

林粮间作包含特殊的休耕制度。侗族地区的"人工育林"是一种伴有"林粮间作"的"共生"生产模式。依照耕地习惯，在林地种植林木的头几年，同时种小米、玉米、茶油、桐油等经济作物也不必担心土地养分不够。林粮间作的耕作方式主要看树木的长势情况来进行，一般为三年，个别为四至五年。之后林地进入抚育间伐和护林防火阶段，"林粮间作"便不再进行。这样一来，就形成了人工育林与种植经济作物为补充的生态经济和生计形态就形成了，还解决了由于育林周期长，难以满足林木生长周期内林农的部分生计问题。林粮间作是对土地资源的多重使用，让同期收成达到最大化，以解决粮食供求矛盾。但是土地过度开垦也是不行的，而林粮间作又同时能够实现这个要求，因为林粮间作对于一块土地而言，只能在栽培杉树的前三五年内，三五年后随着杉木长大，不能再耕种，进入休耕阶段，如果需要再进行林粮间作必须换一块地。而进入休耕阶段，这个时段有七至八年，有的甚至超过十年有余，主要看杉树长势。这样一种耕作制度，实际上包含了休耕内容，可让土地休养生息。正是这些休耕制度的使然，在历史上侗族地区无林地退化的现象发生，实现友好使用自然资源，对于农业和林业生态经济的建立都十分有利。

第三，林木间伐制度。按需间伐是侗族林业的一种生产技术，也是保护和修复自然的一种方式，通常成材杉木的砍伐采取的就是间伐方式。森林经营过程中，从成林护管到成熟砍伐的这段时间里，树木生长间距太密，需要把过密的林木疏化管理，而疏化的过程必须通过采伐的方式来完成，具体是把过于密的树林疏化，以便于树林苗壮成长。间伐说的是采伐的方式，间伐在规程中称为抚育采伐，幼龄林中的采伐方式叫透光伐，中、近熟林中的采伐方式叫生长伐。间伐的总要求是不能把树木大部或全部伐除。间伐实施时间在树木落叶后至发芽前进行，砍伐后用浓稠的糯米浆淋洗树桩。这样的目的是让被间伐的树桩能够尽快萌发新的杉树苗，并且滋养其快速生长，一般八至十年又成材成林，这才使得侗族聚居区的人工林实现了稳定延续。这种情形下，较好地保持了当地森林生态系统的平衡。处于休耕期的林地需要经历十年以上的歇息，才能重新恢复成郁郁葱葱的自然林。此外，侗族砍伐柴用林也是间伐的。在侗族村寨最为常见的场景就是，柴火被整齐地堆放在吊脚楼的某一紧靠外墙的角落。按照侗族人的生活习俗，一丈高、一丈长、一丈宽的柴火就够烧一年，每年每户依此用量进入薪炭林进行定量砍伐，同时保留母树不得随意砍伐。砍伐后，薪炭林就进入自然恢复期。由此可见，侗族人在生产实践中总结了一套科学、合理的林业资源节约使用的管理习俗或制度。

四　"复合式耕养"的关联性生态经济

在侗族聚居地，其居民一直沿袭"以稻鱼为食、以林柴为用"的生活传统，这个传统在大部分侗族村寨保持着。对此，崔海洋博士对贵州黎平县黄岗村侗族传统生计的田野调查进行了例证。具体来看，黄岗村侗族精妙地把森林、森林稻田、深水鱼塘以及村寨建构统筹规划加以利用，有效规避了水力侵蚀和重力侵蚀的危害。不仅高效地利用了生态资源，还维护了当地森林生态环境。这样的生计模式为我国解决退耕还林政策实施后引发的农业发展与保护之间的矛盾，提供了可资借鉴的成功范例。① 这种基于传统所形成的"稻鱼鸭共生"生产模式与"人工造林"林业经济模式共同构成了关联性支持的生态性经济模式，它有一个显著的特点就是："从经济到生态"和"从生态到经济"的双重生产循环和互动，并塑造出"经济—生态互动循环"的生态经济模型，可以将其视为：关联性生态性经济

---

① 崔海洋：《浅谈侗族传统稻鱼鸭共生模式的抗风险功效》，《安徽农业科学》2008 年总第36 卷。

现象。对于这种生态经济发展模式的理解，可以从内在要素、区域生态经济结构以及运行机制来进行把握。

一是关联性生态性经济要素。生态性经济要素作为特定环境以及资源形成决定了生态经济的具体模式。关于生态经济要素主要包括：生态资源、生态资源的利用方式以及维持生产关系、经济运行的社会组织模式。针对侗族社区而言，主要体现为：侗族社区广泛实施的"稻鱼鸭共生"生计系统，并不是单一的农耕项目，而是多产业、复合式经营的组合型生计方式。每一个侗族村寨，几乎都从事经营农田、喂养家禽的农事活动，实行稻鱼鸭复合生产经营模式。这样的复合生计方式，拓展了侗族人的物质生活来源，并获得了抗拒自然风险的适应能力。在营林方面，杉木、松木为主的林业经济资源和生态资源。地表的生态资源由土壤、植被、湿地、河流、湖泊以及各种动物构成了一个较为稳定的生态平衡系统。侗族聚居区多是以山地为主的地理特征和适合种植水稻、营林的自然条件，决定了"稻鱼鸭共生"的生计系统、人工造林系统共同构成该区域的经济优势资源和生态资源。两个相互关联的生计系统，构成其生态经济资源的基本要素。

图 4-5　侗族村寨民户木楼谷物仓库

此外，水稻本身就是沼泽植物，这使得稻田中的含氧量较高，稻田中的鱼群穿梭游动能起到翻动稻田土壤表层的作用，泥土表层的有机质能逐步得到有效分解，进而将氧气输送到耕层土壤，增进禾苗粗壮，防止烂根现象的出现。种植水稻也是需要肥料的，在稻田中成长的鱼鸭，其粪便是稻谷生长难得的肥料。稻田放鱼后促使田中的氮、磷、钾的含量增高，滋养了稻田。稻田中的鱼也是个"吃货"，他会将落在稻田间的稻飞虱等害虫收入口中，在满足自身胃口的同时，也为减少害虫对于水稻的威胁出了力。稻田里的杂草无须刻意清除，因为它能够给稻田中的鱼提供充足的食物来源，鱼在稻田里代行了人类除草的责任。在营林方面，侗族"人工育林"技术的存在，保证了林业资源的可持续发展。

二是区域生态经济结构。在侗族聚居区，早已形成水稻和林业为核心的多元生态和经济资源结构。通过"人工育林"机制、"林粮间种"模式以及"稻鱼鸭共生"系统，使区域内部形成了生态资源与经济资源的有效循环。这三个重要的系统支撑起了侗族社区紧密联系、相互支持的生态格局，延续了当地良好的生态环境和文化传承。因此，如果运用好人工育林机制、"林粮间种"模式以及"稻鱼鸭共生"系统的协调发展，将会形成产业延伸和补充性发展的新经济结构，实现生态功能、经济功能和社会效益功能的一体实现。这样的资源结构能够同时满足服务生态建设需要以及实现经济目标。还有，从侗族聚居区近二十年来的农业发展特点来看，林区逐步走出了一条以优质蔬菜生产为优势的生态农业之路。此外，当地政府还扶持了茶油生产、加工、销售一条龙的农业资源开发项目，是林业经济的补充和延伸。2011年11月9日，中国林科院科信所举办"生态建设和多功能林业模式"边会，会上与会专家对"多功能林业"进行了定义：通过森林的主导功能经营，生产最佳组合的产品和服务，满足公众的多样化需求，实现生态、经济和社会多重组合效益最大化的林业发展方式。①结合侗族社区的林业种植实践，可以预见，侗族地区具有多功能森林经营的特征，将成为今后林业发展的主流趋势之一，区域林业经济的发展目标可以实现从产量最大化转向保持生态优势最大化方向转变。

---

① 《专家提出多功能林业的最新定义》，http://news.163.com/11/1115/17/7ITRURKT000
14JB5.html.

五　侗族耕作习俗的生态保护价值

侗族人们构建了"水稻种植"＋"人工育林"＋"鲤鱼养殖"三位一体的区域农林鱼生产模式，体现了人与自然的和谐相处，我们可以把它称为"农林鱼"的"复合式耕养"习俗。这一耕养习俗实际是中国传统农耕文化的一个典型范例，表达了"应时、取宜、守则、和谐"的哲学思想，诠释了趋时避害的农时观、主观能动的物地观、变废为宝的循环观、御欲尚俭的节用观。面对现代化、工业化、城镇化进程中所产生的土地减少、环境污染严重、食品安全等民生问题，从侗族"农林鱼"的"复合式耕养"习俗等农耕文明充分挖掘其优秀因子，并将其科学引入现代生态农业进程中，将具有重大的生态保护价值和重要现实意义。2007年，中央1号文件明确指明："农业不仅具有食品保障功能，而且具有原料供给、就业增收、生态保护、观光旅游、文化传承功能。"[①]　因此，保护、传承好传统农业文明中包含的科学逻辑以及人文精神，充分利用优秀的乡村农业文化资源，对弘扬民族文化、保护独特生态景观、推动乡村旅游、发展休闲农业，促进资源可持续利用等具有十分重要的价值。

1. 侗族"农林鱼"的"复合式耕养"习俗实现了生态资源的可持续发展

侗族林业生产的一个重要特征就是"经济资源的生态化"，它指的是经济活动中的物质积累增长了经济资源要素，而这种经济资源要素本身又是生态资源的增长过程，实现了双重效益增长的目标。侗族"农林鱼"的"复合式耕养"习俗本身就具有"经济资源生态化"的特征。侗族地区传统人工育林模式是较早实现经济资源生态化的农业项目。一方面，木材的外销刺激了当地林权交易和林地租佃造林的形成；另一方面，以林权交易和林地自由租佃的市场机制支持的侗族地区林业，又推动了大面积的人工育林，实现外部市场与内部市场的双向互动。大面积的人工育林不仅为拓展外部市场提供了资源保证，而且人工育林本身也在极大地改善生态环境。形成了一种维持生态资源增长的机制。

---

① 《中共中央国务院关于积极发展现代农业扎实推进社会主义新农村建设的若干意见》，http://finance. mwr. gov. cn/zy1hwjzq/201401/t20140114_ 581889. htm.

图4-6　侗族村寨附近的鱼塘

2. 侗族"农林鱼"的"复合式耕养"习俗对高效生态农业的建立和发展提供了示范作用

以消耗大量资源和石油为基础的当代农业，在带来农产品高产的同时，也将人类带入了困境，例如土地资源不断减少、青山绿水被过度污染、生物多样性持续减弱、食品安全得不到有效保障，如何实现农业的可持续发展已成为世界范围内的普遍共识，遵循生态经济学规律进行经营的传统集约化生态农业体系重新受到高度重视。传统生态农业具有协调发展、循环再生的特征，未来社会的生态农业模式需要吸收传统农业文化遗产。我国存在人多地少、人均资源紧缺、生态环境脆弱等特点，这决定了我们不能走欧美石油农业的老路，也难以实施日韩等国对农产品实行高补贴来维持农民高收入的做法。因此，有必要探索一条适合中国国情的现代生态农业发展道路，而这条道路能否走得通走得好，主要取决于对传统农业遗产保护与利用的深度和广度。"农林鱼"的"复合式耕养"习俗实现了合理利用水田土地资源、水面资源、生物资源和非生物资源，实现社会、经济、生态三个效益目标的统一。这种农业生态模式的优点还可归纳为"四增"和"四省"："四增"是增粮、增鱼、增水、增收，"四省"则是省地、省肥、省工、省成本。"农林鱼"的"复合式耕养"模式为我们展示了侗族人民在资源利用上的高效性、循环性、低碳性、集约性，契合了当今社会发展生态农业的时代要求，为未来农业可持续发展模式做出了重要探索，也起到了一定示范作用。

3. 保护和传承侗族"农林鱼"为主的"复合式耕养"习俗，其实也是在保护和传承侗族文化

侗族以"农林鱼"为主的"复合式耕养"习俗是一种生活文化整体，以地方特色农业生产方式为中心，展开的是一种文化体系和传统。改革开放以来，侗族传统耕养习俗受到了挑战，原因之一是传统的侗族"农林鱼"的"复合式耕养"模式遭受到商业化、城镇化因素的侵蚀。二是遗产传承人的缺乏，特别是村中绝大多数中青年都选择了外出打工的谋生方式，更使得稻田养鱼的耕作技艺遭遇文化传承危机。这一局面已引发起社会各界的高度关注。长久以来，侗族人民凭借着自己对大自然的热爱和依赖，在劳作中建立了人与自然的和谐相处之道。在历史长河的淘炼中，侗族人民逐渐形成了服务于自身的农业生态保护的民俗形式。这些具有生态保护的民俗对于当代社会物质文明与精神文明的建设，仍然具有借鉴意义。从这个意义上讲，保护和传承侗族"农林鱼"的"复合式耕养"习俗其实也是在保护和传承侗族文化。

4. "复合式耕养"以"生态循环"的方式预防农业污染

国家农业重点科技项目组组长张利群在"2015 中国循环经济发展论坛"上指出，我国目前农业的污染已经超过工业，成为我国最大的污染之一。中投顾问环保行业研究员侯宇轩曾在回答记者关于农业污染主要集中在哪些方面的提问中回答道：农药污染是首位，分解难是农药的特点，会对大气、土壤和水造成一定程度的污染，与此同时也可能会导致农药残留物超标，造成畜禽染病。化肥污染也是农业污染的另一个来源，会造成土壤酸化、沙化、板结以及水体富营养化。此外，农膜污染也不可忽视，会减弱土地的蓄水功能。侗族"农林鱼"的"复合式耕养"模式中，人畜的粪便是水稻生长最好的有机肥，其进入水田中，被微生物分解成为稻田中水生动物的口粮，被养肥的水生动物最后成为鱼儿的美食。这个的食物链过程，实现了农业生态循环，绿色环保，无农业废弃物，也无污染。

5. 具有生物多样性保存的传统，有效防治了病虫害

生物多样性可以通过三个层面予以理解：①遗传多样性，②物种多

样性，③生境多样性。如果农作物品种减少，生物多样性降低，其中就会出现一个大问题，即病虫害的严重发生，如我国曾发生的稻瘟病等，就属于此类情况。工业化时代，消除这样的植物疾病最有效、最直接的方式就是施用农药，但大量使用农药会带来破坏性后果，即环境破坏以及产生食品安全问题。这一种情形促使人们思考，有没有不施用农药就能防治农作物病虫害？侗族社区以"农林鱼"为主的"复合式耕养"习俗给出了一种可能性的答案。"农林鱼"的"复合式耕养"习俗所构建的生物多样性体系是对付病虫害的有限方法。其原理是利用物种之间相克相生。侗族人在稻田里面养鲤鱼的一个重要原因就是水稻茎秆上有害虫，而鱼是要吃虫的，养鱼可以将虫弄下来，然后吃掉，由此形成了一个生物链。中国科学院院士朱有勇教授的试验数据表明，生物多样性是控制病虫害的重要因素之一，并在此基础上创建了"水稻遗传多样性控制稻瘟病理论和技术"和提出了"生物多样性控制植物病害理论"，同时通过国内外数千亩的农业示范推广，赢得了显著的经济、生态和社会效益。可以说，侗族"农林鱼"的"复合式耕养"模式是生态农业的一个成功典范。

侗族社区以"农林鱼"为主的"复合式耕养"习俗，蕴含了侗族人的生存智慧，其中宝贵的生态价值，仍然对今天农业可持续发展产生重要的启示。

第三节　侗族"人工育林"习俗和生态意识

侗族主要分布在我国湖南、贵州和广西三省区毗邻地区，覆盖清水江流域、都柳江流域和潕阳河流域，特别是这一地区的清水江流域，历史以来一直是我国西南地区的主要产林区，这一状况缘起于明朝。诚然，明朝以来的林业开发和贸易兴起，基于侗族的"人工育林"栽培技术发明运用，人们在生产实践中热衷林业和形成林业产业，逐步形成了独特的区域林业和经济经营模式。关于这种状况，20世纪中叶在这里发现的并存在于清水江流域的大量民间林业契约表达和证明了传统林业模式的客观存在。明清以来，以清水江流域为核心区而建立起来的传统林业，就是以侗族为主的域内少数民族人们，基于当地自然环境创造出来的林业生态经济模式。侗族传统林业模式具有生态与经济双重功能，它对于今天侗族地区乃至我国西南地区的生态经济发展都仍具有重要价值。

一　侗族的"人工育林"习俗

湖南、贵州和广西两省一区毗邻的清水江流域、都柳江流域和溮阳河流域是侗族世居生活的地带。这里是一片绵延千里的宜林山区，"海拔平均在一千米左右，土地肥沃，处于亚热带湿润季风气候，气候温和，年均降水量达 1200 毫米，雨水充足无霜期年均达 300 天以上，年均气温在 18℃左右，具有发展农业和林业的良好自然条件。这一地区自古以来就有成片的天然原林，盛产杉、松、樟、楠等四十多种速生用材林木，是我国杉木起源区和杉木种植出产中心"①。

侗族形成于隋唐时期，湘黔桂侗族聚居区的林业形成，与明代朝廷对这一地区的统治相关。根据有关研究，基本可以肯定，这一地区林业开发的一个关键期在于明清之际。诚然，侗族聚居区主要以山地为主，又属于亚热带湿润季风气候，这样的地理环境十分符合杉木、松木等实用木材的生长，这样一种自然条件，为这一地区发展成为我国南方重要林区提供了基础，而明朝的开发后则逐步把它变为现实。"外化之地"一直是在明朝以前对这一区域的描述，森林多属原始状态。据史籍记载，洪武三十年（1397）朱元璋派兵三十万进入清水江流域的锦屏、天柱、黎平等地镇压"古州蛮"林宽起义时，明朝军队"由辰州伐木开道二百余里抵天柱"②（辰州即今之湖南省的芷江县）。当时由芷江到天柱还须"伐木开道"，可见 14 世纪末叶，这一带还是一片自然的林海。明朝初年，明统治者推行较为开放的民族政策，永乐十一年（1413）贵州行省的建立，清水江流域和贵州各地一样加强了与中央王朝的联系。由于明朝迁都北平，都城新建，需要大兴土木来建造宫殿以及陵寝，同时又有郑和下西洋用于造船的木材需要，林木消费不断增加。在这一背景下，以清水江流域为核心的侗族地区所产的楠木、杉木成为被征用的重要物资，这些木材有的被当作"皇木"运贡于京师，有的因造船和其他建筑之需运往苏淮一带。据《明实录》载："正德九年（1514）十月，工部以修乾清、坤宁宫会计财物事

① 石开忠：《明清至民国时期清水江流域林业开发及对当地侗族、苗族社会的影响》，《民族研究》1996 年第 4 期。
② 杨顺清：《略论侗族林农对我国南方林区传统育林技术的贡献》，《贵州民族学院学报》（社会科学版）1996 年第 1 期。

宜，上请尚书李缝提督营建。升湖广巡抚右副都御史刘丙为工部右侍郎兼右都御史，总督四川、湖广贵州等处采取大木，而以署郎中主事伍全于湖广、邓文壁于贵州、季寅于四川分理之。张惠于南直隶、署员外郎主事唐升于北直隶俱烧砖。"① 后来的嘉靖、万历几朝也"屡贡于朝"。这样的木材调运持续到清代，并且在雍正、乾隆、嘉庆三朝达到了鼎盛。频繁的林业交易，无疑带动了当地林业资源的交易，交易范围逐步延伸到林地、青山等有关要素，扩大了市场规模。基于市场的不断扩大，就推动了人工栽培与市场的有机结合，导致这里最终出现了一个区域性的林业经济模式。这一林业模式一直延续到民国中期，1937 年后因抗日战争全面爆发才走向没落。

图 4 - 7　湖南省通道县芋头侗族村杉木苗圃

明朝以来，以中央王朝为主的木材征用和民间木材交易的持续进行，对侗族的发展产生了巨大影响，不仅是林木变成了重要经济资源，而且促进了人工林业的形成，人们在林业生产的投入中改变了当地经济资源结构和生产生活方式。一方面，外部对侗族地区林木的大量需求和交易，使得侗族地区的杉木等林业资源变成侗族人们经济生产的重要资源，人们可以

---

　　① 沈文嘉、董源、印嘉祐：《清代清水江流域侗、苗族杉木造林方法初探》，《北京林业大学学报》（社会科学版）2004 年第 4 期。

通过经营木材获得大量经济收入，改变侗族的生产结构和人们的经济来源。这种改变的延伸也就同时改变了侗族人们的生产方式，此后人们除了种植水稻等农作物外，栽种杉木和买卖木材也成为侗族人们生产的重要内容，过去单一的农业生产不复存在，形成了以农兼林并行养殖的生产方式和经济结构。另一方面，由于大量的木材砍伐和外运，侗族地区的原生木材资源大量减少，生态负载能力减弱。这种状况的发展结果就是，林业变成不可持续的，木材的大量砍伐会形成水土流失而影响农业生产。在这样的境况下，砍伐后弥补森林不足是迫切的问题和任务，令人惊叹的是侗族人们创造性地发明了人工栽培杉木的技术，这为后来大面积栽种杉木提供了技术条件。而明清以来，在经济利益的驱动下，在侗族地区"人工林"面积得到了极大地扩展。迄今为止，大面积茂密的杉木得以在清水江流域较好地保存也主要得益于当地人长期实施的"人工育林"结果。"人工育林"不仅是一种杉木栽培技术的单纯利用，而基于它的广泛运用促成了侗族新的林业生产方式的产生，并一直保持至今和形成了侗族人们热爱造林的文化习惯。

关于清水江流域侗族的"人工育林"技术及与之相伴而生的生产方式，已经传承了600余年，目前已经成为侗族地区重要的林业生产技术和文化遗产。"人工育林"生产习俗的形成过程中，两个基本条件不可或缺，一是育林技术的创造；二是林木交易市场及配套产业的形成。据考证，侗族源于百越民族，而百越民族是我国最早掌握水稻种植技术的古族群之一。虽然侗族形成于隋唐时期，但是侗族有百越民族的传统，因此，生活在清水江流域的侗族，其先民很早就熟知水稻种植技术了，这一史实已为侗族居住地方湖南靖州的新石器遗址炭化稻考古发现证明。而"人工育林"技术就源于水稻插秧技术的启发。而"人工育林"技术的发明与水稻种植技术密不可分，在很大程度上，百越人将稻田插秧栽培技术直接移用到了"人工育林"之中。可以说，侗族的"稻作技术"与"人工育林"技术一脉相承。有史料记载，早在明代就出现"人工育林"的培育技术，"人工育林"栽培技术经历了从无性繁殖技术向有性繁殖的转变过程，该技术于15—16世纪趋于成熟①。但是，杉木栽培技术的成熟，不代表就能

① 沈文嘉、董源、印嘉祐：《清代清水江流域侗、苗族杉木造林方法初探》，《北京林业大学学报》（社会科学版）2004年第1期。

被广泛地应用。被广泛应用仍然需要一定的社会条件，这个条件就是林木市场的形成并出现林业产业，即第二项条件。从明朝开始，中原王朝对侗族地区木材的征用和苏淮地区的木材采购，提供了社会条件。林业生产存在，林业经济就形成，人们大量种植杉木就有了动力。因此，虽然这里不断大量砍伐木材，但也不断大量种植恢复。侗族地区大量林木的采伐，同时又大量种植弥补，这种情况开始于明朝并有文献记载，无须详论和列举。清水江流域为核心的侗族地区土壤、气候良好，年降雨量较高，这对于林木的生长十分有利，此外，这里的自然植被良好，倘若不发生大量木材被砍伐的事件，这里是不需要人工种植林木的。总之，从明初到现在，基于人工栽培技术已有 600 余年的时长看，侗族"人工育林"习俗也就有相当长的历史了。

图 4-8　侗族地区杉木砍后原材

侗族"人工育林"技术及其生产习俗分布很广，应该说覆盖了整个侗族地区，包括今天贵州省黔东南州的黎平、从江、榕江、锦屏、天柱、三穗、剑河、镇远、岑巩 9 个县市，还有湖南省西部的新晃、芷江、会同、靖州、通道等几个侗族自治县以及广西的龙胜、三江、融水等几个县。仅以侗族居住腹地的清水江流域地带看，其面积就有约 14883 平方千米。[1]

---

① 石开忠：《明清至民国时期清水江流域林业开发及对当地侗族、苗族社会的影响》，《民族研究》1996 年第 4 期。

总之，侗族"人工育林"栽培技术及其生产习俗在侗族地区获得广泛运用，促使侗族的林业逐步成长为其经济生产的支柱产业。今天的黔东南苗族侗族自治州是侗族人口主要世居地，在中华人民共和国成立后直至今日，该州的林业仍然是该地方的支柱产业。在这一区域的经济结构中，历史以来形成的人工林业，仍然具有举足轻重的地位。

二 侗族"人工育林"的传统林业模式

侗族地区的林业生产就是"人工育林"的林业模式，这一模式既反映了当地人群的生产和生活方式，也体现了当地地理状况以及自然资源的特征。作为侗族地区林业生产和经营模式，"人工育林"的经济具有以下五个基本特征。

1. 以杉树为主的林业资源和经济传统

侗族居住在清水江、都柳江、潕阳河流域地带，以清水江流域为主，居住的区域是湘黔桂三省区毗邻地带，这里大部分地区地形为山地和丘陵，但山地居多，所以向来被外界形容为"八山一水一分田"。这里的气候温和，雨量充足，是发展林业的好地方，十分适合种植杉树。当然，侗族地区广泛种植杉木并成为区域经济资源，这是历史开发的结果。从明清开始，两朝政权和苏淮等地商人都到侗族地区尤其清水江流域"征木""采木"，促使侗族地区兴起木材贸易形成市场，这就推动了侗族生产方式的变革，创造了"人工育林"的栽培技术。市场和技术这两个因素的成熟，保证了侗族地区林木再生产的现实性。明清开发以后，人们才开始大面积栽种杉木，逐渐发展成为人工林产区，目前是我国著名的杉木产地和贸易中心。[①] 同时，在林业生产中，也产生相应的生产制度，如流行于清水江流域的林业租佃种植制度，可以不断扩大杉木种植规模。总之，经过长期的经营和积累，以杉木种植和经营为主的林业经济模式在这一区域就逐渐形成，这种林业经济传统一直影响到今天，今天的清水江流域被称为"杉乡圣地"。

---

① 杨顺清：《略论侗族林农对我国南方林区传统育林技术的贡献》，《贵州民族学院学报》（社会科学版）1996 年第 1 期。

图4-9 侗族栽种的杉木树苗场景

2. 建立以"人工育林"为传统的林业模式

"人工育林"即人工种植树林，它是侗族地区林业的基本特征。侗族地区大片杉林是靠人工栽培形成的，不是自然形成，这种情况已经有了600年的历史。明清时期，"人工育林"栽培技术的发明，在林业市场的作用下，人工林很快得到大面积种植，结果就是出现了以杉木栽种为主的林业经营传统，成为这一地区的林业特征。当然，"人工育林"技术的发明是有文化基础的。我们知道，侗族是百越民族的后裔，侗族的先民百越民族是我国最早的稻作族群之一。侗族先民早期的稻作耕作技术，为杉木人工栽培提供了经验。据考证，侗族的"人工育林"技术与自己的稻田插秧技术一脉相承，在15—16世纪之际就已经广泛使用。① 最初，"人工育林"栽培技术的初期探索，开始采用的是插条造林的无性栽培方法，后来才探索出生苗造林的有性繁殖方式并沿用至今。"人工育林"技术包含了八个生产技术环节，"主要有开荒、辟地（破土、整土）、选种育秧、移栽、林农间作、抚育间伐、护林防火、集中采伐、运输销售八个步骤"②。"人工育林"的推广，逐步形成了以杉木为中心的侗族传统林业，也是侗族经济的主要来源之一。

---

① 沈文嘉、董源、印嘉祐：《清代清水江流域侗、苗族杉木造林方法初探》，《北京林业大学学报》（社会科学版）2004年第1期。

② 杨顺清：《略论侗族林农对我国南方林区传统育林技术的贡献》，《贵州民族学院学报》（社会科学版）1996年第1期。

3. "林粮间作" 的农林互补生产形式

侗族分布的湘黔桂毗邻地区以山地为主，属于我国第二地势层级向第一地势层级过渡地带，地势由西往东呈现由高到低变化，区域内山多田少，且以旱地为主，适合种植水稻的耕地有限。这样，稻田不足，稻谷产量较低，每年农业收成不高，通常粮食奇缺。为此，人们为了解决粮食问题需要通过开辟坡地种植旱地作物来补充。在明代之前，这一地区就已经将北方旱地作物小麦等引进种植，到了明代中期，传入中国的南美洲玉米也迅速被引入，它们均成为侗族地区的主要粮食作物。实际上，这些旱地农作物的引进与侗族地区 "人工育林" 技术的发明应用几乎同时出现，这就为 "林粮间作" 提供了基础。当人们栽种杉木时（栽培的前三五年），又同时种旱粮作物，这就是所谓的 "林粮间作"。这一生产经营方式的推开有着特殊的历史条件以及社会原因，包括林木资源商品化的延伸和表现。由于林业市场的繁荣，使得侗族地区林业资源占有形式被不断地私有化，侗族族群内部就把过去家族公山均股给子孙各户（通常以男子平均分配），形成个体家庭的林业产权。而同步产生的是个体家庭对自己林业产权资源的经营发生了创新，即他们除了自己直接生产经营的土地外，其余的可用于出租造林。出租造林主要是出租宜林荒山给佃农植树经营，期间佃农租佃荒山后就用来植树造林直到成林为止。成林后，租佃造林中的佃农作为栽主（租种之人称为栽主）可以与山主（即土地所有者）按比例分享收成。明清之际，侗族地区贫富分化加快，出现了一些没有生产资料的佃农，他们靠向山主租种林地为生，在种林、护林的前三五年，可以利用林地兼种旱地农作物而获得粮食，而成林之后对林木进行分配，栽主与山主之间通常按5∶5或6∶4分配。"林粮间作" 耕作制度，在一些土地不多的林农中也广泛推行，因为 "林粮间作" 发挥了两个重要作用：一方面扩大了粮食生产，弥补了稻田的生产不足，增加了粮食收成；另一方面，"林粮间作" 是侗族栽培杉树进行 "人工育林" 的一个必要环节，因为在栽培杉树的头几年也需要铲草护林，因而间作是相得益彰的。此外，就是它所蕴含的经济制度即栽主可以参与山主进行分配，包含了双赢的制度安排，双方都乐意接受，于是很快就被推广。"林粮间作" 种林兼粮和种粮抚林，二者互补，耦合运行，它的逐步普及并成为侗族林业经济的一个基本形式。

4. 内外市场的资源流转支撑侗族林业经济发展

侗族地区林业经济的形成依赖于林业市场的支撑。而侗族地区林业市场具有内外两个市场结构的特殊性。首先是外部市场，它是指政府征用和侗族地区外域人们对木材的采购形成的交易，明清两季这主要包括中央王朝的征用和苏淮等地木商的采购，特别是木商的民间交易，清朝中后期发展很快，如清朝时武汉就有全国最大的竹木市场，其中许多木材资源来自清水江流域，对侗族林业产生较大影响。其次是内部市场，它是侗族地区内部林木、林地以及相关财物买卖形成的交易，这个在明中后期开始出现，清朝则已经普遍。侗族地区的林业市场属于资源型贸易，其发端于侗族地区的外部需要和交易，当外部市场繁荣到一定的程度后才促进了内部产权分化和交易的形成。从发生的过程看，内部市场对外部市场具有一定的依赖性，但外部市场也需要内部市场的繁荣作为基础，二者之间可谓唇亡齿寒的关系。当然，这两个市场也具有一定的相对独立性，外部市场多限于林木成品和加工品的交易；而内部市场除了买卖林木外还有青山（幼林）、林地以及相关物产。而内部市场的繁荣又衍生出了林地的租佃和中介服务等。今天，通过专家学者收集到的大量民间林业契约可以印证明清两朝内部市场的大规模存在。侗族地区林业两个市场的形成，它是有历史原因的。明朝之前，侗族地区经济社会发展滞后，在自然经济形态的条件下，没有工业甚至手工业，侗族自身对本地林木资源的需要和利用很少，仅限于人畜住房和柴薪使用等，以致在外部林木征用发生之前，侗族地区无所谓林业，即林木利用还不能形成并上升为当地的经济范畴。林业作为侗族地区重要的经济范畴的形成，是缘起于外部市场，即外部对当地林木的需求和交易。从历史资料得知，明朝永乐年间迁都和郑和下西洋造船时，朝廷开始对侗族地区大量征用木材，其极大地推动了以清水江流域为主的侗族地区林业生产和交易。另外，到了明朝末年，征收木材事务由"官办"变更为"商办"的政策变动，也极大地促进了木材商品化进程，助推了林业经济的形成。在明朝的基础上，清朝对侗族地区林业开发和木材征用比以前更加强了，清朝时外地到侗族地区做木材生意的人数猛增，并出现了林业买卖的专业化"行帮"。据史料记录，清朝时到清水江流域经营木材的商人，业内人士称之为"三帮"和"五勷"。道光七年木商李荣魁在《皇木案稿》中记述："三帮者，即安徽、江西、陕西；五勷者，即湖南常德、德山、何佛、洪江、托口。"① 这表明这一历史时期侗族

---

① 杨有庚：《汉民族对开发清水江少数民族林区的影响和作用》（上），《贵州民族研究》1993 年第 2 期。

地区涌进了大量的外地木商，这是林业经济形成的动力。总之，侗族地区两个市场的存在并相互联动，促进了林业发展并构成了侗族传统林业的一个基本特征。

5. 服务于区域林业资源流转的中介发达

从明朝开始，侗族地区逐步形成了种植和经营木材的林业经济，在内外两个市场的作用下，推动了当地内部林业资源的广泛流转，从而服务于林木交易的中介就此产生并不断普遍化，这一景状构成侗族地区林业经济的一个特点。林业交易中介的产生，这说明这里林业经济已经比较发达，这些中介主要包括木行、行户以及契约的凭中、代笔等，而其中最为著名的是清水江的木行。清水江木行形成于清朝中早期，几乎控制大部分侗族地区的木材交易。木行指在水客（省外木商）与山客（本地山主）之中穿梭促成交易的中介组织和人员。明末至清初，木行对于林材交易的成败起到了关键性作用，清水江流域的木材交易都由木行来办理，否则不被允许。当时，在清水江沿岸设立木行，主要位于清水江及其小江、亮江支流，基本对应于今天锦屏王寨、茅坪、卦治三个村寨，所以被称为"三江木行"。王寨、茅坪、卦治三寨制定了严格的管理制度，三寨行户以年为周期轮流值班，当班的行户负责组织水客与山客之间的交易，所以又被称为"当江值年"。当江值年的职责十分明确：①代理水客寻找货源，内容涉及木材品种的选配，安排托运、议价和交易结算；②代理山客联系销售渠道，围码量木，安排木材装运，保存水植，垫付运费，预支货款，代交税款。行户十分专业，他们掌握木材交易的市场行情，交易环节和手续如数家珍，能够准确出手定价。而木行的存在的意义在于，水客与山客之间因语言不通以及山客对林业交易业务不熟，因此需要行户发挥沟通和代理作用。[①] 在木材交易中，木行往往利用其掌握的木材信息优势，加之利用自己村寨水运交通的便利，以此实现垄断利润。除此之外，在侗族林业的内部市场中还出现了契约凭中、代笔等中介人物，他们是为交易起草契约文书和作为见证服务的。侗族地区林业交易尤其内部林业资源交易都需要订立林业契约，它是民间林木、林地买卖以及家族内部分配祖业（林地）等所立的具有法律效力的契约文书。侗族地区民间林业资源交易，所立契约一般都以"白契"为主，所谓"白契"就是民间交易主体

---

① 李品良：《近三十年清水江流域林业问题研究综述》，《贵州民族研究》2008 年第 3 期。

双方自主拟定的没有经过政府或法律机关认证的合同，即民事法律文书。为了确证这种契约在交易中获得真实性和有效性，在签署文书过程中不仅需要中介人参与来公平断价，而且需要"中介人"在契约达成后于落款处签字见证，这样的中介人被称为"凭中"。除了凭中，那些代笔书写契约的人也是重要的中介，他们为那些不会写字的交易人代笔，因此在契约落款时签字项目就叫代笔。契约凭中、代笔的角色是在侗族民间林业交易中产生的一种职业性服务，他们能够使得当地林业内部流转买卖顺利有效运作。

总之，侗族以"人工育林"技术建立起来的林业，既是侗族的一种生产方式，也是一个重要的经济范畴，同样既可以理解为一种生产内容，也可以理解为一种生产习俗，是侗族的文化构成。

三　侗族"人工育林"林业模式具有生态价值

经历明清两季发展和民国的延续，直至今日侗族地区的杉木种植已经成为当地林业的主要物产，并且由于可以人工种植和扩大栽种，使得侗族地区杉木的栽种既是经济因素，同时又是生态因素，成为侗乡一种特别的生态经济景观。侗族地区境内杉木的普遍种植，它丰富了当地的生态资源。因此，以杉木为主要资源的林业经济，它同时发挥了经济和生态功能，只是由于侗族地区生态良好，长期以来人们只看到它的经济属性，而忽略它的生态性能罢了。

侗族地区林业蕴含的经济和生态双重功能，在于人工林业的生产方式为侗族林业生态经济的形成提供了社会性的机制和保障。在侗族地区尤其清水江流域，虽然林木生长的自然条件好，但是以杉木为主的森林资源形成，却需要依托于人工栽培，以致林业经济中蕴含的生态功能，需要后天人为的持续支持。因此，实际上，以人工林资源而形成的生态林业经济及其发展模式，是在"人工育林"基础上创造出来的区域性生态经济类型。侗族地区"人工育林"的生态经济，基本特点就是经济与生态同构，生态通过林业的人工持续建设也得到同时发展。具体来看，侗族砍树与种树是周期性循环的，当树木成林以后就砍伐卖出，而山主或林农在砍树木之后，他们于当年就会种树，不让山坡成为荒地，这是侗族人工育林的传统，也就是说，"一般清水江流域杉木成林后采伐是采取整片砍伐，即成林一片砍伐（卖出）一片，接着又种植一片，因此，一般不会出现荒山现象，种树既是财产经营也是绿化活动，人们乐于造林"①。为此，木材生产过程的种树能促进生态优化。由此可见，侗族林业生产与生态建设同构、同步。侗族的林业推进就是生态优化工程，这种负载生态功能周期性循环恢复的林业是一种十分特别的生态林业经济模式。

诚然，这种生态林业经济作为一种生产方式的确立，它还包含林木、林地交换、流转的市场支持等，需要整体理解。而就其生态价值，主要包括以下几个方面。

1. 侗族"人工育林"具有"经济资源生态化"的机制

侗族地区的传统林业生产，一个重要的特征是能够使林业经济资源的生态化，在建设林业资源时能促进生态资源增长，使区域林业经济活动在实现经济价值时附带生态功能，呈现了双重价值构筑，具有"林业经济资源的生态化"的特征。这里的"林业经济资源的生态化"，主要是指林业生产活动的物质积累不但增进了经济资源要素，而且促进生态资源的增长，经济资源增长蕴含生态资源也增长的过程。② 侗族传统林业生产就有"经济资源生态化"的特点，体现了林业生产所包含的生态资源增长机制在内。我们知道，侗族传统林业具有内外两个市场及其互动的双重结构关系，外部进入的木材交易能够推进内部经济主体之间林业交易（包括林木、林地买卖、林地租佃等）的增长。因此，它不是简单的木材成品后经营，而是整个林业种植即生产过程的相关因素和资源全部进入市场，它以林木、林地自由流转以及林地自由租佃的市场机制予以支持。在这个前提下，林地、青山（幼林）都能随时买卖，即随时都有增值的机会，这样就吸引了社会力量投入到林业领域中来。如此，其中市场化的机制能够不断推动种树和扩大造林规模。这样，侗族的土地不会闲着变成荒山，有了林木的土地就是金山银山，实现林业资源资本化。林业资源资本化，其结果就推进造林面积的剧增，这也使得木材资源获得持续性增长，从而也促进了生态环境的优化和改善。而侗族"人工育林"技术的发明和运用，使侗族地区大面积植树成为现实。特别是林地租佃式的使用，大量无地佃农或少地林农向山主租山植树种粮，推动了杉木种植量的持续增长，实际是促

---

① 刘宗碧、唐晓梅：《清水江流域传统林业模式的生态特征及其价值》，《生态经济》2012年第11期。

② 同上。

进林业规模化的扩大和发展。现在，在贵州省黔东南州的剑河、天柱、锦屏等县，境内民间还保留了的大量清代租山种粮、植树还租的契约文书，它们就是最好的例证。这里，侗族种植杉木的根本目的是经济，但是杉木种植的林业性质，在于促进森林资源积累时也是森林生态的形成。这样，侗族人们种植和经营杉木就包含了"林业经济资源生态化"的过程。在林业生产中，推进林业经济资源增长，同时就是生态资源增长，林业生产活动能够延伸为生态建设行为。

2. "人工育林"的林业模式具有生态与经济周期性循环恢复功能

"生态经济是现代经济学概念，它指生态系统承载能力范围内，运用生态经济学原理和系统方法改变生产和消费方式，挖掘一切可以利用的资源潜力，发展一些经济发达、生态高效的产业，建设体制合理、社会和谐的文化以及生态健康、景观适宜的环境，做到经济发展与环境保护、物质文明与精神文化、自然生态与人文生态高度统一和可持续发展的经济。它有代际均等利用资源和发展的机会要求，区域之间资源开发和利用互不损害并共享、共建，形成低耗高能的效率性。"① 侗族林业经济属于生态经济，不过是传统范畴的生态经济，它的特征或许不符合现代生态经济学的规定，但是其林业生产通过森林生态效应形成了特定的生态经济功能。这种认定，在于其经济因素与生态因素的高度统一，生产活动中的生态因素与经济因素叠加并能够循环互动，能够相互有利转化，并实现为发展中的双促进。所谓"叠加"，就是生产对象或利用载体统一，两个不同的属性及其效果在同一对象行为中发生。侗族种植杉树包含了林业经济，但同时也包含了生态因素的形成。所谓"循环"，就是一种经济或生态生产模式具有周期性的消解和恢复，使得经济和生态的功能在周期性的延续中持续生成。侗族地区基于市场机制利用人工栽培技术不断把杉木作为经济产品进行重复种植，而杉木的周期性重复种植就是森林生态资源的循环恢复。在"重复"中，区域性的林业经营本身让它的经济与生态双重功能能保证有序的代际"接龙"。②

---

① 刘宗碧、唐晓梅：《清水江流域传统林业模式的生态特征及其价值》，《生态经济》2012年第11期。

② 同上。

图 4-10　侗族地区人工栽种的杉树林

　　侗族地区自然条件和生态环境良好，人们基于"人工育林"栽培技术的创造和利用，形成了人工森林生态。这种森林生态的形成主要依靠人为。但是，人们创造人工森林，在原初的社会目的上并不是指向生态，而是林业经济，只是在栽种杉木的经济行为中蕴含了生态功能。这样，人工林的作业包含了经济与生态的双重价值。但是，树木作为经济资源总是要被砍的，因此，砍伐树木就等于消解生态资源。如果砍树后，森林资源没有弥补，那么生态资源就不能持续建构，甚至减少了。生态资源能够持续，就需要在砍树后树木又能够得到重新栽培来弥补，侗族的"人工育林"习俗所蕴含的社会机制正好能够实现这一点。因为，林业资源的资本化，所有要素全部可以进入市场，只要种树就是经济投入，意义重大。于是，过去侗族人们种树就是经济经营，以致虽然成林一片砍卖一片，但却是不断接着又种植一片，砍树与种树是循环的，只要林业生产存在就不会中断。

　　侗族这种林业经济和森林生态蕴含有序的资源代际"接龙"，同时对林业生产技术和生产方式的改进以及林业市场体制的完善都有积极的作用。这样，明朝以来，虽然朝廷都不断在以清水江流域为主的侗族地区征用和采购木材，大量木材被砍伐和卖出外地，但新的树木又不断地种植出来，因此，清水江流域、都柳江流域的剑河、天柱、锦屏、三穗、黎平、榕江、从江等各县侗族地区，山林常年被人工杉林层层覆盖，呈跌宕起伏状，一直是我国南方最大的人工林区。直到今天，侗族主要居住的黔东南自治州，其森林植被面积仍在 68.88% 以上，生态环境优美。[①] 侗族的林业蕴含从经济与生态因素的循环生产，是一种特殊的人工林生态经济类型。

3. "林粮间作"的种植方式是具有生态性质的生计形式

侗族"人工育林"的林业模式，生产环节包括"开荒、辟地（破土、整土）、选种育秧、移栽、林粮间作、抚育间伐、护林防火、集中采伐、运输销售八个流程"[②]，"林粮间作"是其中重要的一环。"林粮间作"作为一种生产的生计形式，其意义不在于树木栽培的技能层面，而在于生态功能的形成层面。侗族地区属于我国云贵高原向长江中下游平原的交替过渡地带，地势由西向东呈现从高向低的变化。这里山多，耕地少，农业条件不好，虽然普遍种植水稻，但只能一年一季，而且山多田少，谷物产量低，历来粮食短缺。因而，开荒辟地种植旱地作物成为侗族农业生产中的一项重要补充。"林粮间作"就是其中的一种生产方式，基本方法就是在栽种杉木的林地里，利用林木还未长高之前的三五年，在其中间种植小米、玉米等旱地粮食作物以及其他经济作物。具体上，栽种杉树苗的头两年，因杉树苗还很小可以在林间再种植小米，而后两年杉树长高了就改为种玉米等。这分两个阶段的旱粮种植，其过程包含了对杉木林地的除草、施肥以及剪枝等环节，以致在增加粮食收成时，还对杉树苗予以了养护。林农间作的时间跨度较长，短期则为三年，长期则可以四至五年，到底如何，这要看树木的长势而定。四五年后因树苗长高，就不得再进行林粮间种了，而要转入抚育间伐阶段以及护林防火阶段。"林粮间作"耕作制度在侗族地区的突出特征就是把旱粮种植粮食与杉木育林结合在一起，充分利用土地资源，能弥补粮食不足，这是经济意义。但是其意义不仅限于此，还有生态意义。诚然，"林粮间作"的粮食种植时段有五年左右的时间限制，即五年后杉树长大，不能再种粮食作物，佃农必须重新租种新的

---

① 刘宗碧：《必须妥善处理生态目标与生计需要之间的关系——关于黔东南生态文明试验区建设中的问题之一》，《生态经济》2010 年第 5 期。

② 杨顺清：《略论侗族林农对我国南方林区传统育林技术的贡献》，《贵州民族学院学报》（社会科学版）1996 年第 1 期。

荒地才能维持生计。虽然佃农贫困，但是根据侗族传统规定，租种荒山佃农可作为栽主参加树木成林后的分配，即得到一定的林木股份，有改变家庭面貌的机会。当然，还有一个关键因素就是其需要通过租种林地来开展"林粮间作"，以保障生计。因此，佃农乐于租种荒山造林和种植旱粮，推广"林粮间作"。这样，他们在一块荒山上租种三五年后就再租种另一块土地，这是一种积累性的造林，荒山不断被造林，林业资源不断增多，生态资源也就随之而增多。"林粮间作"以社会机制推动自然生态资源增长，因此它属于具有生态属性的生计方式，或者是一种具有生态性质的生计形态。

4. 林业资源的市场化及其增值性经营能限制生态破坏

侗族"人工育林"的林业模式具有一定的先进性，它不仅体现了林业经济资源本身负载生态效能的特性，而且依赖于市场经济的资源流转，让生态资源随着经济资源的流转而流转，因此，其参与了资源增值进程。我们知道，在侗族地区的内部市场中，林地、青山、林木以及其他资源要素都是可以进入市场的，即所有的林业资源都有通过市场交易获得增值的机会。因此，基于林业资源的这种市场化经营，人们为了确保林业要素的增值而对林地及其所有要素都予以管护，以求避免经济损失。这样能够促使林业经营中的生态破坏的减弱。在侗族地区，从明朝末年开始，中央王朝的木材采购由过去"官办"改为"民办"以后，林业市场就逐步形成和扩大，这是侗族地区林业资源在内部能够逐步自由流转的一个契机。自此，不仅人们对自己的林木、林地可以自由买卖，而且伴随它产生了林地租佃栽种杉木现象和"栽主"分成制度，其中产生了林地的"经营权"与产权的分离及其市场化，对侗族林业经济产生了重大作用。具体看，侗族地区佃农租种林地时，规定林地的杉木成林后，佃农本身还可以作为林木的"栽主"参与成果分成，或者以股份形式直接转让给山主。这就产生了经营权从所有权中的分离，而且分离后还可以转让或交易，使租佃林地行为本身可以资本化。实际上，通过这个制度的运作，佃农也就成为林地经营的业主之一了，它的一个重要作用就是他们对林地林业资源更加维护和积极耕种。诚然，明清时期侗族地区林业资源交易的普遍性和经营权的分离和增值，促进了当地"人工林业"的快速增长，即林业得到了深度的发展。这种深度的发展，反过来又能够促进林业资源流转和增值。这显然包含一种制度创新，意义在于把种植阶段的林木这一终端产品，以"期货"

的形态进行交易，提前实现价值增值，也意味着价值增值延伸到林业种植环节，推进林业经营中林业全要素的资本化。那么，这种把市场增值功能嵌入了林地租种、青山（幼林）买卖的行为环节，就使林业所有资源的生产和交易都能带来经济收入，因而就促使人们积极造林，并且力图把所有的林业资源都当作资本来经营，而不是单纯地栽种杉木，改变了过去需要等到树木成林和砍伐后才能进入市场的局限。注意，这里林业资源的流转使生态资源也随同流转。这一情况，促使生态资源也被包含在经济资源中被买卖，这种买卖不需要砍伐树木，从而生态资源本身也随同林业资源流转并获得积累，即实现不断增量。生态资源随同经济资源流转与积累，既能够增加森林储备，又减少了快速、频繁砍伐中的生态破坏，使林业生产中经济效益与生态效益相得益彰。

5. 侗族林业的生态性生产方式有习俗化特征和文化价值

文化源于实践，即文化不过是物质实践的反映。然而，文化也有反作用，因为一旦某一文化得以形成和延续，它就通过历史积淀形成传统。传统是过去文化的积淀在当代的体现，作为传统具有自我衍生能力，对实践具有范导性作用。侗族的林业生产方式，不能仅仅理解为一种物质活动，同时也体现为相应的文化观念表达，即文化观念也是包含特定价值观及其实现。价值观是文化的核心，反过来对物质实践具有制约的作用。侗族生活依赖于林业，因而在历史实践过程中就会形成相应的林业文化，对林业生产的生活构建自己的价值观，予以特定意义的建构并习俗化。从史实来看，侗族在这一方面是显而易见的。如侗族十分崇拜古树古木，重视环境绿化和保护，以致村里的寨头村尾都栽有风水树，村民认为风水树有保佑村寨的神力。因此，不能也不允许砍伐古树或对古树施以不敬，否则就要被惩罚。又如，鼓楼是侗族村里族群议事和开展村落活动的场所，对侗族村寨来说具有象征性，同时表达了对杉树的崇拜（鼓楼的外形就取之于杉树的形象），这体现了侗族对杉树的重视，也是其林业文化的内容。在日常生活中，还有小孩祭拜古树求平安的习俗，特别是北部侗族地区，人们通常还给女儿栽种"十八杉"，即在女儿出生当年给她栽种"女儿林"，待到她长大到十八岁出嫁时，则用来做柜子等，即筹备嫁妆之用。当然，有的大户栽的是一片林，往往直接作为陪嫁林。因树木与女儿一同成长，需经 18 年才能成材（成林），故称"十八杉"。侗族很重视杉木栽种和林木管理，因而形成了许多林业生产和管理规范习俗，影响和规范人们的生活。侗族有谚语说道"家栽千蔸杉，孙子享荣华"，"家有千株桐，一世不受穷"①。而《侗款》也有相应的款词的规章，如："山坡树林，按界管理，不许过界挖土，越界砍树。"② 这些都是侗族林业生产方式的习俗化的确证，包含了生态价值的规范，对生态保护起到积极作用。

总之，侗族"人工育林"的林业习俗，建构了以森林为主要资源的林业生态经济模式，它是从明朝逐步形成和发展起来的，距今有近 600 年的历史。这一传统的林业生产方式和技术，在我国西南林业发展中具有代表性，是重要的林业文化遗产。这种传统的林业经济，作为重要的文化遗产，不仅具有历史、艺术和科学价值，关键是还有经济与生态价值，对于当代侗族地区的生态文明实践不乏意义。推进当代生态文明建设，可以研究和利用这一林业文化遗产，并予以重构利用。

第四节　侗族生育习俗与生态意识

生育是人类自我生产的物质活动，每个民族的发展都依赖于自我繁衍的生育行为。然而，由于文化的异域性和异质性，使得人们在对生育的看法上形成差异，并积淀形成特定的文化传统和形成为人们生活的规制。侗族基于自己的自然观和历史观形成了自己的生育文化，他们关注人类生育，不仅把生育理解为是当事人的行为，还理解为是家庭、家族行为，并与祖上积德以及祖先灵魂在阴界保佑与否有关。不仅如此，生育又是神灵的恩赐。而能否享受这种恩赐，还要看自己的修行如何，是否有福德。生育在侗族那里，既关涉到阳界，又惊动及阴界，具有宏大的观念背景和多面的联系性，这种联系蕴含特定的生育生态伦理。除此之外，侗族还有计划生育的个案传统，贵州省从江县占里侗族村自建寨以来一直推崇计划生育，每户只生一男一女，600 多年来人口基本维持原有规模，成为罕见的婚育风俗。占里侗族村的计划生育以适应环境而形成，具有极强的生态学意义。

① 潘永荣：《浅谈侗族传统生态观与生态建设》，《贵州民族学院学报》（哲学社会科学版）2004 年第 5 期。

② 湖南少数民族古籍办公室：《侗款》，杨锡光、杨锡、吴治德整理译释，岳麓书社 1988 年版，第 89—90 页。

一 侗族生育观和文化习俗

侗族的生育观具有阴阳两界的宏大叙事，形成多面联系，因而具有复杂性。而侗族对于家庭添丁十分重视，归功为神界恩赐、祖先保佑、家庭成员有功德的回报；同时也有人认为能否添丁是个人天命注定，有的则认为与风水影响有关。侗族生育观念多元，也体现了对生育的重视。而之所以如此重视生育，在于过去生活环境、医疗条件不好，生养十分不易，以致把生育看成一种难得的福分。在这种背景下，人们关心这种"福祉"的由来并形成为生育观的文化内容。

1. 神界恩赐

侗族是保留有原始宗教的民族，泛神论思想广泛遗存。在泛神论的作用下，各种自然物质自身的存在和人类能够享用与否，都被理解为是神灵的恩赐，生育也一样。在侗族的文化里，能否生育并不单是结婚夫妇的事，而是与外界的神灵有关，属于神灵的恩赐。侗族的生育观念比较复杂，有"卵生"、"傍生"和"投生"，其中"卵生"源于人类起源的神话，"投生"则是人类不断繁育、发展的机理概念，二者都把"生育"与神界联系起来了。侗族有关于人类起源的"卵生"神话，在《龟婆孵蛋》这个古歌的传说中有记载："四萨棉婆必孵四蛋，孵四蛋在山乡，三个坏了，剩下一个白蛋生松桑；四萨棉婆必孵四蛋，孵四蛋在山乡，三个坏了，剩下一个白蛋生松恩。从那时起，我们就有了生儿育女的根。"[①] 在侗族传统文化里，松恩（男）松桑（女）是人类始祖（夫妇），他们后来生了蛇、龙、老虎、猫、雷、章良、章妹等物种。但是，松恩和松桑却是四萨棉婆生下的蛋孵出来的，那四萨棉婆又是什么呢？其实就是神。侗族关于"投生说"的观念中认为，人类的繁衍是通过"投生"来实现的。在侗族的世界观里，宇宙的结构有天界、人界、鬼界等，"投生"就是"投胎"，即人类阴魂离开"鬼界"来到"人界"（投胎人间做他人的孩子）。在鬼界里有一个人死后灵魂居住的地方叫"雁鹅寨"，又分"花林山寨"和"花林大殿"。阴魂投胎需要经过"花林大殿"的"南堂父母"审批，然后由"花林山寨"的四位送子婆婆即"四萨花林"撑船把阴魂渡过浑水

---

① 黔东南苗族侗族自治州文艺研究室、贵州民族民间文艺研究室（杨国仁、吴定国整理）：《侗族祖先从哪里来》（侗族古歌），贵州人民出版社 1981 年版，第 3 页。

河送到阳间（人间）。① 这里，"四萨花林"与前面的"四萨棉婆"是否指同一"鬼神"，没有文献资证，但它们都是管理生育的神祇，说明了侗族把生育当作是由神祇把控的。而值得注意的是，这里的神祇都是"萨"，"萨"是指老祖母，这里可以判断这种意识产生于母系氏族社会的经验认识。侗族依山傍水的居住和稻田养鱼的生产方式，生活对水和鱼的依赖而形成水崇拜和鱼崇拜。而对鱼的崇拜的由来，不仅蕴含食物来源因素，而且有生殖崇拜的文化延伸，一方面是鱼产子多，另一方面是鱼肚硕大像孕妇，具有象征意义。鱼在侗语中称"萨"，这和侗族祖母的称谓是一样的。为什么呢？因为祖母又是生育之神，同样有生殖崇拜的含义，因而二者就有联系了。侗族祭萨必须要有鱼，而且是称为黄尾、彪杆、蛇花的三条小鱼。这样，祭萨有生殖崇拜的表达意义，即希望家族人丁兴旺，萨作为神灵对生育有恩赐作用。因此，侗族祭萨仪轨没有男人参加，全部都是妇女。侗族的生育习俗中还有接生仪式，叫"月桃襄"，即妇女生产时要请四个巫婆即萨婆来助产，在堂屋里做许多迷信活动，包括祭供、祈祷、祝福之类的内容，他们也帮助婴儿洗身、清理产房等②。而之所以要请出四个人，在于把他们当作"花林山寨"中"四萨花林"的化身，生育是要跟神灵沟通的。总之，侗族的生育是神灵的恩赐，不是简单的世俗行为。

2. 功德还愿

侗族的生育属于神的恩赐，但这只是其中的一种联系，在侗族看来，生育这种人的繁衍行为，如何获得神的恩赐是需要条件的，这个条件就是生育者及其家族必有功德，有感化神灵的善事，实际上，生育又属于对人们功德的一种回报。因此，生育能否实现能够延伸到人的社会行为规范，变成与道德相关的生活范畴来加以理解并付诸行动。在侗族社会里，对最痛恨的人的辱骂就是骂他"绝种"，可见人们对生育的重视。而出现如此激烈的辱骂，在于被骂的人干了伤天害理的事，不然也不会有人敢这样骂人的。在田野中收集到这样一个事例，即贵州省天柱县优侗村曾有一住户龙某某（男方），家庭殷实，可就是所生孩子全部夭折。据说，他在 20 世纪 50 年代末结婚，结婚后不久正逢社会兴起"破四旧、立四新"活动，对各种迷信活动进行打

---

① 张泽忠、吴鹏毅、米舜：《侗族古俗文化的生态存在论研究》，广西师范大学出版社 2011 年版，第 101 页。

② 余达忠：《侗族生育文化》，民族出版社 2004 年版，第 69 页。

击。在这一活动中，这一家人的男人十分积极，竟然敢把村落附近的一座寺庙也给拆除了，而且把以前供奉过神灵的石碑等拿来做他家大门出入的垫脚石。当地人们认为，这是一种非常不道德和得罪神灵的行为，必遭报应，而人们认为他家所生孩子全部夭折就算是报应的兑现。这家人的这个事件在当地民间流传，并被当作缺德遭报应的活教材流传在民间。以上这种解释科学与否，当然是有迷信的部分，但是，它所包含的思想具有与人为善的道德规范，尤其还与"生育"问题联系在一起，把生育和家庭人丁兴旺规定为"功德"的结果，形成特定的文化习俗。

图 4 - 11　侗族村寨做公益所立的功德碑

　　侗族重视生育，旧时没有生育尤其没有男孩的家庭，其家庭成员是被贬低的，即没有社会地位。因此，日常生活难以得到他人尊重，尤其许多生产生活仪式或环节都不让参加，比如婚礼中缝被子、接亲以及进新屋和开财门等，一概不能参与。那么，相反的观念是，人们必须做善事才能有好报，包括生育。侗族是一个注重公益的民族，村里或路上几乎所有的公益项目，都是村里人们捐资捐力建设的，而且村里凡碰到大事如红白喜事，人人都会自愿去帮忙。日常走路碰到老人挑柴挑米，同路的年轻人都要帮其挑一段路等。所有这些都与"功德还愿"有关，以致侗族有的年轻人，如果结婚之后长久不生育，一般就需要有意去做公益，最普遍的是修路、架桥等，以积功德，求好报应。

3. 祖先保佑

侗族崇拜祖先，在于重视人的生、死、祭并把它们联系起来理解，认为这三个环节都是相互影响的。侗族把生育理解为神的恩赐，这种思想延伸到祖先崇拜的理念之中，认为生育与祖先死后的灵魂对他们是否保佑有关。在侗族文化里，远古祖母萨岁崇拜，它具有神格和祖先双重意涵，即除了神格外，萨岁的崇拜也包含祖先崇拜。因此，人们祭拜萨岁也包括祈求它在生育方面进行保佑的意愿。不过，萨岁是族群共有的神祇，以共同祖先获得承诺。而侗族有不同的姓氏，祖先又分层级，因此，每个具体的人的祖先是复数，具体对象一定存在差别。为此，祖先崇拜的具体行为至少要落实到本族本姓的祖先层面。一般地认为，祖先死后灵魂在阴界安逸才能保佑子孙，助其人财两发。在侗族人们的观念里，人类的灵魂不死，即人死是灵魂回到阴间而已。因此，世间有阴阳两界，两界相通关联，相互影响。祖先的灵魂，除了在"雁鹅寨"外，它还可以待在墓穴、神龛。此外，祖先的灵魂是可以随儿女移动的，即儿女在哪里其灵魂也可跟到哪里，对儿女起到保护作用。但是，如果祖先灵魂在阴间不能安逸，那么会发生灵魂"不归家"，即上不了神龛的情况，至于附体儿女更是不可能，那么它们就自顾不及，无法保佑子孙了。这样，一家一族人口的发展状况，与本族本姓祖先在阴界的状况有联系。正因为有这种联系，侗族对生死进行关联，认为家里死者对生者的影响有着神秘的作用，如把死者"死"的时辰也当作对其家里生者尤其后人存在吉利与否之影响因素。在侗族传统文化观念中，人的死也是老天的安排，不存在可以选择与否的可能，完全是当作特定命运的规定和安排。而关于"死得吉利与否"，在于"死"的时辰是否有冲犯（冲犯由迷信推算，同时也认为有的在死前有相应预兆），如死的人犯"重葬"，意味着他的死不吉利，他的死还要带走家里的另外一人（即再死一人）。对于犯"重葬"的，埋葬时必须请来鬼师做相应的法术予以解除，通常出殡时要同时抬出两副棺材，表示"重葬"的厄运已经一起带走。有的人死了，经过推算被认为所死的时运不符合下葬，则办理停葬（棺材悬挂地面不埋），等到一年后的恰当时间才入土。而关于"死"的吉利与否的问题，关系到死后灵魂能否有保护子孙的能力。一般而言，就是"死的时辰"不佳，从而形成不利的情况，这个关涉后代人丁、财产是否兴旺的问题。甚至有一种习俗，认为长辈死时，身体倾斜于哪一边，站在那一边的子女今后就得到保佑，能发旺。有的青年夫妇久婚不育，认为还可以通过死了的祖先灵魂沟通帮助，具体办法是每年农历七月十五日的"鬼节"这一天，通过"跳桃源洞"（侗族民间迷信方法）的方法使特定子孙的灵魂进入阴间拜访祖先，根据拜访人预先提出的问题，由鬼师模仿其祖先的声音进行解答。事后，其子孙就按祖先给予的信息实施，有的是功德不足，需要弥补，有的是被陷害需要解除，有的是风水问题需要改善等。总之，死去的祖先需要时常供祭，尤其过节的时候，常祭使他们在阴间安逸了，才能保护阳世的子孙，助其人财两发，否则就会倒霉。生育的可能与否也被蕴含在这种迷信的观念和"仪轨"之中，这是侗族的特有文化。

图4-12 侗族丧葬习俗里的停葬图片

4. 天命因素

关于生育问题，侗族还有天命观的思想。侗族人们认为，人一生的发展如何受到出生的生辰影响即天命影响。天命就是人出生的天然命运，它关乎人的事业、财运、婚姻、家庭和生老病况甚至生命本身。侗族人们相信人的生辰八字决定着人的命运，因而在侗乡热衷看相和算命。对于生育，生命中少子或无子都是天命的安排，这是一种基本观念。不过，一方面侗族人们相信命运安排，另一方面又不想完全屈服于命运，于是又有各种试图改变命运的方式、仪轨和风俗，对待生育也是这样的。

其中，除了通过行善积德来感化神灵赐子外，还有求子的相应迷信方法，其中每年农历二月二日架桥与求子已经成为基本习俗。侗族群众传宗接代观念强烈，通常婚后两三年不见生育或只生女孩，便上庙里求观音菩萨，给他"上红"或"献佛鞋"，以及举办其他求子活动和仪式。日常，积德活动就是给村里或社会人们做一些善事，以感化神明并求得赐子，通常给村里修路、架桥或帮助需要帮助的人等。尤其有的相信"修桥修路修子孙"，便许愿修桥。贫穷人家有的砍几根木棒搭在小沟上让人通过，有山林的家庭便捐大树作为桥梁。富家无子，则捐钱修石拱桥。侗族聚居区的乡间桥梁多是这种情况下由人捐建的。

图 4 – 13　侗族私人求子许愿修的公益石板桥

侗族婚后未生育的家庭还兴在中秋节"偷瓜"习俗。过去，在中秋之夜，民间有偷瓜送子为乐的风俗，偷瓜者潜入别人菜园把其中大冬瓜摘去送无子者，无子者家庭非常高兴并备酒设宴招待，传说往往有应验者，还有如果有失瓜人对之咒骂，则更容易灵验的说法。现在，黎平九龙等地的侗族，还有的到风雨桥上给关帝庙烧香燃纸，祈求关帝保佑早生贵子。求子时，请有巫术先生操弄仪式，嘴里念念有词，请关帝神灵到场，然后求子者请巫师抽签打卦，求得的签，由巫师解释，打卦的卦象为一阴一阳则为灵验，仪式结束。若不灵验则需重新祈求。来年应验成功得子，还需还愿，方法是购买一块红布，在上面写上"名垂千古"或"显灵万历"，然后找一个吉时挂在桥上，同时供奉猪头，烧香燃纸，以此颂扬关公功德。

通过这些形式表达生育子嗣的愿望。

北部的天柱、锦屏各地侗寨，一般久婚不孕则就行架桥索子仪式。索子仪式，一般要请巫师。举行仪式所要准备的物品包括染成红色的鸭蛋一个、公鸡头一只、针一枚、红绿色丝线若干根，装入陶罐内，封好罐口，另备红蛋、猪肉、公鸡、糯米饭、米酒等物品。摆在桥头，祭桥求子。尔后将陶罐埋入桥端，当事者各拿一红蛋，男方从现场牵一引线，长短不拘，一直牵完为止。返家后，用红布把两人拿的红蛋包好，放在床头，伴之入眠，谓之孵或抱，经三夜后食之。以此认为可怀孕生子、传宗接代。南部侗族，有一种叫"月愿"的求孕法，村寨里久婚未孕的妇女，在"月愿"仪式过程中，到神坛前许愿，祈求"章良""章妹""花林四婆"赐予子女。许愿之后，祭师在她们身上撒些纸花，以示生儿育女。求孕妇女将这些纸花带回家中，撒在床上，据说便可怀孕生子。①

侗族有天命观，生育也视为天命的结果。但是，人人都希望改变命运，举办架桥索子仪式，就是力图改变命运的生育文化习俗。

图4-14　侗族以竹梯架桥求子的仪轨

① 吴浩：《中国侗族村寨文化》，民族出版社2004年版，第174页。

5. 风水影响

在多种联系的因果关联的文化解释中，风水因素也是侗族析解生育现象的一个维度。由于侗族相信天人感应，认为对地理环境的利用影响着人的生活及其发展，生育也是其中的方面。

侗族的风水包括阳宅、阴地（坟地），认为居住的阳宅和祖先的阴地（坟地）的风水情况都对当事人有影响，包括生育和后代发育、成长以及将来的事业等情况。因此，侗族讲究选好居所、坟地，追求好的"风水"。由于侗族人们认为，阳宅、阴地的风水状况直接影响到居住的人或者死者后代的发展问题，以致选择阳宅、阴地的风水是至关重要的事，因此，地理先生在侗族地区很吃香，他们被认为是有特定知识和技术能耐的人，他们不仅受到敬重，而且职业可处于半职业化的状态，虽然不能因此聚集大量钱财，但是一年四季总是有人请看各种风水，能到处吃吃喝喝，走到哪里都不愁无宿无餐。

图 4 - 15 侗族村落里的古老风水树

而关于风水对人尤其人丁发展（生育）的影响，它不是一种技术关联，而是一种理念。但是，选风水宝地作为一种对未来的预兆却是有技术路线的。风水术把阳宅或阴地地势、山形、河流、面向等都当作特定的联系来进行未来预兆的判断，以此形成风水理论和技术方法，当然，这不过是环境对人未来生活影响的一种推断罢了。我们在田野调查中得知的一个案例可以资证他们的这种观念，即贵州省天柱县高酿镇某一侗族村的刘姓一族，他们对自己祖先坟地对后代的人丁影响有族内传言，其中一处叫"岗田佬"（地名）的老祖坟地，家族内部传说这里的风水形状对人丁的影响就是后代能产生"女才"，即后世能出女能人。由于北部侗族受到封建文化的影响较大，有重男轻女的观念，因此，即使这个老祖坟能出女能人，但不是许多家庭给老人首选的坟地。关于坟地的风水影响，还可以直观地以坟墓是隆起还是凹陷来判断坟头对后人的可能影响。他们认为隆起的就是好，反之则不然。因此，侗族重视清明祭祀，每年都要给坟墓填土尤其新坟。总之，在侗族人们看来，风水影响着居者或逝者家族的未来，人丁是重要的方面，它不仅关系到人丁多少的问题，而且关系到后代能否顺利生长和实现富贵的问题。关于风水问题，以上的影响对于阳宅地的看法和选择也是一样的。

二　侗族生育观的生态伦理渗透

侗族的生育观具有宏大的世界观作为前提，即生育贯穿着世界观的解释，在侗族社会里，生育状况既是个人的命运，也关乎家庭、家族的福祉，因为生育包含着神祇的恩赐，也是人自己善举的回报。基于此，人们对生育行为赋予了丰富的伦理思想并形成相应的文化范畴和社会规范，在与自然界联系的活动方面具有顺应、维持生态的文化功用。侗族的生育观是渗透生态伦理的，主要包括四个方面：一是对自然及鬼神的敬畏；二是以功德事世荫护子孙；三是迷信风水和环境优选；四是家族相互联动，累积罚戒。下面具体来看。

1. 对自然及鬼神的敬畏

侗族泛神论的原始宗教思想和文化习俗，对他们的生育观形成了强大的影响，其根本原因在于把生育的得失当作神祇恩赐的结果，当作人生命运的一种安排。而神灵在侗族文化里，基于泛神论的理解，在载体上其不过是未能理解的各种自然物和自然力，把它们当作超强的意志和力量以待之，认为能主宰自然界和人类社会。这样，人的一切也被归结为自然界的使然和安排，因而侗族就形成了敬畏自然的文化心理。这种心理内含"敬重自然"的价值取向，并以之来规范和约束自己，从而奠定了侗族相应生态伦理的基础，也是生态伦理的相关内容。

2. 功德事世与荫护子孙

在侗族的世界观里，生育是鬼神的恩赐。而要获得这种恩赐，基本方法就是追求"功德"。在传统道德里，侗族相信在世者必须行善以建功德，才能谋得神祇的恩赐，才能保证家族、家庭顺利发展尤其人丁发展，一个人的后代是否兴旺就是这个人作为祖先在前世里是否"积德"，这里赋予了一种因果关系的"报应"解释。侗族人们对灾害、灾难的发生，除了自然因果方面的解释外，还联系着人文因素。通常认为，某一人或某一家遭遇灾害、灾难或其他不幸，这来源于自己的无德或上辈先人的恶行报应，也就是说，自己做"缺德"之事，终会害人害己和贻害子孙。这种联系是持功德论来进行评判的，而其中显著的特点在于相信功德能够数辈积累并影响到子孙，这种关联形成的制约促使侗族人们不敢恶言恶行，必须坚持与人为善，不然贻害子孙，死后都还会被骂几代。为了给子孙造福，人生必须建功立业，服务社会，这在侗族社会里叫"积阴德"。"阴德"之称，在于它是前辈留给后辈所积累的"功德"，认为能对后代形成保护和造福的作用，反之，如果后人灾难多，生活不顺畅，则认为是祖上无德，贻害子孙。这样，当世之人生活如何，家族能否实现"人财两发"就包含了家庭宗族世代的功德积累及其影响。这种世代关联和集体享福或受罚的联系，对侗族人们的生产生活行为形成约束，他们对同类的和蔼也延伸到对自然因素的友善，即日常不仅不会轻易得罪某一人，而且也不会无故乱动自然界中的一草一木。

因此，在日常生活中，侗族人们讲究以善对待一切事物，以积德来规范自己的行为，以致形成"以功德事世来荫护子孙"的社会价值观和行为取向。侗族社会注重发展公益事业，人们也积极参与公益活动，重大的公益事业，人们热心出钱出物出力，包括桥梁、鼓楼、凉亭、水井、道路、庙宇以及学校等。对于公益事业出钱出物出力之人，社会予以立碑表彰，碑头题名"流芳百世"等，以传世颂扬。今天，走在侗族村落乡间，会见到许多碑文，其中许多属于表彰热心公益事业的人。当然，侗族人们的善举不局限于重大公益项目，事实上其已经嵌入在生活的日常之中，如遇到过路人，即使不认识，也得热情打招呼，以辈分或年龄大小的称呼相称；在村里自己屋边相遇，一般都礼貌地请进屋坐一会，以便乘凉或取暖。遇老人或残疾人过桥、过河，青年人必须主动去搀扶帮助；走路迎面相碰，在陡坡的路上，青年人要先让路，而且要站在危险的一边，以便老人安全通过，等等。

侗族热心公益和有助人为乐的风尚，这一习俗灌满整个社会。以致一般做损人利己的人在侗族社会中很难立足，而这种风尚传承至今。如中华人民共和国成立后，教育事业大力推进侗乡，村里需建小学，大家能迅速捐土、捐料、出钱、出力，学校很快就建成。我们在田野考察中得知，侗族许多地方建造学校都是这样建成的。这样，侗族的教育水平也比较发达，侗族的人均文化水平在全国少数民族之中名列前茅。

总之，侗族的这种文化关联和伦理规制，使得其注重功德积累，善对人和物，少发生伤天害理的事，处处与人为善。这种积德之心，不仅涵盖人与人之间，而且也涵盖人与自然界之间，不会随意伤害动植物，生态伦理覆盖宽泛并且持久。

3. 风水迷信和环境优选

在侗族文化里，生育行为具有多种联系，即多种力量作用的结果，其中风水是最重要的关联之一。侗族居住特别注重选址的，而依山傍水的传统形成也是风水文化的重要产物。风水是关于阳宅坟地的吉地或吉穴的寻找和选择。风水，在传统学理上讲究"聚气藏风"，以此追求安居（含安葬）。风水原理中的内容，按照现代环境科学的理论分析，主要因素包含着阳光（日照）、空气、风速、水质、土壤、地磁、温度、湿度以及人工建筑等构成的生产生活环境及其宜居状况的判定。显然，侗族关于宅地的风水处置不过是对自然环境及其要素的选择罢了。因此，为了保障相应要素的保存、安全和让其发挥作用，一旦居址选好和房屋建成后，一般都要极力去维护原有的自然环境和相关要素，不容许任何人破坏。如果居址存在某个方面的不足，人们可以适当加以人工修补，以满足特定风水的要求，但都以不破坏原有自然环境为原则，比如在山不够高的地方就大量栽种"风水树"，在敞开的河边、路口也种上大片风水林，有的还要修回龙桥（福桥或花桥）、凉亭、长廊什么的，以助风水之需。这些行为恰恰是村落的生态建设和环境的保护，甚至是优化作用。

总之，侗族通过生育的风水关联，延伸到环境选择和优化，其行为具有积极的生态保护和建设意义。

三　占里侗族村的婚育习俗个案和意义

侗族有普遍共识的生育观，体现为上述的诸思想内容。但除此之外，侗族还有生育习俗的特殊案例，表达了特别的生育文化和风俗，这就是贵州省从江县的侗族村占里的计划生育。占里，这里几百年前就有计划生育的习俗，形成了控制人口增长的婚育传统，这一传统在当今中国需要普遍推行计划生育的背景下，具有十分重要的社会意义和生态价值。

占里村是一个偏僻的侗族村寨，位于贵州省从江县高增乡四寨河岸的一个山谷中，距从江县城 30 余千米。目前有 193 户，831 人。主要居住有吴、石、贾、任、杨等姓氏，均为侗族。此外，还有少数他族姓氏的住户，他们主要是明清时迁入，已经融入当地文化，与当地人们构成一个生活体。从江占里村最具有特色的文化就计划生育习俗，几百年以来就形成和推行生育和人口控制并构成当地传统，一般一对夫妇只生育两个孩子，而且是一男一女，生三四胎的十分少，性别比例也比较合理。占里村位置偏僻，跟外面几乎没有接触，生活比较闭塞。在婚姻缔结上，过去基本局限于村内。而村内有"五里"，即划分五个房族，分别为"井""上""下""金堂""门基"，另有部分外来姓氏人家，这些人群的划分，为婚姻缔结提供基础。这样，在这种以村内为主的婚姻缔结，使得该村人口迁移较少，在这种前提下要求生育的性别平衡成为一种必然。因此，在占里，生育的性别控制也是生育传统中的重要内容。长期以来，在占里村大部分家庭都是生一男一女。根据记载，1950 年，占里村人口状况是户数为 156，人口 720。而到了 2014 年，其户数为 193，人口不过 831。虽然过了 64 年，户数仅增加了 28 户，人口增加了 111 人，年出生率为 1.7344%，平均每年增长人口不到两人。[①] 但是，这个时期却是我国人口剧增的阶段。关于性别比，根据我们最近调查，2014 年全村的性别比是 417∶414。实际上，占里村的人口长期处于"低"增长状态，有效控制了人口增长。

---

① 刘宗碧：《从江占里侗族生育习俗的文化价值理念及其与汉族比较》，《贵州民族研究》2006 年第 1 期。

为何会是这样？这里包含了相应的文化支撑。相传，明朝之前，占里人的祖先为躲避战乱，由广西梧州迁徙而来，他们溯江而上，最后寻找到这块风水宝地定居下来。占里人历来团结和睦，互敬互助，他们劈山开田、创建家业，过着祥和的生活，人口由最初的5户很快发展到百余户。由于人口的过快增长，能开垦的山土几乎都被开垦尽了，和睦的大家庭开始出现争田斗殴等现象，子孙们尝尽了人多粮少、忍冻挨饿的苦头。占里最初建寨的村落是建在现在的祖坟之处，在村落北方，距离现在村寨大约1千米左右，当时村子隔着小沟并划分为两个自然村，两村相互依托而安居。随着人口增加和不断发展，两村之间产生了差距，内部也发生贫富不均，出现了"南村勉强度日，北寨谷烂禾仓；南村晒棉花，北村晒银子"的情形。一些人不置生产却处处惹是生非，采取了"以刀剑代替耙犁"的情况，最后爆发了战争而引起了灾难。经历内战之后，人们总结了这一教训后认为：旧寨址风水不好，只出打仗的猛士，不出务农的好手，从而必须离开。择居的故事和古训，折射出占里这样的文化理念：人口增多，会出现资源供给不足而导致"人与人"之间不能和谐相处。于是，清朝初期一个叫吴公力的占里先人，他提出控制人口增长的方法，他召集全寨村民在鼓楼开会，给子孙们定下了一条寨规：一对夫妇有50担稻谷的可以养两个孩子，有30担稻谷的只准养一个孩子，谁多生就依寨规进行处罚，严重超生的，永远逐出寨门。这一寨规一直沿袭至今。"一株树上一窝雀，多了一窝就挨饿，告知子孙听我说，不要违反我款约。"将控制人口列入寨规，占里村一直遵守着这一古训，他们把这一古训编成古歌刻在木牌上，悬挂在村中各处供村民谨记。①

此外，在继承财产上，对多生男孩进行了限制。其规定多个女孩家庭，对家庭财产继续一般实行平均分配；但多个男孩家庭则保证长子的优先权。长子优先继承，包括房子等一系列财产。如房子分配上，长子继承大的，次子继承小的。如果因分家而新修房子给次子，他的房子也一定要比长子小。这种男孩不平等的继承法，主要在于限制人们多生男孩。事实上，通过上述的限定，一般多生小孩的户数不多。而有的户由于多生孩子造成经济困难，导致一些男子终身不娶、女子终身不嫁的也有。这种制度

① 刘宗碧：《从江占里侗族生育习俗的文化价值理念及其与汉族比较》，《贵州民族研究》2006年第1期。

的规定，对于限制人口生长有积极的作用。此外，占里财产继承法的规定还有两个特别之处：一是作为儿女对家庭财产的继承上，根据分工和男女有别，他们各有继承，一般是"女儿占麻地，男孩占田塘"。麻地即棉地，田塘即稻田和鱼塘。除此，女的还有布匹、金银首饰、缝纫工具等，少数还有陪嫁的"姑娘田"；男的有房子、房基、畜禽、菜园、家具等。这种规定保证了男女的相对平等。①

同时，为了有效地控制生育性别，一般一对夫妇（一个家庭）只生一男一女。占里村有着良好的生育性别控制，这是婚姻生活和家庭发展要求的使然，同时还有控制生育性别的医药技术支撑。占里村在很早就总结和发明了能使妇女生育控制性别的药方，即"换花草"，这个药方由当地草药配制而成，药方全村只有1个妇女知道，而且传女不传男，并且所传女子必须是已婚的当地家庭妇女。药物传承、保持与使用有严格的规定，不外传。正因为有药物技术支撑，使得占里村在严格的人口控制中能保持人口性别的平衡。

贵州省从江县占里侗族村的计划生育传统，在我国乃至国际上都是罕见的，它具有人口增长与生态环境协调发展的个案意义。我国全面推行计划生育只有40余年，而占里村的计划生育已经有600余年，其经验在今天仍然具有借鉴价值和范式意义，其中也包含人口与生态环境协调发展的方面。

1. 计划生育和人口控制典范

计划生育，直观地看，似乎只关涉人口本身，但实质上关涉资源、环境、生态问题，或者它就是生态环境问题。因为生产具有双重性，一是人的自我生产（繁育），二是物质生活资料的生产（利用），而第二个生产是为第一个生产服务的。因而人的生产决定着物质资料的生产，或者说，人口的发展规模决定着物质生活资料生产的数量，人的自我生产在整个生产中具有决定性的作用。实际上，所谓的生态、资源、环境压力，无不与人口的增长有关，关注人口增长与生态、资源、环境之间的关系是十分必要的。

在人类历史上，在还没有进入工业化社会之前，占里侗族村就出现了

---

① 刘宗碧：《从江占里侗族生育习俗的文化价值理念及其与汉族比较》，《贵州民族研究》2006年第1期。

长期地开展计划生育和人口控制行为，这是自觉的计划生产行为。它顺应环境，谋求人的发展与自然环境之间的平衡，用这种平衡作为依据来实施人口再生产，这是十分典范的人口控制和生育习俗。关于占里村的计划生育，虽然目前在环境、风俗、技术等方面都还不能复制推广，但是其所蕴含的文化理念应当得到重视和吸收、传承，尤其它的生态价值。总之，具有生态人类学的意义。

2. 人口增长控制与资源节制利用

占里侗族是农耕文明的族群，人们生活依赖于大自然的恩赐。一方面，居住地的自然资源是人们的生活来源；另一方面，人们的劳作还需要"老天"风调雨顺的恩赐。因此，人们祈愿追求"人与自然"的和谐，谋求安居乐业。人与自然（资源、自然现象）的协调是人类生活的基本需求。占里村的人们在很早就已意识到了这一点，他们把自己居住的村庄看成是一条船，是一个流动的居点，而村里的人口则是船上的载客和舵手。村庄的房子等自然物质比喻为船身，土地、森林比喻为流水。"船"要不断前行，村寨才不断兴旺。而"船"前行的条件就是各方面的协调发展。占里村关于"船"的发展理论，其内涵就是"人与自然"的和谐相处、协调发展的总结。因此，占里人根据村寨自然环境，计算出该村适宜人口数的最大值是660人。保持这么一个人口基数而不增加，则是村落发展的目标。而目标实现才能和谐。显然，这个"和谐"的核心是"人口"与"自然资源供给"的协调。占里才有意识地建立有效的人口发展控制制度和机制，形成自己独特的生育文化习俗。

占里人强调在自然资源和人们创造能力有限的条件下，人口的增多成了影响贫富的重要因素，于是提出控制人口当作保证"人与自然"和谐的途径。在占里的口传史和祖训中，把人口膨胀、资源匮乏与人们的争斗、战争置于因果关系来思考与对待。在许多祖训故事中，这些因素都是关联地放在一起，他们的思想逻辑是：自然资源有限，如果人口增多，则引起资源匮乏，资源匮乏则引起动乱、战争，动乱和战争使人们受难受害。而要避免战争，就在于保证资源的有效供给，而资源的有效供给又需要人口的适度发展。显然，在占里村生育习俗的文化价值理念中，"人与人的和谐"与"人与自然的和谐"是关联在一起的，是置于相互依存、相互影响的关系来理解和推崇的，应该说，这是占里生育文化与生态价值的重要构成。

从江占里侗族村的计划生育和人口控制，把环境保护与资源节制利用作为依托，这里把控制人的需要和消费与环境、资源保护以及持续利用之间统一起来了，形成了一个重要的平衡，进而打破了人类中心主义的价值观，这里具有非常重要的生态人类学价值。

3. 生育控制行为习俗化

从江占里的计划生育已经维持了600年的时间，这是有较长历史的现实事件，因而才产生了重大的影响力，受到各界的关注。计划生育的实施，除了需要技术的支持以外，在人文方面一般应有政策和法律的规定和社会规范，才能变成持续的社会行为。从江占里侗族村的计划生育，除了相应的习惯法外，能够促使计划生育的长期坚持，一个根本性的文化机制就是生育控制行为的习俗化。所谓习俗化，就是把生育控制行为当作日常的生活习惯和需要来进行遵守和传承。诚然，在文化传承的机制上，习俗化的东西能够进入日常生产生活，因而能够持久和不断沿袭。因此，有人说习俗是文化的土壤。从江占里侗族村计划生育的持久坚持，就在于它融进了习俗这个土壤，有了土壤就有了"肥力"来滋养，增进了它的生命力。习俗是具有约束力的日常文化范畴，它对环境里的人们形成惯性制约，发挥了强烈的规制作用，同时还在意识形式上上升为价值观而获得传统保持。所谓传统，就是过去的文化积淀在当代的体现。一项文化一旦成为传统，这项文化就具有了自我保持的力量。占里村的计划生育和人口控制的持续坚持，就在于它的习俗化并成为当地的传统。占里计划生育习俗内含的文化传承机制以及关联生态的观念，可供构建生态文明进行借鉴，在当今中华民族优秀传统文化的开发利用上也突出重要价值。

第五节　侗族宗教习俗与生态意识

宗教是民族文化的重要构成，对于一个民族的发展有根深蒂固的影响。因此，对某一民族及其文化的深入认识，需要切入宗教因素的分析。侗族作为我国主要少数民族之一，主要居住于湘黔桂毗邻地带，文化独特并自成体系。侗族宗教信仰复杂，具有多元化结构和泛神论的特征，内容上包括原始宗教、祖先崇拜以及独特的法教思想等。侗族基于宗教文化的原始性而形成了相应的思维形式和行为规范，从而在对待自然和社会的行为上蕴含着生态价值。

一 原始宗教信仰

宗教信仰是人类普遍的文化现象，地球上几乎所有的民族都有宗教信仰。宗教信仰分为两种形态，一是原始宗教，一是神学宗教。原始宗教属于早期的宗教形态，神学宗教是原始宗教进一步发展而形成的形态，即人类最初发生的宗教都是原始宗教，而原始宗教的进一步发展就是神学宗教，即神学宗教是原始宗教发展了的新形态和新阶段。

侗族社会发展滞后，至今仍然保存有某些原始宗教信仰，在文化形态上具有泛神论的特征。原始宗教是人类宗教文化的最早雏形，它的主要特点是对具体的自然物或自然力的崇拜，表现为万物有灵的观念，并且以此直接服务于人和作用于人与自然之间；此外，部落或族群中的原始信仰与族群社会结合于一体，没有独立的部门以及礼仪活动和宗教戒规，其全体社会成员参与相应活动，与世俗社会未发生分离。侗族宗教文化没有偏离上述内容，因而具有泛神论思想及特点。①

关于侗族广泛遗存的原始宗教文化因素，可以从崇拜对象予以例证。根据侗族古歌《起源之歌》和《侗族祖先哪里来》等文献记载和流传神话故事梳理，主要包括如下内容。

1. 天体、地体崇拜

侗族有"天"的概念，侗语对天称为"闷"或"弧闷"。在侗族文化里，"天"即"闷"。"闷"或"天"对侗族而言，它是一个有形的"天体"的物质存在，也是一个有意志的神灵，并且"闷"或"天"是一种具有统治力量的神祇，即最大的神，掌握一切自然现象。认为在人类社会里，人们与自然界之间形成的祸福凶吉，全然由"天神"所赐。同时，这个具有绝对统治力的"天神"，又是公平、正义的实施者，它高高在上，无时无刻不在监视人类。人类所做的一切是逃不过"天神"眼睛的。侗族民间有一种"神判"习俗，它来自"天神"崇拜延伸。所谓"神判"即"神明裁决"，当社会上人们之间发生矛盾并且其他办法无法调节，但当事者需要最后的结果或结论时，就启动"神明裁决"。"神明裁决"的方式有多种，"砍鸡头"是常用的一种。其仪轨就是矛盾双方请来巫师，通过杀公鸡立誓打赌预言未来求得"天神"按照誓言进行判决的仪轨。杀公鸡

---

① 刘宗碧：《论侗族宗教文化的基本特征》，《黔东南民族师专学报》1998 年第 1 期。

作为中介环节发生，这是认为公鸡报晓知天明，能给天神送达信息，同时也预示如公鸡那样"鸡头落地"，理亏者不得好死。做"神明裁决"，发毒誓请天神，这是万不得已而为之，一般人都不愿意请"天神"的。总之，"神判"习俗蕴含了侗族对"天"崇拜的文化心理。对天崇拜的类似习俗，还有黎平黄岗侗族村"喊天节"，即黎平黄岗侗族村每年农历六月举办一次"喊天"的节庆活动，内容是求老天爷下雨的仪轨，同样相信"天"有无形的力量。

侗族对"天"的崇拜不是单一的，它还衍生出相应的崇拜对象和习俗，其中主要有"太阳崇拜""月亮崇拜""雷公崇拜"等。关于"太阳崇拜"，在侗族神话里有《救太阳》的名篇。讲的是因雷婆发怒发大水导致人间出现洪灾，为消洪灾天上出了七个太阳来烘干，但地面烘干后就是旱灾不断，要消除旱灾得灭太阳，于是请了昆虫"螺赢"去射太阳，当射到第六个时，被人类章良吼了一声射偏了，留下一颗太阳没能射下来，就成了今天的这颗太阳。这个故事反映了侗族依赖太阳又害怕太阳的心理状态，对太阳视为神物。侗族禁止任何人用手指指太阳，认为这是不敬，会引来惩罚或其他祸害。太阳也是保护神，通常人们用伞当作它的化身。人们外出，为了不受妖鬼作祟、危害，可以用伞来保护隔离，这种情况尤其姑娘出嫁清晨走路（太阳还没有出来）的时候，特别需要打伞，以此求平安。侗族村落建设以鼓楼为中心辐射形状发展，这也是仿造太阳发光的辐射形态，表达内心的太阳崇拜心理。当然，日常生活中直接祭祀太阳的习俗是有的，如贵州省岑巩县思旸镇万家坪村杨姓的侗族人们，每年农历6月19日都要举办"日祭"活动。祭日这一天，在太阳未出来之前人们抬出祭品到高山进行祭供，向东方念经文，烧纸钱和香，表示对太阳的敬祭。

除了太阳崇拜之外，月亮也是人们崇拜的对象。侗族人们认为，月亮晚上能发光，其与太阳一样也是不可思议的天上神物。当然，因为月亮会出现"月食"现象，侗族人们把它描述为"天狗吞月"或"蜈蚣吞月"，因而还有《救月亮》的神话故事。侗族也是要祭月的，时间就是农历八月十五，而且认为这一天有月神保护，晚上人们偷一点野外农作物来祭月是不会有罪的，而且被偷了的主人家也是不能怪罪的。因为，月亮也在侗族崇拜的天体对象之中。侗族天体崇拜还有"雷婆神"，认为它是与人类恩松、恩桑同胞的兄弟姊妹，予以了人格化的规定，同时认为它掌管天上的雷电雨水，对地上旱涝有影响。同时认为"雷婆神"与"天"一样，是主张公平、正义的神灵，对人间坏人，雷婆可以通过"雷劈"（雷电打击）进行惩罚。当然，雷劈就是下雨天发生对人、动物和其他东西的雷击。雷电对人、动物和其他东西进行雷击，那是非常残酷和令人胆寒和害怕的。因此，人们敬重"雷婆神"的威严，小孩哭闹也可以借用"雷劈"的威力来吓唬他们。

2. 自然物、人造物崇拜

侗族的自然物、人工物崇拜很多，如在《人类起源》篇中有创造之神，包括虎、蛇、雷、姜良、姜妹等。在《神牛下界》篇中有牛神；在《青蛙南海取稻种》篇中有青蛙神。除了上述的"自然神"及其崇拜之外，其实侗族人们认为万物都是有神的，如古树、怪石、大山、水井、河水、深潭等都有自己的神，这些神都不可随便侵犯，只要人们对它们膜拜与供祭，这些自然神都会对人予以保佑。贵州三穗、天柱、锦屏一带的侗族村寨一般都有蓄风水树的习惯，风水树变成古树时也是"神树"，每逢农历月份中的初一、十五和节庆人们都必须供奉，求神树保护村寨免除灾难，并认为小孩拜祭了，就可以得到它的保护和免除灾难。贵州省天柱县高酿一带侗族，每至岁首须敬祭"水神"。首次下河或到井里挑水，要携带神香纸钱插于河坎、井边或点燃焚化，而后挑水回家。在贵州榕江车江一带，每逢春节，全寨妇女还各备酒菜来井边"祭敬"，围井"哆耶"，歌颂水井给人们带来幸福，祝井水终年长流，四季清凉。上山打猎时，须先敬"山神"，认为如此才能获得野物。同时每至年终腊月要敬"火神"，这才可消除"火殃"等。①

侗族宗教文化的原始性还体现在人文性崇拜的方面。侗族的人文性崇拜主要包括三个方面：一是人造物崇拜。这主要是对桥、石凳、石井、石碑等的神秘化和供祭。修桥、铺路、安碑（指路碑和纪念碑等）是侗家人的传统美德，一般大工程由大家捐献修建，小工程由个人自觉修建。这些工程建好后，认为产生了神灵或有祖宗英灵保护，不容破坏并年年必须有香火供祭。二是"伞"崇拜。首先在婚礼中有体现。侗族姑娘出嫁出门时要打一把纸伞，中途不关一直举至男方家；而建新房要进行"踩财门"的仪式，当"踩财门"时，踩者身背包袱一个，手持有雨伞一把，另有称杆、算盘等；

① 吴嵘：《贵州侗族民间信仰调查研究》，人民出版社2014年版，第24页。

图4-16 侗族对巨石崇拜（视为有神灵）

在丧葬习俗中，死者未入棺时的梦床头放有一把红伞，有的在停棺守灵时，其棺材一头要罩上一把红伞，等等。总之，侗族人们认为伞有避邪、驱邪、护身、护寨之作用。"伞"有图腾崇拜的意涵，其来源可能与太阳神崇拜有关，以"伞"暗示太阳，"日神"的威力可寄附于伞上。三是占卜和巫术崇拜。侗族人们对占卜和巫术十分迷信，通常碰到难解的纠纷时，就是采取占卜和巫术的方式来判定或处理。他们认为天地间有"神明"，神明即天神，可以对纠纷之事进行裁判。具体的操作方式是举行特定的巫术仪式，通过捞油锅、断鸡头、喝鸡血或煮米饭等形式来完成，具体前面有过论述。在其举办过程中纠纷双方共同发誓、承诺，以此寓示若哪一方为不对或有罪日后必遭上天报应（惩罚），即"神明裁决"。①

二 侗族的祖先崇拜

1. 萨岁、圣婆崇拜

侗族有祖先崇拜习俗，最典型的祖先崇拜应属南部的"萨岁"崇拜。"萨岁"是侗族远古祖母，萨岁即指"至高无上的神圣大祖母"。"萨岁"

---

① 吴嵘：《贵州侗族民间信仰调查研究》，人民出版社2014年版，第126—129页。

应该是关于侗族母系氏族社会时期的统领人物，既是祖母也是统领。关于萨岁，在侗族社会有具体的传说。在传说中她名叫"杏妮"，曾率侗族先民抗敌外来入侵并为此牺牲，后来人们为纪念她，尊其为"萨"，即"圣母"，民间普遍立坛建祠祭祀。立坛建祠和对"萨"祭祀，其具体形式在侗乡各地不尽相同。侗族南部方言区的黎平、从江、榕江、三江、通道、龙胜、融水等县的侗族村寨，一般在鼓楼边或寨边或村头建立萨坛或祭祠等相关祭祀场所；有的用砖砌成的小砖房或庙宇形式的祭祠；有的则比较简单，仅用几块大石头垒起的祭坛。而祭祀的方式各有不同，最有特点的如贵州省从江县龙图、西山一带的侗族村寨，它们主要是以模仿军事演习性的方式开展祭祀活动。

图 4 - 17　侗族民间祭祀萨岁情景

而北侗祭祀萨岁最热烈的是贵州省三穗县桐林乡侗族的"圣婆节"，即"朝圣日"。每年农历七月十五日在桐林乡的圣德山举行，主要是对侗族"圣婆"祭祀，祭祀的同时伴随举办各种商业和娱乐活动。"圣婆节"祭祀的对象是"圣婆"，系侗族先人祖母，祭祀活动在圣德山举行，以致圣德山被称为北部方言区侗族的祭祀文化发源地。清康熙《思州府志》记载："圣德山，府南九十里，地名岑坝，土人祈祷于上。"① 初期，侗族人们祭祀圣婆原在圣婆墓前，到了明初才开始移至圣德山。据《三穗县志》记载，圣德山是侗族人民为纪念圣婆驱散黑云毒雾、迎来大地光明之地，因感其功甚伟和其德至圣，故名圣德山。《黔东南苗族侗族自治州志名胜志》也有记载：相传明洪武元年（1368年）天柱金凤山道乾和尚来开辟此（圣德）山，修建寺庙供奉圣婆，定每年农历七月十五为朝山日，星移斗转，兴衰更迭，后为歌场。每年农历七月十五日为北部侗族人们前往圣德山进行祭祀朝拜之日，他们来自贵州省的三穗、镇远、天柱、锦屏、剑河以及玉屏等县，省外的主要有湖南省新晃、芷江等县。当日，成千上万的人云集于此，烧香拜佛，之后人们对唱山歌、青年男女谈情说爱等，人山人海，场景十分隆重和热闹。

"圣婆节"的"朝圣"是北部侗族类似南部侗族祭祀萨岁的节日，属于远古祖先崇拜的文化，其内容彰显了侗族宗教生活特征。

2. 宗族祖先崇拜

侗族的祖先崇拜内容，除了萨岁、圣婆崇拜外，就是对自己宗族祖先的崇拜。侗族与汉族文化类似，重视生、死、祭，其中"祭"是对祖先崇拜得以表现的环节。侗族相信灵魂不死，人死后灵魂归入阴间，但阴阳两界可以交流，因而祖先灵魂对子孙有保护作用，即所谓的保佑。基于祖先灵魂对子孙后代具有保佑的观念，侗族对祖先十分崇拜，因而对祖先灵魂的祭祀是十分注重的，并以节庆祭祀、重大活动祭祀和日常祭祀表现出来。

首先，是节庆祭祀。通常侗族无祭不成节。侗族有很多节日，如冬节（侗年）、三月三（甜粑节）、四月八（赶歌节）、六月六（吃新节）、七月十五（鬼节）、喊天节、千三节、冻鱼节等，这些节都要祭祀祖先的。当然，祭祀祖先最隆重的当属清明节，侗族叫作"扫墓"。侗族"扫墓"与汉族清明节的时间点有出入，一般的规则是"二月清明在后，三月清明在前"，即按清明节这一节气出现的月份顺序进行安排，如果出现在农历二月份，那么当年"扫墓"就要安排在清明节之后，如果出现在农历三月份，那么当年"扫墓"就要安排在清明节之前。到了"扫墓"那一天，整个房族（即宗族）人们全体出动，所有在外面的人都要

---

① 参见《思州府志》，贵州省图书馆馆藏刻本，1964年复制。

回来，大家集资商议，杀猪宰羊，制作吊粑并准备纸钱、香火等前往坟地，在坟地举行盛大的祭祀活动，然后全族人们集体用餐，十分热闹。侗族"扫墓"的侗语叫"暇莫"，这里"莫"就是"坟墓"的侗语称谓，侗语的"暇"是动词，意涵对应汉字"谢"字，意思是以供奉祭品来表示对祖先功德进行感谢。因此，侗族"扫墓"即"暇莫"，就是去感谢祖先（祈求保佑）。

其次，是重大活动祭祀。侗族重大活动是要祭祀祖先的，这些重大活动包括立新房子、进新屋、庆生、举办结婚仪式、分关（儿子过继）等。如结婚仪式举办之前先有订婚，在北部侗族如锦屏、天柱一带，订婚则分两次行礼。第一次，男方家派人给女方家送量为"一斗二"的大米和大豆，意为一年 12 个月和哺育女儿的饭菜，表示对父母年年月月哺育女儿的象征性补偿。随后，男方家即派三个有儿有女的中年男子带着银首饰、订婚礼钱、祭祀用的酒肉等到女方家敬祭其祖先。女方家也同时告知家族各户派一人来参加。女方家将男方送来的财礼、酒、肉在神龛前过称后，开始祭供女方家祖先。完后，女方家办酒席招待来客。[①]

最后，是日常生活祭祀。侗族认为祖先灵魂可以保护子孙，其中一个条件是灵魂附体，即祖先灵魂无时无刻不随在子孙身边。而要达到这种景状，子孙需要随时祭祀祖先。否则，祖先因无人供奉食而需要觅食，其灵魂就会离开子孙而不能进行保佑。这样，侗族人们是随时随地祭祀祖先的。这种行为不仅是一种心理需要，而且被看作一种必需的义务。这种随时随地的祭祀表现，使得每天在吃饭之时，无论你处何时何地都需要进行，其方式就是敬酒或敬饭，形式简单。当开始吃饭时，如果喝酒就需要把自己杯里或碗里的酒用筷子沾一点洒在饭桌边，如果是吃饭则用筷子夹菜插在碗里即可，半分钟后表示敬完可以自己享用，这种方式在自己家里或在他人家里都可以做。如果是出远门，则在吃饭之前还要燃香化纸和以酒杯盛酒供祭祖先；如果很久外出才回到家里，在吃饭之前也要燃香化纸和倒酒供奉（祭祀）祖先。可以说，他们认为祖先灵魂无时无刻不在自己身边，不能马虎，如果没有祖先保佑，其他鬼神就有危害于人的可能，就会有各种不吉利的事或灾害发生。每年农历七月十五，人们还可以通过"跳桃源洞"的迷信方式来与祖先（灵魂）进行交流，具体方法是由巫师

---

①　杨筑慧：《中国侗族》，宁夏人民出版社 2014 年版，第 245 页。

施法术引导其子孙（参与活动的那个人）的灵魂进入阴间去看祖先，可以进行对话，祖先的话通过巫师之口说出，而祖先在阴间的情况（好坏）会影响阳间子孙的生活等。因此，侗族人们时时刻刻都把自己的祖先装在他们的心里，行动上时时刻刻都记住和不断予以祭祀。显然，侗族对祖先崇拜达到了极致。

图 4 - 18　通道县皇都村风雨桥上的侗族始祖神龛

3. 图腾崇拜

图腾崇拜是侗族原始宗教的内容之一，许多仍保留至今，并与人们的日常生活密切相关。侗族的图腾崇拜也是多样的，各地不一。而图腾的血缘崇拜是其特征之一，把图腾对象当作祖先的化身来理解。这种情况，其最为典型的有蛇图腾和牛图腾。侗族视蛇为祖先的化身，对蛇有敬意，许多场合是不会打死蛇的。如果睡觉做梦梦见了蛇，认为那是梦见了祖先，第二天起来做的第一件事是祭祀祖先，在神龛拜台上燃香化纸，表示敬意。如果有蛇进屋，那认为是祖先化身为蛇来屋，不能打死，只能对蛇说话，如交代家里情况和报平安什么的，还强调不需要他们（祖先）挂惦等，然后赶走。侗族是忌讳吃蛇肉的，因为蛇是祖先化身，吃了就是对祖先大不敬，并认为等老死后其灵魂不能上神龛，不能与其他祖先在一起。因此，吃蛇万万不可。这一点前面已有论述。

而牛与蛇一样，作为图腾，在侗族社会里，它也是祖先的化身。同样，如果晚上睡觉做梦见到牛，那也是梦见了祖先，第二天必须对之祭供。侗族为何要把牛与自己祖先联系起来，可能与侗族生产方式有关。侗族是稻作民族，牛是最重要的畜力，没有牛耕田就无法完成水稻种植。因此，牛就像人的兄弟一样，帮人劳作，是对人帮助最大的动物，或许把它当作同类看待，这样就有了血缘联系的观念。侗族对牛是非常尊敬的，在立春之日举行闹春牛活动是侗族地区的传统，闹春牛活动既是庆祝头年的丰收，又通过拜节的形式祈求来年的风调雨顺，成为侗家新春文化活动的主要形式。闹春牛活动的春牛道具由竹篾和彩布编制而成，牛头、牛角糊上绵纸并画上眼，牛身则用一块黑布或灰布连接起来。闹春牛就是以春牛道具，模仿着劳动的场景，表演春耕的动作的一个活动，它由身手灵巧的健壮小伙来把持和舞动，头尾各一人。活动中，春牛后面紧随耕田的扶犁耙手，他们执着牛鞭，敲锣打鼓在村子里上下走动表演，还有一些打扮成挑担背箩的农夫农妇的青年男子等，组成一支由20名青年的闹春牛队伍。闹春牛是基于牛的吉祥象征来进行的，包括宗教意涵的祈祷式活动。侗族还把农历四月八日当作牛的生日，这一天要牵牛下河洗澡，要打扫牛圈，还做一些精美食品供牛食用等，以此对牛表示敬意。[1]

侗族或许还有其他类似图腾崇拜的动物，如蜘蛛、仙鹤、金鸡、龙凤等，但它们没有血缘意义的指认，不属于祖先化身的文化范畴。

三 法教思想和习俗

1. 道教与侗族法教

现今，侗族的宗教文化包含有中原汉族道教的许多因素，实际上，许多道教的东西已经与侗族的原始宗教结合在一起，成为独特的文化内容和景观。道教何时传入侗族地区，目前无文可考，但其传入后对侗族文化的影响很大，其中最典型的案例就是侗族"法教"的诞生。关于侗族的法教现象，根据吴文志先生的研究和考证，大抵产生于唐宋之际。法教是侗族初具体系性雏形的一种宗教派别，是侗族原始宗教基础上吸收道教而形成的，虽然没有严格意义上的宗教组织体制，但有了简朴的

---

① 杨筑慧：《中国侗族》，宁夏人民出版社2014年版，第265页。

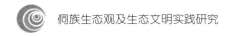

教义、教规。

从其信仰和教义来看，其思想主要包括下列内容。

第一，相信有一个超自然、超社会的人丁繁衍保护神，只要人们对其膜拜，能使其家族兴旺。

第二，相信法教中的"法师"能沟通鬼神，是沟通人与鬼神的使者，其咒语是神授的。

第三，相信世间有鬼魔并扰乱人间，而法教的法师可施法驱除。

第四，有奉太上老君为教主的众神体系。

此外，侗族的法教信仰中还有其他众神，一是除了人丁繁衍保护神（也就是平常说的飞山神、南岳神等）外，还有始祖神萨岁；二是渔猎保护神（即武当神）、驱邪镇魔神（即五显正通神）等。从渊源看，侗族法教的信仰和教义主要吸收道教思想和对之改造而来，因此，侗族法教与道教十分相似。而改造的方面，主要集中在"重生"观念的不同。虽然，侗族的法教思想与道教一样"重生"，但是，道教信仰的"道"，它与"生"相守，并由此衍化出"修道成仙"之说和相应观念，认为如果人"成仙"，那就可长生不老。而侗族法教的"重生"已经发生改变，即不再是重"长生"，而是重"生殖"而"贵子"。因而，在侗族法教信仰中设立有"人丁繁衍保护神"。同样，在供奉的教主方面，侗族法教所信奉的太上老君，它是从道教中移植过来的，并解释为道教中教主老子的兄弟之一。① 总之，道教与侗族原始宗教的结合十分密切，虽然总体存在差异，但许多方面仍然相同。

2. 法教的信仰与法术

侗族法教的特点在于不仅包含信仰，还有法术。信仰与法术之间是思想与行动的关系，即法术是贯彻相应信仰的具体行为，即信仰的实践表达。基于这种实践的需要，至今在侗乡还存在熟悉道教各种斋醮的宗教职业者，人们称之为"老师"或"道士"。这种人的职责就是专门为人们禳灾祈福，用"武力"驱鬼逐魔，破洞拿魂等。侗族人们认为人有"三魂七魄"，山洞、水井、溪坎等阴暗地方是"邪气"（邪家）常住之地，人去这些地方容易被偷去魂魄，如果人的魂魄被偷去了，就要生病受灾。生病的现象就是精神恍惚，萎靡不振，甚至出现精神病或其他病等。于是要请

_____

① 刘宗碧：《论侗族宗教文化的基本特征》，《黔东南民族师专学报》1998 年第 1 期。

来道士先生作"法事",即到"邪气"(邪家)常住的地方去抢回病人的魂魄,这种施法活动叫"招魂",有的地方称为"打老师"。此外,还有赎魂、收赫、背药、祭地马、抽箭、送河边、烧蛋等迷信活动,这些都是道教法术的运用。通常,道教与侗族当地的原始宗教相结合,形成了包括卜笙、占星、巫术、祈祷、咒术、神符、驱鬼等祭祀仪式,开展拯救死者灵魂,祈祷诸神等祭祀活动,统称之为"斋醮"。例如,如果天旱、虫灾或瘟病发生并流行,那就需要请鬼师或道士来做"斋醮",有的做敬中元会或玩秧灯等。这些是祈祷普降甘霖、送瘟神的法术活动。举办过程需要在全村挨家挨户驱赶"瘟神",整个过程道士师父不断在念天地神咒,以求四季康泰,风调雨顺。在侗乡还有这样的习俗,即老人过世后,在进行超度时还要请鬼师或道士作法事。总之,侗族法教思想和相应实践行为来源于道教,即道教思想渗入侗族的宗教文化之中,使侗族的信仰和日常生活中许多方面呈现了道教文化的内容和行为方式。日常显现出来的结果,深刻地表现为如下方面:第一,道教的阴阳观及其思维方式渗入侗族人们的宗教生活和思想之中;第二,道教的"神仙"观也成为侗族人们信仰的重要内容;第三,道教的玄学及其巫术渗透于侗族民间,与其原始宗教信仰相结合,形成了包括占星、巫术、祈祷、咒术、神符、驱鬼的道教法术。[①]

四 侗族宗教信仰的生态意义

侗族传统宗教对生态保护有否积极的意义呢?

具体分析来看,显然是有的。一方面是价值观层面的;另一方面是在生产实践中对生态保护发挥实际作用,具体上可以从三个方面来把握。

1. 原始宗教信仰及其有关习俗对生态保护发挥价值规范的作用

原始宗教的主要特征就是泛神论。泛神论所蕴含的人们的心理特征就是崇拜大自然和敬畏大自然。原始宗教的文化形态反映了特定民族文化发展滞后的性质,但是在特定的条件下,人们对自然界、自然物的敬畏,变成了特定文化背景下人们维护生态环境的人文条件,侗族宗教文化也反映了这种情况。侗族不仅敬畏大自然,而且对大自然及其相应的自然物给予了"主体化",这样,自然界的相应物质、物种就变成了有

---

① 刘宗碧:《论侗族宗教文化的基本特征》,《黔东南民族师专学报》1998 年第 1 期。

自我利益需要和意志表达的能动单位，人类必须尊重它们的权利。在侗族看来，人类栖居于大自然，而大自然的力量比人类强大得多，人类无法驱使大自然，而是靠大自然恩赐而生活着。因此，认为大自然的地位永远高于人类，在侗族地区流传的"人是客来山是主"的俗语就反映了侗族人的这种心态。基于这样一种世界观和价值观，侗族人们不会轻易去索取自然物质，在日常的生产生活中，人们开垦土地、砍伐树林、饮用井水（溪水）等都认为需要自然神的同意才可。就在使用之前做祭祀仪轨，开展敬神娱神活动，包括敬香敬茶敬酒等，敬神娱神活动就是争取自然神的同意。通常做祭祀仪轨时，如果没有什么奇异的事情发生就视为相关神祇已经同意，可以破土动工，或开发或取用。侗族没有把自然界的土地、森林、动物等理解为是人类拥有的对象，认为它们在本质上不属于人类，属于自然各神，但人类可取用，只是需要经过土地神、山神等允许而已，进而在使用或取用后，又要对相关神祇表达感谢，比如侗族挖坟地埋死人时，在埋葬的过程中包含有一个谢土仪轨。基于此，侗族地区历史以来没有大兴土木的事件发生，村落生产生活都以保护原有自然环境的样态为原则。正是基于这种文化，侗族对自然界形成有许多禁忌，这些禁忌约束人们的行为，从而对大自然的破坏就较小，在一定意义上对生态保护形成积极的作用。

2. 祖先崇拜和丧葬习俗也包含利于生态保护的积极因素

对萨岁崇拜和对自己宗族祖先崇拜是侗族宗教生活的重要内容。而侗族的祖先崇拜也体现在丧葬习俗之中，并与风水习俗等融合于一起，形成侗族特有的文化观念和行为方式，在生态保护方面也有一定的积极意义。

侗族的丧葬习俗的一个重要特点就是死者的埋坟讲究风水。而风水宝地的核心要素是要有山有水，其中"水"最重要，即所谓"看山先看水，有山无水不寻地"。由于对水因素的重视，就形成了社会人们对水资源着重保护的价值取向，这个"取向"延伸到森林的保护来实现。因为水土保持要靠良好的植被发挥作用，事实上，历来侗族人们重视植被，积极造林，家家户户几乎不让自己的土地出现荒山现象。实际上，在山地地带实现水土保持，最重要的方法就是植树造林。森林密布才能溪水长流，山水相映才呈现"风水宝地"的环境气象。这种风水追求无疑就促进了良好的生态景观形成。

侗族丧葬习俗还包括崇尚棺葬，死者均需用杉木制作的棺材埋葬。因此，侗族又基于此形成了蓄（留）老木的习惯，即留等长大后，作为老木用来制作棺材。为什么需要蓄老木来制棺材呢？因为侗族制造棺材有特别严格的要求，具体如木材不能被雷劈过，不能生虫有腐烂发生，不能弯曲不直，不能在树木根部有枝丫，不能砍伐后圆木开裂等，凡是有上述现象的木头都不能使用，并且棺材用木料还有"三长两短"的相应规定，即底部由三个圆木构成，余下两头两边一盖必须是一块木头做成，不能用几块并制。现在要找到这样的木材并非易事。明代之前，清水江流域木商还没有兴起，原始野生杉木还有，大木材容易找到。但是，明代木商兴起以后，大量木材砍伐，野生杉木大量减少。为了满足需要，侗族发明创造了人工栽培技术，杉木才变成了可以广泛种植的树种。今天，清水江流域的杉木全部是人工种植的。在这种变迁的背景下，要找到可用于制棺材的大木必须广泛培植，并在广泛培植的基础上来选留培养，让它生长几十年才可成材。由于棺葬习俗与杉木种植、保护有密切的关系，它促使侗族人们大量种植杉树，也非常注意保护杉树，对形成森林生态有利。

　　而且侗族居住所建房全部是用杉木为材料，对杉木的使用量很大，特别是明清以来的木商兴起，大量木材销售到苏淮一带，杉木的需求量更是大增。为适应这种变化，侗族人们依靠人工育林技术的支持，开始了大面积的杉木种植，并使杉木种植产业化。明清以后，侗族地区杉木种植和经营逐步成为与农业并存的支柱产业，对侗族生活产生极大影响。许多人通过经营木材致富，其中最典型的是黔东南锦屏县文斗村的姚百万（真名姚志远），靠收售木材成当地大户、首富，民间至今还流传它的故事。诚然，广植杉木成为侗乡的一种生产方式，而成片的杉木山林也是侗乡的基本自然景观。基于此，杉木种植影响着侗乡的生态资源构成并形成了相应的区域环境特点。具体上，一是形成了以杉木为中心的森林生态体系；二是形成了以"人工育林"为基础的"人工生态体系"。人们种植和保护杉木关涉当地生态环境状况。三是杉木种植包含了"生态保护"与"生计目标"的同构，即杉木种植和经营既是解决生态问题，也是解决经济问题，种植杉木包含了这双重因素的内在联动和制约。

　　总之，侗族的社会生产和文化习俗推动了侗族地区以杉木为中心的森林生态体系的形成和发展，具有积极的生态文明意义。

图 4 - 19　侗族留着做棺材的杉树"老木"

3. 侗族的法教信仰和习俗具有"重生"的观念，这种观念有助于强化生态意识和维护生态行为的操守形成

侗族法教的信仰和教义主要通过吸收道教和对之改造而来，其与道教相似的地方主要是"重生"。道教信仰"道"并衍化为"重生"，主要是指追求长生不老，即力图"修道成仙"。而侗族的"重生"在于"生殖"和"贵子"，它的具体衍化产生出"人丁繁衍保护神"。

在文化意义上，"重生"的内涵，一是追求"长生不老"；二是追求"生殖"繁茂，人丁发展。而这两个方面，在侗族社会都具体化为人们的日常修炼的行为和道德规范约束。就道德规范和约束而言，人们把个人长寿和人丁繁茂都理解为与积德相配的结果。这种联系，使得人们能够与人为善，促进和谐的社会秩序并延伸到如何对待大自然的层面上。侗族的生活和谐也包括与大自然的关系处理，通常不会轻易或任意伤害自然界的动植物。就此，侗族人们对"屠户"的观念可以得到例证。屠户，在侗族地区指的是买卖猪肉为生的行业人员。他们杀猪做肉品买卖可以赚钱，并且一年四季常有肉吃，生活过的还比较好，这在中华人民

共和国成立之前是有较好经济报酬的职业。但是，它并不是人们羡慕的行业，除了辛苦之外，关键是它是做伤害生命的事，属于"恶人"。这种"恶人"所做的事，在某种意义认为是"缺德"。对它的延伸理解，就是认为这些人不会长寿，或者老来必受各种病魔折磨，一定受苦而死，且"不得好死"。因此，一般的老百姓即使贫困，大多也不愿意做屠户。而且还有这样的习俗，即屠户病死时，需要受苦而很难落气，为了减轻其痛苦，就在他快死的时候拿出过去用的杀猪刀等行头放在病人床下或床头，让他见刀才会较快落气，免受过多折磨。当然，也还有关于他们来世要投胎为猪的说法，即将在下辈子当猪而被杀，以此"报应"来还清前世罪恶。人们把生活中的善恶理解为循环报应。这样一种世界观和价值观，包含了法教的"重生"观念的演绎。正是因为这样一种文化因素的作用，在侗族社会中人与人之间是比较友好和善，善待邻里的。今天侗族社会仍然保留不争不抢、自然而然的生活情绪和状态，这样一种生活日常的形成完全包含了以上传统文化的使然，对于侗族人们维护社会秩序、保护生态环境都是有积极作用的。

第六节　侗族节庆习俗与生态意识

侗族是以农耕文明为主要特征的族群，农业生产是其主要生活方式。由于农业受到季节性气候和自然环境的影响，生产生活对地理因素的依赖很强。在这一基础上，在过去人们对节气等自然现象的认识还很不足的年代里，自然地对自然现象产生畏惧心理，许多自然物或自然现象都成为原始宗教的信仰对象而被崇拜，在特定的时节进行祭祀活动，形成节日或节庆。同时，生产环节在不同的季节里有不同的条件、需要和结果，人们适应它并享受它，这种适应与享受在形式上各有表达，有的是祈祷，有的是庆祝，有的是纪念，其习俗的长时间积淀和仪轨化，就形成节日，开展庆祝活动。侗族的节庆十分丰富，侗乡素有"百节之乡"之称，这是侗族特有的文化景观。尤其，侗族节庆活动蕴含着生态保护意识，是侗族传统生态文化的重要方面，通过节庆活动的有关研究，能够揭示侗族传统生态文化的内容和特点，因而它是侗族生态文化研究的重要内容。

一 侗族的传统节庆活动

侗族传统节庆活动很多，但是由于侗族分布较广，发展也有不同的支系，再加上它们各自受到外来文化的影响，因而节庆活动在侗族各地举办不一，有的是传统原创的节日，有的是吸收汉族改造而来的，有的是大多侗族同胞都过的节日，有的只是少数个别村落或族群过的。比较地看，侗族节日有的是族群共有的，有的是少数村落或人群才过的特殊性节日。按照节日的内容和特征，可以分为生产性、宗教性、娱乐性、纪念性和其他特殊性节庆等类别，具体阐述如下。

1. 生产性节日

生产性节日指以生产内容及其环节或相关事物、现象为对象开展庆祝活动的节日。侗族此类节日较多，几乎每个季节都有，是体现侗族节日丰富性的重要方面。

（1）播种节

又叫"三月三"。这个节是侗家为劝人们适时耕种而设，在每年农历三月初三举行，节期三天。节日活动在侗族各地不一，有的舞春牛，有的放花炮，有的踩芦笙，有的走亲串寨。关于"三月三"的来历，传说很多：一是农历三月将开始农时播种，为祝贺播种顺利，秧苗易长，秋天丰收，村民们在耕作播种之前痛痛快快地玩几天，从而举办播种节。过了"三月三"节日后，通常村里将停止一切娱乐活动，不再吹芦笙、跳舞和走村串寨，一心一意投入生产。二是认为三月春暖花开，是男女青年播种爱情的好时光。为了给青年男女创造机会互相了解和沟通感情，决定在"三月三"请客会友，以便广交亲朋，从而形成了这个民族节日。

"三月三"最热闹的是贵州省镇远县的报京侗族村寨。"三月三"，村里有各种习俗活动，如有姑娘捞鱼捞虾赠笆篓习俗，有小伙子跟姑娘讨葱篮选（定）意中人习俗，有隔着板壁唱情歌习俗等。节日中，人们互相串门，三五成群参加各种活动。有的踩芦笙、坐歌堂；有的走亲邀客。而最风趣的是"舞春牛"，他们以农耕队表演谷种农事活动，整个表演场地被当成一块田，有的背犁耙，有的荷锄头，还有的背竹篓，表演春耕模样，他们把耕田、插秧、收割的劳动场合逼真的表现，同时伴随着歌舞，表现了侗家田间耕作的欢乐气氛。

（2）敬牛节

在侗族的传说里，农历四月八日这一天是牛王的生日。这一天，各家停止役牛，让牛好好休息，并杀鸡鸭、备酒饭到牛栏前祭牛神，继而用糯米饭喂牛，以示酬谢。实际上，各地的祭牛节时间不一，有的在农历四月初八，有的在六月初六。牛帮助人们苦力耕作，侗家人为了感谢耕牛对农业发展的贡献，于是便每年过敬牛节。农历六月初六，贵州省榕江县车江一带侗族则把敬牛节演变为"洗牛节"，当日家家牵牛下河，为其洗身，并杀鸡鸭为牛祝福，祝愿耕牛清吉平安。广西龙胜一带的侗族，则是在立春以前围着耕牛忙碌，修牛栏，为牛准备青草，同时制灯笼，准备糯米粑和甜酒等节日食品。当到了立春这一天傍晚，则跳春牛舞。人们以竹编纸糊出一只"春牛"，模仿劳动情景，代表全村到各家各户去祝贺。这个节日的实质是用迎春牛的方式拉开春耕生产的序幕。

（3）尝新节

也称"六月六"或吃新节或吃新祭祖节。俗话有："六月六，早禾熟。"侗族地区把这一天作为尝新节，开展择吉日尝新活动。尝新节是侗族地区共同的节日，各地尝新节内容大同小异。关于尝新节的来历有几种说法，湖南通道尝新节这天，狗是上宾，新米饭煮出来，先让狗尝后人才吃。因为传说远古时期，洪水滔天，绝了谷种，是一条白色的神犬漂洋过海，在西王母的晒谷坪里打了一个滚，满身粘谷粒，在回来时身上的谷粒被水洗掉了，只有翘在水面上的狗尾巴尖带着几颗谷粒。人类靠这几粒谷种的种植才发展到今天。为了不忘狗的功劳，因此新谷登场要请狗先尝。黎平县称"尝新节"为"天贶节"，俗称"六月六"。不少侗寨都在这天包粽粑，又称粽粑节。特别是肇兴、岑岜、龙额、水口、东郎、新平等乡的侗族过得特别隆重，仅次于年节。

侗族生产性节日远不止这些，主要节日列表具体见表4-1。

表4-1 侗族生产性节日一览

序号	节日名称	节日时间	流行地区	活动内容	特征
1	扫阳春	农历一月十五日	湖南新晃	驱恶除秽，在河边举行特定仪轨进行扫寨活动	新晃侗族姚家普遍过
2	祭田坎	农历二月二日	湖南、贵州侗族地区	修桥补路、堵水田坎、制作甜粑待客和送亲朋	提醒做好农耕准备
3	播种节	农历三月三日	贵州黎平、镇远	表演谷种农事活动、舞春牛、娱乐	—

序号	节日名称	节日时间	流行地区	活动内容	特征
4	雷祖节	农历三月三日	湖南通道	祭雷祖，大树下杀猪，全村户外吃饭等	—
5	青节	农历三月	所有侗族地区	开秧门后的一段时间内，接新媳妇到夫家帮忙插秧等	侗族兴结婚后女子不落夫家习俗
6	祭牛节	农历四月八日	所有侗族地区	祭祀牛神、给牛洗身等	—
7	棉花节	农历四月八日	黔东南都柳江沿岸侗族地区	青年约伙伴去自己岳父母家种棉花，自己带食品进行野炊	—
8	吃新节	农历六月六日	所有侗族地区	新米饭煮，祭祖先，祭天，感谢狗，亲朋走访	—

2. 宗教性节日

宗教性节日指以宗教活动、环节或相关事物、现象为内容开展庆祝的节日。侗族的宗教性节日包括祭祀祖先、神祇、自然物或自然现象而形成，是侗族节日较多的一类。

（1）萨玛节

侗族萨玛节流传于贵州省榕江县、黎平县、从江县及周边的侗族地区，主要以榕江县车江侗族萨玛节为代表。萨玛节是贵州南部侗族地区现存最古老而盛大的传统节日。"萨玛"是侗语译音，"萨"即祖母，"玛"意为大，萨玛可汉译为"大祖母"（又称萨岁），她是整个侗族（特别是南部方言地区）共同的祖先神灵的化身。侗族认为祖先神威巨大，至高无上，能赋予人们力量去战胜敌人、战胜自然、战胜灾害，赢得村寨安乐、五谷丰登、人畜兴旺，因而对之虔诚崇拜，奉为侗族的社稷神。每年农历正月、二月都要在"然萨"举行盛大的祭典，场面壮观，代代相传，形成了今天的"萨玛节"。祭萨的规模十分庞大壮观，所有女性届时妆扮盛装。祭萨时，先由管萨人烧好茶水，给萨敬香献茶，然后由身着盛装的女主人排着队前往祭祀，她们每人喝上一口祖母茶，摘一小枝常青树枝插于发髻上，以村寨为单位沿着田间，江边的古道走向鼓楼广场祭萨。主寨在寨口路边摆有拉路酒，而客寨的萨玛队有的又装成古时无衣无裤身上披挂稻草衣的"乞人"，到了寨口，乞人讨酒，主人敬酒，彼此以歌为对，场面十分热烈。

图 4 - 20　榕江车江侗寨祭祀萨岁活动

（2）过社节

农历二月春社之日，侗族有吃社饭之俗，俗称吃社饭。吃社饭亦称"吃社"、"过社"、"过社日"或"吃社饭"，是侗族民间岁时风俗。每年农历立春后的第五个戊日为春社；立秋后第五日则为秋社。侗族每年春社即"过社"要吃"社饭"。吃"社饭"前要喝点盐水，并规定第二日禁用刀，如果必须用刀也只能用剪刀。过社节，主要内容就是做社饭，方法是将田园、溪边、山坡上的鲜嫩社蒿（香蒿、青蒿）采撷回家，洗净剁碎，揉尽苦水，焙干后与野蒜（胡葱）、地米菜、腊豆干、腊肉干等辅料掺和糯米（可掺部分黏米，但需先将黏米煮成半熟后掺入糯米）蒸或焖制而成，吃起来别有风味，其功能是防疫去瘟，促进健康。煮饭时，先将肥腊肉炒香，铲出待用。煮饭时以三分糯米和一分黏米混煮，黏米半熟后方下糯米，然后将米汤滤净，放进社菜、胡葱和腊肉，搅拌而成。侗族各地都有过社节习俗，尤其流行于贵州黎平、湖南新晃和广西龙胜等地。

（3）端阳节

端阳节即端午节，又称五月半。侗族农历五月的端阳节，既受汉族影响，也有本民族的文化渊源，有内外融合的特点。因此，侗族端阳节也与汉族一样包粽子祭屈原，也在门边悬艾叶、挂菖蒲禳灾避邪等。但是，在侗族文化渊源方面，这一祭祀习俗包含了侗族人们的祖先崇拜、图腾崇拜的痕迹。如贵州省锦屏县的圭叶侗族村寨，每逢过端阳节，每家必须安排家中年纪最大的人来包粽子，同时还不准其他人动手，也不准数粽子的数目，并且煮熟后不能马上吃，而要先祭供蛇神和祖宗。相传，古时候侗族祖先刚迁到圭叶居住，在挖地基时发现一条喜欢吃糯粑粑的小花蛇。后来，人们便在发现蛇的那天用糯米包粽子祭它，从而获得了生产丰收。从此，每年五月初五这天，第一件事情首先就是包粽子敬蛇神和创业艰辛的祖先，吃糯米粑也称之为"借随"，侗语中"随"与"蛇"同音。

（4）祭鬼节

祭鬼节又称七月半，是我国传统民族节日，又称"中元节"，民间有烧纸钱祭祀祖先的风俗。在节日到来之际，各地百姓往往要祭祀祖先，也要祭拜安抚无主孤魂，但不同地区的祭祀情形不尽相同。侗族也过七月半并做祭祀活动，但时间不是汉族的七月十五日，也不是苗族的七月十三日，而是七月十四日。如贵州省剑河县盘溪乡洞脚村的侗族村每逢此节，当地都要杀猪宰羊，举行传统的九族公祭祖先、祭岩妈、踩犁板、过火海、进"桃园洞"和玩山对歌、侗族婚娶、踩堂歌等活动。有的还有傩戏表演等，节目反映了地域性文化的特征。

（5）中秋节

中秋节又称祭月节。中秋节源于汉族，但多数侗族人也过中秋节。在农历八月十五日这一天，人们吃饼赏月与汉族一致。但除此以外，各地侗族还有一些属地的特殊内容。如北部侗族有以青年男女社交为主的"八月十五哥送饼"的活动。这天早饭之后，未婚青年提着月饼到预先约定的地方与另外村寨姑娘相会（玩山对象）。相会时，按玩山花园会友的传统程序坐定，然后后生取出月饼以双数排列摆开并唱起歌来，用歌声邀请姑娘们吃月饼，姑娘们以歌答谢后开始共享。男女双方一边吃月饼，一边用歌和白话互诉衷情，直到夕阳西下才告别还家。分手时小伙们一般要把剩下的月饼包好赠送姑娘们。此外，北部侗族的天柱、新晃、锦屏等地有"八月十五偷月亮菜"的习俗。侗族流传有中秋之夜偷食别人家的瓜果蔬菜来吃的习俗，并认为会带来健康、幸福，但是，在月亮下偷来的菜只能在野外食用，不能带回家中。

侗族宗教性节达15种之多，不一一论述，具体列表见表4-2。

表 4 - 2　　　　　　　　　　　**侗族宗教性节日一览表**

序号	节日名称	节日时间	流行地区	活动内容	特征
1	二月二，即龙抬头	农历二月	贵州榕江县	带红蛋，祭古树、古井	—
2	萨玛节	农历二月	贵州榕江县、从江县、黎平县	祭祖母萨岁、踩歌堂等	隆重，全族人参加
3	圣婆节	农历二月	贵州三穗县	祭祖母	祖母在三穗县桐林、款场一带的侗族称为圣婆，因而称为圣婆节
4	土王节	农历三月第一个戊日	贵州天柱县、锦屏县	祭土地神，忌动土、忌干动土的农活	—
5	社节，即春社节	农历立春后第五个戊日；立秋后第五	所有侗族地区	祭春社日，做社饭	—
6	端阳节，即端午节	农历五月五日	所有侗族地区	包宋粑，祭供祖宗和蛇神，悬艾叶、挂菖蒲禳灾避邪、药浴、佩戴饰品、食用保健野菜等习俗	贵州与湖南习俗有一些差别
7	七月半，即鬼节	农历七月十四日	所有侗族地区	公祭祖先、进"桃园洞"和玩山对歌、侗族婚娶、踩堂歌	—
8	中秋节	农历八月十五日	所有侗族地区	祭月亮、吃月品、玩偷月亮菜习俗	—
9	古树节	农历二月	贵州锦屏县	祭古树、祭风水树等	—
10	杀龙王	农历七月四日	贵州黎平龙额、地坪	闹江"杀龙"祈雨，拿铁叉、油枯、渔网到河边驱龙、捕鱼，共进晚餐	—
11	打春醮	农历立春之日	侗族各地	立春的季节性节庆，祭芒神	—
12	草把龙	每年田禾杨花时举办	大多数侗族地区	祭拜天地，舞草龙驱虫避害	—
13	清明节	农历二月或三月	所有侗族地区	扫墓，祭祀祖坟	侗族清明节有二月清明在后，三月清明在前的习俗
14	牯庄节	农历十月二十九日	贵州黎平、榕江县	祭祖萨岁，举办军事活动仪轨	—
15	吓龙节，即朝龙节	农历一月三日	贵州剑河南明	朝拜龙脉，求子仪轨	—

3. 娱乐性节日

娱乐性节日指以各种娱乐活动或相关事物、现象为内容开展庆祝活动的节日。侗族的娱乐性节日涉及季节生活方式、歌会、斗牛比赛、青年交往等，节日内容丰富、方式多样。

（1）过年

即春节。侗族春节来自汉族，侗族的春节就叫"过年"。它是北侗和南侗人们都过的节日，内容和形式与汉族相近，又嵌入了本民族的新义，包括祭祖先、除夕吃团圆饭、贺新岁、祷新年福、拜年、走亲戚等多种风俗，其间的环节，要进行过年准备，即办年货，主要内容有打年粑、酿酒、杀年猪、备香纸供品、打扫门庭、张贴春联、亲朋辞岁和互送礼品等，隆重热闹。

侗族春节有各种习俗。除夕之夜，一家人吃团圆饭，而之前要先祭祖先、土地神等各方神祇，包括火神（祭祀火塘熟饭的三脚架为载体），然后点起屋里香火蜡烛，点放鞭炮，夜宴才可开始。初一早上，有手持香纸到井边河旁挑新年水的习俗，挑水前先敬祭水神。得水回家后，首先熟茶敬祖，然后用新水熟甜酒、油茶作早饭，期间村里各家各户之间借以互请吃甜酒、油茶进行拜年和新年祝福。有的出行郊外，拾柴火回家，意为招财进宝。侗族春节一直到正月十五，其间在北部侗地区的天柱、锦屏、新晃、三穗、剑河等地，村里少者结伴游戏，长者互相走访，宴请亲朋；有的玩龙押狮，或"请七姑娘""跳桃源洞"，庆贺新春。南侗的黎平、榕江、从江等县的侗族，则祭祀"萨岁"，结队"多耶"，集于鼓楼或公共场所对唱大歌、吹芦笙、演侗戏，或带歌队和戏班出村"月也"。湖南的侗族在春节期间还盛行"打侗年"（又叫芦笙会）、舞春牛等活动，热闹非凡。

（2）吃冬节

吃冬节又称"侗年"。侗族每年在"冬至"前后，也就是从农历十月初一至十一月中旬约一个多月的时间里，村里人们"吃冬祭祖"，这就是"侗年"。"吃冬"时，各村人们要准备自己的食材和物品，当然这种准备，一般根据需要可丰可简，但"鱼"这道菜是必备的。具体就是，冬至前后，天气渐冷，家家户户择日放塘抓鱼，用酸菜或酸水煮鱼，加上鱼香草、小茴香、生姜等佐料，熬成鱼汤，放置在冷天里自然降温，经过一夜后鱼汤结冻成为"鱼冻"，味道鲜美。"侗年"以吃鱼冻为主，伴有其他佳肴，"吃冬"就是"吃冻"，所以节日叫"吃冬节"，节日气氛有如春节。节日期间，主要活动是祭祖，感谢祖先到住地安家立寨。此外，还有赛芦笙、多耶、侗戏、对歌等，活动内容丰富多彩，同时还邀请亲朋好友到家做客，侗年相当于汉族的春节，节庆热闹。

（3）斗牛节

侗族斗牛节一般安排在每年农历二月与八月的亥日。侗族喜欢斗牛，每个村寨都饲养有专供比赛用的"水牛王"。牛王有专人割草担水拌料伺候，还要经常供给蜂蜜、猪油、米酒等食物。每当节期一到，群众集汇于斗牛场周围，参赛"牛王"在芦笙伴奏下开始"踩场"：青年手举写有"牛王"的"马牌"前行，昂首挺胸，"牛"气十足。"马牌"后紧随举着木制"兵器"的卫队和鼓乐队。"牛王"犄角上镶戴着锃亮的铁套，头披红缎，背驮"双龙抢宝"牛王塔，塔上插有四面令旗和两根长长的野鸡翎，像古代的将军一样。牛脖上挂有一串铜铃，悬在胸前，朗朗有声。"踩场"结束后，牛王退场。三声铁炮轰鸣，正式斗牛开始。牛倌把点燃的两把火分别抛到自己的"牛王"面前，同时放开手中缰绳，两牛冲向对方，群众敲锣呐喊助威。败方彩旗要允许胜方的姑娘们"抢走"。获胜的"牛王"披红挂彩，再度入场接受欢呼。几天后，胜方姑娘去送还败方彩旗，败方小伙子设宴款待，陪唱"大歌"，并赠礼品"赎旗"。哪个寨子的"牛王"能获胜，是全寨的荣耀，所以斗牛后有群众性歌舞饮宴庆祝。近年贵州省一些村寨侗族的"牛王"，还到一些大城市去表演角斗，使这种特殊的娱乐文化更加声名远扬。

（4）花炮节

侗族的花炮节一年一次，各地举行的日期不同。如广西三江侗族自治县大部分侗族都是农历正月初三，但梅林是二月初二，富禄是三月初三，而林溪却是十月二十六日。花炮分为头炮、二炮和三炮，包炮都系上一个象征幸福的铁圈，外用红绿线包扎。以火药铁炮为冲力，燃放时把铁圈冲上高空。当铁圈掉下来时，人们便以铁圈为目标，蜂拥争夺，谓之"抢花炮"。一般规定，谁抢得花炮，谁在这一年里就会人财两旺，幸福安康。因此，抢花炮时个个奋勇，人人争先，志在必得，为所在村寨争光。抢花炮活动的时长不限，谁能把花炮先交到指挥台，就算优胜并结束一个回合。抢花炮比赛结束，便开始了各种游艺活动。芦笙队在芦笙场上赛芦笙；老人在树下斗画眉，拉家常；年轻姑娘和小伙子则趁此良机，对歌谈情。侗家山寨，到处洋溢欢乐的节日气氛。

（5）赶歌节

赶歌节，也称赶歌会。主要流行在贵州省剑河县高坝地区，它是这里侗族人民的盛大节日，俗称赶歌会，时间是农历七月二十日。这一天，姑娘、小伙子们打整得利利落落，约上伙伴，三三两两赶赴高坝歌场。在这一天之前，青年们一般会把农活提前干完，同时积极收集、改写或新编大量山歌或情歌，以便届时同歌中强手匹敌。中午，赶歌会的中心高坝寨头的草坡变成了人山歌海，有盘歌、情歌、山歌等，歌声别致，此起彼伏。男女青年们借歌会寻找自己的新友故交，谈天论地，谈心表情，或者交替唱起令人陶醉的情歌，活动直到第二天黎明。有不少青年人是通过歌会找到幸福伴侣的。据传说，高坝赶歌会是为了纪念一个忠于爱情的侗族女歌手而兴起的。

侗族娱乐性节日较多，不一一枚举，主要节日见表4－3。

表4－3   **侗族娱乐性节日一览表**

序号	节日名称	节日时间	流行地区	主要活动内容	特征
1	吃冬节	农历十月初一至十一月中旬	南部侗族地区，即贵州的黎平、从江、榕江和广西的三江、龙胜	吃冻鱼，祭祖	各户和村寨之间请吃和娱乐
2	斗牛节	农历二月与八月的亥日	南部侗族地区和北部锦屏县	斗牛比赛	竞技性、激烈性
3	花炮节	各地时间不一，有正月初三，农历二月初二，三月初三，十月二十六日等	南部侗族地区	抢花炮、开展游艺活动	体育活动
4	摔跤节	农历三月十五日	贵州黎平县	摔跤比赛	竞技性、趣味性
5	茶歌节	农历七月十五日和八月十五日	湖南通道、靖州等地	青年走村串寨，男女欢聚的日子	—
6	高坝歌会	农历七月二十日	贵州剑河、天柱、锦屏	举办歌堂唱歌比赛，青年男女约会"玩山"	—
7	河歌节	农历二月十八日	贵州黎平龙额	歌堂唱歌比赛，青年男女约会	—
8	八月八	农历八月八日	贵州榕江、黎平、从江	女婿给岳父送礼或订婚男子给女方送礼	—
9	过年（春节）	农历正月初一到十五	北侗地区和南部部分侗族地区	祭祖先、除夕吃团圆饭、贺新岁、祷新年福、拜年、走亲戚等	十分隆重

续表

序号	节日名称	节日时间	流行地区	主要活动内容	特征
10	泥人节，侗语称为"多玛"	农历八月十四日	贵州黎平	对土地祭祀，在田间玩泥巴仗，以泥土取乐	—
11	谷雨节	农历三月谷雨	贵州黎平肇兴	吃乌米饭，订婚的男方家给女方家送乌米饭等礼物，也举行稻谷播种仪轨	农耕与人类婚亲结合的习俗
12	大戊梁歌会	农历三月第一个戊日	湖南通道和贵州榕江	青年男女对歌	—
13	赶坳节	立春、立夏、立秋、立冬倒数第18天	湖南芷江、新晃和贵州玉屏	民间歌会，有许多固定歌场，青年男女交往	—

4. 纪念性节日

侗族有许多纪念性的节日，多以纪念重要人物或事件而形成。侗族的纪念性节日有的属于本族原有的，有的是引进汉族并改进而形成的，对侗族生产生活有重要影响。

（1）重阳节

农历九月九日，为传统的重阳节。古老的《易经》中把"六"定为阴数，把"九"定为阳数，九月九日，日月并阳，两九相重，故而叫重阳，也叫重九。九九重阳，因为与"久久"同音，九在数字中又是最大数，有长久长寿的含意。今天的重阳节被赋予了新的含义，1989年我国把每年的九月九日定为老人节，成为尊老、敬老、爱老、助老的节日。侗族过重阳节则有纪念民族英雄之意。清咸丰年间，侗族首领姜应芳率众起义，率领侗家反抗清政府，赶跑了官家恶霸，使老百姓过上了幸福日子。人们在九月初九这天，杀猪宰羊，打糯米粑，第一槽挤出三个特别大的糯米粑，兴高采烈地送给自己的队伍。后来起义虽然失败，但为了纪念英雄，把"重阳三大粑"习俗一直传到现在。侗族过重阳节，蕴含让英雄的热血唤醒人们的觉悟，让英雄之名永存侗家人心中，永远怀念他。因此，侗族重阳节有侗族自己纪念起义英雄的含义。

（2）乌饭节

侗族的乌饭节又叫"姑娘节"，在农历四月八日举行。相传，这个习俗来自侗族杨姓家族，流行在湘黔桂边界。据说是为了纪念侗家女英雄杨八美，又叫宜娘，侗族有的地方还建有宜娘庙。纪念的方式是吃乌饭，乌饭是用一种带黑色浆汁的叶子渍水，把侗族特产的"糯禾米"染黑，蒸煮而成的。每年这一天，出嫁了的姑娘，必须要回到娘家来，与自己家的亲姊妹和姑嫂们欢度佳节。届时，姊妹们唱歌说笑，共同制作一种节日食品乌饭糍粑。在她们回婆家去的时候，还要带着许多乌饭糍粑，分赠给亲友吃，也好补偿"姑娘节"这一天小伙子们的寂寞。四月八吃乌饭（又叫黑饭）是一个很古老的风俗。①

侗族纪念性节日远不止这些，主要节日列表见表4-4。

表4-4 侗族纪念性节日一览表

序号	节日名称	节日时间	流行地区	活动内容	特征
1	峒王节	农历三月三日	湖南靖州、通道等地	飞山庙祭祀侗族祖先和英雄杨再思	建有飞山庙，在庙里祭供
2	乌饭节	农历四月八日	多数侗族地区	纪念女性英雄宜娘，吃黑糯米饭，姑娘交往	侗族杨姓家族多过，又称为杨姓姑娘节
3	林王节	农历六月第一个辰日	贵州锦屏	纪念侗族民族英雄林宽	—
4	重阳节	农历九月八日	贵州天柱、锦屏等	敬老，纪念侗族起义英雄姜应芳	—
5	合鼎罐节	农历十一月	侗族各地都有，湖南通道普遍	认祖归宗活动，祭祖认宗，宗族团聚、交流	—

5. 其他特殊性节日

侗族各地节庆活动各有不同，有的节日因族群习俗和个别村寨的特定事件而形成，构成侗族节日的特殊方面，也是侗族文化多元性的重要体现。主要节日有：

（1）千三节

千三节是黎平地扪侗族村的一个传统节日，时间在农历正月11—15日这几天。地扪是黎平县茅贡乡的一个村，生活在这里的侗族先民，伐木建房，开荒种地，开始安居乐业和人丁兴旺，若干年后就发展壮大到1300户。此时，人多寨大，生产资源需要拓展，于是后来干活要到很远的地方，出现资源限制和不便。经过寨老们商议，村里决定分寨而居。这样，相传分到茅贡去700户，分到腊洞200户，分到罗大100户，地扪留住

---

① 杨筑慧：《中国侗族》，宁夏人民出版社2014年版，第270—271页。

300户。分出去的各支，由于思念故土，常回地扪祭祀祖先，但时间不统一，只能和地扪的人见面团聚，很难遇到其他村寨的人。为了解决这个问题，又进行商议并决定每年农历正月十一至十五，为各寨回地扪祭祖团聚的日子。天长日久，就形成了"千三节"这个节日。

正月十一这天，一早人们就起来做各种活动的准备。中饭后做祭祀活动，寨老们排成横队列于坛前，烧香化纸，祭祀祖先。在祭坛旁边，有一座建筑时尚的庙宇，里面供奉着"塘公"。据说这塘公是千三后裔各寨民众风调雨顺、五谷丰登和健康平安的保护神。寨老们绕祭坛一周之后，在塘公庙及其前面的水塘顺游一周，这时的鞭炮此起彼伏，塘公庙被笼罩在烟雾之中。祭祀活动结束之后，全寨人们踩歌堂、演侗戏和开展斗牛等，节日热闹非凡。

图4-21 贵州省黎平县地扪侗寨千三节场面

（2）娶亲节

娶亲节主要存在于贵州省剑河县磻溪乡的小广侗族村。小广，汉译大意为最大的寨子。小广包括前锋、光茫、团结三个村，拥有600多户2000多人。小广建寨已有六百多年的历史，侗族民俗独特，村里流行有娶亲节。小广地区有王、文、潘、杨、龚五姓，在很早以前就有规定，不管姓王姓文，姓潘姓杨，同寨的男女不准结亲，能开亲的地方有几十里甚至上百里之遥，来往极不方便，途中要经过许多大小河流，有时择定了婚嫁的佳期，因突发洪水，无船可渡或有船难渡而错过。加上路途遥远，山高路险，毒蛇猛兽常出没伤人，每遇这种情况，喜事也办成伤心事。加之小广人口发展得快，女大十八嫁不出去，男大十八找不到爱人。后来，小广侗寨有两个德高望重的寨老招集寨众杀猪议约、宰牛定款、喝酒起誓，破除远嫁远娶的老规矩，就近在本寨开亲，只要不是同姓同宗，哪怕两家人只隔一条阳沟，"上寨的可以为妻，下寨的可以为婿"，并立岩为证。那一年，因为十月天气暖和，第一个卯日又是适宜嫁娶的黄道吉日，当年全寨70多对适婚的青年男女都在这一天完婚，婚后都有儿有女，大吉大利。从那以后，小广地区要结亲嫁女的人家，为求吉利，都沿用立岩改规当年70多对青年男女完婚的日子，即农历十月头卯日，作为婚嫁良辰吉日，从而形成了这一地区独有的娶亲节。①

（3）喊天节

每年农历六月十五日，位于贵州省黎平县西南方向的双江镇黄岗侗寨村都要举行一年一度的侗族"喊天节"。黎平县黄岗侗族的"喊天节"也称"祭天节"或"求雨节"。喊天节的形成，来源于先民一个感人的故事。相传在明朝的时候，黄岗遇上了持续两年的大旱灾，河水断流，草木樵枯，庄稼颗粒无收。遭此天灾，人们十分恐慌。村里的寨老吴万想消除灾难，徒步千余里，到外地去请当时有名的天师吴为民来为黄岗村求雨避难。吴为民因吴万想的爱民之心感动，于是就答应为黄岗村举行祭天礼仪，专为黄岗村求雨，时间定在农历的六月十五日这一天。六月十五日凌晨，黄岗村里人们把"祭天坛"里外各三层围起，举行求雨仪式。从那以后，黄岗村年年风调雨顺，五谷丰登，很少发生旱灾。黄岗村人们为了感谢上天和纪念吴为民，在每年的农历六月十五日便摆上供品，祭拜苍天，也纪念吴为民天师，同时摆上宴席接待八方来客。这就是喊天节的来历。今天，黄岗举办喊天节，把侗族传统的"抬官人""踩歌堂""侗族大歌"等习俗加入，节日气氛更是浓烈。

侗族特殊性节日各地不一，这里不一一论述，其中影响较大的节日列表见表4—5。

---

① 杨筑慧：《中国侗族》，宁夏人民出版社2014年版，第271—272页。

表4-5　　　　　　　　　　　侗族其他特殊性节日一览表

序号	节日名称	节日时间	流行地区	活动内容	特征
1	千三节	农历正月十一至十五日	贵州黎平茅贡地扪等村寨	祭祖认宗、踩歌堂、侗戏、月也活动	茅贡地扪等村几个村寨特有
2	娶亲节	农历十月月头卯日	贵州剑河小广	议约、定款、起誓，全村青年集中集体举办婚礼	剑河小广侗族独有
3	喊天节	农历六月十五日	贵州黎平黄岗	抗旱祭天	黎平黄岗侗族独有
4	祭天节	七年一次，每年在春天或秋天举行	贵州黎平、榕江（四十八寨）	吃牯藏，举行斗牛、祭祀、踩歌堂、唱侗族琵琶歌等活动，庆祝丰收，祈福村寨	黎平、榕江四十八寨流行

二　侗族传统节庆活动与生态文化的关联

侗族节日丰富，一年四季都有分布，有的节日是普遍性的，有的是特殊性的，侗族区域内部节日也各有差异。而节日的丰富性和多元化，在族群内部这些现象不仅涉及人们长期生活实践积累的不同，而且体现侗族各地地理差异的区域特征，侗族社会属于农耕文明，文化传统是这一环境适应的结果。因此，节日也关涉生态因素。侗族文化因子之间相互渗透，生态文化也在相应节庆活动中得到表征，形成相应的功能，也就是说，节庆习俗也是生态文化的相应载体，在许多节日中都得到反映。

1. 相应节庆本身蕴含生态知识的表达和传习

侗族历史悠久，但发展相对滞后，在中华人民共和国成立之前都还没有自己的文字。因此，过去社会知识和技能的传承没有学校教育的体制和机制，主要靠民间的族群、相应的社会组织和活动来完成，而且传承的路径具有生活化和实践性特点，即知识和技术传承融于日常生产生活之中，生态文化知识和技术也一样。

从具体的传承方式看，侗族文化知识传承有口头传承与经验性实践传承，口头传承主要包括观念性的文化内容和理论性的知识，而经验性的实践传承主要是操作性的技术和技能。而口头传承与经验性实践传承又可划分为个体之间的传承和集体内部的传承，它们是立体交织的。侗族生态文化知识和技能的传承也通过这些传承活动实现出来，其中节庆是重要的环节。

侗族节庆活动蕴含着生态文化知识的传承，也是生态保护教育的场景。类似的节庆如锦屏县颜洞乡九勺村侗族举办的古树节最为典型。九勺村地处锦屏县北部，该村民族风情浓郁，自然风光秀丽，村寨四周古树成群，生长着红豆杉、猴栗树、樟树、枫树等多种珍稀树种。当地人崇拜古树，敬畏古树，对古树的保护有着悠久的历史。古树节时间在农历一月十一日，即立春刚过，锦屏县侗寨九勺村人们就身着盛装，与来自周边村寨的侗族同胞欢聚一堂、载歌载舞举办古树文化节。

从调研可知，九勺村侗族长期崇拜古树，敬畏古树，对古树的保护有着悠久的历史。长期以来，村寨四周古树成群，生长着红豆杉、猴栗树、樟树、枫树等几百棵珍稀百年古树。每逢节日，村里人们都会到古树前拜祭祈福，寄托心愿。因此，古树节是当地一个神圣而又十分重要的特殊节日，全村男女老幼皆着民族盛装参加祭拜仪式。九勺村祭拜古树活动来源于古时候九勺村先辈初到当地定居安家时，曾向大山中的树木许下愿望，希望古树保佑全村老少远离祸乱、生活安康幸福、牲畜兴旺、五谷丰登。后来，九勺村人民的生活确实如向古树祈祷的那样风调雨顺生活安定。于是，九勺村人民每年都前去向古树还愿，感谢古树的护佑，一直延续至今。九勺村祭拜古树活动每三年举行一次大祭拜，每年举行一次小祭拜，大祭拜活动时会邀请四方村寨侗族同胞一同进行，小祭拜则只是本村民众单独进行。每逢佳节当天，当地同时还举行民族服饰展示游行、民族歌舞表演、斗牛比武、斗鸟、民歌对唱、篮球友谊赛等活动。

锦屏县颜洞乡九勺村侗族古树节有以下内涵和特点：一是属于对古树还愿的祭祀仪轨；二是对古树拜祭祈福，求风调雨顺；三是全村男女老幼都参加祭拜仪式；四是大祭拜则邀请附近侗族村寨人们参加。这里，第一点和第二点是以古树引申建构生态生活关系的民间知识建构，即繁茂的森林能够给人们带来风调雨顺和安定生活，人类应当珍惜这种环境和资源，神化地对待自然并以祭拜谋求获得利益统一，实现人与自然的和谐。这是一种朴素的生态知识和生态维护行为。第三点和第四点以全村男女老幼参加祭拜仪式和邀请附近侗族村寨人们参加来完成，这是关于这种生态知识的传递，力图通过节日把维护村落自然生态功能习俗化，谋求可持续发展。总之，锦屏县颜洞乡九勺村侗族举办的古树节，包含了强烈的生态维护意愿，树木借神化而得以保护，并由节庆活动推进对之保护来实现教育传承。因此，相应节庆蕴含生态知识的传习。

图 4 - 22　贵州省锦屏县颜洞乡九勺村侗族古树节

2. 相应节庆举办蕴含对生态文化价值观的建构

价值观是文化的核心。民族之间的文化差别，包含思维方式、审美差异和宗教信仰，但审美差异和宗教信仰都最终归结于价值取向，即价值观差异。价值观蕴含在生活中的各个方面。在侗族社会里，生态文化价值观是价值观的重要内容。

从文化内容的存在形态看，价值观不仅是个体的思想表达，而且是族群性或共同体的思想意识体现，在族群性或共同体的思想意识中有的还属于集体无意识的发生。个体思想并不是独立存在的，由于人的社会性，个体思想也在集体思想意识中得到熏陶和习染，因此同时受到集体无意识的遗传。侗族的生态文化传承既有理性的方面，也有"非理性"的方面，其中包含着集体无意识的影响。侗族节日就发挥着这样的功能，对生态文化价值观产生着构建作用。

节庆活动是一种集体行为，它具有社会性的文化传承力量。而之所以能够这样，在于它本身就是一种生产活动，蕴含着价值观的表达。侗族人们过节就是特定价值观的表达和实现过程，同时也是价值观的建构过程，这种过程包含了生态文化价值观这一内容。这样的文化价值机制，可以通过分析侗族特定节日得到例证，如土王节就是一例。

关于侗族土王节，最近几年，广西柳州市三江侗族自治县林溪镇林溪村也有举行，并当作传统节日来举办。但是，他们认为土王节是当地侗族的传统情人节，主要活动是侗族群众对山歌、跳芦笙、踩歌堂、多耶、斗鸟等民俗活动。到2017年已经举办第二届了，基本过程是每逢农历谷雨前二三天，在固定的土王坡举行。当日，各寨的青年男女要结伴来到离寨不远的土王坡上，举行各种活动，除了对歌、斗鸡、赛臂力、比试鸟枪外，还有具有传统特点的吃茶苞活动（茶苞，春天茶油树开花季节长的类似果实的东西，可食）。"吃茶苞"是侗族青年男女传情的主要方式之一，通常青年小伙摘了一个未脱衣的茶苞，用闪电似的动作塞进一位姑娘的嘴巴。如果那位姑娘只皱了一下眉头，仰着脖子硬把带有苦涩味的茶苞吞进肚里，而不吐也不发脾气，就意味着对对方有情意。有学者研究认为，土王节来源于古代一对青年自由恋爱不能结婚自缢而死的悲剧后，侗族地区经过协商对婚姻制度作了重大改革的结果，即在规定同姓而不同支系的可以结婚后出现青年男女自由来往形成的节日。而之所以叫"土王节"，是因为地点设在土王坡上。

其实，侗族传统土王节内容上有青年男女交往娱乐活动是事实，但是把它解释为侗族传统情人节，并认为名称源于活动地点即土王坡，这是不对的。侗族土王节有男女交往的内容，但不是源于这个情形，而名称也非因土王坡而得。实际上，土王节来源于土地禁忌的延伸。贵州省天柱县高酿镇的甘洞村侗族，每年农历三月、六月、九月和十二月共四次，三月份的土王日举行"凸洞土王节"。过土王节，是一年中每隔100天过一次，而当地并没有土王坡。其实，"土王节"又称"土皇节"，"土皇"指管理"土"的最高长官，有对土地神的敬重和尊称之意。

侗族有戊日禁忌和土王节，属于"时节禁忌"。戊日禁忌和土王节的产生直接源于土地崇拜，是土地崇拜产生的时节性禁忌习俗和节日。侗族按旧历叙述："十日有一戊，百日一土王。"而侗族禁忌的主要是立春后的五个戊日，即立春后的五个戊日，不能动土，不能下地耕作。这五个戊日的禁忌内容为：一戊忌天，指如果天上打雷或下冰雹，不能指责，不能乱骂，要烧香化纸敬天；二戊忌地，不能挖土，不能犁田地，不能在土中播种子；三戊忌阳春，不能破土动土，不能薅刨庄稼，不能进菜地打菜；四戊忌本身，指在第四个戊日，人不能吃荤；五戊忌逢社，指在第五个戊日即逢社，这天不能动土，这一天是春社节，要做社饭并用米酒等祭祀社神（即土地神），祈求社神保佑新年取得丰收。有的地方有些差异，如贵州天柱是：一戊忌天地，二戊忌耕牛，三戊忌阳春，四戊忌本身，五戊忌逢社。而按"十日有一戊，百日一土王"计算，侗族社会一年有三个土王日，土王日就是禁止下地干活。由于土王日不能干活，人们就参加各种集会活动，尤其是给青年男女交往提供机会，于是演化为土王节。这一点，我们前面第二章已经有论述，这里不再详论。

我们需要分析的是，土王节的原初内涵是土地崇拜和相关禁忌习俗的遵守，因为戊日和土王日不能动土，有了空出的时间才延伸出青年交往的有关习俗出来，本质上必须回归土地崇拜和禁忌的文化价值观进行解释。侗族戊日禁忌和土王节蕴含的"时节禁忌"，强调了自然的主体性和自身运行的规律性，提示人类的生产生活在自然界中是有界限的，不可妄为。这种限制包含着保持生态平衡的意涵，并且需要人类自己自觉遵守。侗族在自己的文化价值观中推崇这种价值，而设定为节庆式的践行，通过生活化的贯彻，从而实现这种价值观的不断重复和持续传承，发挥显著的文化建构作用。

3. 相应节庆是生态行为的规范表达和体验教育

侗族社会发展滞后，在文化上虽然有自己的语言，但没有文字。这种情况影响到侗族的发展，包含自己的文化传承。由于没有文字，侗族文化传承渠道主要靠比较原始的方式进行，即以口传和经验性的实践方式为主。实际上，侗族的文化传承没有类似学校的教育机构，因此，千百年来都把文化传承放在生产生活的大课堂中。侗族的节庆产生于各种生产生活的相应环节，因而，节庆活动也包括教育行为。节庆对于生态文化知识的教育和传播，是一个重要渠道，因为它是生态行为的规范表达和体验教育。

关于把节庆活动当作教育场所，对此，一般人们会产生质疑。就此，我们举侗族"玩山"一例便明了。侗族的"玩山"是北部侗族的一种青年男女集体约会的恋爱形式，这是非常特别的青年男女交往。一方面是"玩山"以歌传情，一唱一答来进行话语交往，因而"玩山"就是一种集体的"歌会"，即集体活动。另一方面，"对歌"的内容不局限于"情歌"，包括交往礼节、生产生活技能和智慧的表达，即才智的表现。从"求偶"的角度看，它是一个竞技场；但是，除开了"求偶"的目的，它是知识和技能的传播，是一个特别的教育场所。因此，侗族"玩山"会出现两种情况，一是有些大一点年龄的少年也可以随青年一起参加，二是一些已经结婚的青年男女尤其女子还没"落夫家"的妇女也可以参加。而之所以出现这种情况，在于"玩山"蕴含了教育功能，是青年学习、模仿交往和相应知识传播的场所。因此，参加玩山在侗族社会里的侗语叫"翰习"或"翰偶"，即学习而变为聪明和智慧的意思。

侗族节日就有类似"玩山"的功能，包含了生态知识方面的规范表达和体验教育。如在广西龙胜各族自治县广南侗族村有舞草龙的习俗，并成为舞草龙的节庆，每年农历六月六日举办。每到这时，村里就举行舞草龙活动，伴随激烈的锣鼓声，人们欢快飞舞着"草龙"，它包含着对风调雨顺祈祷和五谷丰登的期盼，寄托着人们对美好生活的追求与向往。产生这个节庆习俗的原因在《广南村志》中有记载，草龙制作始于清朝嘉庆年间，那时广南四周森林莽莽，野兽横行，虫灾泛滥，居住在大山深处的侗族村民，由于没有农药等防治手段，面对庄稼频频遭受虫灾危害却束手无策，稻谷常常颗粒无收，生活困苦不堪。在自然灾害面前，人们寄希望于神灵的保佑，并认为传说中的龙神通广大，能镇妖降魔，呼风唤雨，消除虫灾。于是村民便用稻草捆扎成一条草龙，龙头只是做成一个象征性的形象，龙身和龙尾用一把把的稻草扎成，比较简单粗糙，称为"草把龙"。龙扎好后，在相传为龙晒鳞的农历六月初六进行舞龙。这天寨上的人们都集中到田边，烧香祭拜天地后，由十多个男子举着长龙游过田间地头，在巫师的咒语声中，蝗虫等害虫纷纷飞到草龙身上，然后人们将草龙带到河边，将它一把火烧掉，以图达到消除虫害、保佑庄稼丰收的目的。舞草龙的实质是强化生态灾变意识和驱虫避害的需要。

而舞草龙，需要集体准备和参加，是一种生产性的生活体验。就"草龙"的准备就包括用优质的糯禾秆草来制作的选、编、扎等工序。而"舞草龙"是一种更高难度的技艺，需要学习和练习。人们通过制作道具和参加活动来领会节庆的文化内涵，增强人们防备生态灾变意识。这就是举办舞草龙的文化功能。

总之，侗族的特定节庆与生态文化具有关联性，形成节庆活动的生态文化传承作用。

三　侗族节庆活动对生态文化形成的重要意义

侗族节庆活动具有丰富的生态文化内涵，同时也是生态文化和技能传承的重要渠道，因此，在传统社会里侗族节庆活动对生态文化形成具有重要意义。

1. 增强人们对生态问题的认识

侗族节庆活动蕴含生态文化信息，同时节庆活动与生态知识和技能的传承关联，因而通过节庆活动本身可以增强人们对生态现象的认识。生态现象是客观存在的，这是自然现象和生活事实。对于生态现象，虽然历史上侗族人们并不能从科学意义上认识它们，但是他们从自己生产生活的经验出发形成了自己的认知，体现在日常的趋利避害的习俗中，侗族对自然界赋予了许多禁忌，这就是鲜明的例子。与自然界的交往形成了日常生活禁忌，它们包括生态原则和方法。侗族节庆活动也包括了这一方面的表达和要求，特定的节日包含生态原则和方法的彰显或展示。因此，村寨人们参加节庆活动，它不仅是享受，而且也是学习，尤其对年轻人而言能够增强人们对生态问题的认识。

2. 强化人们对生态价值的指认

追求生态文明，这不仅是遵守自然规律的需要，也是遵守价值规律的需要。在人类社会中，自然现象与社会现象是互为媒介并同构于一起的。因而，一定的社会行为就是自然规律与价值规律的融合，生态文明实践就具有这个特性。人们维护生态，这既是生活中自然物质属性的使然，也是人们合理利用自然之时形成的价值规定，即维护生态平衡需要通过遵守价值规定来实现。价值规定是一个社会范畴，是一个把人的自然关系社会化了的范畴，因此，一定的价值规定的现实化必然以人们活动的社会规范为形式出现。而推进人们遵守社会规范，其前提就是对社会规范之价值的认识。获得认识尤其提高认识，这是一定社会规范获得认同和遵守的基础。侗族的节庆活动，针对生态文化而言具有其价值指认的强化意义。举办节庆活动是节庆文化的彰显，通过相关性的联结，人们能够在经验的不断重复中来认识生态价值并促进规范的加强。

3. 促进社会维护生态的行为规范形成

生态价值指认是生态文明的基础，但是它不过是一种意识前提，而不是生态文明的行为本身。而观念要发挥对现实的作用，它就要落实为实践，只有进入实践的思想才是有用的思想。而思想落实为实践需要一定的社会机制，根本上就是把它融入人们的日常生活并上升为社会规范。侗族节日在生态文化上的关联，一个重要的特征就是把一定价值观的生态意识通过节庆而实现习俗化，使之成为日常行为习惯，变成道德规定。我们知道，道德就是社会规范，但是规范与规定不同，规定是指客观存在的关系或规律，而规范则是基于这种客观关系或规律认识形成的行为准则。这就是我们平常可以把伦理与道德放在一起来论说，但又不能相等的原因。伦理是价值关系或规律的规定，而道德把这些价值关系或规律的规定内化为个体的意识观念并形成言行的约束。生态文明的现实化就是生态价值观所包含的价值关系或规律实现为生态伦理并习俗化和变成社会规范。侗族节庆活动对于传统生态文化的意义，就在于促进社会生态行为规范形成，使传统获得生命力。

4. 推动侗族生态文化的持续传承

文化事象的习俗化，其特殊意义在于把相关的文化内容同构于人们的生活日常，能够实现不断重复。节日就是习俗，是不断重复的文化内容，如果某一文化内容能够通过节庆获得表达，则意味着它已经进入传统和能够持续发展。显然，文化的节日化就是其持续发展的实现。侗族的一些生态文化内容通过节日表现出来，这就表达了它已经获得可持续性的存在。诚然，民间的节日是文化长期积累的结果，它的保存源于需要并能够终于习俗。而目前我国有的地方为了发展旅游或开展所谓的文化保护，出现一些"人造节日"，虽然这些节日也源于需要，但是不能"终于习俗"，因而没有生命力。侗族节日对于生态文化的意义，就在于它能够实现传统生态文化"终于习俗"，也就是说，侗族生态文化的节日关联能够推动侗族生态文化的持续传承。

第七节　侗族防灾习俗与生态意识

侗族历史远久，文化丰富，其中与自然环境和谐相处是其文化特色之一。但是，自然存在有自身的规律性，尤其有许多现象不是人类迄今已经完全认识和能够控制的，因此，在侗族社会里往往神化地对待自然界。当自然界发生灾变时，侗族一般把它们看成自然神的某种意志表达，有的更多地认为是人类对自然神的不恭或者侵害所引发的惩罚。侗族就是在这种文化背景下形成了自己关于自然和社会的灾变、灾害思想和相应的文化，同时应对这些灾变、灾害又产生了各种预防措施以及价值观，其中也延伸到生态的方面，构成为侗族生态文化观的重要内容。

一　侗族洪水滔天传说与防灾意识

侗族的灾害、灾变思想及其生态保护意识，最初诞生于神话和传说之中，融入人类起源的思想中发生，这说明侗族的灾害、灾变思想及其生态保护意识很早就产生了。

侗族有人类起源于"洪水滔天"的传说故事，在古歌《龟婆孵蛋》中描述道：上古时候，世上没有人类。有四个龟婆先在寨脚孵了四个蛋。其中三个坏了，只剩下一个好蛋，孵出了一个男孩叫松恩。那四个龟婆并不甘心，又去坡脚孵了四个蛋，其中三个又坏了，剩下一个好蛋，孵出一个姑娘叫松桑。从此世上有了人类。古歌中认为人类的最早祖先是龟婆孵生出来的。龟婆侗语称"Sax biins"，意为"龟类老祖母"。一般地把龟与龙、凤、麒麟誉称四灵。乌龟被尊崇为吉祥如意、先知先觉的灵物。侗族的"龟婆孵生松恩松桑，开创世界"是一种想象，离奇荒诞，但符合进化论的思想，也反映了远古先民对龟的崇拜。龟婆卵生了松恩（男性）和松桑（女性），松恩松桑结合生出了十二个子女。他们是虎、熊、蛇、龙、雷婆、猫、狗、鸭、猪、鹅和章良、章妹。其中只有章良、章妹是人类。而章良、章妹认为"嫌家庭不好，人不能与禽兽共处"，于是二人定计，约兄弟姐妹上山比武，胜者为兄姐，败者为弟妹。不料，等大家到齐后，章良、章妹便放火烧山，想把这些非人的兄弟姐妹全部烧死。古歌中描述道：

> 章良章妹放起火，火焰照红了山坡。
>
> 浓烟入云，火焰冲天。
>
> 父母心里难受，呼儿喊女声回山谷。
>
> 猛虎进山，龙入江。
>
> 长蛇进洞，雷上天。
>
> 高声叫、低声呼，父母心上不放心。
>
> 火势凶猛难逃命，父母为子女丧身。①

那时候，由于松恩、松桑的呼唤，儿女们闻声而逃，使他们各得其所。老虎住山林，龙从河下海，蟒蛇进山洞，雷婆上了天。这段歌描述的是远古

---

① 杨权、郑国桥：《侗族史诗——起源之歌》第 1 卷，辽宁人民出版社 1988 年版，第 38 页。

人类与自然（毒蛇猛兽）斗争的场面，发挥了人的智慧，赶走了非人类的兄弟姐妹，使人兽分居，而且懂得了火的使用和动物的驯养等。

当雷婆逃上了天，熏得满面灰黑，几乎丧命。雷婆恨得咬牙切齿，雷声滚滚，誓要捉住章良，为父母兄弟报仇。雷婆想要把章良劈死，章良设计要弄死雷婆。魔高一尺，道高一丈。章良去池塘捞来青苔，出计谋要弄死雷婆。把青苔绕过三幢房，铺过五间仓。雷婆从天空下来，被青苔滑倒。雷婆声声叹息，章良捉住雷婆。关进铁仓，关进钢仓。雷婆不甘心失败，时刻在寻找逃脱的机会。一天，正好章良上山打柴，章妹挑水经过铁仓，雷婆装出一副可怜的样子，苦苦哀求：咱们是共母姐妹亲，手足之情别忘记。树大叶茂枝同根，咱们姐妹同根生。为何舍不得给水喝，给点水喝救我命，我做闪电给你看，电光闪闪让你玩。

善良、幼稚的章妹就舀了一瓢水给雷婆。雷婆喝水之后，两眼放射出两道光，立刻起了疾风，破仓而出。临行前为报章妹送水之情，拔下一颗牙齿相送，叮嘱章妹："送颗瓜种你去种，洪水起时来藏身。"[1] 说来奇怪，这颗瓜种生长神速，早晨种下当晚出芽，七天七夜瓜蔓爬过九重山坡结了个葫芦大似草棚。雷婆返天后，呼风唤雨，雷鸣雨倾，大地洪水滔滔，又回到了混沌世界。古歌中这样描写：

> 云起天昏，风起地暗。
> 雷声隆隆，大雨哗哗。
> 雷婆叫蛇堵塞水井，叫龙截断河道。
> 洪水滔滔，天下昏昏。[2]

面对着滔滔洪水，"章良束手无策，章妹胸有成竹"。她请来啄木鸟，打开葫芦盖，兄妹两人躲进葫芦。真是"十分愁肠去九分，大葫芦却装下两个人。"[3] 接着古歌还描述葫芦在漂泊过程中发生的事情：

> 大雨哗哗，狂风呼呼。

---

① 杨权、郑国桥：《侗族史诗——起源之歌》第1卷，辽宁人民出版社1988年版，第51页。
② 同上书，第52页。
③ 同上书，第63页。

水浪一阵高一阵低，葫芦飘上飘下。

……

七天水滔天，七夜雨倾盆。

雷鸣轰隆，葫芦飘荡。

蜜蜂飞到葫芦边，站在上面喊救命。

叫声章良公，喊声章妹婆。

兄妹乐于救助，为了渡过洪水不绝种。

章良、章妹救助蜜蜂后，就派它去制服雷婆，古歌具体描写道：

葫芦飘到南天门，

看见雷婆在弄水。

蜜蜂飞上前去蛰雷婆，

一蛰再蛰接连蛰，

蛰得雷婆头肿如箩筐，

耳朵肿得如棕榈叶片，

身体肿得如浸泡兰靛的大木桶。

痛得雷婆惨呼叫，

呼天唤地喊救命。

章良有主意，

派画眉去讲条件：

一天退水一万丈，

就少蛰一万。

洪水退尽，

就再不蛰。

雷婆怕死，

全部答应。①

于是雷婆放出七个太阳来晒，晒了七七四十九天，洪水完全晒干。但是，七个太阳烤着大地，使得大地种稻稻不长，种菜菜不出；鱼塘没有

① 杨权、郑国桥：《侗族史诗——起源之歌》第1卷，辽宁人民出版社1988年版，第65页。

鱼，山坡没有树。于是章良又派蜾蠃（侗语称 nyiv nyais）背着柴刀上天去砍太阳。古歌里砍太阳是这样写的：

> 章良唤来蜾蠃，
> 派他砍太阳。
> 日头砍去阳光落，
> 可怜蜾蠃身子只剩一根筋。
> 留下两个太阳一个在白天一个在黑夜，
> 让世间分黑夜和白昼。
> 太阳碎块落进云端去，
> 成为繁星闪闪发出光。①

洪水退去以后，章良、章妹从葫芦里出来一看，眼前呈现的是"房屋良田都冲尽，人畜死得不留根；只见泥沙深万丈，不见世上半个人"的一片凄景。战胜灾难，需要创造。面对困难，可以开辟田园，但无法繁育人类，于是翻山越岭，到处寻找配偶，但因仅剩兄妹二人而无果，最后只有兄妹结合才能繁衍人类。古歌具体描述道：

> 章良出门去找伴，章妹出门去寻侣。
> 兄妹同出门，各往一方去。
> 章良来到九曲崖，抬头望见大榕树。
> 有只大母鹰，章良把话问：
> 你飞高空看得远，哪个地方还有人烟？
> 母鹰说它飞得高，四方不见人一个。
> 回去跟妹结夫妻，以后才有群乡村传。
> 章妹走过龙塘井，抬头看见老枫树。
> 有只母鹰对她讲：
> 我们飞得高看得远，不像燕雀只能看近处。
> 不见村寨人迹只剩你们俩，

---

① 杨权、郑国桥：《侗族史诗——起源之歌》第 1 卷，辽宁人民出版社 1988 年版，第 77 页。

该回家去跟哥讲，共个火塘结夫妇。①

兄妹结婚，不可思议，担心得罪于天，又愁得罪于地。于是，"山头滚磨问天意"，结果两片磨石滚到山脚自相合，既然天意如此，兄妹终于结了婚，人类得以繁衍。

侗族的洪水滔天神话故事，虽然主题是叙述人类起源，但是它是伴随因应灾变，与自然进行斗争于其中的。可以说，很早之前侗族就有了灾变及其防范意识的思想。这里，"洪水滔天"说的是"水灾"，"七个太阳"讲的是"旱灾"。雷婆放出七个太阳来晒洪水，晒干后则是"旱灾"的发生，"旱灾"的景象是"种稻稻不长，种菜菜不出；鱼塘没有鱼，山坡没有树"的景象。显然，"水灾"和"旱灾"过去在侗族地区频发，对环境和生态造成极端破坏，因此，应对灾变是侗族人们一年四季重大的事情，这种应对就包含了生态保护的意识和行为。古歌里描述的"物种"保护、其他动物的救助以及这些动物对人类的帮助，都蕴含了对生态环境要素采取保护与和谐处理的一种行为原则，具有生态价值。

二 侗族防灾的传统意识、技术和习俗

侗族自古以来就有灾变思想和强烈的防范意识，因此形成了丰富的防灾观念及其相关文化习俗，防范灾变包含生态保护的意识和行为，构成生态文化的重要方面。侗族的灾变范畴及其防灾意识包括水灾、旱灾、火灾、虫灾、风灾、地质灾害、神使灾害、战争灾害等；而防范方面包括农林技术运用、款约法的使用、祭祀性祈祷、禁忌性强力规范、节庆习俗化中的教育传承等。

1. 侗族防灾的传统内容及其意识

侗族的灾害、灾变思想是对现实灾变的反映和总结，包括自然环境和人为活动双重因素以及相互适应的要求，是区域性自然适应的民族文化表现和形态，也体现了侗族人们的智慧和历史生活经验与知识积累。

（1）水灾意识。侗族传统的灾变、灾害意识发生，首先是水灾意识。侗族的水灾意识起源久远，在很早的传说、神话故事就有了相关表达。侗族关于人类起源的神话《洪水滔天》里有描述章良、章妹兄妹结合创造人

---

① 杨权、郑国桥：《侗族史诗——起源之歌》第1卷，辽宁人民出版社1988年版，第78页。

类的故事，但这个故事的发生是以天下发生洪水滔天，即发生大水灾为前提的。在《洪水滔天》中，这里虽然说水灾的原因是被困的雷婆发怒引起的，但雷婆不过是响雷这种自然现象或自然力的拟人化表达并予以主体形态的叙事而已，事实上属于自然现象。而这个故事说明了侗族先民很早就思考了人与自然界的关系，其蕴含了侗族人们的一个基本认识，即如果人与自然界不相协调，那么自然界就会反害于人类。而神话中叙述雷婆发怒引起的灾害内容是洪水之灾，即水灾。为什么侗族先民首先意识到的是水灾呢？这与侗族居住的湘黔桂边界自然环境有关。湘黔桂毗邻处于我国地势的第二阶梯云贵高原下降到第一阶梯的长江中下游平原的过渡地带，这种过渡性的区域地形以山地地貌为主，山河间布，地势险峻，农业、交通等均极为不便，加上临近贵州所具有的"天无三日晴"的气候，经常淫雨绵绵，水灾不断，危害极大。长期以来，往往清水江大水一发，沿岸有的村寨就发生被淹没和冲走的灭顶之灾，那些木制建构的房子有的随大水一直被漂流到洞庭湖。在调查中得知，现在生活在清水江岸边并还健在的70岁以上的老人，他们都亲眼见过过去的那种水灾景状。

（2）旱灾意识。侗族地区虽多有水灾，但时常又有旱灾。原因在于侗族地区受太平洋季风气候影响。按照太平洋季风气候的规律，如果季风及时来到，那么侗族地区的每年农历五月就是雨季，此时正好杨梅成熟，人们俗称"梅雨季节"，同时也是江南春耕之时，有雨春耕才能顺利进行。但是，如果季风不按时到来，或者不够强烈，那么"梅雨季节"不能形成，雨量减少，农民无法耕种，旱灾即现。即使季风及时来到，但也因暖风逐渐向北推移，侗族居住的地带到了农历六月或七月以后也因降雨减少而出现干旱。侗族地区山多耕地少，又由于以种植水稻、稻田养鱼以及兼作林业为业，生产方式对水资源的依赖很大。特别是地形以山地为主，人们种植水稻依赖于梯田开垦，有的稻田依靠河水、井水，但不少属于"望天水田"，天下雨可种，不下雨则荒。如果田里没有水，秧苗插不下去，当年农民就出现歉收。在这种自然条件和生产方式的背景下，侗族人们对这种环境的因应就出现了旱灾及其防范意识。在侗族关于人类起源的《洪水滔天》神话故事里，其讲完水灾之后接着讲的就是"旱灾"。具体描述的是，水灾发生了，通过谈判雷婆放出七个太阳来把洪水晒干，于是晒了七七四十九天，七个太阳烤着大地，使得大地稻难长、菜不生、塘无鱼、坡没树。这个情景讲的就是"旱灾"。"旱灾"意识在侗族人们脑海中十分强烈，也是最早的灾变意识之一。

（3）火灾意识。火灾是侗族地区经常发生的灾难之一，因而火灾意识则是侗族重要的灾变意识内容，与水灾、旱灾的防范处于同样的重要位置。侗族村寨和周边环境容易引发火灾，而且火灾对侗族的生产、生活带来的影响特别重大。侗族村寨多为聚族而居，立寨时先在寨中心建立鼓楼，然后各家各户围绕着鼓楼建立住房。房子鳞次栉比，密密麻麻，而且多为木质结构，这就带来易引发火灾的隐患。过去尤其中华人民共和国成立之前，村寨一旦发生火灾，因房子的木质结构和居住集中，不是殃及一家一户，而往往全村房子和财物都化为灰烬，人们马上变得一贫如洗，许多人因此几年甚是一辈子不能翻身。近年，黔东南州侗族地区仍有类似的火灾发生。2014 年 1 月 25 日 23 时，贵州省镇远县报京乡报京侗族大寨发生火灾，致使 296 户 1184 名民众受灾，涉及房屋 148 栋，1000 余间房屋烧毁、损害，受灾直接经济损失达 970 万元人民币[①]。报京大寨是黔东南北部地区最大的侗寨，曾是中国保持最完整的侗族村寨之一，距离镇远县城南端 39 千米，居住着近 400 户 2000 名侗族同胞，距今已有 300 多年的历史。镇远县报京侗族村发生火灾，使曾经具有侗族建筑风貌的古村落一夜间不复存在，尤其那里的居民一夜就倾家荡产。在旧社会，侗族村寨一旦发生火灾，全寨沦为乞丐，长期靠亲戚朋友接济过日子，很多年才能恢复元气。中华人民共和国成立后，发生火灾有政府救济，解决困难，但也因此落入贫困，生活遭遇各种困难。因而村寨火灾预警和防火变得十分重要，侗族有严格的村寨防火意识和传统防火习俗。有时，由于灾情难以避免，对火灾的发生还有迷信的解释，即有天上降火殃的说法。火殃是一种火灾的天象预兆，在晴朗的夜间有火苗的陨石落下，被侗族人们视为火殃，落在哪一方就说明当年哪一方会有火灾。一般在每年农历七、八月期间易发生火灾，因此人们就在这个时间段的夜间观察天象，一旦看到火殃即报告村寨人们并做火警预防，除了加强防火外还请道士或巫师做法术禳灾等。

另外，侗族地方生活条件不佳，以农业生产为生，主要种植水稻和利用稻田养鱼，但物产不够丰富，一年四季劳作，但没有多少积累，往往青黄不接。明代时除了种植水稻和利用稻田养鱼外，侗族的生产就是种植杉

---

① 《贵州 300 年历史古寨遭大火，损失达 970 万元》，齐鲁网，http：//yx. iqilu. com/2014/0127/1846820. shtml#1.

树，经营杉木。侗族地区适合种植杉木，明代之前杉木主要是野生的，但明代对清水江流域林业开发之后，随着森林大面积的砍伐和木材买卖的市场兴起，人们开始探索和发明了杉木繁殖和栽种方法，发明了以杉木为主的人工种植树技术，出现了大面积的"人工林"，林业构成为清水江流域侗族和其他少数民族生活的主要产业。明代清水江流域的林业开发对侗族生产生活带来重大影响，侗族地区大量种植和买卖杉木就从明代开始，林业开始成为人们的主要生产内容和财富来源之一。杉木的栽种与砍伐对地区经济和环境产生着重大影响，人们山上有林，这不仅意味着有经济来源，而且也关涉地区的生态环境状况。如果山上树木大面积砍伐，生态就会造成破坏，水土保持能力减弱和容易发生旱灾。而杉木的大面积种植，不管砍伐与否都存在另一灾情隐患，即火灾。杉木叶是易燃柴物，容易着火。而侗族的耕种方式又与杉木种植紧密相连。侗族地区为山地地形，生活是依山靠山，除了在坝子种植水稻外，还必须开垦山地种植杉木和旱地作物，一般采取林粮间作，即在杉木初期栽培的三五年之内仍然要在杉木林地种植旱地粮食作物，而侗族旱地作物的种植方式是刀耕火种，容易发生火灾。一旦发生火灾，往往烧去几片山，杉木柴林损失惨重，生态也被破坏。如果杉木烧的是自己家的林地就自己倒霉，如果还有别人的，那还要赔偿，那就背上巨大债务了。因此，侗族对于山上用火是十分谨慎的，有各种用火乡规民约。这说明侗族有高度的火灾及其预防意识。

图 4-23 传统木式建筑的侗寨村落一隅

（4）风灾意识。风灾属于自然灾害之一，世界上的风灾有台风、飓风等这些破坏力巨大的疾风。侗族地区地处内陆山地地带，少有台风、飓风等巨大的风灾发生，但一般的风力灾害还是时有发生的。一般风力灾害出现伴随雷电、暴雨发生，对房子、木林、庄稼以及相应的设施形成毁坏，这是侗族日常需要防备的灾情。在侗族日常的生产生活经验传承中，不仅包括如何避免风灾的行为内容，而且要求居住的环境选择都考虑风向因素。住房地基的风水选择就包括这些要素于内，形成有关制约。

而值得注意的是，侗族把季节性的感冒、伤寒等疾病与风灾关联起来。春天乍暖还寒的时节，在二、三月份出现的"倒春寒"现象，侗族理解为是一种"冷鬼风"，侗语叫"居润凉"。侗族没有把二三月份"倒春寒"所出现的"冷风"理解为是一种客观现象，而认为是鬼神捉弄人的把戏，出现感冒、伤寒等疾病就是"冷鬼风"作祟的结果。侗族人们认为，风不过是"气"的运行而形成的，春天里各种物种的苏醒、生长，都不过是"气"的运动使然。而"气"可为鬼神驱使，因而就像鬼神一样可以到处流窜，凡碰到的人都可着凉而生病。侗族把风寒当作鬼神来防备，理解为风寒和病灾加以应对。

（5）神使灾害意识。侗族灾变灾害意识中除了自然灾害外，也有由自然灾害联想或引申出来的灾害观念，神使灾害就属于这种类型。神使灾害是指由鬼神使然形成的灾害。侗族具有泛神论的文化观念，自然界的许多事物都被理解为有神灵的，需要恭敬，尤其不能冒犯，否则就会被惩罚导致灾害发生。在侗族的泛神论文化里，河有河神，井有井神，山有山神，树有树神，甚至奇怪的石头或许也是有神的，人不能轻易动它们。特别是居住鬼神的各种神庙，连说话都要小心，不然会引鬼上身。不仅如此，侗族人们认为，有的人工物只要建造日久，也会有神灵居住形成为神物，此类事物最多的是桥，也需要敬畏。在侗族意识里，人与神都是主体，有各自的利益诉求和意志表达。对于人与神的关系而言，神既可以保护人也可以伤害人，一旦人获罪于神，必然招致灾祸。因此，人们生产生活中敬鬼神是日常的事。这种文化习俗的形成是人们心理作祟的结果，但他们就笃信不疑。2015年12月22日，课题组成员到贵州省天柱县高酿镇优洞村做田野访谈，其间采访该镇原凸洞中学的一名退休教师龙某某。他讲了一个自己的真实故事。故事梗概是：他于1978年从天柱师范学校毕业然后就到该校当老师，担任初中部的数学教学任务，教学能力很强，教学质量也很高，在当地有良好的口碑。但是到了1993年5月份的一天，他在一个星期六下午学校放学后自己独个走路回家。从学校到他家的距离大抵有9千米，途中要走一段很长的山路。当走到半路时发现尿急，于是随意在路边的一株大树根旁边解决了继续回家。回家后吃晚饭后休息，夜间做了一个梦见鬼神的梦后，第二天起来就变得神志不清，出现疯疯癫癫的现象，思维混乱，讲话也讲不清楚了。从此一直保持了近十年，其间不能回到学校上课，家里亲人带他去医院检查也查不出病因。因侗族人相信鬼神，认为可能是有鬼神伤害，于是后来就请来鬼师"看香"。"看香"是侗族由鬼师用迷信方法"诊断"神使灾害的一种方法。经过鬼师"看香"，说是他过去曾有一天从学校回家途中在一株大树根旁边拉尿得罪了土地公，因为他拉尿的地方原来建有土地庙，现在虽然土地庙的地面设施没有了，但不等于土地神不在，生病是土地庙对他的惩罚，要治好病人必须到土地神那里去祭供和赔罪。后来，他家里人就去附近村寨访问土地庙的位置，当地村民讲他拉尿的地方原来确实有一座土地庙。确定位置后，他家里人就请鬼师去那里帮他给土地神祭拜和赔罪，之后一段时间就逐步好转变成正常人了，现已经退休在家休息。这件事情在当地留传，几乎人人都知道。确实，这位老师在那里拉尿是真实发生的，而那里过去确实也建有土地庙，同时敬神后人也确实恢复了神志。这件事，当地人认为之所以发生就是神使灾害的结果，对于他们而言很容易理解，也深信不疑。

为什么会变得神志不清呢？按侗族的鬼师解释，就是土地神惩罚使其受吓"落魂"所致。侗族人们认为，人的肉体与灵魂可分，如人死后就是灵魂与肉体分离游走离开人世（阳世）回到阴间的事情。而在阳世之时，往往因鬼神作祟发生"灵魂"部分游走现象，称为"落魂"。日常，人们去深山老林或其他危险的地方受到惊吓，就是鬼神作祟而发生的"落魂"。"落魂"就使人神志不清，出现精神病。"落魂"后需要请道士或鬼师做迷信活动把失落的"灵魂"收回，这样人才能恢复正常。"落魂"而生病，就是人们冒犯了鬼神所致。因此，侗族人们做事，如立房、开渠、开荒、架桥、插秧、伐木、狩猎等，凡开山动土之事都需要拜神祭鬼。至于拜神祭鬼之后，所做之事就等于通晓了鬼神，也被认为是被许可了的。否则，鬼神不满意，所做的事情就会不顺利或出现事故，或破财或伤人害命。为此，侗族对神使灾害特别重视。

（6）战争灾害意识。战争灾害意识也是侗族关于灾害的重要内容之一。战争有正义与非正义之分，但不管正义与非正义，战争总是带来损失的。从侗族历史看，侗族是饱受战争苦难的民族，同时侗族又是热爱和平的民族，历史上没有侗族入侵其他民族的记载，侗族也没有建立过自己的国家和政权，而是以地缘性的自治组织款联盟进行地方治理和防卫，因此侗族也从来没有形成侵略他人的力量。而如何预防外来战争、应对外来战争是确保侗族日常生产生活不可或缺的事。对侗族而言，一旦发生战争就意味着是灾难并形成了战争灾变意识。今天侗族流传的许多文化事项中仍然蕴含着过去人们关于战争灾难的观念或应对意识。

侗族立寨是以鼓楼为中心建立起来的，鼓楼对于侗族而言非常重要，包含了许多文化和社会功能，其中含有军事功能。许多人不知道侗族鼓楼为什么叫"鼓楼"，其实"鼓楼"不仅是"楼"，而且是有"鼓"的，"鼓"与"楼"合起来才叫"鼓楼"，也就是说，鼓楼里有"鼓"。2015年10月，课题组专程到湖南省通道侗族自治县的皇都侗族村去做田野考察，该村有三座鼓楼，其中一座的二楼就还放着一只巨大的鼓。只是现在其他鼓楼没有了鼓，其实过去都是有鼓的。鼓楼里的鼓是军事工具，用于警报，当有外来敌军时，值日的村民就击鼓召集村名御敌。村里一旦有人击鼓，则意味着有外敌入侵，人们会从四面八方赶到鼓楼来，听从款首和寨老安排应对。

侗族鼓楼的名称包含了战争的记忆。不过，关于战争的记忆，侗族还有专门的仪轨来表达，这就是祭萨。萨是侗族祖母，而祭萨并不仅仅是祭祀远古祖母，她同时是一位拒敌而牺牲的民族英雄，祭祀她包含了人们对战争灾难的历史记忆。据历史记载，侗族祖母萨岁，其名杏妮。根据至今仍流传在贵州省从江县、榕江县、黎平县侗族地区的安置萨岁神坛的经典文献《东书少鬼》记载，萨岁幼名婢奔，成人后名为杏妮，其父吴都囊。母亲仰香，居住在黎平六甲。六甲有一位姓李的大财主，依仗儿子在州府做官经常欺负百姓，霸占百姓土地，使当地侗族百姓生活陷入苦难。对此，当地百姓十分愤怒，于是杏妮带领大家组织款兵与大财主索回土地，发生争斗，最后打跑了李姓大财主。而大财主儿子闻讯之后，向朝廷谎报六甲侗民谋反，于是朝廷派兵镇压，由于寡不敌众，最后杏妮领导的侗民款兵队伍在弄堂盖的山上全部牺牲。① 杏妮是保护侗族群众利益的人物典范，后世都怀念和纪念她，而

---

① 吴嵘：《贵州侗族民间信仰调查研究》，人民出版社 2014 年版，第 89 页。

且认为她死后的英魂仍然会保佑侗族广大子孙，因此，人们设萨坛祭祀。同时，也以此战争的记忆，告诫后人要铭记战争危险和灾害。为此，现在祭萨活动有模拟战争场面的内容。

侗族祭萨一般在农历正月初一到初七或初七到十五。目前，在贵州省黎平县的龙额侗寨，即杏妮牺牲的地方，每年都要举办祭萨活动，祭萨活动的内容包括到萨坛敬献牺牲供品，然后就到鼓楼前踩歌堂、跳耶舞，用歌声颂扬萨岁的功德，其间还举办模拟战争场面的纪念仪式。仪式开始之时，参加活动的全体人员首先聚集在鼓楼坪，然后带上猎枪或长矛扮演当年杏妮领导的款兵。随着寨老点燃和发出一声炮响，"款兵"由款场坪聚到萨坛边，然后依次向萨岁敬祭一杯茶，接着寨老念祭萨词。祭萨词念完，就放三声铁炮，寨老号令大家冲出村外，有枪的向空中放枪，拿长矛的则刺向稻田里的稻草人。一阵以后，大家扛枪和长矛返回，枪上和长矛上挂着稻草人表示敌人的首级，以此表达胜利回归。"战争"结束后，人们在款场坪吹芦笙、唱侗歌、踩歌堂、跳耶舞，庆祝胜利并预示未来即将是太平盛世。① 类似的祭萨活动，不仅黎平的龙额侗寨有，从江的龙图侗寨也有。侗族祭萨时模拟战争表演，不仅是纪念萨岁，而且以记忆警示战争的残酷性和危害性，以此表达追求平安幸福的愿望。

图 4 - 24　萨玛节披挂稻草衣人模拟战争的场面

---

① 吴嵘：《贵州侗族民间信仰调查研究》，人民出版社 2014 年版，第 102—103 页。

总之，侗族的灾变、灾害意识广泛，有自然范畴，也有社会范畴的，形形色色，丰富多彩。除了以上的范畴之外，诸如地质灾害意识、虫灾意识、瘟疫灾害意识等也是其中的内容，这里不再一一介绍。

2. 侗族防灾的传统技术与习俗

侗族关于灾变、灾害的分类和认识，基于地方环境和实践的经验积累，形成了以上知识和观念，而其中水灾、旱灾、火灾、风灾、神使灾害、战争灾害是主要的方面，认为它们是威胁侗族人们生产生活和发展的重要因素。而避灾、防灾、消灾就是针对它们来进行，并形成了一些传统的防范技术与习俗。

（1）防灾的传统生产生活技术

预防和消灭灾害是人类的智慧之一，也是生产生活需要。侗族的防灾消灾与日常生产生活结合在一起，形成了相应的技术措施，主要包括追求规避水灾、火灾的村寨建造，广泛造林维持良好的森林生态系统，梯田开垦和利用中的生态性灌溉技术，以大量开修水渠和营建山塘来避免旱灾。

第一，追求规避水灾火灾的村寨建造。侗族避灾、防灾、消灾从村寨建造开始，除了风水学上选择村址包含避灾的要求外，具体建设村子的过程中包括了一系列避灾、防灾、消灾功能的建构。由于侗族地区容易发生的灾害是水灾和火灾，因而侗族村寨建设一般都要考虑满足这两者的需求，建起相应设施。侗族村落居住的选址是"依山傍水"，这是村落的基本形态。这个形态既有满足防水灾又有满足防火灾的功能。侗族村落临水而建，一般都在山麓河边，因而有水灾的风险，需要防止流水破坏或侵蚀。这样，虽然村落临水而建，但是不完全挨到河边或溪边，而是建在于水域有一定距离的山麓岸边，房子都是背靠山面朝水而建，也不建在坝子中间，广平的坝子都开发为稻田。这样一种土地使用安排和村落建构，就是把村落的村民和房产安全放在第一位，避免因暴雨引发山洪而受灾，同时又不因建房而占用耕地，保证土地这一生产资料的最大化使用。所建房子临水而不靠近水，又能方便用水防火。此外，根据落差，一般又从河水上游开修水渠引水入寨中，为人们日常洗涤之用，发生火灾时能够及时取水。因此，侗族"依山傍水"的居住具有水灾和火灾的双防功能。

第二，广泛造林植树维持良好的森林生态系统。侗族地区的地理和气候特点，日常不仅会有洪灾（水灾），也会有旱灾。在春耕季节中，到了梅雨季节，如果季风没有正常形成，或早或晚，或强或弱，都会出现"风不调、雨不顺"的境况，往往不是水灾就是旱灾发生。而由于处于季风带和受季风移动的影响，侗族地区的春夏两季一般是先水灾后旱灾。一般水灾时间较短，而旱灾时间较长，因此，防旱重于防洪。侗族地区旱灾一旦发生，往往庄稼不能种，人畜饮水难，尤其住在地势高的村寨，抗旱的形势就十分严峻。贵州省黎平县双江镇的黄岗侗族村，每年农历六月都有一个节日叫"喊天节"，其实是当地村民祈求老天下雨的一个祭天仪轨，是抗旱的一种特殊形式和意愿表达。而侗族为了能够抗旱，最简便的智慧和方法运用就是因地制宜，广泛种树建立良好的森林生态系统，以此来保持水土并达到抗旱目的。侗族的生产除了农业外还有林业，侗族在经营林业中，从明代起就发明和运用了"人工育林"这种杉木栽种技术，这为侗族广泛植树提供了技术条件。而侗族人们也十分热爱种树，在侗族的地区，只要土壤适宜，就不会留下荒山。如果哪一人家的山地里出现荒山，那是要被人耻笑的。侗族有一句反映其森林生态知识的谚语，即："无山就无树，无树就无水；无水不成田，无田不养人。"可见，侗族很早就知道封山育林可以巩固生态、保持水土，从而能够抗旱救灾，保护人畜。侗族地区有植树传统，目前其森林覆盖率很高，如黔东南地区侗族各县几乎达到68.88%以上，形成了以森林资源为主的生态系统。

第三，梯田式土地开垦和利用生态灌溉技术发展农业。侗族地区属于山地地带，因此可供开垦的土地资源紧张，为了满足生产需要必须在山上开垦梯田。侗族是稻作民族，开垦梯田是为了种植水稻。一般稻田的开垦时沿着河道或溪流两边的湿地开发而成，从低到高，层层开发连成梯田；有水源的山腰也可修建梯田。所有的梯田之间从上到下，全部有水渠相连，可进水也可放水，一大片的梯田就是一个整体性的进水和放水双重功能同在的水体系统，它们既能利用地势引入河水、溪水或井水进行灌溉，又能层层分流排除多余的水，通过这种水源的分配和利用机制，使梯田变成了一个吸水和泄水可控的生态系统，不因大面积开垦土地而破坏环境与生态。

第四，大量开凿水渠和营建山塘以避旱灾。侗族地区既有水灾又有旱灾，但水灾时间短旱灾时间长，以致防旱灾重于水灾。在防旱重于防洪的前提下，大量挖造水渠、山塘用于蓄水，这是湘黔桂毗邻地区山地农业的需要和特点，也是侗族人们适应环境的一种生产形态。为了抗旱，侗族人们在没有充足水源的山间坝子的低洼之地挖造大大小小的不同水塘，也称山塘，在山塘周边沿山的各个方向修出众多的集雨水渠。每当春天雨季，雨水通过水渠聚集到这些大大小小的山塘（水塘）里来，形成山里干旱地带的水源储备，用于春耕尤其春耕之后的抗旱之需。同时，这些山塘（水塘）又是春季梅雨季节蓄水防洪的一种办法。大量开凿水渠和营建山塘，能够实现防洪防旱双重需要，这是侗族农业生产避灾的一种简易水利设施，对于侗族基于"季风气候"和存在"望天水田"进行稻作灌溉的种植十分有用。

（2）防灾的传统文化生活习俗

侗族防范灾变、灾害的重要特点就是习俗化，即把防范灾变、灾害的观念和方法贯穿于日常生活之中，进入文化习俗的相应环节。这些方面主要体现在款约法规定、祭祀活动和禁忌规定等领域。

第一，款约法规定。侗族传统社会管理的特点是区域联盟自治，建立有款组织的村寨结盟，根据大小层级分为联款、大款和小款，管理制度就是制定社区款约法。广义上的侗族款约包括创世款、族源款、祭祀款、约法款、习俗款、英雄款、祝赞款等，内容广泛。而在狭义上，侗族款约只是指具有习惯法的约法款。约法款的内容也比较丰富，涉及生产生活的方方面面，有如著名的《六面阴六面阳》。而侗族地区的生态资源主要是森林，这样，侗族有关生态保护方面涉及灾害和灾变，就是有关林业森林领域的，主要是预防或处罚人为破坏森林，引起水土流失而出现洪灾或旱灾等事情。保护森林就包含了防灾的意图。早在明朝中期，由于侗族地区木材大量砍伐，出现"山林空竭，海内灾伤"[1] 的情况，到了清代已经认识到这种情况对水土流失的破坏作用，因而乾隆年间出台政策，在黔地"令民各视土宜，逐年栽植"[2]。侗款对树木种植和森林保护也有相应的规定，如《侗款》规定："说到山头坡岭，田土相连，牛马相聚，山林地界，彼此相连，山场有界石，款区有界碑，山脚留火路，村村守界规，不许任何人砍别人的树，谋别人的财物。"[3] 款约法在中华人民共和国成立以后逐步演变为乡规民约的形式并发挥作用，如 1968 年贵州省天柱县普遍订立乡规民约，对森林资源开展保护。1983 年时，有的内容还引入中小学课堂，

① 《清高祖实录》乾隆五年十一月初六。
② 《清高祖实录》乾隆五年十一月初六。
③ 湖南少数民族古籍办公室：《侗款》，杨锡光、杨锡、吴治德整理译释，岳麓书社 1988 年版，第 90 页。

作为护林知识对学生进行教育。[1]

第二，祭祀活动。侗族的宗教特点在于还处于原始宗教的阶段，主张泛神论，因此祭祀活动很多，形成为其文化构成的重要方面。由于相信鬼神，一般凡事都有祭，这也渗透到灾变、灾害防范的生产生活环节中。事实上，相应的祭祀仪轨，在侗族人们看来也是灾变、灾害防范的基本方法。在侗族社会里，用祭祀的迷信方法来娱神和祈祷被认为是避灾防邪的主要方法之一，虽然在现实中其效果不能直接验证，但是人们都深信不疑，因而民间仍然普遍流行。在贵州省锦屏县颜洞乡的侗族有古树节，每年农历三月举办一次，对古树进行祭祀，祈求古树的保佑。大部分侗族人们在过侗年或春节（北侗已经改为过春节）的时候，都要祭祀火神，形式就是大年三十晚烧钱化纸和用牺牲供奉侗族在火塘中用来做饭做菜和烧火的三脚架，一是感恩火神对生活的帮助，二是请求新年继续保佑，不发生火灾。类似的祭祀性宗教行为很多，侗族逢节必祭，包含娱神避灾之意。总之，其祭祀行为既有烧香膜拜、设供祭祀及虔诚迎送善鬼善神的方面，也有禳灾祛祸、驱神赶鬼的手段，遇上灾难，如火灾、疾病流行等，就请巫师念经引来善神或直接使用巫术驱鬼扫寨。侗族的宗教祭祀活动一般由道士或鬼师主持。大凡病痛、灾祸、家宅不宁或发生自然灾害时，人们认为是不同的鬼怪精灵在作祟。因此，就要请鬼师驱鬼。如果村寨发生流行病或火灾，也要由鬼师主祭扫寨。这些，在侗族人们看来也是避灾、防灾的重要内容和必要方式。

第三，禁忌规定。侗族的禁忌很多，其中有的具有防灾、消灾意涵。从生产禁忌来看，年初一至初三，不得下地劳动。立春后的五个戊日忌动土，忌头戊以敬天地，忌二戊以敬阳春，忌三戊以敬牛马，忌四戊以敬本身，忌五戊以敬社神。四月、十月的寅日、申日不得挖田翻土。正月巳日忌上坡生产。二月、九月的丑日与未日忌下种、做庄稼、竖房。每年第一声春雷响后，每隔十二日即为忌雷日（如该日系子日，则逢子日均忌雷），不能下田劳动。秧苗未出水前及栽秧结束前忌吹芦笙、扇扇子等。侗族撒种和上山点播要选择吉日，回避忌日，播种的忌日有寅日（防虎）、正月二十日（防风）、二月初一（防雀）、三月初三（防雷公）、土王日（地母

---

[1] 徐晓光：《款约法——黔东南侗族习惯法的历史人类学考察》，厦门大学出版社 2012 年版，第 174 页。

生日）、五月初五（防龙日）、六月初六（防山猪），认为这些忌日是神圣的，故有"忌日不上山，忌日不生产，忌日搞生产，五谷不丰登"之说。春耕生产必须选择属"土"的日子。忌乱伐乱挖村寨附近被认为与"风水"有关的山林、水塘；上山砍柴，忌高声大叫，免掠动山神，发生意外。忌子日动刀斧，否则砍树易出事故。砍木拉山，忌上山乱讲话，尤其不能有"死"字出口，就餐舀饭时不准翻仰锅盖，头碗饭不能拌汤，以免拉木时滑脚摔倒，否则，抬木下山时，会有抬杠和牛绳折断的情况。从农历二月春社至八月十五是农忙季节，禁止吹芦笙。犯忌则会给村寨带来灾难，轻者当年谷禾减产，重者会发生火灾瘟疫，人畜不宁。① 总之，禁忌是侗族社会中除了组织、法律、道德、舆论之外的社会控制方式，禁忌的内容包括：一是神圣、崇高和信仰的对象，担心触犯各种神祇或神力；二是不洁、危险和神秘的东西，它们都与避灾、防灾有特定的联系。禁忌这一文化事项作为一种集体无意识贯穿在侗族人们的思想文化观念之中并影响着他们的行为。

三　侗族防灾的特点和生态价值

侗族灾变、灾害防范思想和技术是历史实践的结果，显现了相应的文化特征。而作为环境适应的区域性文化要素，许多内容与生态保护相关，从而具有一定的生态价值。

1. 侗族灾变灾害防范的特征

侗族预防灾害思想和技术及习俗源于侗族人们对环境的适应和积极应对的结果，总体上表现为久远、朴实、神化和融入生活的特征。

（1）久远。侗族预防灾害思想和技术及习俗的产生久远，应该说与侗族产生的历史同步。而侗族自隋唐形成以来已经有1000多年的历史，因而侗族预防灾害思想和技术及习俗的萌芽大概也有1000多年了。一个可以资证的依据是，侗族预防灾害思想融入于创世和人类起源的神话和传说的叙事之中，自然界中恶的力量早就被侗族人们观察到和思考应对了。实际上，人类形成的早期和整个发展过程都是面临强大的外部自然力量的，自然力或相关的物质能量，其发生或出现具有自然界本身的规律性以及偶然性。洪水、干旱这些自然现象的发生，都是自然界本身的因果关系表

---

① 吴嵘：《贵州侗族民间信仰调查研究》，人民出版社2014年版，第104—113页。

现，人类生活于自然环境之中，必然受到这种自然现象的制约和影响。人类一开始就与大自然作斗争而成长，对自然界灾害的认识积累和形成的反应行为就是灾害的预防。侗族古歌、神话和传说的有关叙事，实质是关于与大自然斗争的历史记载，也说明了其灾害预防思想和技术探索的起源久远。

（2）朴质。侗族预防灾害思想和技术及习俗具有朴实性。所谓朴实性是指这些预防灾害思想和技术及习俗，不具有科学理论基础，仅仅是一种经验总结和特定希冀的表达。就科学理论欠缺方面来看，虽然侗族有了灾害意识，也提出了一些应对方法，但许多事没有科学理论支撑，有的甚至用神学即宗教的思想和方法来解释和处理。在侗族人们看来，灾害的发生不单纯是自然现象，而是有神祇的意志表达或鬼魂作祟的结果。正是由于这种伴随神学和迷信的认识和解释，灾害就不能推入科学理性层面去揭示和把握。当然，侗族社会发展滞后，在近现代之前根本谈不上提出学科式的门类知识，当代侗族人们的科学知识也多是通过汉语文化的学习实现的。因此，对灾害的认识也只能停留在一般的经验知识层面。比如，像水灾、旱灾、火灾、虫灾等，除了披上神秘的神学面纱外，也有立足于生产生活经验的总结，其中最典型的是灾害发生的季节性分布总结，在侗族地区认为，水灾一般都发生在农历5—6月的梅雨季节，6月过后则是旱灾。而室外火灾则在夏秋两季，因为这时侗族地区天热干燥；室内火灾容易发生于冬季，因为冬节需要烤火等。总之，侗族这些经验性的灾害认识，显现了一种简单的朴质性。

（3）神化。侗族就灾害的发生的理解的一个显著特征就是神化，往往把有关灾事的发生当作是神灵的意志或安排，而且认为有的是不可避免的。以致处理方法就是敬神娱神，决不能对神发生不恭的行为，否则就是亵渎，神会对人进行惩罚，灾害就发生。过去，侗族人们出门时要看日子和时辰，认为时辰有吉利和不吉利之分，不吉利的时辰出门办事会发生灾害。而大的事情如建房、立坟、修塘、挖沟等，只要是动土就需要看日子，而在房的周边动土更是小心。他们认为，土地有土地神和值岁神（值年的太岁）看护，动土需要获得神祇的同意，方法就是做娱神的祭祀活动。如果不做娱神祭祀，那么按农历历法中的"偷修日"来进行，因为这一天值岁神放假或去玉帝那里汇报工作去了，人们可以趁它不在而偷修，等它回来时原有状态已变，它就不会再追究了。一般老百姓不会看日子，就等着到了"偷修日"来动土。另外，侗族往往把灾害发生当作与神灵有关，其中"火殃"现象的解释最为典型。在侗族社会，发生火灾必然是人为因素，这一点也是人们知道的，但是这种"人为"还有神学解释，即之所以会发生火灾，是上天神灵的安排还有预兆，这种预兆就是"火殃"现象的出现。"火殃"就是上天发布的"灾告"，"火殃"落在哪一方预示哪一方必有火灾。因此，侗族农历7—8月喜欢观"火殃"天象以防火灾。其实，所谓的"火殃"不过是陨石而已。这种神化了的灾害认识，说明侗族对灾害现象认识的局限和低层次化。

（4）融入生活。侗族关于灾害的认识和预防的特点具有全景式的联系性，因而往往把它们融入日常生活的过程或相应环节，处处提防。许多防灾知识和技术随时需要而进入日常生活。除此之外，这种融入日常生活的特点可能和侗族关于灾害发生缘起神祇有关。因为灾害发生与天上神祇、地下鬼神有关，而鬼神是看不见摸不着的，人根本不知道什么时候会发生灾害。因而，只有时时处处提防，才有可能避免。一个典型的影响就是侗族人们吃饭，不管在哪里随时需要敬鬼神的，方法就是开始吃饭时，如果是喝酒就用手指沾一下杯子里的酒洒在地上，或直接用杯子倒一点点出来；如果是吃饭则用筷子夹菜插在饭碗里半分钟即可，这就是敬鬼神。在家里是敬祖先灵魂，在上则是敬山里的鬼神，如此，才能得到鬼神保佑，不发生灾难。因此，侗族入山打猎时要先敬山神和猎神。侗族过年即在春节前的除夕晚，都要做一满满的一大桌菜，不管人多人少都如此。原因在于，回家过年的人不仅有活着的人，还有祖先灵魂，大年过节时人鬼共餐，吃完了还要做"希古"，"希古"就是饭后人们在拿酒菜到屋外去敬供不能回家的祖先（灵魂）吃用，感谢古人、先人功德，如此祖先才能保佑子孙不遇灾难。在贵州省天柱县勒洞村有一位青年在外地工作，不知道侗族过年礼俗，大年三十晚回到家，家里只有父母和他三人过大年，但父亲却做了一大桌菜，他不理解并认为浪费，嘴里有点责怪其父，结果被其父大骂，事后才知道其中的道理，即过年吃饭，这个大团圆也包括祖上历代祖先灵魂，除夕祭祖。总之，侗族的灾害认识和预防融入日常生活，形成十分独特的文化表达。

2. 侗族灾变灾害防范观念、技术和习俗的生态价值

侗族的灾害、灾变及其防范意识久远，其朴实、神化和融入生活，内容广泛，形成了相应的行为规范，这些规范关涉生态并产生积极价值。具

体地看，主要体现在以下方面：一是强烈的生态意识和价值取向；二是把生态平衡原理融入日常生产生活环节；三是提出了适应地方的有效生态保护措施。

（1）强烈的生态意识和价值取向。生态环境的良好形成，在于生态要素的有序循环和平衡。现代生态环境形成压力，原因主要在于发生了工业化进程，对资源的过度使用和有害物质的排放，发生了资源短缺，环境污染，生物循环无序，导致生态失衡。过去，侗族传统社会没有工业化，因而没有因工业化而产生以上生态破坏的事实及观念。但是，由于自然运行不协调或资源利用失误等，也有因之而造成自然要素的缺少或不平衡，进而引起生态问题，这是侗族社会呈现的生态危害层面。侗族属于农耕文明，生态问题主要体现在对农业生产的影响和居住环境的破坏。如水灾、旱灾对农田及其耕作的影响；火灾对森林、村寨住所的影响等。这些灾害的发生是常年出现的，因而侗族人们在对付它们中形成了强烈的生态意识。如侗族为了防范水灾和旱灾，认识到封山育林对保护水土的作用，并谋求以此来减少水灾、旱灾发生时所带来的影响和损失。侗族是最热衷于植树造林的民族之一，其原因不仅在于栽树本身是财产生产，而且在于它是生态资源建构和生态保护行为。大面积植树，保持良好的生态植被，可以保持水土，减少水灾或降低水灾的强度等。同样，大面积的植树也是避免旱灾的方法，因为良好植被的存在，保证井水的长年不干，为灌溉提供保障。侗族地区属于山地地貌，一般在山间平坝或山麓开垦稻田，有的地方沿山开垦梯田，稻田的水源除了河水、溪水之外，有的是"望天水"（雨水），此外就是井水，井水是侗族稻田的重要依靠。井水主要来源于地表水，依靠良好的森林植被对水土的保持。侗族地区井水丰富，这主要靠大面积的封山育林来实现，可以说，大面积的封山育林是侗族稻作农业得以保证的重要一环。基于此，侗族社会把植树与种稻联系在一起，有俗话说："无山就无树，无树就无水；无水不成田，无田不养人。"这是一个联系。事实上，从防灾到种树包含了侗族浓烈的生态意识。

（2）把生态平衡原理融入日常生产生活环节。侗族的生态观念和技术融入日常生活，缘起于自然界物质关系的认识，以及神学解释等。关于侗族引入生态平衡原理的认识，则有一个重要的文化因素发挥作用，即侗族"傍生"的思想观念及其影响。侗族的"傍生"观念，我们在第二章有专节研究，这里不再详说。但有两点需要注意到，即：一是关于所有物种都平等而生，各有自己生存的理由和利益。在侗族人看来，一棵树的生长，它有独立于别的物种的需要和意志，即有自己的独立生命价值。基于此，认为自然物不是随意可以侵犯或伤害的，有相互尊重的需要。这也是泛神论在侗族广泛存在的一个重要原因。二是侗族虽然强调物种各自的生命价值，但并不孤立地理解它们的存在，而是认为物种之间具有一种"结构性的依赖关系"，即特定的物种是不能独立存在的，它必须与其他物种形成依赖的相互关系，包含相互供给的关系。正如植物没有阳光、雨露就不能生长一样，人类也不能离开其他物种的依赖，同样需要阳光取暖，需要空气呼吸，需要粮食植物充饥等。这里，基于"结构性的依赖关系"的价值原则约束着人们的行为，一方面通过宗教信仰的规范使自然界的特定物种、资源得到保护或不被侵害；另一方面通过禁忌的行为规范也保护着特定物种、资源，从而在保护生物资源的多样性方面发挥积极作用，促进生态的有益发展。

（3）提出了适应地方的有效生态保护措施。侗族有许多适应地方需要的有效性生态保护措施，能服务地方生态建设和发展。从农业角度看，如山间水塘的设施，它能够对付旱灾，保证稻田和人畜用水。在侗族地区山间水塘广泛开建和使用，在雨季时就大量积雨水或日常保证长时引入井水，旱季则引出灌溉和禽畜饮用。为了保证山间水塘的蓄水功能，必须在水塘周围大量植树，保持优良的植被。在这些资源的建设过程中，侗族无形中通过人工的方式维护了生态资源，调节了生态平衡。还有梯田灌溉技术、林粮间作技术、"稻鱼鸭共作"技术、有机农业种植等，这些都是立足生态资源利用和保护生态发展的农业生产技术，对于节约资源、保持水土、避免灾害、促进资源循环使用和平衡发展都有积极作用，这是侗族的生态智慧、知识和技术，对侗族区域的生态建设有传承借鉴价值。

第五章

侗族社区生态文明建设的思路和模式

现实是历史的延续，现实是未来的基础。今天面向未来发展，必须立足于现实对历史资源的运用。侗族生态文化丰富，这对于当代侗族社区开展生态文明建设具有重要意义。当前，侗族地区贯彻我国生态文明建设战略，必须立足自身实际来开展。这个实际，一方面是客观的自然环境，另一方面是历史形成的社会环境，在社会环境上包括文化因素。文化具有传统，而传统就是过去文化的积淀在当代的体现。立足于现实就要继承文化传统，生态文化建设就包括这个要求。

生态文明建设是我国当前社会主义事业的重要组成部分，对此，近年中央提出了"五位一体"的战略部署，生态文明建设贯穿于其他四个战略之中。生态文明建设旨在解决当前和未来资源、环境的压力等问题，对于今后我国各族人民具有安身立命的重要意义，不仅如此，而且是世界性工程和文化价值目标，因此生态文明建设也具有世界发展的意义。生态文明建设不是一国一族的事，是全球性问题和任务，必将要求每一个国家和每一民族都参与进来，为推进生态文明建设做出服务和贡献。

我国幅员辽阔，民族众多，生态资源丰富，同时生态建设任务重大，生态文明建设背景复杂，尤其少数民族地区。我国少数民族地区因自然、社会环境殊异，实施生态文明建设的条件各有不同，其中在社会环境上，生态文明建设与区域民族文化适应是一个必然性的规律，也就是说，民族地区生态文明建设需要对属地传统优秀文化的运用来维持和推进。传统优秀文化包括特定的地方生态知识和技术，同时这些特定的生态知识和技术不是孤立存在的，它们是融入日常生产生活文化习俗之中的。因此，民族文化是民族地区生态文明建设的社会背景，离开这个背景，任何施为都会适得其反。而民族文化对生态文明建设的维持作用，其功能在于能够建构地方生态知识和技术持续发展运用的传承机制。文化发展的独特机制在于能够实现传承，没有传承，文化脉络就会发生断裂，人们的价值观和社会规范就会失序，就会引发社会动荡乃至灾难。事实上，促进生态文明建设的持续，其机制形成在于其所依附的文化传统得以存在。侗族分布在湘黔桂毗邻地带，自然环境独特，这是侗族实施生态文明的客观条件；而侗族形成已有 1000 多年的历史，创造了自己的文化体系，这是侗族实施生态文明的历史条件。自然的客观条件与文化的历史条件构成了其生态文明实践的现实基础，立足现实基础是当下侗族推进生态文明建设的前提。因此，在侗族地区推进生态文明建设，需要分析它的依据和基础。然而，生态文明建设，既要立足当下，又要面向未来，因而需要创造性地开展，只有加大侗族地区生态文明建设的创新，才能推进侗族社区生态文明事业。关于侗族社区生态文明实践创新，从宏观的角度看，包括两个基本的层面：一是发展思路，即如何基于侗族社会现实的条件融入国家生态文明发展理念构思区域发展道路；二是制度设计，即基于发展思路对具体建设工作给予相应的制度设计和安排，建立项目实施的社会体制和机制。发展思路是侗族社区实施生态文明的道路和方向问题，制度设计和安排是侗族社区实施生态文明的社会体制和机制保障，这是我们开展侗族社区生态文明实践在理论上首先需要解决的问题。

第一节　侗族社区生态文明建设的基本依据

侗族社区具有自然、社会和人文资源的独特性，尤其传统生态文化丰富。同时，侗族经济社会发展在我国少数民族地方形成了区域性的特定模式，需要把它作为一个特定的区域整体来进行研究和规划，尤其在少数民族地方推进生态文明实践上具有特别价值。而推进侗族生态文明建设是有前提的，对这个前提的认识就是其基本依据的把握。就此，主要包括国家生态文明战略和政策的贯彻以及侗族地区经济社会发展的需要。

一　国家生态文明政策依据

1. 实施国家生态文明发展战略的需要

1994 年，中国政府首次颁布了《中国 21 世纪议程》，提出了早期的生态文明理论，倡导经济、社会、资源、环境以及人口、教育相互协调、可持续发展。2003 年，党的十六届三中全会则明确提出了"树立全面、协调、可持续的发展观"。十六届四中全会提出了将"节约资源、保护环境和安全生产，大力发展循环经济，建设节约型社会"的重要目标。2007年，十七大报告首次提出生态文明的概念，指出："建设生态文明，基本形成节约能源资源和保护生态环境的产业结构、增长方式、消费模式。循环经济形成较大规模，可再生能源比重显著上升。主要污染物排放得到有效控制，生态环境质量明显改善。生态文明观念在全社会牢固树立。"在党的十八大则推进到了"五位一体"的建设目标，把生态文明融入其他文明来开展建设，生态文明建设的理论得到全面深入的阐述。报告全面地阐述"大力加强生态文明建设"，指出生态文明建设的目标是"建设美丽中国"，要求"着力推进绿色发展、循环发展、低碳发展"，并分别就"优化国土空间开发格局""全面促进资源节约""加大自然生态系统和环境保护力度"和"加强生态文明制度建设"等做了系统论述。

随着我国生态文明建设的全面推进，提出了资源、环境的刚性约束，由此而推动我国不断深化改革，促进和实现经济发展方式的转变，为保障和改善人民生活的需要，形成为国家未来发展的新战略。党的十九大在着眼生态文明战略的基础上，基于"五大发展理念"的坚持，提出了"绿色"发展的方针和政策。由此，我国的生态文明建设更加深入推进。侗族地区如何落实中央生态文明战略，结合民族文化的保护、传承进行生态文明实践成为一个现实任务。针对农村发展，十九大做出的重大战略决策部署，提出实施乡村振兴战略，把它作为决胜全面建成小康社会、全面建设社会主义现代化国家的重大历史任务，是新时代"三农"工作的总抓手。2018 年 1 月 2 日，中共中央、国务院颁布《中共中央、国务院关于实施乡村振兴战略的意见》，作为 2018 年一号文件颁发。文件阐述了实施乡村振兴战略的重大意义和提出了总体要求和发展目标。就乡村振兴战略的实施问题，2018 年 3 月 8 日，习近平总书记参加两会山东代表团审议时，提出了乡村"五个振兴"的主张，包括产业振兴、人才振兴、文化振兴、生态振兴和组织振兴。其中生态振兴与侗族社区生态文明建设直接关联。

2. 落实国家主体功能区规划的需要

为全面落实科学发展观和推进和谐社会建设，2006 年中央经济工作会议提出了要"分层次推进主体功能区规划工作，为促进区域协调发展提供科学依据"的工作要求。2007 年 7 月，国务院颁布了《国务院关于编制全国主体功能区规划的意见》，提出"要根据不同区域的资源环境承载能力、现有开发密度和发展潜力，统筹谋划未来人口分布、经济布局、国土利用和城镇化格局，将国土空间划分为优化开发、重点开发、限制开发和禁止开发四类，确定主体功能定位，明确开发方向，控制开发强度，规范开发秩序，完善开发政策，逐步形成人口、经济、资源环境相协调的空间开发格局"。目的是实现"有利于坚持以人为本，缩小地区间公共服务的差距，促进区域协调发展；有利于引导经济布局、人口分布与资源环境承载能力相适应，促进人口、经济、资源环境的空间均衡；有利于从源头上扭转生态环境恶化趋势，适应和减缓气候变化，实现资源节约和环境保护；有利于打破行政区划，制定实施有针对性的政策措施和绩效考评体系，加强和改善区域调控。"

根据国家主体功能区规划，各省市区又开展了省级规划，以此来具体落实国家规划。侗族地区主要分布在湖南省、贵州省和广西壮族自治区，因此，有关主体功能规划定位主要体现在这三省区的省（区）级规划中，予以了主体功能和发展方向的定位。在湖南省，侗族主要分布在西部怀化市的新晃、芷江、会同、靖州、通道五县，纳入怀化市进行全省分类规划。怀化市在湖南省的主体功能区的分类中属于重点开发区（湖南省主体功能规划分为重点开发区、农产品主产区、重点生态功能区和禁止开发区），发展定位为"重点发展林产、医药、食品、建材、旅游、现代物流等产业，突出生态产业和绿色产品，推进鹤中洪芷经济一体化，建设湘鄂渝黔桂周边区域性中心城市和物流中心，全省的重要绿色食品基地'中成药生产基地、水电开发基地和竹木加工基地……构建以舞水河、太平溪、钟坡山、南山寨为主体的城市生态体系，打造山水生态城市。"在贵州省，侗族主要分布在黔东南苗族侗族自治州的黎平、从江、榕江、锦屏、天柱、三穗、剑河、镇远八县和铜仁市的玉屏、松桃、万山等县，主要纳入黔中地区进行全省分类规划。贵州省主体功能区主要划分了重点开发区、农产品主产区、重点生态功能区和禁止开发区四类，侗族分布的县市归入农产品主产区的"黔东低山丘陵林—农区"① 进行规划，"重点建设以优质籼稻为主的水稻产业带、以无公害绿色蔬菜为主的优质蔬菜产业带和以

---

① 黔东低山丘陵林—农区包括黔东南州的三穗县、镇远县、岑巩县、天柱县、黎平县、榕江县、从江县、丹寨县和铜仁市的玉屏县以及松桃县的17个乡镇，区域面积占全省国家农产品主产区的25%，该区林业资源丰富，生态环境良好，水稻生产具有比较好的优势，特色农业产业发展具有一定的基础。

特色畜禽为主的优质畜产品产业带"，发展特色农产品基地，建立黔东优质茶油基地、黔东林下经济产业基地等。在广西壮族自治区，侗族主要分布在东北部桂林市的龙胜县和中北部柳州市的三江县、融水县。在广西，侗族分布的县份龙胜、三江和融水都被纳入重点生态功能区和限制开发区进行规划，着力加强石漠化治理、恢复林草植被、水源涵养、生物多样性保护为主要内容的生态建设，提供生态产品，保障国家和地方生态安全。

虽然，不同省区的侗族社区进入省级规划的具体定位有一定的差异，但基本都在国家的"重点开发"、"限制开发"和"禁止开发区"三类区域之内，它们的开发原则是发挥区域优势，积累和引导相关产业，以"加强资源节约、环境与生态保护，大力发展循环经济"为主导；而限制开发区则是"以农业、农产品加工业、资源型加工业、特色型加工业为主"。而由于侗族地区也有国家自然保护区、风景名胜区，因而也有一些地方属于禁止开发区。基于以上情况，侗族地区在人口、财政、土地、环保等有关资源利用和政策支持与控制上都对应地形成了激励与约束。

侗族主要分布在贵州省、湖南省及广西壮族自治区交会地区，清水江流域和都柳江流域则是其主要居住区。侗族主要从事农业，兼营林木，其居住地区是国家生态资源富集和生态环保功能的基本单元区，是重要的生态保护区，其民族文化保护和生态保护对于我国的发展都十分重要。根据国家主体功能区规划，侗族地区要重点发挥生态和环保功能，因而实施生态文明建设是区域发展的重要任务。

3. 贯彻侗族地区地方政府生态文明建设措施的需要

在侗族居住区覆盖湘黔桂三省区的部分县市，区域辽阔，在相应的省区或地州或县市的发展规划中，成为生态文明建设实施的主要地带，在地方政府关于"绿色"发展的对策中具有重要地位，也突出了侗族社区生态文明建设的重要性。就这种情况，一是贵州省落实国家生态文明建设针对黔东南州提出并正在实施的黔东南建设生态文明试验区。黔东南是以苗族、侗族为主体的自治州，是我国侗族人口居住最多的地区之一。全州有16个县市，其中东部9个县市为"侗族县"，侗族人口达128万。这里作为侗族传统居住区，不仅具有丰富的民族文化，而且具有良好的生态环境，加上地处长江和珠江中上游，是两江的重要生态屏障，因此，它不仅在本省具有生态建设的重要地位，而且在国家层面也同样十分重要。贵州省对黔东南州进行了生态文明建设的规划，并涵盖了该州的侗族地区。二是南部侗族地区，即湘黔桂三省毗邻县市联合开展的"湘黔桂三省坡侗族文化生态保护实验区"规划。由于广西三江侗族自治县、龙胜各族自治县、湖南通道侗族自治县、靖州侗族自治县、贵州省黔东南苗族侗族自治州的黎平县、榕江县、从江县，构成了南部侗族分布的核心区，其环境、生态、经济和文化具有密切关联的整体性，尤其它是侗族地区生物多样性和文化多样性地带，这里仍有原始次生林分布，保持有许多珍稀名贵的野生动植物，是我国江南生物多样性的典型区域，具有重要的生态价值。而且也是侗族传统文化保持得相对完整的少数民族地区，这里有七座侗族鼓楼、四座侗族风雨桥、三个古侗寨列为全国重点文物保护单位，侗族大歌、洪洲琵琶歌、侗族木建筑工艺入列国家第一批非物质文化遗产名录，侗锦、侗族芦笙、大戊梁歌会等进入省（区）级非物质文化遗产名录。基于以上特点，这里成为各县市跨省开展区域生态文明规划建设的一个热点。早在2009年3月31日，时任柳州市政府副市长文和群、张秋生，怀化市政府市长助理赵小鹏，黔东南苗族侗族自治州政府副州长梁承祥、州政协副主席王先琼以及三县相关领导共50余人，在贵州省黎平县召开了制定了"湘黔桂三省坡侗族文化生态保护实验区"规划的座谈会，会议达成了共同联合制定"生态文化保护试验区"的规划意向和向国家申报的工

图 5 - 1　依山而建的秀丽侗寨

作意见。目前，虽然"湘黔桂三省坡侗族文化生态保护实验区"还没有进入国家层面的规划，但是已经是侗族地区各县市开展生态文明建设工作的参考性文件。在侗族地区推进生态文明建设，当地人民群众是主力军，但在工作上必须依靠当地政府来组织开展，因而侗族社区的生态文明实践应当与地方政府生态文明建设的地方规划和发展措施同构。反过来，也就是说，侗族地区地方政府生态文明建设的地方规划和发展措施也是侗族社区生态实践的基本依据。

二 侗族社区经济社会发展需要

1. 侗族经济社会发展需要

侗族是我国55个少数民族之一，大抵形成于隋唐时代，侗族的发展已经有1000多年的历史，文化丰富多彩。目前人口有287万，在全国少数民族人口规模中排在第十二位。侗族主要居住在湖南省、贵州省、广西壮族自治区交界地带，世居的传统地域覆盖三省区的十八个县市，所占面积约4.1823万平方千米。

由于侗族居住的区域是我国云贵高原向长江中下游平原过渡地带，这里山多地少，人们居住环境不佳，多以村落形态安置，主要种植水稻和经营林业，缺少工业，由于交通不便，开放不够，历史积淀不足，区域经济社会发展滞后，侗族居住的县份，无论是属于贵州省、湖南省还是属于广西壮族自治区，都属于边陲落后区域，许多地方仍然没有脱贫。以黔东南州为例，这里9个"侗族县"，只有镇远属于非贫困县，剩余的黎平、从江、榕江、锦屏、天柱、三穗、剑河、岑巩全是国家级贫困县，近年有少数县份脱贫，大部分还处于"决胜小康"的关键阶段，发展任务繁重。但是，侗族地区是我国林业产区和生态保护的重要区域。这里主要生产杉木、松木等木材，也是桐油等经济林产区，尤其明清以来，这里的少数民族发明了"人工育林"技术，在林业市场的作用下，以杉木为中心的"人工林"得到大面积的发展。而侗族地区土质、气候良好，使植物生长、植被恢复很快，是宜林地区，林业构成了当地的重要经济资源。林业既是经济资源，也是生态资源，使得侗族地区发展十分具有地域特点。目前生态环境良好，民族传统保持完好，形成了生态资源、民族文化资源有优势，但经济社会发展落后的一种局面。在推动经济社会发展的过程中，保护生态和民族文化成为侗族地区的重要任务。这样，侗族地区就形成了一条生态文化需要优先保护的发展道路。在不可能进行大规模的城镇化发展中，加强乡村振兴是必然的选择。近年，推进侗族地区"美丽乡村"建设成为迫切需要，从而也关涉生态建设。生态建设是侗族地区社会发展的重要方式和内容。同时，按照国家主体功能发展规划，加强推进生态文明建设，也是侗族地区对接国家宏观规划，通过进入国家的整体规划联动才能搭上快速发展轨道，最终真正实现脱贫发展。

2. 侗族地区生态治理需要

侗族居住的大部分地区属于喀斯特地形，这种特殊性的山区需要创新生态资源保护新模式。就贵州省而言，就有73%的面积属于喀斯特地形，在黔东南州侗族地区境内的镇远—施洞口—挂丁一线分界的西北部地区和凯里、天柱、三穗、台江、黎平、从江、锦屏等县的部分地区都属于此类地形，可溶性碳酸盐岩较大面积分布，占全州面积的20%。这些喀斯特地形的有岩溶洞穴、暗河等，洼地常为岩溶漏斗，水土保持不易，从而生态建设和保护困难。同时，黔东南侗族地区处于云贵高原向长江中下游过渡地带，全境多为山地，中山、低山覆盖面积占96%，境内有武陵山系、苗岭山系、九万大山山系贯穿其中，形成了以山地为主的生态和经济环境。它的独特性构成了喀斯特地形和山区生态资源保护的特殊性及其模式。侗族地区的喀斯特地形，容易形成地质灾害，加上特殊气候引起的异常天气及其对生态的影响等问题。近年，随着现代化进程加快，侗族地区也在工业化的过程中成为国家的重要资源地和开发区。目前在境内修建飞机场、高速铁路、高等级公路、大型发电站、大型水库、城市扩容建设以及工业园区的兴起，这些重大项目必然改变原有的生态平衡，形成生态问题，需要加以治理。

3. 建立长江、珠江中上游生态屏障的需要

侗族地区是长江、珠江中上游的重要生态屏障。原因在于沅江及上游的清水江、潕阳河是长江的重要支流，而都柳江则是珠江的重要支流，侗族主要居住在清水江流域和都柳江流域，这里的生产生活对长江和珠江水系有很大的影响，实质构成参与的生态屏障。如贵州省关于黔东地区主体功能的定位提出，两江上游的黔东南是长江、珠江上游重要生态安全屏障。为了发挥屏障作用，强调需要大力实施石漠化综合治理等重点生态工程，积极开展以森林生态系统服务为核心的生态补偿试点、农业生态补偿试点、流域生态补偿试点，建立与矿产资源开发相关的生态补偿制度，构

建长江、珠江上游重要生态安全屏障战略格局，促进人与自然和谐相处，推动生态建设与经济发展同步。可见，其影响重大。就清水江而言，其流域包括湖南省的会同、芷江、新晃，贵州的黎平、锦屏、天柱、剑河、三穗、镇远、玉屏等10个侗族县的国土，均属长江流域沅江水系。而沅江上游在黔东南境内称为清水江，干流全长459千米，主要流经都匀市、麻江县、凯里市、台江县、剑河县、锦屏县，在天柱县流出省境，流域面积17145平方千米；有重安江、巴拉河、南哨河、乌下河、小江、亮江、鉴江等支流，对长江中下游水源和生态产生重要影响。而都柳江属珠江水系西江干流黔江段支流柳江的上源河段，发源于贵州省独山县，流经三都县、榕江县、从江县，入广西三江县寻江（古宜河）口，进入柳江干流融江段。全长310千米，流域面积11326平方千米，主要支流有永乐河、寨蒿河、污牛河、平正河、双江河，对珠江的水源和生态产生重要影响。贵州省的榕江、从江，广西的龙胜、三江、融水等侗族县属于珠江水系流域。因此，侗族地区的生态建设构成为长江、珠江上游流域的重要水源屏障和生态保护带。

4. 侗族生态文化传承发展需要

生态与文化，在历史领域作为结果的呈现，它们是相互作用和适应的产物。人类适应环境进行生产生活，就创造特定的文化，所谓民族文化也具有自然区域的特性，即是民族适应自然的结果。反过来，人类产生以后，所谓的自然都是人化自然，即人改造利用着的自然，因此，自然在一定意义上也是人类活动的结果。为此，思考生态保护与人类自我发展，需要实践的辩证法进行把握。其中一个重要方面就是，人类利用自然物质进行生产是在一定文化参照下进行的，这里文化不仅具有工具意义，而且具有价值取向作用，后者在生产中就变成了目的，文化保护就提上日程。基于此来理解，当今侗族地区的发展，在于开发利用资源和保护资源中，必然地是与保护民族民间传统文化相结合进行的，实际上，生态保护需要传承传统文化来实现。

黔东南苗族侗族自治州境内有18个世居民族，其中以苗族侗族为主体，少数民族文化绚丽多彩，而且许多如今仍然原汁原味地保存着，成为民族风情旅游开发的重要资源。黔东南侗族地区不仅生态资源丰富、生态环境良好，而且侗族民间文化也十分丰富，是区域发展开发的重要资源。在贯彻党的十八大提出的把生态文明融入政治、经济、文化和社会文明于一体的建设部署中，侗族地区实施生态文明建设必须把生态目标与经济社会目标结合在一起，而侗族地区的实际则是把生态资源与民族民间文化旅游资源进行同构性开发的，显然形成了生态保护与文化传承的互动。资源利用就是文化表达的现实形式，文化总是在生产中实现出来的。在侗族文化传承中，需要在维护生态性的机制中完成。

第二节　侗族社区生态文明实践的现实基础

关于侗族社区开展生态文明建设问题，我们分析它的依据，这只是给出了可能性的分析，而进入可行性分析就要把握它的现实基础。所谓现实基础就是它的实际条件，从这个逻辑出发结合前面侗族传统生态文化的分析，侗族社区开展生态文明实践具有独特的资源基础，包括文化观念、自然资源和环境以及生产生活方式等。

一　文化观念基础

侗族实施生态文明建设，具有传统生态文化的支撑，体现在有蕴含生态思想的自然观、有蕴含生态伦理的历史观和有蕴含生态价值观的生产生活习俗及其相应制约机制。

1. 有蕴含生态思想的自然观

根据我们前面的研究揭示，侗族的自然界把世间万物都"主体化"，并设定为具有亲缘性的一种关系存在，采取主体际的关系来对待自然界，这种传统的自然观蕴含了特定的生态思想。第一，侗族人尊重自然规律的文化操守主要源于侗族人对于自然界的敬畏。生态平衡是自然规律的重要内容。当人类活动尊重自然规律，生态平衡目标就能实现。侗族生态观是侗族人长期生产生活的经验总结，对于自然界的敬畏仅仅源自对于自然力的非科学性认识。侗族的"傍生"观念，把人与宇宙万物之间看成一种相互依赖的结构性关系，人类生存需要借助于外物的滋养，人类只有将自己置身于茫茫宇宙之中才能认识到人类的渺小，并克制自己的行为。侗族关于先造山林然后造人的盘古开天故事，将山、林等自然物比作了这方水土的主人，而其他后来的生物理应尊重先来者，人不是自然界的主宰，人与自然万物之间应彼此尊重和相互照顾。因而，人类不应过多向自然索取，造成对自然界的破坏。这样的生态价值观，对于物种多样性的保护和对于生态平衡的维护无疑是积极的。

2. 有蕴含生态伦理的历史观

由"雾生"、"卵生"、"傍生"和"投生"构建，详细阐释了人类从何而来，又将去往何方，在探讨人的本质问题的同时，还回应了人类的终极关怀问题。这样的历史观将人与自然建立起了紧密的联系。这是一直对人类自身存在和发展的思考，对塑造侗族人的观念以及规范侗族的行为产生了深远的影响，其中生态伦理是重要的方面。实际上，"四生"蕴含的历史观意涵是其生态伦理的文化基因之一。它以开放性"循环"系统看待人类社会，构建人与自然交流的文化机制。这个"循环"系统的逻辑结构是这样的：人类的存在是这个"循环"系统的一环，"雾生"、"卵生"、"傍生"和"投生"的构造就是这个"循环"系统的内部衍生。通过这一"循环"系统的稳定运行，使人与自然万物之间形成开放而持续的内部循环。这样，人类与自然万物沟通的壁垒被打通，自然万物被设定为"主体"，人与自然万物之间因为这样紧密关联性的存在，关系也被赋予了亲缘性的意味，亲缘之间以和谐的方式相处便成为自然。

在人与世界之间的开放性"循环"连接的基础上，侗族文化内部形成"自然的主体化"和"人的客体化"的双重关系结构。"自然的主体化"赋予自然神性，进而将其设定为价值主体，以主人翁的姿态来主宰世界，而"人的客体化"，是指人是这个世界的"客人"，"客随主便"的生活法则，要求"客人"必须尊重主人，不得喧宾夺主。必须尊重和服从于自然。因此，人被理解为"对象"的存在。"人的客体化"是侗族特有的文化心理。《许愿歌》中"山林是主，人是客"的歌词，就是这种文化心理的表现。值得注意的是，侗族文化心理结构中的"自然的主体化"和"人的客体化"具有同构性，正因为二者之间的相互作用，侗族人才把自己的存在理解为人是大自然的一部分，悠然自得地栖居于大自然之中。栖居的这种选择实际包含了通过"自然的主体化"和"人的客体化"互渗所建构起来的自然和社会伦理，自然界被赋予了神性，便有了作为神的意志及需要。人类在大自然的栖居都源于大自然的恩赐，因而不得毫无限度的向大自然索取。

侗族还通过"投生"的"再生"设计，实现了人类的"永续存在"，解决了终极关怀问题。由于受佛教文化影响，侗族关于"投生"的观念中也包含了因果报应的逻辑。这种因果报应的设计，具有鼓励人们积德向善的动因，寄予了人与人、人与自然万物之间的相爱相惜。人类如果不善待自然，则会被自然界惩罚，而且惩罚的时间跨度从今生到来世。这种惩罚性在处理人与自然的关系上构建了一种生态伦理准则，对生态平衡产生了积极的作用。

3. 生产生活习俗蕴含生态价值观的制约机制

侗族的生产生活习俗蕴含生态价值观的制约机制，与生态文明观念有互通融合性。如侗族的居住，追求一种适应自然，与大自然和谐相处来安置自己的模态，具有迎合环境，顺应自然为价值理念的行为特征，因而，这种居住习俗蕴含着极强的生态理念和价值取向。

一是侗族栖居的理念包含融入自然为主题的居住价值观。其栖居所蕴含的宇宙观是这样的，即人的存在就是安放于天地间，而非人创造了一个新世界，天地永远是人的"家"。自觉地保护大自然，不随意破坏天然存在的自然现象，这是侗族生产生活中的规矩。这是侗族天然的道德良心，并认为可以从自然界中得到好的回报，获得安然居住，生活自得，安详顺利。侗族的居住就是一种生态化的生活方式，其生态价值实然可知。

二是追求风水的居住学理强调顺应环境的功能选择。侗族居住的风水学理，立足于"天人感应"，即人与自然界的相互感化作用。在侗族人们看来，自然环境是一种"先在"的因素，人可以利用它，但不能改变它。为此，风水资源的利用基于顺应自然作为原则，改造不是主要的。自然条件是长期形成的，在客观上已经形成了某种平衡即实体平衡，如果人类大力改造某一环境或大量利用某一资源，必然出现原有的生态平衡破坏，进而可能出现生态灾变。在侗族社会里，人们不仅要选择风水，同时也要保护风水，如果风水遭破坏了，那么居住在那里的人也会遭厄运。在对待自然界方面，侗族人们一般是以维护原有的状态为原则，让自然界的各种现象自生自灭，不主张人为干涉。而利用必须坚持顺应环境，因此，原有的自然环境都能够得到维持和保护。可以说，侗族追求风水的居住学理和强调顺应环境的功能选择，极具生态价值。

三是村落、居所的和谐营造形成资源利用的适度性原则。侗族基于居住的栖居理念和风水学的运用，形成了侗族居所营造的和谐性。这种和谐营造的审美特征，又形成了人们对资源利用的适度性原则，不过度开发。侗族资源利用的适度性原则，一方面是对自然界资源利用的适度性；另一方面是对这些可用资源的利用时要有人人照顾的分享性，即占有份额的适度性。对自然资源利用的适度，在人类之间物资分享的适度，这是侗族文化的基本特征。而且这种适度性具有整体性，系统性地贯穿在侗族人日常生活的各个环节里，资源节约、生态保护与伦理道德建构和相应礼仪的文化表达是交织在一起的。因而侗族的生活方式具有遵循合理占有、共同分享、怡然自得的休闲性，随遇而居，包含了生态平衡和心态平衡。

又如侗族节庆活动蕴含着生态文化知识的传承，也是生态保护教育的场景。因为相应节庆举办蕴含对生态文化价值观的建构。节庆活动是一种集体行为，它具有社会性的文化传承力量。而之所以能够这样，在于它本身就是一种生产活动，蕴含着价值观的表达。侗族人过节就是特定价值观的表达和实现过程，同时也是价值观的建构过程，这种过程包含了生态文化价值观这一内容。相应节庆又是生态行为的规范表达和体验教育。侗族社会发展滞后，在文化上虽然有自己的语言，但没有文字。这种情况影响到侗族的发展，包含自己的文化传承。由于没有文字，侗族文化传承渠道主要靠比较原始的方式进行，即以口传和经验性的实践方式为主。实际上，侗族的文化传承没有类似学校的教育机构，因此，千百年来都把文化传承放在生产生活的大课堂中。侗族的节庆产生于各种生产生活的相应环节，因而，节庆活动也包括教育行为。节庆对于生态文化知识的教育和传播是一个重要渠道，因为它是生态行为规范的表达和体验教育。

总之，侗族的特定节庆与生态文化具有关联性，形成节庆活动的生态文化传承作用。一是增强人们对生态问题的认识；二是强化人们对生态价值的指认；三是促进社会维护生态的行为规范形成；四是推动侗族生态文化的持续传承。

二　自然资源和环境基础

1. 良好的森林生态资源基础

侗族地区属于森林生态类型，森林资源是生态资源的基本构成。众所周知，森林在改善生态环境、维持生态安全、建设生态文明以及促进经济社会可持续发展中起着不可替代的作用。第一，它能够保持水土和涵养雨水；第二，能够吸收二氧化碳、释放氧气，改善我们的生活环境，又被称为"最经济的吸碳器"；第三，它是野生动物的安全栖息场所；第四，能够及时调节气候；第五，有效防止大气污染、降低噪声污染。可以说，哪个地区能够拥有良好的森林生态资源基础，谁就掌控了人类生存的主动权。

我国的八大林区主要分布于东北地区、西南地区、东南地区。侗族聚居区因为森林覆盖率高以及盛产杉木而跻身全国八大林区。侗族聚居区地处长江与珠江中上游的分水岭地带，境内以山地为主，山地面积约占侗族区域面积的80%以上，所以有"九山半水半分田"之说。这样的地理条件也决定了侗族地区人工育林的必然性。侗族人工培育杉木的历史悠久，中华人民共和国成立以来还培育出"八年杉""十年杉"等速成品种，积累了大量的优质木材，尤其以"十八年杉"品种最为知名。湘黔桂侗族地区良好的森林生态资源基础，具体见以下一些具体的森林资源数据。

（1）贵州省黔东南苗族侗族自治州的黎平县、榕江县、从江县、锦屏县、天柱县是全国重点林业县，其中锦屏县已经被列为全国杉木生产重点县。贵州省黔东南苗族侗族自治州属于亚热带常绿阔叶林区域，中亚热带典型常绿阔叶林北部植被亚带，森林资源十分丰富，全州森林面积达188.73万公顷，森林蓄积量1.1亿立方米，占到贵州省森林蓄积量的1/3，森林覆盖率高出全国平均水平42个百分点，达到68.88%。有各类植物2000多种，其中野生植物资源150余科，400多属，1000余种，在种子植物中，有中国特有属24属，占全国特有属的11.7%，重点保护树种占全国重点保护树种的10.5%，占全省保护树种的90.2%，多达37种，其中有珙桐等国家一级保护植物5种，桫椤等国家二级保护植物35种。建有18个国有林场和2000多个乡村集体林场，1个国家级自然保护区、9个州级自然保护区和3个国家森林公园，是国家重点集体林区和国家现代林业建设示范区，是湘鄂川桂黔区系植物荟萃之地。①而自然环境自身最大的自然调节能力，就是来自森林生态系统。据中国林业科学院《贵州省黔东南州森林生态系统服务功能及其价值评估报告》通报，该地区每年森林生态系统服务功能的总价值达1011.58亿元。②

（2）广西壮族自治区三江、融水、龙胜等侗族地区森林资源广阔。第一，三江侗族自治县属国家级重点林区县之一，2007年，被国家林业局授予全国"100个经济林（油茶）产业示范县"。全县土地总面积243154.3公顷，其中林地面积197666公顷，占总面积的81.29%。在林地面积中，

---

① 黔东南州人民政府：《黔东南州州情概况》，http：//www.qdn.gov.cn/zq/.
② 王兵、魏江生、胡文等：《贵州省黔东南州森林生态系统服务功能及其价值评估报告》，《贵州大学学报》（自然科学版）2009年第5期。

有林地面积137615.8公顷，占林地面积的69.62%；灌木林地面积50693公顷，占林地面积的25.65%；疏林地面积226.2公顷，占0.11%。森林（有林地、疏林、灌木林）面积188535公顷，活立木总蓄积量7181069立方米，其中：用材林面积110502.8公顷，蓄积量6261719立方米；乔木林面积126895.3公顷，占64.20%；油茶林面积41170.3公顷，占20.83%；竹林面积10720.5公顷，占5.42%；马尾松林面积8546.3公顷，占4.32%。全县森林覆盖率基本保持在78.2%以上[①]，水环境质量保持国家Ⅱ类标准，空气质量达到国家一级标准。第二，融水县地处云贵高原苗岭山地向东延伸部分。融江从北向南流经县城，该县是广西乃至华南原生性最好的森林生态系统之一。全县有高等植物302科、1232属、3278种，其中列为第一批中国珍稀濒危植物名录的有42种，占广西现有114种的36.8%，占全国现有各类保护植物354种的11.9%。全县土地总面积466380公顷，其中，林业用地面积367994公顷，占78.8%；森林覆盖率（含灌木林）为75.8%。[②] 第三，龙胜县拥有楠木、红豆杉、青钱柳等珍贵树种较多，是全国7个森林旅游示范县之一。林业方面，主要用材树种（杉木、松木）面积126.6万亩；主要经济林树种面积15.33万亩。在林地面积中，森林面积264万亩、森林覆盖率74.3%。[③]

（3）湖南省通道、靖州、会同、新晃等侗族地区森林覆盖率都在70%以上。第一，通道县以集体林为主，林地总面积185191.0公顷，有林地162696.4公顷，占林地面积的87.85%。活立木蓄积8755489立方米，其中乔木林蓄积8674630立方米。森林覆盖率75.61%，林木绿化率76.85%，生态环境较好。第二，靖州县是南方重点林业县和速生丰产林基地县，是全国六个森林经营示范县之一。县域总面积331.3万亩，林业用地面积269.6万亩，有林地面积231.5万亩，森林覆盖率74.93%，森林蓄积量1213.6万立方米。[④] 由于林业资源丰富，享有"绿色林海"的美

① 三江侗族自治县林业局：《林业概况》，http：//gxsj. forestry. gov. cn/19505/19508/19512/90735. html2017/5/1 – 2018/2/4.

② 《融水苗族自治县林业"十一五"规划》，http：//gxrs. forestry. gov. cn/10036/10040/77258. html2013 – 11 – 20/2017 – 6 – 3.

③ 《龙胜县农业及自然资源基本情况》，https：//wenku. baidu. com/view/0fb7ab95daef5ef7ba0d3c4e. html.

④ 《林业概况》，http：//hnjz. forestry. gov. cn/26695/26698/26702/91621. html2016 – 02 – 19/2017 – 4 – 2.

称。第三，会同县森林蓄积量 678 万立方米，立竹蓄积达 8000 万根，森林覆盖率达 72.14%，居全省前列，是南方重点林区县、全国 21 个楠竹生产示范县和南方 12 个用材林基地县之一。① 第四，新晃县全县总面积 1508 平方千米，目前林地面积 158.2 万亩，森林覆盖率 70%，为国家重点生态功能保护区。②

湘黔桂侗族地区的森林生态资源可以概括为三个特点：林地面积占比大，森林覆盖率高，森林蓄积量丰富，珍贵树木较多，森林生态基础良好。

2. 丰富的水资源条件

侗族地区的水资源多属于长江水系和珠江水系，区域内大小江河数百余条，河流呈"扫帚"状分布，向北注入长江，向南则流入珠江。主要河流有都柳江、潕阳河、清水江、浔江、沅水上游支流渠水等。至于沟溪，在侗族地区则是不可胜数，它们蜿蜒于山林村寨谷底，纵横交错，细润山间大地。

（1）黔东南州水文条件。境内分布着大小河流 2900 余条。其中流域面积大于 2000 平方千米的河流共有 8 条，1000 平方千米以上的河流共 17 条，500 平方千米以上的河流共有 26 条，300 平方千米以上的河流共有 36 条，200 平方千米以上的河流共有 51 条，100 平方千米以上的河流共有 104 条，50 平方千米以上的河流共 225 条（含接近 50 平方千米的 4 条）。③境内两大水系中，北系潕阳河发源于瓮安县长林乡，清水江发源于都匀市杨柳街镇斗篷山，自西向东横贯全州流入湖南境内；南系都柳江发源于独山县林场北面拉林，自西向东南流经榕江、从江两县流入广西境内。《2015 年黔东南州水资源公报》显示：2015 年全州平均降水量 1648.2 毫米，折合年降水总量 500.0 亿立方米，比上年增加 25.2%，比多年均值增加 33.4%，属丰水年份。2015 年全州水资源总量 269.2 亿立方米，折合年径流深 887.3 毫米，比上年增加 33.5%，比多年均值增加 40.1%，属丰水年份。平均每平方千米产水量 88.73 万立方米，年人均占有水资源量为 7723 立方米。有观测记录的大中型以上水库（水电站）16 座，小型水库 329 座。全年期水质检测显示：监测、评价河长 2069.0 千米。Ⅱ类水质的

①　《会同县基本情况》，https：//wenku.baidu.com/view/846a19b0524de518974b7d07.html.
②　《新晃侗族自治县简介概况》，https：//www.monseng.com/se/hunan/huaihua/20344.html.
③　《2015 年黔东南州水资源公报》，http：//www.qdnzslj.gov.cn/info/1062/2320.htm.

河长 1691.0 千米，占总评价河长的 81.7%^①。

（2）广西侗族地区水文条件。三江侗族自治县境内大小河流纵横交错，"三江"得名于境内的三条大江，即榕江、浔江与苗江。境内河流纵横，属珠江上游西江水系的一部分，三江侗族自治县大小河川 74 条，全长 68 千米；其中有 16 条主要河流，集雨面积 50 平方千米至 100 平方千米的有 8 条，100 平方千米以上的 8 条。主干河流有 3 条：溶江，县内长 91 千米，年径流量 102.5 亿立方米，支流有苗江、大地河、晒江河、小宾河、高露河、大年河、八洛江、西江河；浔江，县内长 63 千米，年径流量 5.8 亿立方米，支流有斗江、林溪河、漾口河、八江河、洒里河、燕茶河；融江，县内长 91 千米，年径流量 102.5 亿立方米，支流有西坡河、板江、田寨河。县境内没有地下河，地下水补给来源于大气降水，补给与消耗基本平衡，一般泉水终年不断。融水县属都柳江水系，水源丰富，年产水量 65.2 亿立方米，占柳州地区的 22.9%，平均每平方千米地表水年产 139 万立方米。该县境内 13 条河流，汇水面积为 3843.9 亿平方米，占全县干流、支流总汇水面积的 82.4%。^② 龙胜县境内河流 480 多条，浔江水系遍布全县，水能理论蕴藏量 60.58 万千瓦，龙胜县境内河流 480 多条，浔江水系呈树枝状遍布全县，由于山区地形特点，河流滩多水急，落差大，水能理论蕴藏量 60.58 万千瓦，可开发利用的水电装机容量达 45 万千瓦。目前，已运行的水电站 72 座，装机容量 22.33 万千瓦；在建的水电站有南山水电站、大云水电站以及装机容量 10 万千瓦的南山风电场一期工程等项目。"十二五"期末，全县水电装机达 30 万千瓦，风电装机达 20 万千瓦。^③

（3）湖南侗族地区水文条件。新晃"四溪一水"（平溪、西溪、中和溪、龙溪、㵲水）覆盖全县，总共有大小溪、河 270 余条，河网密度为 0.7 千米每平方千米。河流总长度为 1353.2 千米；其中外县流长 269.2 千米，县境内流长 1084 千米，流域面积达 1508.7 平方千米。县境内水资源总量 46.0234 亿立方米；其中客水量为 36.6084 亿立方米，产水量为 9.415 亿立方米。^④ 水能资源较丰富，理论蕴藏量为 7.9541 万千瓦，可开

---

① 《2015 年黔东南州水资源公报》，http：//www.qdnzslj.gov.cn/info/1062/2320.htm.

② 《三江自然地理》，http：//www.sjx.gov.cn/a/yingjiyuan/8955.html.

③ 《龙胜各族自治县》，https：//wenku.baidu.com/view/81815574647d27284b73516d.html.

④ 《新晃地理环境》，http：//www.xinhuang.gov.cn/xhfq/jbxq/dlhj/201711/t20171123_43436.html.

发利用 4.208 万千瓦，至 2010 年已开发利用 3.586 万千瓦。全县多年降水总量为 18.14 亿立方米，地表水资源量为 9.58 亿立方米。① 通道县境内溪河密布，有集雨面积在 5 平方千米以上的溪河 94 条，每百平方千米有溪河 4 条，总长 1455.88 千米，分属两大水系。从八斗坡向南，有平等河、普头河、恩科河、里溪河、洞雷河等 5 条，经广西龙胜、三江等县流入浔江，汇入融江，属珠江水系，流域面积仅占全县总面积的 6.2%。其余 89 条溪河汇集于渠水，经靖州、会同、洪江等县市，注入沅江，属长江水系，流域面积占全县总面积的 93.8%。② 芷江境内有大小河流 294 条，河流总长度 1468.3 千米，河网密度 0.7 千米每平方千米，年平均降水量 1321 毫米，人平均占有水资源量为 4024 立方米，多年平均地下水资源量为 14.1 亿立方米，平均地下径流量模数为 18 亿立方米。全县水能蕴藏量为 18 立方米每平方千米，可开发量为 15.91 万千瓦，目前有大中型水电站 2 座，其中莽塘溪水电站位于潕水河。③

3. 独特的区域气候条件

高原山区地面崎岖不平，深受准静止锋控制，空气受到抬升、搅动、阻塞，冷暖空气便有了较多的遭遇机会，是形成侗族地区多阴雨天的主要原因，也因此形成了"天无三日晴"的特定气候条件，这是这一地区的一大气候资源优势，可谓侗族地区的"天上之河"、生态生命线。这一地区经常下雨，不断调节气温，夏季凉爽。从全国降水分布图上看，可见三条主要"等降水量线"由东南向西北降水量逐渐减少，而整个侗族地区处在 800 毫米等降水量线东南，年降水量为 1100—1300 毫米，既无过多干旱又无过多水患。多雨的气候条件非常适宜林木的生长，植物生长繁茂，树种达 2000 种以上，珍贵树种的数量更是惊人。而这也可归功于"天无三日晴"的气候。夏季降水量占全年总降水量的 70% 左右。这正是大秋作物生长的季节，不但保证了充足的水分，而且这一时期的日照数占全年总日照数的 60%—70%，太阳辐射量占全年总辐射量的 63%—70%。光、热、水

① 《新晃境内水能资源统计》，http：//www. xinhuang. gov. cn/zwgk/bmxxgkml/xslj/tjxx_ 693/201712/t20171204_ 62695. html.

② 《通道侗族自治县概括》，https：//baike. baidu. com/item/% E9% 80% 9A% E9% 81% 93% E4% BE% 97% E6% 97% 8F% E8% 87% AA% E6% B2% BB% E5% 8E% BF/10369943？ fr = aladdin.

③ 《芷江县水资源利用现状分析》，https：//wenku. baidu. com/view/dc49dd560b4c2e3f572763b3. html.

配合默契，真是"天作之合"。由于云量多，太阳辐射量不大，紫外线的照射也不强烈，十分有利于人体健康。"天无三日晴"的天气条件，令生活在侗族聚居区的人们既不因长久无雨而干旱，也不因雨量太多而成水灾。正是因为雨量充沛，侗族地区才焕发出了勃勃生机，绿意盎然。天无三日晴的天上之河是生态生命线。因此，"天无三日晴"所带来的青山绿水是大自然给侗族地区的恩惠。明代的名相刘伯温曾赋诗预言道："江南千条水，云贵万重山。五百年后看，云贵胜江南。"①

4. 多元物种的生物基础

侗族聚居的湘黔桂毗邻地区系贵州高原东南端高原向丘陵和盆地延伸的过渡地带，气候有立体性分布特点，生物物种丰富，如侗族分布主要区域的黔东南州，其国土面积3.03万平方千米，占贵州省总面积的17.2%，东西长220千米，南北长240千米，属亚热带气候，年平均气温18℃左右，森林覆盖率2018年为68.88%。境内生长的植物多达2000多种，分属273科、679属，有13个植物区系349属的植物在山地自然生长。植物以杉为主，境内生长植物达2000多种，分属273科、679属，有13个植物区系349属的植物在山地自然生长，有国家一、二、三级保护的珍稀树种20科44种；有两栖、爬行、鸟类、鱼类、哺乳等各类动物29目19科355种；还有云台山、雷公山、弄相山等8个自然保护区。其生态资源富集，是西南乃至全国少有的生态良好的地区。

三　生产生活基础

1. "人工育林"的生态林业基础

生态林业是生态经济多样化和生态平衡的环境基础，是生态文明的重要载体。它遵循生态经济学以及生态的发展规律来发展林业，是一种具有可持续性的森林生态经济系统。

湘黔桂毗邻区是侗族生活的世居地带。这里土壤肥沃、雨水充沛，盛产杉、松、樟、楠等40多种速生用材林木，自古以来就是我国重要的杉木起源区和生产区。在这片区域世代居住的侗族人民，发明了"人工育林"这一以杉木种植为主的营林生产方式和技术，使这里的自然生态保持了良好平

---

① 转引自章新胜《贵州后发赶超　五百年后看云贵胜江南》，http://mt.sohu.com/20150628/n415776116.shtml.

衡。目前，这里森林覆盖率为68.88%，植被完好，生态优良。而侗族"人工育林"技术得到不断传承并保持侗族聚居区内杉木林郁郁葱葱的同时，也成就了我国林业的一项重要文化遗产。由于侗族地区"人工育林"这一生产技术和生产方式本身肩负着经济发展与生态保护的双重目标，在长期的生产生活实践中又不断积累和生成出一套经营、管理制度，为当地林业产业的繁荣和生态环境的维护提供了有效的机制保障，进而促进了生态优化。今天，"人工育林"营林生产方式和技术，在"经济—生态—经济—生态"的继承并重构过程中仍然发挥着独特的作用。

2. 生态型"复合式耕养"农业基础

传统农业是用传统的耕作方法和农业技术，以人力、畜力为主要农业动力，以自给自足的自然经济为主导地位的农业。由于能源、肥料等农业生产要素短缺，生产者不得不重复利用秸秆、人畜废弃物等资源，以维持农业生产力水平，也因此，传统农业已具备了农业复合生态系统的特征。在传统农业的发展过程中，侗族创造了多种传统复合农业系统。这个系统意味着，农民能够在同一块田地上，同时收获植物蛋白和动物蛋白，满足人们的温饱和营养需求。此外，这一"复合式耕养"的生态性还体现在：有效减少病虫害，增强土壤肥力，减少甲烷排放，保护生物多样性，充当隐形水库。在侗族创造的多种传统复合农业系统中，"稻鸭鱼"复合生态系统食物链生态循环的特点和功能，最大限度地减少了农药和化肥使用量，减少了环境污染，从而增强了这一传统农耕文化传承发展的稳定性。

林业和稻作一样，都是侗族重要的生计方式。侗族居民在植树造林的过程中找出了林间套种农作物的耕作方法，统称"林粮间作"。这种耕作方法泛指林农在新造林地展开林粮混合种植，即按地形、土质、日照以及距村落距离远近情况等，在林地里套种小米、蔬菜、水果等经济作物，达到林粮双收。如果根据经济作物类别来分类，则以前俗称的"林粮间作"可分为"杂粮间作"、"蔬菜间作"和"果树间作"等。"杂粮间作"主要是指在林地里套种小米、黄豆、玉米、红苕、荞子、洋芋等；"蔬菜间作"主要指在林地里套种辣椒、红萝卜、白萝卜等；"果树间作"主要指在林地里套种南瓜、地瓜、水果等。"林粮间作"生态系统和"稻鸭鱼"复合生态系统和谐共存，共同提高了林业和稻田的综合产出，极大地克服了侗族地区生物多样性和山区生态环境差异的不足，保护了生态安全，夯实了侗族地区的生态农业基础，今天仍需改造利用。

3. 顺应环境的自然崇拜心理和生态保护的日常文化行为基础

侗族的自然崇拜是在生产生活中产生出来的，是对自然"物"的崇拜，是对天地山林、风雨水火、动植物等赋予了"超自然力"的崇拜，进而形成了敬畏自然的生态伦理观。侗族有对森林、土地崇拜的传统，侗寨附近的古树、巨石、山林等都是他们崇拜的对象。他们很智慧地将农事时令节气和耕作收获季节微妙地联系起来，在每个节气以家禽去祭祀心中的山神、树神和石神。挺拔的大树还常被认作新生婴儿的"保命树"，被寄予护佑孩子健康成长的希望。对山神和树神的崇拜，逐渐演化为侗族人的道德约束，风水林中的树木被自觉而严格的保护起来。

为了管理好山林、水源等自然资源，侗族人自治系统中的乡规民约也明显带有自然崇拜的性质。乡规民约的惩罚性实现了保护山林和生态的双重目的。可以说，侗族人顺应环境的自然崇拜心理，巧妙地处理了人与自然的关系，也促成了侗族人恪守生态保护法则的行为规范。①

第三节　当代侗族地区生态文明建设面临的问题

侗族地区不仅具有自然环境的相对整体性，而且具有民族文化的相对独立性，历史上形成了丰富的民族传统生态知识和技能，并融入他们日常的生产生活之中，构成了侗族当今发展的重要资源。而改革开放后，侗族地区紧跟全国发展进入现代化发展的车道，同时又落实国家提出的生态文明政策，在这样多重背景下，从事新时代生态文明建设，对它会带来什么问题呢？也就是说，侗族地区生态文明建设会遇到什么样的问题。具体地看，主要有四个方面：一是当代侗族地区经济建设与工业化的生态问题；二是对侗族地区生态资源战略的认识不足带来的实践局限；三是侗族地区经济发展与生态保护政策协调不足的问题；四是城镇化与传统村落保护的矛盾对生态保护工作的不利影响。下面具体论述。

一　当代侗族地区经济建设与工业化的生态问题

侗族地区经济的现代化发展起源于西部大开发。2001 年，国家启动了

---

① 《国际生物多样性日的意义》，http：//www. sdein. gov. cn/xcjy/hbzs/201705/t20170522_774 831. html2017 – 05 – 22/2018 – 1 – 23.

西部大开发政策，西部大开发政策的规划区域包括侗族聚居的贵州省、广西壮族自治区、湖南省的 12 个省市。因此，西部大开发实际包括了绝大部分侗族地区。

西部大开发实质就是推进我国西部地区的现代化发展，现代化的核心内容就是工业化、市场化和城镇化等，这涉及大规模的资源利用、改造和开发，必然引起一定的生态问题，这是侗族地区当代面临和需要解决或调适的生态问题。

1. 当代侗族地区的经济建设与工业化、城镇化发展

（1）承接东部、沿海转移企业及其新投入扩建。西部大开发之后，侗族地区的发展受所属区域行政规划影响。如黔东南地区工业发展落后，从 2001 年开始以承接东部、沿海转移企业及其新投入扩建为主，引进了大批高耗能企业，这些企业的污染性也极强。到 2007 年时发展为 32 家，具体有：一是施秉恒盛硅业电冶联合体。以施秉恒盛公司为主体组建企业集团，充分利用现有设备，加强与其他企业合作，不断增强发展实力。共有 34 台 6300KVA 铁合金（工业硅）矿热炉，产能达 12 万吨规模。二是黔东循环经济工业区镇远西秀冶金集团。其下属企业有镇远县黔东铁合金有限责任公司、镇远县海纳铁合金有限公司、镇远县鑫旺冶炼有限公司、镇远县顺达冶炼有限公司、镇远县宏联冶炼有限责任公司、镇远县青松铁合金厂、镇远县力达铁合金厂、镇远县精诚铁合金厂、金华炉料加工厂、三穗县金穗冶炼厂、三穗县宏达铁合金冶炼有限公司、三穗县冶屹镍铬合金冶炼有限公司。共有铁合金（含工业硅）矿热炉 16 台，其中 6300KVA 13 台、9000KVA 3 台，硅锰铁合金产能达到 20 万吨规模。三是凯里经济开发区贵州亿祥矿业集团。其下属企业有台江兴顺有限公司、雷山凯运有限公司、镇远润达铁合金厂、贵州麻江志宏冶金实业公司、麻江和中硅锰有限公司、麻江薪源锰业有限公司、凯里吉凯铁合金有限公司、贵州亚华实业有限公司、凯里明鑫铁合金有限公司、麻江伟泰硅业有限公司。共有铁合金（含工业硅）矿热炉 24 台，其中 6300KVA 19 台、8000KVA 1 台、9000KVA 4 台，铁合金（工业硅）产能达到 30 万吨规模。四是黎平洪州工业聚集区洪州硅业总公司。其下属企业有黎平宇通硅业有限公司、黎平利南硅业有限公司、黎平连发冶炼有限公司、从江联兴有限公司、麻江兴盛硅业有限公司、丹寨新兴冶炼公司。共有矿热炉 17 台，其中 8000KVA 3 台、6300KVA 14 台，铁合金（工业硅）产能达到 10 万吨。五是黔东南

州广盛冶金集团公司。其下属企业有凯里市荣盛硅业有限公司、榕江文美硅业公司、榕江电冶炼厂、黄平闵航冶金有限公司。共有 9 台矿热炉 6300KVA，产能 5 万吨。六是岑巩金源冶金有限集团公司。其下属企业有岑巩华泉铁合金厂、岑巩天源铁合金公司、贵州国恒锰业有限公司、岑巩天榕锰业有限公司、岑巩巨华铁合金公司、岑巩秦箭铁合金有限公司。共有矿热炉 18 台，其中 1250KVA 3 台、8000KVA 4 台、6300KVA 10 台、精炼炉 3600KVA 1 台，产能 20 万吨。[①]

（2）全面启动以交通为中心的区域基础设施建设。侗族地区属山地地带，地势险峻，崎岖不平，交通十分不便，这是影响经济社会发展的重要因素。侗族所在区域的地方政府都把交通改善作为实施西部大开发的首批工程，在黔东南特别关注。交通建设，除了抓住过去国道、省道和乡村公路建设外，基于现代化发展的目标，主要结合国家规划与投入，重点建设高速公路、高铁、飞机场和航线、水道交通。在黔东南境内，从最初的凯麻高速公路开始，现在做到了县县通高速，建成的包括凯麻高速、凯玉高速外，如"十二五"期间通车的有夏蓉高速和黎平至洛香、思南至剑河、凯里至丹寨（羊甲）、三穗至黎平、凯里至余庆、凯里至雷山等高速，到 2017 年末黔东南州境内高速公路通车里程达 813.5 千米。[②] 境内通过的高铁有泸昆线和贵广线。已经建成机场有黎平机场和凯里黄平机场。除此之外，各县已经做到村村通公路并实现水泥硬化。总之，目前立体型交通体系基本建成。基础设施建设不止这些，还有水利、通讯、能源等。仅就交通而言，基础设施建设是历史以来最多最大的时段，对原有自然面貌改变也是最强的，自然对环境和生态必然造成影响。

除了以上的方面外，还有重大影响的，一是服务西电东送推进的水电、火电能源企业建设。黔东南侗族地区境内的水电站工程较多，主要是对清水江开发形成的，大型的如三板溪水电站及水库、卦治电站及水库、白市电站及水库等。火电厂如镇远的黔东火电厂和原来凯里的火电厂。二是推进工业项目的工业园区和项目引进建设。黔东南的省属县级经济开发区有凯里经济开发区、黔东经济开发区，另外有比较大型的工业园区如从

---

① 参见《黔东南州人民政府关于印发黔东南州高耗能企业整合实施方案的通知》（黔东南州人民政府，2007 年 12 月 11 日颁布）。
② 参见黔东南州人大第十四届第一次会议文件《近五年黔东南州经济社会发展情况》。

江的洛贯工业园区、黎平的洪州工业园区、凯里和麻江的卢碧工业园区，丹寨的金钟工业园区等。三是推动城镇化发展和实施城镇扩容建设。黔东南州有十六个县市，因此，十六个县市城镇就是境内城镇化建设的主要载体，承载了人口迁移、经济开发的主要功能，近几年城镇建设都有成倍的增长。这里以房地产开发为例，2012 年至 2015 年，黔东南房地产开发投资累计完成 472.8 亿元，年增长 19.8%。[①] 这个高增长率，说明了城镇化在迅速发展，同时也包含了各种资源、能源的消耗以及引起有关生态和环保问题。

2. 当代工业化发展与侗族地区面临的主要生态问题

西部大开发之后，侗族地区大项目开发越来越多，对区域资源利用和生态环境形成影响是必然的，而这种开发与过去林业开发不一样，以工业化的多方面进行，因而对生态影响可能更深远和更宽广一些。

第一，水土流失。西部大开发的核心路径是工业化。实质上，工业化是现代化发展的基本动力，促进国家现代化发展必须走工业化道路，西部发展也如此。西部实施大开发就是大力发展工业，而伴随工业化的发展就是城镇化，发生生产方式转变和人口向中心城市的聚集。但是，工业化和城镇化也带来各种副产品，其中重要的方面就是引起生态问题，生存环境恶化。侗族地区处于西部大开发区域之内，随着西部大开发的实施，自然也引起生态问题，其中一个突出的特征就是水土流失。侗族居住的湘黔桂交界，这里是山地地形，山地之间河流密布，地表一旦发生破坏就很容易出现水土流失。西部大开发后，侗族地区也快速进入了大开发阶段，引进或新建各种企业，尤其加强基础设施建设，使这些地方得到前所未有的改变。目前，侗族地区依托所属行政区划的地方政府，在国家的支持下进行了各种现代化设施建设，包括机场、高铁、高速公路以及水库电站、火电厂和工业园区的各种企业、城镇住房小区等，各种工程普遍开花。在这种情况下，破山开土十分频繁，对地表破坏是必然的。工程项目留下泥石很多，山体裸露的情况也不断增多，以致水土保持变成了一个需要加以注重和解决的问题。

第二，工业污染。工业化必然带来生产方式和生产内容的变化，这是客观存在的。基于改革开放和经济开放性发展的要求，侗族地区也紧跟全

①　参见黔东南州人大第十四届第一次会议文件《近五年黔东南州经济社会发展情况》。

国走上市场经济，这是大环境和内在发展的结果。改革开放引起变化的核心是经济，基于分工和交换的生产关系，调整产业就成为发展的重中之重。侗族地区主要包括湖南省怀化市的五个县，贵州省黔东南州东部的九个县和铜仁市的玉屏县等，广西壮族自治区的桂北三县，这些地方都基于区域经济的发展规划，不同程度地引入或新建了许多工业企业，如黔东南州的高耗能铁合金冶炼工厂就达 32 个，此外还有火电厂、制造业工厂等，实际上已经形成了工业污染。这些污染包括噪声、烟尘、污水、尾料等，而工矿业、冶炼还有重金属污染的可能。目前，黔东南州包括境内侗族地区，工业企业大部分是承接东部、沿海转移而来的制造业和高耗能企业。这是侗族地区在工业化进程中重要的污染源，有加强关注、防范和治理的需要。

第三，生物多样性影响。侗族地区地形属于山地地带，山体上下有海拔差异，形成立体气候特征，加上地处温带气候带，适合各种动植物的生长，因而这里具有生物多样性的优势。根据《黔东南苗族侗族自制州林业志》的有关文献记录，侗族聚居的黔东南州植物种类有 3626 种，动物种类有 1114 种，昆虫有 1299 种，生物多样性显示了区域生态环境良好。[①]但是，工业园区的建设，尤其众多铁路、公路的网状建设，对生物尤其动物的生存发展是有影响的。这些四通八达的公路网、铁路网，容易隔断动物的流动，限制它们的活动区域，影响动物尤其地面活动的动物觅食，尤其一些季节性区域移动性觅食动物，它们受到的影响最大，有的可能因此而死亡绝种。经过西部大开发，侗族地区经济社会得到迅速发展，尤其基础设施的交通方面。目前，侗族地区县县通高速，村村通公路，高铁几条贯穿境内，这种密集的交通网络特别是封闭性的交通网络对地面活动动物是有影响的。此外，侗族地区境内的主要河流，包括清水江、潕阳河、都柳江等，都是阶梯式的进行水电开发，建立有若干个大型水电站水坝，河流已经被分段截断，因而不仅河流轮渡交通不顺了，而且河流的鱼类流动也被限制甚至阻断了。这种情况对河流水体生物的影响很显然，一是河流中的营养物流动受到严重干扰，不利于鱼类生长且缩短生命周期；二是对鱼类生存繁殖带来一定的影响，减弱繁殖能力。在植物方面，农业产业化经营，大型土地种植业的开发，对原有土地物种的清除，这也对植物多样

---

① 黔东南州林业局：《黔东南苗族侗族自制州林业志》，林业出版社 2012 年版，第 122 页。

性发展带来影响。

第四，气候变化影响。工业化带来的气候变化影响，这是显然的。要不然就不会发生全球应对气候变化的巴黎会议和需要各国签署《巴黎协定》了。侗族地区历史开发晚，长期以来少有大型工厂和企业，加上森林资源丰富，所以历来生态环境良好，少有人为干预形成的气候变化。但是，西部大开发后，引进和新建不少工业企业，因此，由工业而产生的气候影响是在所难免的。当然，黔东南的工业企业规模不大，基于工业企业形成气候影响并不大。从现在的情况看，一是城市和工业园区增多，对该地方的气温形成影响；二是因二氧化硫等空气影响而形成的酸雨现象。这两种影响在黔东南时而有之了。

以上是侗族地区进入工业化阶段后，因人的各方面活动而形成的生态影响的方面分析。

二　对侗族地区生态资源战略的认识不足带来的实践局限

侗族主要地聚居区在行政区划上，虽然横跨二省一区，但是侗族聚居区具有连片的整体性，这种整体性具有自然基础和社会基础，尤其二者即自然要素与社会要素的相互作用和统合，形成了以一定生产方式来维持的生态资源和生态生活传统，以致人的活动与自然资源的适应机制具有区域特征。

作为生产方式的历史形成及其与自然关系的特征看，侗族的传统农业生产方式和林业生产方式构成了他们生活区域里生态平衡的人文支撑，其对区域内生态形成和发展至关重要。第一，是侗族复合型生态农业，是适应环境生成的农业生计技术与耕作制度的独立创造。第二，是人工育林的生态林业经济，这是侗族因应历史上林业资源和生态危机形成的林业经济模式，生态资源与经济资源同构并能够循环恢复。第三，以水资源为中介实现农业与林业互渗和形成依赖性。农业与林业之间的耦合，促进生态形成。第四，塑造了农林生产生活习俗并用于维护生态，生态习俗维持生态生产，发挥文化功能作用。

侗族基于以上的生产方式和文化作用，使侗族聚居的清水江流域成为我国西南人工林的重要产区，而这种人工林形成的林业资源，实际上又是一个重要的区域生态资源，即森林生态资源。侗族地区形成的森林生态资源，离不开侗族人民的辛勤努力。过去明清时期林业过度砍伐，发生原始森林枯竭和出现生态危机，面对这些，侗族人民进行了积极的应对，创造和发明了"人工育林"技术，通过移栽杉木来重塑清水江流域等侗族地区的林业资源并形成生态资源。这是一种历史创举，从生产方式的层面构建了生态与经济协调互动的区域发展模式，使侗族能够保持几百年的顺利发展。今天，在工业化的背景下，它仍然显得十分重要。因为基于此保留下来的森林生态资源，在全国的生态安全上凸显了它的重要性。从整个国家的当代发展格局看，侗族地区通过人工育林实现的森林生态，它的意义不局限于本地区了，而是构成为国家生态安全的重要屏障。显然，这是侗族人工林形成的森林生态资源在当代社会发展中的重要贡献，实现了价值再发现和意义的重要提升。这是今天必须深入认识并有效发挥其作用的，以此贯彻国家生态文明战略布局。

但是，侗族地区森林生态资源对于国家的生态安全的战略意义，在地方政府尤其民间社会并未得到足够的认识和重视，因此，它会导致实践上的局限性。关于地方政府认识上的局限性，来源于视野的限制和地方利益的考虑。首先，在问题观察的视野方面，地方政府很难站在国家全局的层面进行宏观判断，把区域问题理解为全局问题进行把握。缺乏利益把握的制高点和进行区域内外利害关系的比较，这是施政者的地位和立足点不足而形成的局限，缺乏整体把握的能力。从国家的整体性看，地方只是全局或国家整体发展中的方面或因素，只能被看成整个系统发展中的一环而已。基于此，国家层面着眼地方在国家整体中的优势来进行规划和进行战略性安排以及形成政策。

湘黔桂交界的侗族地区处于长江和珠江上游，分辖于几个省（区），在行政区划和经济开发规划上都属于边缘地带，这里工业化程度低，历史上因开发晚，且基于侗族等民族的创造，形成了人工育林的林业生产方式，发挥了林业生态经济的作用。生态资源优良，这是当今侗族地区的比较优势，目前已经构成为国家生态安全的重要屏障，这一点在国家层面已经得到认识和认可。因此，党的十八大以来，中央领导人视察贵州省就提出保护发展与生态两条底线的战略安排，把"绿水青山也是金山银山"当作贵州的发展理念，提出贵州省要走出一条与东部沿海不同的发展道路来。这就是中央基于国家战略和贵州实际对贵州发展的定位，这个定位当然也包括了侗族地区。

当前，贵州省落实中央政策，对侗族聚居的黔东南州也进行了把脉，提出了将保护和利用生态资源和民族文化两个宝贝作为未来发展的方向。显然，其中生态资源的保护利用，是落实地方对国家整体发展意义的定位安排。

但是，地方政府如何理解和落实这个战略安排，这是一个问题。从总体的安排上说，地方服从中央，这是根本要求，在政策方向的把握上一般没有问题。但是，在涉及地方利益的地方，尤其需要地方做出牺牲的地方，往往就会形成认识偏向和问题把握的局限，不能充分理解个别对于国家整体的意义，地方生态保护也是如此。具体地看，地方政府承担着促进地方经济社会发展的任务和管理责任，尤其需要解决地方民生和维护地方稳定，因此，要求他们要从地方发展来思考工作责任，由此形成地方发展的现实利益，并且这些都是地方的核心利益。经济发展需要开发利用资源，但就会形成资源和环境压力，并与国家生态保护的限制形成对立和构成矛盾。通常生态保护必然对资源开发利用形成限制，并且在自然保护区内有的规定甚至限制人们的日常行为，在生产生活上也有约束。这样对于地方政府和群众而言，就会形成认识错误和情绪抵触。如黔东南州有国家级、州级和县级的 23 个保护区，这些自然保护区覆盖了广大的苗族和侗族地区，在自然保护区内生活的人们就受到特别的约束，不能像过去那样"为所欲为"了，以致他们的发展也必然受到影响，致使底层干部和群众不理解和有怨气。比如，在自然保护区内的传统村落，一般有生态和民族文化优势，这构成了它们的发展资源，可以开发旅游。但是，开发旅游业要建设旅游设施如修筑公路等，就要对国土资源进行利用。这可能需要突破自然保护区的法律限制，然而突破法律限制这又是不行的，诚然，这就形成了矛盾。这种矛盾既反映在地方政府的工作环节，也反映在村民群众的发展诉求之中，尤其是村民层面，他们作为民间力量，可能会只从自身利益出发来理解国家政策，在需要牺牲自己利益的方面容易形成不满和相应的思想。自然保护区的约束和限制，在他们看来有的规定是在损害他们的利益和发展权益。在这种认识的背景下，对于那些朴素的农民而言，要与他们谈论国家宏观利益和战略格局，是不太容易的。

我们课题组在黔东南州的雷公山自然保护区、月亮山自然保护区等地方进行田野调研时，群众在这方面的反映是比较强烈的。1998 年长江大水后对长江上游珠江上游实行退耕还林政策，这项政策有效保护了生态，发挥了长江、珠江生态屏障的作用。但是，这种政策的实施限制了农民林木砍伐和买卖，农民经济受到了一定的影响，有的农民对此不理解，他们认为这样限制，那些山上的林木就不是财产了。2008年，黔东南州落实"生态文明试验区建设"，在境内出台了在公路、铁路、水库、旅游景点旁边等的可视范围内不允许砍伐树木的规定。基于此，2010年前后贵州省实行农村集体林权制度改革，出现一些农户不关心这个改革确权工作，认为确权与否那些树木都不是财产了。因此，动员他们来参加和落实林权的改革确权工作变得十分困难，有的人需要多次耐心说服。在调研中发现，有的人甚至有过激想法，提出国家不准砍树，那哪一天偷偷在山上放一把火，树被烧死了就可以砍了。显然，这是没有理解国家退耕还林的意义，更不理解国家生态文明建设的战略部署。

诚然，国家实施自然保护区进行生态建设，这是国家战略布局，同时也需要部分地牺牲自然保护区中一些人们的利益，需要他们顾全大局，必须认识到并服从国家发展大局安排的需要，这是根本要求。而在实施这个生态文明战略的具体过程中，不时发生这样或那样的矛盾，这些矛盾也是需要协调解决的问题。目前，国家出台了生态补偿政策，但是，由于生态补偿标准过低，而且长期不变，农民从生态补偿中得到的利益不多，因而农民保护生态的积极性仍然不高，即自觉性不足。当前，生态资源保护还主要靠法律的规制，通过强力来实现维护。那么，如何从强制走到自觉，这是需要进一步研究的课题，其中如何提高生态补偿和有效发挥它们的作用，这需要深入探索。

总之，侗族地区是三省区的生态资源核心区，更是国家生态保护的屏障地带，具有战略性价值。目前在国家主体功能区规划中，属于限制开发区和禁止开发区的区域，对国家生态安全具有战略意义。但是，如何认识和发挥这一地区生态资源的战略作用，这需要属地的地方政府尤其民间社会广泛认同、接受和履行，在这个过程中需要协调相关利益，尤其地方发展和当地人民群众的利益，在大力宣传国家生态文明建设政策的同时，也需要同步提高生态补偿等，进一步协调地方发展与国家整体发展，这是亟待解决的问题之一。

三 侗族地区经济发展与生态保护政策协调不足的问题

侗族地区的林业的最大特点在于森林资源都是人工林，即大部分森林资源是人工栽培的，以致侗族聚居的清水江流域成为我国西南地区最大的人工林区。侗族地区人工森林依靠当地群众的长期持续栽培和保护而形成。而之所以能够形成这么大的区域人工森林，是明清以来侗族人应对林业危机，实现林业生产方式更新的结果。明清之际，大量木材征用和买卖，造成清水江流域一带原始森林全部被砍光，形成了林业资源短缺，同时也造成了生态问题。人们在吸取过度砍伐形成经济和生态双重破坏的教训基础上，通过发明杉木栽培技术并大力造林，建立人工育林的林业生产方式才形成现今的森林规模。当然，人工育林只是这里传统林业生产方式构成的一个方面，其中还依赖于林业市场的存在，林业市场的存在确保林业生产的持续性。关于清水江流域的林业交易，包括内外两个林业市场。一个是外部市场，即中原尤其苏淮一带长期对清水江流域的木材需要，形成了侗族地区持久的木商经济。正是木商经济的存在，使得侗族地区林业变成了当地的重要经济范畴，也使得侗族人们栽种杉木变成了热心的事业。二是内部市场，即侗族地区内部人们的林地、林木、青山都可以买卖，形成了内部交易市场。两个市场的存在和结合，使侗族地区林业经济能够在明清之际就做得很大，人们可以通过林业经营致富。锦屏县文斗村的姜志远，就是通过经营木材致富的。实际上，在清水江流域侗族地区已经形成了庞大的人工林业的商业体系，这里杉木种植和交易都形成了产业经营，具有了较细的分工并形成相应的行业。在林地种植方面，出现佃农租种荒山栽种杉木的分工和行业。清朝中后期以后，由于木材市场增大，在人工育林技术的支持下，栽种杉木也兴盛起来，需要荒山变林木。在这种背景下，本地的和外地的佃农都跑到清水江流域一带来租佃地主荒山造林。这些佃农一年四季就是租山造林，所栽种杉木在十余年成长和可以买卖之后，作为"栽主"参与林木分配，分配一般是栽主占3或4与地主占7或6的比例分享。在租种荒山时，栽主与地主就按协议订立合同或契约，为日后分配提供凭证。

这些租种荒山栽种杉木的佃农，由于没有土地和其他生产资料，他们全靠栽种地主荒山生活。而杉木生长的过程中，需要护理，时限长达三至五年，其间佃农就利用林地种旱粮，即玉米、红薯等，这叫"林粮间种"，他们靠这种耕种维持基本生活。"林粮间种"是有时限的，即三五年后树木长大了就不能再种了，这时他们又另外租地，接着又经营另外荒山，日复一日，他们在租山造林中把一片片荒山变成青山。这就是侗族地区人工林能够不断扩大的原因之一。

同样，清水江流域的林业在木材运输、木材交易中也形成分工。如木材运输工人分为陆地和水运两种，陆地的通过架木桥等负责把木材运到河边。而水运人员则编制木排通过河运把木材运到交易码头。木商繁荣的时候，山上拉木材的和河边放排的人络绎不绝。那些放排的人被称为"水夫"。他们完全靠放排为生，生活艰苦。在锦屏县三江镇一带一直流传着人们说唱"水夫"生活的各种谚语，如"篙子下水，婆娘夸嘴；篙子上岸，婆娘饿饭。"① 这是描述放排工真实生活的写照，也例证了当时清水江流域尤其侗族地区林业的发达和林业生产状态。清水江林业交易另有"当江值年"制度，还有交易中的"水客"和"山客"的中介角色，他们负责联络和传递各种信息并各司其职。

从清水江流域的林业种植、分工和交易作业情况看，侗族地区的林业已经十分发达，实际上是产业化发展了，并构成侗族地区的主要支柱产业。而它创制的和包含的生态林业经济及其生产方式，也一直流传下来，直到抗战爆发，长江中下游交通中断，这个林业生产模式才走向式微。

侗族的林业生产不仅有栽培技术、内外两个市场的支持，而且它是一种经济资源与生态资源同构并能够循环的生态林业模式，因此它自诞生之后能够坚持几百年并不断完善。只是因抗战外部市场中断而走向弱化，中华人民共和国成立新的经济制度也有影响，而改革开放后特别是近年的集体林权制度改革，恢复侗族地区传统生态林业经济已经势在必行。包含侗族在内的清水江生态林业模式，这是侗族地区经济发展的一个优势。关于侗族生态林业模式的特点和优势，我们已经在前面相关章节有论述，这里不再重述。

但不管怎样，侗族地区的传统生态林业属于生态经济范畴，在国家主体功能区规划的背景下，作为限制开发区和禁止开发区的管理范围，为达到实施生态文明建设的要求，我们认为恢复或重构原有的生态林业模式，这是最好的选择。而基于改革开放，我国近年实施集体林权制度改革，这为重构和恢复清水江林业模式提供了基础。因而，从当代侗族地区经济发展路径来看，走生态林业道路是优势选择，也是侗族地区未来经济发展的科学道路。

但是，目前国家和地方政府在侗族地区开展的生态文明建设，其政策

① 贵州省锦屏县三江镇：《三江镇志》（2011 年内部资料印刷），第 217 页。

建构和运用没有着眼于对传统林业生态经济模式的恢复运用，而是采取木材禁伐性和限制性管理，这种方式也能有效恢复、保护生态资源，但是它属于非经济性政策运用。这种政策模式实现了生态效益，但是弱化了经济效益，因而林业生态化了，而没有经济化。这样，生态政策制定与当地经济发展不协调。这样说，不是指生态政策不好，而是生态政策需要更加考虑它的因地制宜性。对此，我们可以具体进行分析。

长江珠江上游的侗族地区推行退耕还林以后，各级政府在侗族地区建立自然保护区、天然林保护区、长江珠江防护林区等禁伐区，在保护区内什么树木也不能动了，这就是生态资源与经济资源被区别了，不像过去二者是同构的，森林生态资源在林业经济资源的不断循环砍伐中得以恢复。而且，侗族地区的非自然保护区林业管理也加强了，在划分生态公益林和商品林两个部分以后，按理说商品林部分，农民可以自由经营。但立足于生态保护需要，也在加强限伐。这种限伐通过政府规划砍伐指标和发放砍伐证来控制。因此，农民的林木财产只是国家计划经济中的资源要素，而不是自己直接支配的生产资料。如果农民只有栽种权、归属权和管理权，但是没有砍伐权、出境权、定价权和交易权，农民就没有自由处置权了，对林业投入的积极性就减弱。在黔东南州，特别是制定在公路边、铁路边、水库边、河边、旅游景点的可视范围内一切树木均不能砍伐的地方政策后，农民自由经营林业的权益被收紧了。这样，这些人工栽种出来的树木，原本是属于农民所有的，按产权他们可以自由处置，但是生态资源保护的政策和法律把这个原有权利剥夺了，因此农民对林业就不关心了。在农民看来，原来这些树木都是我自己栽种的，按道理我可以自由支配，但是现在国家法律规定限制了，有的还被划入了生态公益林。加上可以处置的商品林部分，也因缺乏自由砍伐权和其他权利，林业不能迅速成为家庭的主要经济来源，农民对之就不感兴趣了。在经济经营项目上，只有当它具有增值的情况下，人们才会趋之若鹜，否则就是死水一潭。

当然，侗族地区现代林业经济没有快速发展起来，也还有其他原因。如建筑材料的多元化，对木材的需要发生了改变。现在建筑材料大部分使用钢材、砖石、铝合金、铁合金、玻璃等，这样就减少了对木材的需求。过去，清水江木材大量地销往苏淮一带，现在苏淮不是清水江流域林业的市场了。没有市场就没有生产。其次，内部市场也没有规模化发展。一方面，林木创意产品开发不足，林业加工产业也就不足，内部林业需求量不多。另一方面，基于市场规模限制，林业资源就不能资本化，以致林业资源流转不强，林业发展不起来。

基于这样的情形，2010年前后依据国家政策，侗族地区各县市进行了集体林权制度改革，目的是通过改革搞活农村林业经济。在具体的实践中，在林权、流转、交易和中介服务等方面进行了全面改革，但是，农村的林业经济并没有因此很快发展起来。原因之一就是我们的经济发展政策与生态保护政策之间还不够协调，即生态保护政策在人工林的林业经济环境中发生了水土不服的问题。在传统的林业经济经营中，对农民而言林业生产首先是经济资源，只是基于林业的经济资源建设和持续发展，才使森林生态资源也变成了持续发展，形成林业经济资源建设变成森林生态资源发展的机制。而现在的政策是直接把林业当作了森林生态资源，禁伐或限伐了，林业的经济功能丧失或减弱了，这样森林生态资源建设变成林业经济的发展机制就不在了，生态资源保护完全靠单纯政策和法律支持，森林生态资源的增加不是林业经济的自觉经营中获得发展。这样，生态政策制定与当地经济发展处于不协调状态。这样说，不是指生态保护政策制定本身不宜，而是生态政策制定需要更加考虑它的因地制宜性。

总之，侗族地区林业发展与生态保护有其特殊性，在于人工林的资源基础，它既是经济资源又是生态资源，政策实施上需要协调它们的内部关系，形成互动机制。现在恰恰在这一方面存在不足，需要进一步研究和加以改革创新。

四　城镇化与传统村落保护的矛盾对生态保护工作的不利影响

城镇化是现代社会发展的必由之路，因为它是现代化的基本内容之一，是伴随工业化的产物，城镇化状况也体现了社会发展水平。因此，国家把城镇化作为社会发展的基本政策之一，目前我国正处城镇化进程的关键阶段。城镇化的推进对侗族地区的发展也有重大影响。而侗族地区是传统文化保护较好的地方，它包括生态资源和传统村落在内，其中生态保护与传统村落也有重要关系，因为传统村落是侗族地区生态资源得以持续发展的社会基础。国家在关于社会发展的政策上，保护传统村落也是一个重要方面，即传统村落保护与城镇化同时是国家发展的基本政策，只是在少数民族地区，包括侗族地区，它们之间存在矛盾的地方，进而有影响生态保护的因素。诚然，侗族地区不能游离于国家城镇化进程之外，但是城镇化会带来社会重大的变革，具体来看包括三个方面：一是引起生产方式变迁，改变人们生活方式；二是形成人口大面积迁移，村落出现空心化；三是农村资产闲置，村落社会功能弱化。下面具体论述。

1. 生产方式变迁，生活方式改变

城镇化源于工业化，可以说它是工业化的一个结果。工业化是伴随市场经济发展而来的，工业化是商品生产的一种社会组织形态，是以社会分工为前提，具有依赖现代技术形成的规模化生产特征。工业化的规模生产，需要大量的劳动力即产业工人，加上生活延伸和社会服务跟进，于是形成城镇人口的聚集。工业化的生产是一种分工性质的生产，因此，它需要服务行业，能催生第三产业。这样，城镇化不仅包括生产方式的改变，也包括生活方式的改变。

我国城镇化推进有各种方法，对于侗族地区而言，除了县城吸收人口扩容建设外，一般基于县域经济规划，从创办经济开发区和开发旅游景点来实现。从贵州省来看，黔东南州有凯里经济开发区、黔东经济开发区和洛贯经济开发区，县域经济开发或工业园区则更多，如黎平的洪州工业园区、玉屏的大龙工业园区等。侗族地区的旅游景点开发也不少，著名的有贵州黎平肇兴侗寨、锦屏隆里古城、镇远古城、广西三江程阳侗族、湖南通道芋头和皇都侗寨等，这也是城镇化产业布局的一个方面。侗族地区通过县城、经济开发区、工业园区、旅游景区的建设来推进城镇化。加上我国南部、东部、中部和沿海地区的开发建设，对侗族地区形成了巨大影响。村里出去省外打工的人数特别多，其中有的不少家庭整体外迁，或在外地成家和创业置业，已经很少回乡了，而大部分打工农民也只有逢年过节或者村里有红白喜事才回来几天。有的家庭没有人员去省外打工，但也纷纷进城，包括妇女，他们在附近县城或经济开发区等地方打工，他们春夏两季农忙回家帮忙，然后又归城里。人们外出打工，无论是省外还是省内，都很少从事传统农业生产了，大部分成为产业工人，不进厂矿的则进入服务行业等，从事第三产业的服务性工作。在这种生产方式的改变下，生活方式也发生巨大变化，在新分工条件下过着城镇居民的生活，走入了城镇生活。

2. 出现大面积人口迁移，村落空心化

城镇化的一个重要结果就是农村人口减少，空巢化。过去，一般是青壮年出去，家里留有老人和小孩，出现空巢老人和小孩。现在农村的空巢则逐步转变为举家迁移，有的是农村一栋房城里一套房，两边居住，这种情况多为大人因小孩进城读书，需要生活护理而跟进。2019年2月，课题组调查员到贵州省黎平县茅贡镇地扪侗族村进行调研得知，全村人口2887人，常年在外打工人数是578人，初中以上在外读书的人数为279人，地扪村日常居住人口只有2030人，外出人口接近1000人，占总人口的三分之一。2018年12月，我们对贵州省天柱县高酿镇勒洞村九个侗族自然村进行了调研，这里人口外出的情况比黎平县地扪村还要严重，全村人口1167人，常年在外打工人数为780人，全村小学四年级以上的学生基本进城上学（村里只有一年级到三年级的教学点，2018年只有5个学生就近就读书），小学以上进城读书的学生有83人。这样，勒洞村留守老人和儿童总共只有304人。我们具体调查了勒洞村的长冲自然村，该村有20户，总人口有69人。目前在县城建房或买了房子的有11户，只有9户没有在县城买有房子。在县城买了房子的11户共有人口42人，占60.86%；没有进城买房的9户人口27人，占总人口的39.14%。该村的小孩没有一个在附近小学教学点上学，从一年级开始全部在县城。侗族村寨这种人口大面积迁移，不只是局限于一两个村寨，而是十分普遍的。说明城镇化给侗族地区农村带来了巨大变化，人口大面积迁移和出现村落空心化，这成为当代侗族农村的一个显著特征。

3. 农村土地等资源闲置，生产弱化，社会功能不足

由于农村大量人口外迁，尤其主要劳动力大部分外出，农村的许多土地资源闲置，稻田、坡地这些原有耕地许多都停耕停产了。调研过程中，对勒洞村长冲自然村的了解，有接近50%的田土不再耕种，这是城镇化和打工潮对侗族农村村落带来的影响。由于人口减少，社会主体结构变迁，生产弱化，村落的社会功能也就随之减弱了。

农村社会功能包括多个方面或层次，一是农村传统生产方式的保护不力，传统农业、林业和养殖业得不到传承保护，比如侗族的稻鱼鸭共生系统的传统生态农业就很难坚持，因为它需要鱼类、鸭类养殖业的分工存在和支持，恰恰这方面有的地方出现了断层。二是民间社交和传统文化传播受限。节庆和社会活动是农村社交和文化传播的载体，由于人口减少，这些活动不能经常举办，或者没有更大的场景了，有的退化到个别家庭举行，丧失文化传播能力。三是社区互助职能锐减。由于常住人口减少，村寨之间、团体之间交流减弱，因此，他们相互之间不能互助。现在农村死了一个人可能找不到人来抬。四是社会群众动员能力不足。现在农村应付

自然灾害或者组织人员举办公益活动，缺乏人力和相互紧密联系，很难组织人马。五是社会保障能力锐减。农村社会保障指化解风险和解决个人生存危机的能力，主要是由于人力、财力不集中农村，碰到困难或危险，找不到足够的力量解决。六是民俗活动淡化，不利于民族民间文化传承。民俗是传统文化保存的土壤，没有了民俗活动，民族民间文化就失去了传承的载体。七是教化功能弱化。农村教育是多场合实现的，可以是生产场合，可以是社交场合，可以是民俗活动场合，但是这些场合都在减少或发生断层，教育功能就弱化，一些民族民间的传统知识和技能以及伦理道德都变得缺失。因此，农村社会功能弱化是农村社会变迁的突出方面，侗族社会也是如此。

国家提出了保护传统村落，但是传统村落人口迁移，村落主体结构缺陷，村落保护和文化传承缺乏人力支持，往往就变成困难。实际上，城镇化与传统村落保护之间在侗族地区存在张力，这种矛盾对区域生态保护也是不利的。一是传统生态生产方式难于保存，目前侗族的生态林业生产方式、复合型农业生产方式，都因人口迁移、生活方式变化而延续困难。主要是人们对传统生产生活方式依赖减弱，同时没有劳力支撑。二是农村各种传统节庆、习俗逐步减少，丧失坚强的文化保护和文化运用，使得一些生态知识、生态技术和生态伦理规范不能有效传播传承。三是小孩进城读书，社会环境更换，他们少有时间再接触农村本民族文化和社会知识，根本不理解农村和本民族生态知识、生态习俗，无法建构传统的生态文化观，出现民族传统生态文化承载的主体培育不足，对保持传统生态文化促进生态文明不利。发生这些文化断层，对于传统村落保护是不利的。而从传统村落与生态文化的关系看，侗族传统村落就是一个"生态文化和生态经济活体"，它是重要传统文化的支撑。反过来看，如果传统村落都完整存在，它就能在生产生活方式上发挥侗族文化优势，从而可以充分利用其优秀文化的作用，协调人类活动与生态保护的关系，保证生态平衡和社会和谐。现在，这些方面恰恰存在矛盾，需要着力解决。

第四节　侗族社区生态文明建设的发展思路

侗族社区开展生态文明建设，既要立足现实又要面向未来，这是发展思路建构的基本原则。贯彻这个原则形成的思路，就必须促进侗族传统生态文化与现代生态文明理念与技术的结合，也就是在现代生态文明的理念和技术条件下来开展侗族传统生态文化的重构利用，促进侗族社区生态经济文化融合发展，建设生态美、经济富、文化特的美丽侗乡。落实这一发展思路的契机，在于建立湘黔桂三省区侗族社区生态文化综合保护区，走生态经济文化融合发展之路，做好在现代生态文明的理念和技术条件下对侗族传统生态文化的重构利用，具体上主要包括四个方面的创新对接：一是生态价值观的"传统"与"现代"对接；二是生态保护的社会管理制度重构对接；三是侗族传统生态生产方式的现代改造；四是侗族传统生态知识与技术的科学提升。

一 生态价值观的"传统"与"现代"对接

实施生态文明建设，首先需要建立生态的价值观念，尤其现代科学的生态观念。侗族过去有传统的生态价值观，但需要对接改造，实现"转型"，使得"传统"变成"现代"范畴。在侗族社区最需要并可能实现"对接"的，一是敬畏自然的文化心理与现代生态资源保护思想的谋和，二是"傍生"的物种平等观念与现代生物多样性的价值观谋和，三是风水习俗崇尚与现代生态平衡理论的谋和。

1. 敬畏自然的文化心理与现代生态资源保护思想的谋和

由于对自然本能的敬畏，侗族形成一整套侗族生态保护的文化心理伦理观和相关道德规范。敬畏自然的文化心理决定了侗族的传统生态文化以主动预防为主。而现代生态资源保护则重在治理。二者之间的谋和之处在于：以侗族主动预防为主的生态保护实践与现代社会的生态治理模式相结合，为解决侗族社会生态的可持续发展基础问题提供"心理共鸣"。

2. "傍生"的物种平等观念与现代生物多样性的价值观谋和

侗族通过"傍生"的观念建构，在推崇宇宙万物"主体化"的指认中又蕴含物种平等的思想，以这种"主体平等"的思想来确立自身在大自然中的地位，规范自己的行为。"傍生"具有生物多元价值观，折射了侗族的自然观、生态观中"天然地"包含了促进生物多样性的心理机制，为建立生物多样性的生态思想提供文化基础。

现代生物多样性理论认为：人类并不是地球的主宰，地球上任何一个物种的消亡都可能引发人类的灾难。生物多样性为人类的生存与发展提供了物质条件，维护了自然界的生态平衡。科学实验证明，生态系统中物种越丰富，它的创造力就越惊人。因此，就人类所存在的这个地球而言，不应有唯我独尊的优越感，而应当以自己仅为多彩世界物种中的一分子来重新审视自己的存在，尊重和保护其他生物体，从而达到多元共生、和谐发展的生态平衡愿景。为此，这为侗族傍生的物种平等观念与现代生物多样性的价值观进行谋和提供了契机。

3. 风水习俗崇尚与现代生态平衡理论的谋和

中国风水学核心思想是天人合一，即人与自然的和谐。侗族人对于风水习俗的崇尚，在景观方面，注重人文景观与自然景观的和谐统一；在环境方面，又格外重视人工自然环境与天然自然环境的和谐统一。正如恩格斯在《自然辩证法》中多次讲到的"思维规律和自然规律，只要它们被正确地认识，必然是互相一致的"。在这个意义上，天人相互协调的侗族风水习俗与现代生态平衡理论又可以进行谋合，实现生态观的重构。

二 生态保护的社会管理制度重构对接

生态保护需要有效社会管理的，侗族有许多良好的社会管理的传统组织和措施，对于今天生态保护管理仍有借鉴意义，如款约法、"寨老"、"埋岩"习俗的利用等，应该重构对接。

1. 生态社区管理与款约法利用

侗款是侗族生态社区管理的制度支撑，是侗族习惯法的典型表现。从侗款立法精神、普及方式、实施过程都与侗族社区管理重要事项息息相关。侗款制度的精粹对于侗族生态社区的管理和维护仍然具有利用价值。制定款规的一个主要目的是：确定山林水土的产权边界，防范纠纷发生，确保社区管理的有效进行。"有恒产者有恒心"，确定重要自然资源的产权边界是防止纠纷发生的第一步，侗款在划定家族山林、产权边界时，依据的规则是：尽可能沿山脊而划定，因水路而分段，以此确保每个家族社的生产资源和空间连成一片，在其划定的边界范围内山林、水流、田土一应俱全。这样，生产资源可以方便管理和合理配套利用，避免纠纷发生。一旦家族的山林、水土私域遭到外家族人的侵占，便可视为违反款约，招致款约组织的惩罚，惩罚的内容是：道歉和赔偿。侗款虽然在当代发生了变迁，内化为乡规民约，但其内容、运行特点以及效能，仍然在今天的侗族生态社区管理中发挥作用。最为重要的体现在于对自然资源产权的界定和维护。科斯的产权理论认为，没有产权的社会是一个效率绝对低下、资源配置绝对无效的社会。侗款或乡规民约仍是目前侗区山林、田土、水资源产权归属确定的重要依据，在重要自然资源产权确定的前提下，产权所有人和使用人便可对其实施精心的耕种和维护，以期达到产权人追求的最大经济效益。

侗款与现代意义的成文法是截然不同的两套法律体系，通过侗款款约的协商制定、日常化的宣讲，将侗族款约法乡规民约化并推进普法工作，做到了妇孺皆知、深入人心的程度，一旦违反款约法的事件发生，款组织便会立即发挥执法者的作用，依"法"妥善解决争议，以确保侗族社区的资源利用合理化和社区运行的正常化。

2. 发挥"寨老"对村级生态保护管理的辅助作用

侗族的寨老传统职能主要有以下几个方面：①主持本寨集会，参加合款集会；②组织公益事业，举行祭祀活动；③组织村寨间的联谊活动；④维护村寨秩序，调解民间纠纷。虽然侗族传统的寨老制大多已不复存在，但老人管寨的遗风却仍然保存。在调查中发现，很多村寨"寨老"制已经解体，但还组织有老人协会，协助村委会做好村寨的卫生、防火、保护山林等方面，继续发挥老人管寨的积极作用。

3. 运用传统"埋岩"习俗强化生态资源管理

埋岩习俗是侗族落实习惯法的特定仪轨，对社会管理有三个方面的意义：第一，埋岩是侗族古代社会的一种立法形式。埋岩古规的修改、补充、废止，都是通过埋岩这一古朴、简单、行之有效的形式。第二，埋岩古规是侗族人民行动的准则。第三，埋岩通过集众商量解决有关社会问题或传达有关会议精神等。可以说，"埋岩"是侗族"习惯法"的最高立法形式，其在侗族"习惯法"中处于效力层次最高的"法律性文件"，包括发挥程序法的职能。"埋岩"的仪式感、权威性、惩罚度极强，"埋岩"过程中，"普法""释法"的工作得以同步而有效的进行，所以"埋岩"后的很长一段时间，其所辖的侗族社区处于相对稳定的治安状态。在当代，侗族社会中的原始崇拜仍然存在，可以运用"埋岩"习俗，来制定新的生态资源管理民间法，通过埋岩仪式、埋岩宣传以及制裁方式，仍然可以达到生态资源管理的目的和效果。

三 侗族传统生态生产方式的现代改造

侗族传统生态文化的重构利用，核心点要落实到生产方式上，最重要的内容包括传统"人工育林"的复合式种养的生态林业、传统的复合式耕养的有机生态农业生产习俗等。这些应该得到当代新生态知识与技术的指导改进。

1. 促进"人工育林"的复合生态林业的现代发展

"人工育林"为基础的传统林业是侗族的一种林业生产方式，具有生态性和复合型的特点，在当代仍具积极意义。目前，根据生态文明发展的需要，随着对工业治理的加强，在新的经济形势下，侗族地区作为我国的重点生态功能区坚持走林业复合经济发展道路，这是完全符合我国国情的，特别是追求现代生态林业的发展，目的是更好地发挥生态、经济和社会三重效益。而随着现代科学技术的发展与应用，特别是人类对木材的依赖性逐渐减弱，真正保护并合理开发利用现有的森林资源，不仅要实现其经济效益，而且要充分发挥森林的生态效益和社会效益，其社会效益包括旅游观光、休闲康养的效能等。

而如何促进复合式生态林业呢？第一，应客观认识传统意义上的林粮套作与现代复合生态林业的区别。林粮套作中套种的初衷，是在土地资源不足、生产力水平低下、土地严重不足的特殊时期的结果，是在节约土地的理念下，在有限的适宜的土地上，套种其他植物以获取最大的经济效益。而在经济和科技已经非昔日可比的今天，复合生态林业的目标已经发生了重大转变，它更着眼于更为宏观的可持续林业发展模式，其终极目的是实现人类与大自然的和谐相处。第二，时刻把握现代复合生态林业的内涵。从国家战略层面来看，它是国民经济命脉的必要组成部分，是关乎着我们社会主义市场经济建设成败的方面。从地方经济发展层面来看，复合生态林业又是地方发展经济多元化的创新之举。例如现在林区兴起的发展观赏类林木，在林地发展菌类养殖，发展林业观光示范园等，都是对复合生态林业的现代发展的有益尝试。我们认为，侗族地区的现代复合生态林业，主要应当通过合理配置旅游资源来重点发展观光林业，建立自然保护区、森林公园、林场等使之成为现代林业经济的重要部分。

2. "稻鱼鸭共生系统"有机生态农业遗产的开发利用

侗族"稻鱼鸭共生系统"是珍贵的农业文化遗产，是当代所提倡的多功能农业的表现形式之一。对于该系统的开发利用，一方面，可以将稻田养鱼、稻田养鸭技术在其他地区因地制宜进行推广。另一方面，以"稻鱼鸭共生系统"为基础，向生态农业方向进行拓展，以求获得较高的经济效益、生态效益和社会效益，降低对杀虫剂、除草剂和化肥的使用，保护土壤、水源和空气不受化学污染，实现农业的可持续发展。另外，还可以向现代多功能农业方向拓展，提高生物能的转化率以及废弃物的再循环利用，促进物质在农业生态系统内部的良性循环利用。就目前侗区的现实情况来看，可以重点拓展农业景观功能，发展独具特色的乡村田园风光，利用农业景观资源和生产条件、农业产品及经营活动、农耕文化与侗族人文资源等，大力发展寓观光、休闲、民俗、文化、旅游、节庆等活动于一体的休闲产业，既可以解决农村劳动力的就业问题，还能满足城里人对于乡愁的寄望。

3. 防灾生产习俗的积极利用

侗族防灾生产习俗对于维护侗族地区的生态平衡和可持续发展有着十分重要的意义。我们应当加深人们对这一地方性知识的理性认知。一方面，必须坚决反对地方性知识过时论，正确看待侗族防灾生产习俗的现实价值和重要价值；另一方面，我们也要认清侗族防灾生产习俗的特殊性，为其传承营造一个良好空间。另外，侗族防灾生产习俗是建立在封闭的、落后的农耕社会生态经济系统之下的，也仅仅限于维持一种低水平、低层次的脆弱生态平衡，还只是一种朴素的、经验性的知识体系。如今在新的经济环境下，生产力水平不断提高，地方性知识应系统化、科学化，力争实现其与现代社会在防灾生产系统中的成功对接。

四 侗族传统生态知识与技术的科学提升

侗族基于现代生态科学对传统生态文化的重构，在于对传统生态知识与技术的科学提升。关于传统生态知识与技术，如梯田建造与灌溉技术、林粮间作技术、有机绿色农业技术等，应当在现代科学生态知识与技术的指导下予以改进、提升。

1. 梯田建造与灌溉技术方面

梯田是增加耕地、水土保持、发展农业生产的一项重要措施，是人们对土地开发利用的结果。村民对稻种的选择和保存也有自己一套独特的经验和方法。侗族在建造梯田时，就已经考虑到灌溉的问题。从离水源最近的梯田到离水源最远的梯田，如果遇到枯水时节，则往往需要一个礼拜或者半月来分配水源，直至迎来下一个雨水丰期，以保证所有农田得到灌溉。村民在分配水源时，必须自觉遵守一些约定俗成的习惯规则，具体包括：有的地方按照农户的人头来分，也有的地方按照稻田面积来分，但是主要根据梯田分布状况，按照由远及近的原则来分配，周而复始。如果沟渠出现渗漏问题，那么还要进行水利修缮和建设。但是，其水源分配时间过长，需要并应当进行现代技术改造。

2. 林粮间作技术方面

"林粮间作"也是林农在人工营林业生产过程中无法承担长周期生活压力而变革创新生产方式的具体表现。人们通过林粮间作达到"以短养长"，缓解了林业生产长周期与日常生活急需之间的矛盾。从生态建设的角度看，这种生计方式在生态保护等诸多方面仍然具有重要的补充和平衡作用。在市场经济条件下，这种"林下经济"的有机农业生产，属于绿色环保产品生产，可以遵循"林粮间作"技术的条件下，根据区域特征及市场需求，按季节优选套种多种特色农产品，以此提升农产品价值。

3. 有机绿色农业技术方面

侗族社区传统农业与现代所提倡的有机农业有相通之处，就是不使用化学合成的肥料等方法，合理利用自然资源，有效地提高农业生产，而且可以保护生态环境。但是二者又有明显区别，即有机绿色农业建立在应用现代生物学、生态学知识，应用现代农业机械、作物品种、现代良好的农业管理方法和水土保持技术，以及良好的有机废弃物和作物秸秆的处理技术、生物防治技术和实践基础之上的，而非经验之上。因此，侗族传统农业应当充分吸收有机绿色农业技术，采取"公司＋农户"方式进行集约化种植和管理，在生产过程中建立严格的质量管理体系，实现传统农业向有机绿色农业的转型。

4. 村落营造的布局方面

侗族传统村寨的聚落形态，从宏观上可分为几种类型：群山环抱，平地坐落型；随山就势，自由衍生型；水畔坐坡朝河型；河边两岸延伸型等。侗寨无论是在靠水的远近或依山的深浅上，建寨者们在选择村落地址时，总要设法找出一块比较平缓，最好有小溪流经的地点来建寨。实际上，就是以传统风水学为学理，形成了依山傍水而建的风格，讲究村落的地形地貌，同时注重各种建筑物之间的搭配、协调，栽培风水林等，形成非常良好的村落环境。侗族村落是一种接近自然和追求生态适应的居住场所，对村落的构件予以了职能分工并易于把握和识别，具有独特的审美原则和价值。对于这些，可以通过现代环境科学对侗族村落空间营造策略、价值进行新的探寻，使侗族人们明白传统建筑的原理和科学价值，并基于传统与现代的理念结合，对当前的乡村进行规划和改进建设，从而做到既能基于村民生产生活经验，尊重建筑风水观、耕地保护等传统意识，又能基于科学解释而进行新的规范，在保护传统乡土风情中进行创新，激发村民参与乡村建设的积极性。

侗族传统生态知识与技术远不止这些，它们的质朴和经验性表达的不足，都可以在现代生态科学知识下重新解释，并予以技术改造，使它们获得更大的生命力，适应当代社会的发展，造福于人民。

第五节　侗族社区生态文明实践的发展模式和制度设计

根据上述，侗族社区生态文明实践的发展思路就是，遵循和落实国家主体功能区的规划，促进侗族传统生态文化与现代生态文明理念与技术的结合，即在现代生态文明的理念和技术条件下来开展侗族传统生态文化的重构利用，实施相关生态保护的制度安排。基于这一发展思路和侗族社区的整体性来思考发展路线，应当建立区域生态经济文化融合发展模式，力求自然资源保护利用与文化适应同步，生态保护与经济发展具有互动耦合性，促进生态、经济和社会效益的同构性实现。基于以上发展模式，在侗族社区生态文明实践的制度设计与安排上，着眼于侗族社区自然环境和文化区域的相对独立性和整体性，首先应当建立侗族社区生态文化综合保护区，保护区的建立，才能以此为载体来推进其生态、经济、文化的融合发展；其次是根据生态、经济、文化融合发展目标模式来设计侗族社区生态文明实践与传统文化传承、保护和开发的有关工作制度以及相关保障制度。这是关于侗族社区生态文明实践的发展模式和制度设计的基本思考。下面具体论述。

一　建构侗族社区生态经济文化融合发展模式

如何推进侗族社区生态文明建设，需要提出有符合实际的明晰的发展思路，并具体化为科学的发展模式。根据国家关于生态文明建设"五位一体"的发展战略部署，侗族社区的生态文明实践不是单项的"生态"建设，而是"生态"融入区域政治、经济、精神、社会相应文明范畴之中的建设。而从区域传统资源优势和需要突出的范畴来看，侗族地区生态建设，它与经济和文化更加密切联系，相互依赖、相互作用、相互影响强烈；同时，从国家主体功能的规划路线看，侗族社区纳入各省的规划定位，主要列入"重点生态功能区"、"农业产品区"、"限制开发区"和"禁止开发区"。在这一规划的主导下，侗族所在的地方政府进行境内发展规划时，都把生态产品供给、特色农产品供给和文化保护作为经济社会发展的重点内容，如侗族主要聚居地的黔东南苗族侗族自治州，就立足"生态"与"发展"两条底线，确立保护和用好"生态"和"文化"（民族文化）两个"宝贝"的战略发展思路。

根据以上国家发展战略、政策和规划以及湘黔桂侗族社区的资源和发展意向，侗族社区的生态文明建设应当构建生态经济文化融合发展模式，实现生态、经济与文化相互融合，同步实现发展，形成一条既反映国家生态文明战略又符合侗族社区实际的发展道路。

关于侗族社区生态经济文化融合发展模式，在具体上要实现"三个同步"的一体化发展，体现在生态、经济与文化的融合性及发展的同步性。具体来看，"三个同步"包括：

1. 生态资源保护利用与文化传承同步

侗族社区生态经济文化融合发展模式，推进"融合发展"的第一个"同步"，就是生态资源保护利用与文化适应同步。根据国家主体功能区规划的分类，侗族所在的地区主要列入"重点生态功能区"、"农业产品区"、"限制开发区"和"禁止开发区"。为此，生态产品的供给是侗族社区的主要社会职能，充当国家生态安全的保护屏障，在国内这种屏障的作用就是发挥对长江中下游和珠江中下游生态维护的功能。这样，生态保护是侗族社区建设的第一要务，因而生态文明实践具有十分重要的地位，实现中央对贵州发展提出的"要守住'生态'和'发展'两条底线"，"绿水青山也是金山银山"的目标。

然而，生态文明是一个现代概念，包含了现代化内涵。因此，虽然侗族曾有自己传统的生态文化，但是，在这里生态文明的推进——基于现代化的意义而言，它是外来物。为此，侗族的生态文明实践属于外来新理念的文化移植活动，这是一个方面。另一方面，侗族在新的生态文明理念推入之前已有自己传统的生态文化基础，因而如何实现新旧生态文明理念的耦合是一场现实的任务。实际上，在侗族社区实施生态文明建设包含了"传统"因素与"现代"因素的对接，利用新理念对传统因素进行重构成为必要的选择。利用新理念对传统因素进行重构与把新文化理念融入传统文化是一个问题的两个方面，文化实践的实质都包含了传统文化的传承。也就是说，需要传承传统文化来对接现代文化并以此推进生态文明在侗族社区的发展，保持生态保护与文化传承的同步发展。

2. 生态环境保护与经济发展实现同步

侗族社区，以湘黔桂交界三省区的十八县市计算，包括国土面积约4.1823 万平方千米，区域人口 579.43 万①，侗族人口有 277.78 万。在这样一个区域里实施生态文明建设，生态保护是重要工作，但是不是单一的工作。作为主体存在的侗族人民的生存发展才是根本的，其中的经济生产和发展就成为必不可少的了。在侗族社区进行生态保护，但它不能排除经济建设，且需要加强经济建设。这样，就需要正确对待和处理生态保护与经济发展之间的关系。这种关系的建构，应该是生态与经济的相互渗透，相互融合，共同发展，实质就是要走生态经济的发展之路。

侗族社区的生态文明建设，走生态经济发展之路，实现生态建设与经济发展的融合，这是侗族社区生态文明实践模式的基本要求。而从侗族实际的历史与现实基础看，实现这种要求是可以达成的。第一，侗族的农业属于"复合式耕养"结合的生产方式，蕴含生态经济属性；第二，侗族的林业属于"复合式种养"结合的生产方式，在这种传统的生产活动之中，生态与经济是耦合运行的，林业经济运行蕴含了森林生态的维系，同时又有"林下经济"的发展，也属于生态经济范畴。而现代生态文明的推进，就是如何利用传统基础和资源，在现代经济的体制下，通过制度创新和技术优化，使传统的生产方式融进现代的经济运行之中，既保持经济建设中的生态绩效，又保持生态建设中的经济绩效，实现双绩效增长，保证生态环境保护与经济发展的同步实现。

3. 生态、经济、文化改善与人的发展实现同步

生产力的发展是衡量社会发展的尺度。但是，生产力对于人的发展而言仍然是手段或中介，即也是服务于人的发展的。促进生产力的发展在于

---

① 数据来源于湘黔桂三省区十八个县市 2016 年国民经济和社会发展公报的数据统计。

满足人们更美好生活的需求。十九大报告提出我国新时期的主要矛盾是"人民美好生活的需要与不平衡不充分发展之间的矛盾"，包含以上原理的把握。侗族社区推进生态文明建设，包括生态、经济、文化的改善，但最终是三者的改善与侗族人民的发展实现同步。

人的发展是一个综合性概念，但从本质上来把握，它体现为社会关系的全面性，因为人的本质就是社会关系的总和。这种关系通过实践的历史展开，展现为人与自然的物质变换状态和人与人的交往状态，具体体现为社会分工和交换的历史水平以及人们的社会制度、精神面貌和道德水平。生态、经济的改善，体现了人与自然的物质变换状况，其中经济改善反映变换能力的提高，生态改善则反映了变换方式的优化。但是，这种变换又蕴含人与人的交往作为中介，因此，物质文明需要通过政治文明、精神文明、社会文明来完成，最终体现为社会制度、精神面貌和道德水平的提高。这样，在侗族社区实施生态文明建设，不仅需要推进生态建设，而且需要伴随政治文明、精神文明、社会文明的大力建设。只有有了政治文明、精神文明、社会文明的大力建设，才能实现生态、经济、文化改善与人的发展同步。具体就是落实中央提出的"五位一体"的战略部署，五个文明同步推进。

总之，实施生态文明建设，它是一个系统工程。在侗族地区，当把生态建设作为社会发展目标，促进生态资源不断富集之时，也要保持经济增长，尤其要有生态补偿的实施，同时开展社会治理，加强教育和社会文化道德建设。

二　建立湘黔桂三省区侗族社区生态文化综合保护区

如何开展侗族社区生态文明建设，它的基本前提就是做好社区生态文化保护传承和利用的规划。规划具有现实针对性，需要按照一定目的来确定规划对象及其发展方向。侗族社区生态文明建设是一个区域发展项目，需要进行实体化的对象规定，才能开展规划工作和进行实质性布局。关于具体规划的布局，从侗族分布和文化圈的现实看，就是建立湘黔桂三省区侗族社区生态文化综合保护区。

湘黔桂三省区侗族社区生态文化综合保护区，主要包括侗族传统聚居区，即覆盖湖南省怀化市的新晃、芷江、会同、靖州、通道五县市，贵州省黔东南苗族侗族自治州的黎平、从江、榕江、锦屏、天柱、三穗、剑河、镇远、岑巩九县和铜仁市的玉屏县，广西壮族自治区东北部桂林市的龙胜县和中北部柳州市的三江县、融水县。侗族世居的传统地域共覆盖这三省区的十八个县市，所占国土面积约 4.1823 万平方千米，侗族人口 277.78 万，占全国侗族总人口的 96.78%。

建立湘黔桂三省区侗族社区生态文化综合保护区，具有必要性和可行性。基本理由包括以下几点。

1. 湘黔桂三省区侗族社区生态文化具有相对的独立性

侗族世居人口主要分布在湘黔桂三省区毗邻交界地带。据历史考证，侗族大抵形成于隋唐时期，在形成之前，侗族先民有过迁徙历史，但主要是指从广西梧州和江西吉安迁移到现在的湘黔桂交界地带的情况，其迁徙规模、范围不大且时间也短，属于较近距离的空间移动。隋唐以来，即从侗族形成之后到当代，侗族在湘黔桂毗邻地带居住是比较稳定的，实际上湘黔桂三省区毗邻交界地带就是侗族世居的基本区域，侗族人口达 277.78 万，占全国侗族总人口的 96.78%。由于世居区域的稳定存在，为建立侗族社区生态文化综合保护区提供了基础。同时，提出把湘黔桂三省区毗邻交界地带作为三省区侗族社区生态文化综合保护区，在于它在自然、经济和文化上都具有相对的独立性。

（1）自然环境的相对独立性。湘黔桂三省区侗族社区生态文化综合保护区，它首先是一个自然地理的区域概念，指称这里自然环境的相对的独立性。侗族世居的湖南、贵州、广西三省区的十八县市，它们构成的三省区交界区域具有相对独立的地理特征，一是正好处于云贵高原向长江中下游平原过渡的地带，这个过渡特征形成了这一带以山地为主的地形结构，因此，这里山多平地少，境内崎岖不平，交通十分不便。而且侗族分布地带，处在北纬25度到30度之间，属于亚热带湿润季风气候区，一年四季温和多雨，所谓贵州"天无三日晴"的天气也覆盖这里。由于地势高和纬度低，其气候又与亚热带不完全相同，年平均气温在零上18度左右，呈现"冬无严寒，夏无酷暑"的特征，适合温热带植物生长，形成了亚热带山地多样性生物资源以及相关的农林生产。这里清水江、都柳江和潕阳河以及支流贯穿境内，形成了山川交错间布的地势格局，人们居住依山傍水，在山涧中的平地或山腰形成星罗棋布的村落或小城镇。通常以山河为界划分出土地、水源等自然资源，侗族按照这种自然划分选择居住和形成村寨，村寨之间相隔3—5华里不等，因而每个村寨都是点缀在大自然中的"鸟巢",星罗棋布,十分和谐。这是侗族地区有相对的独立性的自然景观。

(2) 社会环境的相对独立性。基于山地地形地势的地理基础,侗族的社会环境也是以适应这种地理特征而建构起来的,也形成了相对的独立性,其典型性在于"没有国王的王国"的传统社会特征。侗族是没有建立过自己政权的民族,他们以款约进行村寨联盟管理和自治,属地缘性社会机构。"款"是早期侗族社会的一种组织形式,一直传承延续到现在。"款"又称为"合款",具有政治联合、军事防御、治安维持等功能。侗"款"有小款、大款和联合大款之分。"款"组织,有"款首""款脚""款坪""款碑""款约""款军"等相关事项。其制度就是"款约",指款境内的规约,即行为规范,一般都由款首和寨老共同提出,经过一定程序议定后实施。侗族社会管理和社会秩序的理念是"人无王者,款约至上"。如"款首"从寨中长者推出,没有任期限制,如果有事就负责主持会议,平时就和其他普通村民一样,没有特殊的权力和报酬,完全是一种基于本寨全体村民信任行而行事的义务性工作和责任。而村寨之间也没有谁统治谁,大家是平等关系,真正做到了和谐相处。另外,侗族还有"卜拉"的血缘组织,它对侗族宗族内部管理,对侗族文化传承起到十分重要的作用。基于这些社会组织及其功能的独立性,侗族形成了相对独立的社会环境,人们接受其规制和管理。

(3) 唯一稳定的侗族世居文化圈。侗族在中国少数民族中,人口规模排在第十二位,由于民族形成较早,有自己的聚居地,即湖南、贵州、广西三省区交界地带。侗族基于自己的世居地带,通过历史长期的实践积累,建构了自己的文化体系并在这一带形成了自己的文化圈,在民族的基础上赋予了地域性的特征。这个文化圈可以通过许多要素得到体现,如杉木文化。杉木文化又称杉乡文化,过去黔东南州文联办有一个文学期刊,其名称叫作《杉乡文学》,表达了侗族杉木文化的地域性含义。明代以来,以清水江流域为核心的木材开发,尤其"人工育林"栽培技术的发明,创造出一个"人工林"的林业经济出来,侗族是人工林业的最主要主体,而历史上留下的清水江文书不过是这个林业经济的文献反映罢了。人工林业几乎覆盖了清水江、都柳江和潕阳河构成的片区,因而呈现了区域性的杉木文化,侗族是杉木文化的代表。杉木文化有各种延伸形式,除了林业契约文书外,鼓楼崇拜则是另一种形态,鼓楼的外形来源于对杉木的模仿,也属于杉木文化。当然，侗族文化圈的内质不止这些，诸如村落交往习俗中有如"月也"这样的村寨集体做客的交往形式，也只有侗族社会才有，而相伴缘起的是集体待客的"合拢宴"以及全村集体合唱大歌等，这些都是侗族社会独有的，表现了民族文化群落的存在及其区域空间。

2. 三省区侗族社区生态文化具有相对的整体性

湘黔桂三省区交界地带构成了侗族传统生活社区，具有相对的独立性。正是这个独立性又使它具有文化形态的整体性。侗族传统聚居地的文化整体性，既有自然物质形态，也有人文要素的形态，综合形成了一个民族文化实体。它体现在以下方面。

（1）自然资源的相对整体性。地球上的自然资源分布具有区域性差异，从而形成区域资源禀赋的不同，它包括地下、地表和天空的所有资源构成及其利用形态。目前，从直观的物质和生态资源构成看，一是区域处于相同的气候带，形成一致的气候条件和生产活动制约，同时具有生态要素的同质化并形成相同的生态平衡机制；二是由于相同的气候环境和山地地形特点，区域内形成相同的生物物种，面对相同的生态问题，如大面积的喀斯特地貌条件下的生态保护问题；三是水文的相近性，季节性水资源循环规律一致和带来的影响相同，资源利用上形成一致性的自然规律前提和预期制约，等等。

（2）生产方式的相对一致性。自然客观条件提供生产的物质基础，而对自然的适应会形成文化传统并体现在生产方式上。在族群上，生产方式是物质生产、利用和消费方式的体现，而作为传统一般都贯穿于整个族群，形成生产生活的一致性，呈现为共同的经济基础。贯穿于侗族内部的生产方式，长期以来有两点是始终如一的，一是在稻作基础上形成的"稻鱼鸭共生系统"的生产方式，二是以杉木为中心的"人工育林"林业生产。在湘黔桂三省区的侗族社区，村村寨寨的侗族人千百年来，就这样进行的稻作耕种和兼营林业。这种传统构成了侗族聚居地人们生产方式的一致性。

（3）文化交流和传承的区域性。共同文化和个体心理是民族内部的特征之一，这种共同性来源于共同的实践基础。因为，文化不过是物质实践的反映，有什么样的物质生产就会产生反映他的文化观念。湘黔桂三省区的侗族群落不是一个抽象的概念，而是一个具有共同生产方式及其文化观念的民族实体，他们创造自己的文化体系并开展内部交流和传承，以致形成侗族文化圈。文化圈既是一个主体概念，也是一个地理概念，体现了文化的区域整体性。

3. 三省区侗族社区生态文明建设需要打破各自为政的格局

湘黔桂三省区侗族社区生态文化具有相对的独立性和整体性，这决定了其具有内部实践的联系性，在生态文明建设上需要开展统一的区域规划和具体推进。但是，由于历史上的封建统治和各种利益主体的斗争，在行政管辖上没有出现过统一区划的管理，以致管理目标和社会治理都有差异，造成了侗族不同社区发展不平衡，整体上障碍了侗族社会进步。当代生态文明建设同样遇到这样的问题，需要打破。具体是：

（1）被分解为各个省区的不同层级规划需要打破。侗族聚居的县市，全国共有十八个，其中湖南省五个，贵州省十个，广西壮族自治区三个（广西除了龙胜县和三江县外，还有融水，融水是苗族自治县，但有侗族聚居地和一定的侗族人口量）。这三省区的这些侗族聚居的县市，它们在国家层级的主体功能区规划因省属不同而进入规划的类别不一样，同时在省级的规划中又因省属不同而具体的分类中更是不同，如湖南省怀化市的新晃、芷江、会同、靖州、通道五县，在湖南省的主体功能区的分类中属于重点开发区，发展定位为"重点发展林产、医药、食品、建材、旅游、现代物流等产业，突出生态产业和绿色产品等"。贵州省黔东南苗族侗族自治州的黎平、从江、榕江、锦屏、天柱、三穗、剑河、镇远、岑巩九县和铜仁市的玉屏、松桃、万山等县，主要纳入农产品主产区（"黔东低山丘陵林—农区"进行规划），发展特色农产品基地等。广西壮族自治区的龙胜县、三江县和融水县，则被纳入重点生态功能区和限制开发区，着力林草植被恢复、水源涵养、生物多样性保护为主的生态建设，提供生态产品。显然，侗族社区在各省的规划分类不一样。当然，它们获得的财政、土地、税收、人口政策支持也因此而不同，侗族地区发展没有内部合力。民族认同和民族凝聚力也提升不够，民族发展没有在政治、经济以及文化上形成区域推动的社会机制。

（2）侗族社会只有民间交流，民族发展中对族群整体资源优势利用不足需要打破。侗族的聚居地覆盖湘黔桂三省区的十八个县市，占国土面积约4.1823万平方千米，这个传统聚居地的境内侗族人口有277.78万之多，几乎集中了侗族96.78%的人口。但是，侗族分布的地带被分割为不同的省区辖管，力量分散，发展中对族群整体资源优势利用不足，或者不能形成。在目前行政区划的前提下，促进侗族地区全面发展，需要打破基于行政区划形成的资源利用和政策支持的壁垒和障碍。从目前侗族的内部互动看，湘黔桂三省区都成立有省州市乃至县级的侗族研究会，由他们代表民族主持民族的一些民间事务工作，以及开展各地侗族民族文化等交流工作。一般是配合当地政府帮助协调进行民族事务事宜，协助联络、沟通和处理；还有就是通过三省区侗学研究会主办经济与文化协作研讨会来实现联系，通过研讨会进行有关信息传递和实现有关资源的共享等。比如，2009 年在贵州省黎平县召开的"湘黔桂三省坡侗族文化生态保护实验区"规划的座谈会，就是通过三省区侗学研究会邀请侗族地区有侗族身份的行政领导，来进行协商制定"湘黔桂三省坡侗族生态文化保护区规划"和如何向国家申报的会议。但是，主要的联络和协商还是局限于民间，因而效果有限。侗族社区推进生态文明实践，需要整体运作，如果建立"湘黔桂三省区侗族生态文化综合保护区"并进行规划建设，通过项目的形式可以调动三省侗族地区的行政力量参与，打破各自为政的区域分割限制，能够增强生态文明建设的执行力和实际效果。

4. 湘黔桂三省区侗族社区生态文明建设谋求内部联合开展才具有科学性

侗族聚居的三省区交界地带，如果只从侗族分布和活动的范围看，它具有相对的独立性和整体性。但是，从行政区划的归属看，它处于一种分割状态，即侗族区域被分割为三省区不同行政主体的管理，民族资源分散利用，对于实施侗族整体发展的项目不利，因而实施湘黔桂三省区侗族社区生态文明建设，需要谋求联合开展才具有科学性，体现在以下"四个有利于"。

（1）利于资源整合开发利用。区域生态文明项目的开展，受到区域自然资源和人文资源的限制，或者说，区域自然资源和人文资源是客观的基础，从效益的最大化看，需要资源整合开发利用。实施湘黔桂三省区侗族社区生态文明建设，存在资源的整体性和利用的联系性，因而通过实施"区域规划"，联合开展有利于资源整合开发利用。

（2）利于形成规模及发展优势。湘黔桂三省区侗族社区生态文明建设，它是生态融入当地其他文明范畴来实施的，尤其与经济密切联系。在生态与经济的关联中，就是促进生态经济的形成和发展壮大。经济发展需要有规模效应。实施湘黔桂三省区侗族社区生态文明建设，建立湘黔桂三省区侗族社区生态文化综合保护区，打通三省区的分割限制，有利于形成规模及发展优势。

（3）利于生态综合保护与治理。生态的形成受制于自然条件和人类实践活动。在自然条件方面，直接依赖于区域的气候、水文、土壤、植被、动物等要素的组合，由于气候带和地形、地势的影响，在一个区域内相互影响和关联。而人类实践作为面向自然环境的应对，在统一环境内往往采取相同的方式，体现为生产方式的同构；而相反过来看，这种同一性的活动又对自然形成一致的影响，对生态的作用也是一样。实施湘黔桂三省区侗族社区生态文明建设，建立湘黔桂三省区侗族社区生态文化综合保护区，打通三省区的分割限制，利于生态综合保护与治理。

（4）利于侗族人们交流发展。生态文明建设，它作为生产生活条件的优化工程，属于相应的社会工作目标。但是，生态环境对人类而言却不过是工具或手段，它的建设最终必然归结为促进人的发展。人的发展才是生态文明的目标。开展侗族社区生态文明建设规划，必须落实为促进侗族人们的发展需要。实施湘黔桂三省区侗族社区生态文明建设，建立湘黔桂三省区侗族社区生态文化综合保护区，打通三省区的分割限制，利于侗族人们交流发展。

创建湘黔桂三省区侗族社区生态文化综合保护区，必须做好三省区侗族生态文化综合保护区规划工作。规划的主要思路包括以下方面内容。

（1）区域功能定位。根据国家有关主体功能区规划和侗族社区生态文明发展的目标，湘黔桂三省区侗族社区生态文化综合保护区的功能定位是构建生态经济文化融合的发展模式，实现生态、经济与文化相互融合，同步实现发展，形成一条既反映国家生态文明战略又符合侗族社区实际的发展道路，促进侗族传统生态文化与现代生态文明理念与技术的结合，开展侗族传统生态文化的重构利用，使侗族社区生态经济文化融合发展，建设生态美、经济富、文化特的美丽侗乡。最终达到：第一，维护区域生物多样性和保持良好的生态平衡与资源，为国家提供优质生态产品和维护生态安全；第二，通过区域推动来促进国家文化多样性和侗族优秀传统文化的保护与传承，坚持文化自信和推进民族自觉造福区域各族人民；第三，促进侗族传统生态文化与现代生态文明理念与技术的结合，开展民族传统生态文化的重构利用，创新走出一条不同于东部沿海与周边省市的生态经济文化融合发展的道路。

（2）拟解决的主要问题。创建湘黔桂三省区侗族社区生态文化综合保护区，实施生态文明建设拟解决的问题主要包括：第一，利用传统林农生产方式重构区域生态经济；第二，保护进而开发利用侗族农业等生态文化遗产；第三，推进侗族传统村落保护与生态习俗传承的融合；第四，推进生态文明实践主体自觉，解决实践主体问题；第五，立足可持续发展，建立促进生态富集的社会补偿与激励机制。

（3）区域生态经济文化一体化建设内容。

第一，综合保护区侗族传统生态文化的重构建设内容，包括：一是基于现代市场经济体制和集体林权制度改革的前提下，恢复重构清水江流域为核心的生态林业经济模式，推进侗族区域生态林业经济的形成。二是保护进而开发利用侗族农业等生态文化遗产，主要是研究利用侗族传统的复合式农业种养习俗，传统有机农业的物种、耕作制度和技术的保护、传承与开发，结合旅游业等产业转型发展的需要，发展山地特色有机生态农业。三是推进侗族传统村落保护与生态习俗传承的融合，村落保护是传统文化传承的现实形式，侗族传统村落保护数量大，传统生态文化需要融进村落保护中来贯彻并实现，其中包括生态习俗传承的融合的内容。四是推进生态文明实践主体自觉，解决实践主体问题。生态文明实践最终需要靠人来做，侗族社区推进生态文明建设，必须要有主体自觉作为保障。这个主体包括国家有关管理机构、侗族地方社会组织、广大侗族人民和外来参与建设的人员。要通过宣传、教育、培养、合作，使他们成为自觉参与侗族社区生态文明建设的主体。五是立足可持续发展，建立促进生态富集的社会补偿与激励机制。侗族社区生态文明实践和效益需要可持续发展，同时保证生态经济文化的融合发展，因此，需要研究建立促进生态富集的社会补偿与激励机制。

第二，综合保护区辅助性生态工程建设内容，包括：一是基础设施设备建设，包括公路、水利工程等；二是防灾减灾工程，包括水灾、旱灾、火灾、雪灾、虫灾、地质灾害的防范和治理等；三是生态扶贫，包括易地安置、产业技术培训和生态产业帮扶等；四是水土流失和石漠化综合治理，主要是推进水土流失防范工程和石漠化治理工程，做好废弃厂矿生态修复等；五是实施生物多样性保护工程，规划禁止开发区，严格实施国家动植物保护政策和法律。

第三，综合保护区生态监控管理体系建设内容，包括：一是建立生态监测管理系统，包括生态监控对象确立、生态指标体系和标准、生态责任主体划分、监控实施主体、监控作业制度、生态保护工作绩效奖惩办法。二是空间管制与引导，主要指区域内部对生态建设功能规划的空间布局监控，按照区域生态功能要求，对于不同功能区域内部人们生产生活活动的意向进行管理与引导。三是制定生态监测评估方法，包括宏观的区域生态监测、微观的项目生态影响监测，要针对性地根据监测需要，按区域或项目制定具体的生态监测评估方法，为具体开展生态监控提供支持。

三　侗族传统生态文化保护利用的基本传承路径

实施生态文明建设，在于对传统生态文化资源的利用，同时基于湘黔桂三省区侗族社区生态文化综合保护区的前提下，如何利用相应的生态文化资源，应有区域性的传承路径，予以具体路径安排。

根据生态文化项目的类型、载体、状态、价值和利用机制的差异，可以从四个层面来规范和制定侗族生态文化保护的区域性传承路径，包括生产性传承、救济性传承、公益性传承和专项性传承。下面论述它们的使用范围：

1. 生产性传承

文化是属人的，具有主体本质，因而文化传承离不开主体。而主体的本质是实践，文化也是实践的产物，实际上，文化传承也必然是在主体实践的运用中才能得到实现的。而实践的形式是多元的，生产性运用则是最根本的。因此，文化传承的形式上，生产性传承是最根本的。侗族的传统生态文化丰富，要按文化项目的类别、特征等来合理选择传承方式。生产性传承，针对的文化事项一般应属于经济范畴的，或者可以进入经济范畴的。当然，由于社会发生了转型，在当代市场经济的条件下，文化项目的生产，它不仅是使用价值的生产，而且是价值或交换价值的生产，因而生产需要进行市场层面的论证，这是时代背景的考量。当然，一些过去属于非物质范畴的，不是买卖对象，但是在当代经过一些载体的表达也能实现买卖变为商品。诚然，市场经济性质的文化产品生产，不是一蹴而就的，它需要政府政策支持与规划、市场培育、技术创新、投资者的规划和运作等，这是文化传承的社会条件。而只就文化对象与侗族生态文化来说，文化观念和文化习俗的东西，难于采取生产性方法实现传承。但是，特定的生产方式或生产技术，可以通过相应的商品生产而进入生产领域。侗族的传统生态文化，与经济关联的主要在林业和农业领域。具体来看，一个是以"人工育林"技术为基础建立起来的杉木林业生态经济模式，以及林木栽培过程中的"复合式种养"习俗；另一个是"复合式耕养"的"稻鱼鸭共生系统"的有机农业生产方式，以及农牧业中物种的保育技术等。关于侗族林业生态经济模式的传承，如果林业资源交易全部放开，林业资源要素能够资本化和形成市场的话，这个传统的林业生态生产方式就能够在生产中激活并传承。而侗族的"稻鱼鸭共生系统"的有机农业生产方式，如果有效结合乡村旅游的发展，增强市场需求，它是能够不断传承的。总之，如何进入生产性传承，除了技术改进之外，结合社会转型进行制度创新十分重要，这里仅提出思路，不再具体论证。

2. 救济性传承

由于社会转型和现代化的发展，侗族传统社会受到了挑战，因工业文明和市场经济的推进，农耕文明的东西作为传统因素逐步式微，这些包括传统生产方式到各种文化观念、文化生活习俗等。传统文化发生流失和断层，从而使得一些文化走入了濒危境地，其中也包括传统生态文化知识和技术的内容。造成传统文化因素尤其传统生态文化知识和技术的濒危有各种原因，有的是随着时代进步而被淘汰，有的是被新技术替代，有的是环境适应性差而走弱，有的是价值未能完全发现和利用等。就侗族的传统生态文化看，有的项目陷入濒危状态，就属于环境适应差和价值没有得到充分开发利用造成的。侗族的传统生态文化项目，不是没有价值，有的是因生活方式改变了，人们一下子用不上；有的是在适应新环境中没有得到深入研究和改造，价值没有得到充分实现。比如侗族的传统有机农业生产方式，因现代的化肥、农药运用而被代替了。随着工业化的农业技术对土质的破坏等问题彰显以后，传统有机农业技术就显得重要了。而在发生断层之后，现在变成了需要抢救的项目，对它们进行救济，通过特别措施来实施传承是十分必要的。从侗族来看，这些项目最重要的是物种保育技术，如糯稻谷种保存和培植技术、香猪保育技术、杉木栽培技术、区域药材栽培技术、当地鲤鱼保育技术等。至于生态生活习俗方面也有，也是传统生态文化的重要方面，有的也因社会转型而变得需要抢救。为什么这些要纳入传统生态文化范畴来对待？在于它们对保护当地生物多样性以及文化多元性有着重要意义。因而需要采取救济性措施来推进这些技术的传承，有的还应深入研究，实现创新和开发利用。

3. 公益性传承

传统文化是多元的，许多属于族群性的文化遗存，而且这些文化的利用往往需要通过族群的广大群众参与，才能实现表达、分享和延续、传承，呈现为公共文化项目。公共文化项目，一般排除私人利益和不具逐利性质，体现了公益特征。这样的公益性文化也包括生态文化项目，侗族也如此。侗族的公益性生态文化项目，当然不是那些直接表达为生态技术的运用或生态法规定的事项，而是蕴含在有关文化观念、文化习俗、习惯法中的生态规范和行为约束，通过日常生产生活对它们的推崇和遵守来发挥生态保护的作用。侗族在公共活动领域蕴含生态价值的文化是很多的，有的是观念形态的，有的是习俗形态的。如自然观中的生态意识、历史观中的生态伦理以及居住、生育、宗教、节庆等日常规范中蕴含的生态保护行为，虽然它们最终需要通过个体获得表达，但是个体的文化行为以族群的共同观念和习俗的承诺作为前提。在侗族社会里，自然观中的生态意识和历史观中的生态伦理具有"集体无意识"的性质，个体对它们的推崇和遵守只是对一种"公共资源"的分享，因此，人们秉承某种观念和社会规范，也是在"文化的公共平台"上表达和实现出来。同样，人们之所以形成相应的生态观念，也是通过族群传习而形成，蕴含了公共性质。而习俗的日常生态规范也就更加明显了，如节庆中包含的生态文化规范则直接是通过族群或村落的集体行为实现的，蕴含在相应的仪轨之中，如贵州省锦屏县九勺村每年举办的"古树节"。村里的人们过"古树节"就是祭祀古树，以此表达对古树的崇拜和传习对古树保护的规范。这种通过节庆表达对树木的爱护及其仪轨所延伸形成的生态保护习俗，它就是以"节庆"这一公众化形式来实现的。此外，侗族是热衷于公益的民族，在村里人们会捐物、捐款、出力来修建鼓楼、风雨桥、凉亭、水井、水渠、水塘和保护风水林等，这些都属于公益项目，而这些项目又伴随着生态规范并通过相应习俗表达出来，风水林保护就是蕴含生态行为的公益项目。因此，一些生态文化传统与公益项目交织，可以通过推崇公益文化项目来带动生态文化的传承。

4. 专项性传承

在侗族生态文化中，作为传统项目出现，有的是工程性的。这些项目，往往需要众人参与，而且以特定的专项项目实现出来。这些项目的特征，一方面它们是专项，不是日常生活习俗，另一方面它们需要依靠专门的技术或流程。这指专项工程性营造和治理，包括村落布局的生态营造、防水防旱水利生态工程等。这些项目，它是生产生活的专项工程，但是它也是传统生态性的实践行为。在侗族社会里，典型的村落营造就属于这一类别。侗族传统村落建设"依山傍水"，体现在以"栖居"为理念、以"风水"为学理、以"和谐"为风格的一种工程性布局设计和安排。这样，侗族村落建造中，以鼓楼寓意"天"的象位，即"天界"，以花桥即风雨桥寓意"地"的象位，即"地界"，以吊脚楼寓意"人"的象位，即"人界"。按照人在天下地上生活的直观理解，鼓楼代表"天"，是村寨的最高建筑物，其他一切建筑物都必须低于它，而花桥即风雨桥代表"地"，是必须低于吊脚楼的建筑物的，因而出现吊脚楼一定低于鼓楼，但一定高于花桥（风雨桥）的设计和安排，因为人不能高于天，但也不能低于地，寓意人生活在天地间。这是侗族村寨建设的根本规则，所有的侗族村寨都如此。侗族村落营造遵循生态性的规范，包括了内在的价值观和外在形式的统一，充分表现了侗族顺应自然，追求"人与自然"和谐，注重生命价值的基本观念。正因为这样，侗族村寨的建筑鳞次栉比，错落有致，在吊脚楼群楼中又点缀着一些古树，远远望去，能感受它的规整、协调，并有线条波动的节奏和韵律感，美丽至极。

因此，建立一座侗寨，它就是一项生态工程的实施，需要相应的观念规范和技术支持。当然，进行一座村寨的建设，它本身的实施过程包含了相应的传统生态文化的传承，只是它以专项工程性的方式来完成罢了。

四 构建侗族社区生态文明实践的保障制度

侗族社区推进生态文明建设，是一个区域性社会过程，除了需要政府政策支持、科学规划和生态技术运用之外，还需要相应的社会过程和制度安排来提高保障。从当代生态文明实践的特点和基于对侗族传统生态文化的传承利用看，推进侗族社区生态文明建设，需要建立良好的社会保障。具体来看，推进以湘黔桂三省区侗族社区生态文化综合保护区为载体的生态文明建设，其保障应包括：一是主体保障，二是经济保障，三是法律保障，四是监控保障。下面具体论述。

1. 主体保障：制定和实施多元主体参与的行动计划

建立湘黔桂三省区侗族社区生态文化综合保护区，促进侗族社区生态经济文化融合发展，这是侗乡落实国家生态文明战略的重要工程，具有前瞻性意义。如果能够实现，那么它是能够引导侗族社区未来发展方向的，将对侗族经济社会发展带来重大影响。按照以湘黔桂三省区侗族社区生态文化综合保护区为载体的生态文明建设规划，需要多元主体参与，即制定一个多元主体参与的行动计划，才能形成主体保障。那么，实施这个"行动计划"，其内容包括：

（1）提高侗族社区群众在实施"规划"中的融入性

侗族社区的生态文明实践，第一责任主体是侗族社区的广大人民群众，因为他们是直接的实施者，也是受益者。如果没有他们自觉融入和参与，侗族社区生态文明实践就不会有什么成功。事实上，必须首先认识到，侗族社区广大人民群众的普遍参与是实施区域生态文明建设的一个基本前提。要落实这个前提，就需要加强侗族人们的生态文明素养，提高他们的自觉性。增加他们的自觉性，一方面是提高他们对生态文明理论知识的认识与把握，包括两个方面的内容：一是国家关于生态文明建设的方针、政策以及现代生态知识与技术；二是侗族自身的传统生态文化知识与技术的了解和传承，包括其传统生态观念、生态伦理和侗族社区的地方性生态知识和技术。关于国家生态文明建设的方针、政策，这需要大力宣传、教育和灌输；现代生态知识与技术则需要专门的教育或专项培训。而关于侗族传统生态文化知识与技术的了解和传承，这方面需要在对侗族传统生态文化进行全面反思、总结、梳理和研究的基础上进行传习与教育。侗族传统生态文化内容丰富，但都是蕴含在日常的生产生活习俗之中的，人们可能知道这些习俗，但是不一定明白其中包含的维护生态的规范，也不明白其中的科学价值和现实意义，因此需要"再发现"的社会机制。值得警惕的是，因为目前没有这种"再发现"，在现代化的作用下，一些生态习俗和规范的传承逐渐式微，出现传统生态文化开发利用困难的现象。因而，推进生态文明建设就需要在"再发现"中来开展传统生态文化知识与技术的传习和教育，这也是提高侗族广大人民群众参与生态文明建设自觉性的必不可少的内容。

另一方面，侗族人们的生态文明自觉还需要付诸实践才能真正地推进，而不仅仅是开展观念层面的教育。实践出真知，实践见效益。俗话说，事实胜过雄辩，有了实际成果和实际效益，人们就会认同和付诸行动。因此，促进侗族人参与生态文明应该在实践中接受教育和形成引导。推进侗族人的生态文明自觉性，必须包含行动方案。就此，在宏观层面上制定相应的规划和落实哲学规划，这属于区域性的整体行动，而从社会层面来说，还需要看具体个体的行为。只有广大群众普遍地认识到推进生态文明的重要性并积极投入其中，生态文明的建设才会变成一个现实的行动，主体能力才算真正调动起来了。当前，推进生态文明主体自觉的工作包括多个层面，比如生态文明发展理念、生态文明政策法规的舆论和信息宣传、各种生态知识与技术的教育培训、生态知识普及和服务的社会性工作等，都不能忽略。而基于实践来引导侗族社区群众的方面，能够立竿见影地发挥作用的方面，应该是做好侗族传统生态文化方面的重构并有效地运用于实际的生产活动之中，立足生态保护与经济生产相融合，使传统生态文化资源的重构利用中能够创造新的经济来源，能够成为侗族社区人们安身立命的依赖，生态文明的推进就不可能不成功。具体来看，对于侗族传统生态文化资源的重构利用，最好的路径就是侗族传统的生态林业和生态农业的改造提升，创造出侗族社区可持续的区域性生态经济项目，成为当地人生产和就业的主要渠道，这就是成功。有了这些成功，社会的认同性和自觉参与性就会提高。侗族社区生态文明主体自觉性的培育，包含了生态文明实践的机制。基于此来思考侗族传统生态文化传承，开展救济性、公益性、专项性的开发利用，虽然也是不可或缺的，但是根本上需要抓住生产性传承，如果实现了生态建设与经济生产融合，生态保护进入了实践，那么，人们参与生态文明建设的积极性和普遍性自然持续长久。

当然，生态文明建设不是一两天的事，需要一代代人的传递，因此，对于后代的主体力量培育来说，生态文明的教育就变得十分重要。生态文明教育包括社会教育和学校教育。社会教育属于群众性的相关知识传播和引导，而学校教育则是针对青少年的知识灌输和能力培养，这是未来区域生态文明实践的主体培养，因而学校教育十分重要。在开展侗族社区生态文明实践主体的自觉能力培育中，需要抓好生态科学知识为主的学校教育，一点也不能放松。而关于生态文明的学校教育，应该做好现代化层面的知识与地方性的知识的结合，实现双向有效融入，做到既扎实又有效。

（2）发挥地方政府在规划层面和工作部署方面的主导作用

侗族地区开展生态文明建设十分重要，但是，必须反映国家生态文明战略和相关规划的目标，体现国家生态文明建设的意图和目的，也就是说，必须以落实国家生态建设的方针政策为前提。因此，侗族社区开展生态文明建设离不开政府，尤其地方政府。实际上，作为行政工作的领导者和组织者，政府尤其地方政府是当地生态文明建设的行政主体，担当着决策的角色。关于政府的主体作用，对于区域性生态文明建设的管理而言，可以是全覆盖的。但是，针对具体的工作内容而言，政府与社会还是有分离的，主要发挥生态文明建设在规划层面和工作部署方面的主导作用。

第一，发挥规划层面的主导作用。关于开展区域性生态文明建设，这当然需要科学规划。但是该谁来主导规划呢？当然应该是地方政府，而不是民间组织或个体公民。因为促进地方经济社会发展是政府的首要任务，进行区域性经济社会发展规划或其他单项规划，都应在政府职责范围之内。只是开展湘黔桂三省区侗族社区生态文明建设规划，在地域上出现了跨省区的特征，不能归为某一个地方政府履行职责，而需要三省区地方政府的协调和合作而已，即需要三省区地方政府协调来合作开展。2009 年，湘黔桂三省区的怀化市、黔东南州和广西的桂林市、柳州市地方政府官员，在三省区的省级侗学研究会的引导下，召开过协调会，开展了"湘黔桂三省坡侗族生态文化保护试验区"建设的规划工作，并向国家申报实施。但由于这个规划只是包括我国侗族南部地区，覆盖不足以及规划论证欠缺等原因，没有获得国家批准。但是，这个跨省区的规划的地方政府协调和合作，为进行"湘黔桂三省区侗族社区生态文综合保护区"为载体的生态文明建设规划，提供了如何依靠地方政府力量主导规划的一种可行性参考。总之，开展侗族社区生态文明建设，需要发挥地方政府在规划层面的作用。

第二，发挥工作部署方面的主导作用。对推进侗族社区生态文明建设，制定规划，这只是完成了工作的一个前提，不等于工作本身的开展和落实。制定了规划，还需要具体落实，政府也是落实的组织者。政府握有公权力，落实规划需要公权力的推动，政府责无旁贷。侗族社区推进生态文明建设，在完成规划后同样需要地方政府发挥规制部署的主导作用，通过"湘黔桂三省区侗族社区生态文化综合保护区"的规划落实，生态文明建设才会变成现实。

（3）鼓励侗族各界的法人组织、经济主体积极参与"规划"中的项目开发建设

生态文明的区域推进，这是一个系统工程，涉及方方面面，其中融入经济开发是最重要的方面。按照湘黔桂三省区侗族社区生态文明建设

的发展思路，走的是生态经济文化融合发展模式之路，体现为要实现"三个同步"，即生态资源保护利用与文化传承同步、生态环境保护与经济发展实现同步和生态、经济、文化改善与人的发展实现同步。关于"同步"中的"生态与经济融合"，从侗族社区现有资源和传统文化基础来看，在重构传统生态经济中，就是发展生态林业经济和生态农业经济，这是大有可为的方面。但是，发展是需要条件的，重构传统生态林业经济，它不仅需要"人工育林"技术支持，而且需要林业市场支持，从市场的角度看，必须在传统的基础上建立林业产业链，形成经济延伸并规模化，因此，投资不可少，需要引进各种投资主体。而在生态农业经济方面，它同样需要传统市场技术加现代市场的拓展为前提，规模化是发展的路径。而规模化的市场开拓和经营，必须以企业的形式来组织推动，而不能停留在自然经济中的农户个体经营。而有机生态农业的发展，需要发展外部市场，也需要发展内部市场，内部市场的增量必须通过发展旅游的区域产业来拉动，因此这也涉及一系列产业创新和投入问题，也需要引进各种投资主体。事实上，以市场经济为前提的生态文明建设，侗族社区需要进一步扩大开放，促进融入更大的经济体系之中，才能实现发展。做好这一件事情，必须鼓励社会各界的法人组织、经济主体积极参与到"规划"中的项目建设和开发中来，以此充分构建区域生态经济的主体力量。

（4）积极吸收外部人员参与区域生态文明建设

开展侗族社区生态文明建设，域内的广大侗族人们当然要承担第一主体的责任，这是作为直接生产者和受益者的职责。但是，区域的生态文明建设，它不是一个封闭的体系或工程。在市场经济条件下，这一工程必然是开放性的，只有实现了开放性，才能通过交换实现资源短缺的互补。诚然，建立保护区来实施生态文明建设，必须理解为一个开放的体系，与外部需要大量的物质、信息、人力各种资源的交流和互换。在这种前提下，吸收外来人员进入置业或从事各种经济、文化活动甚至旅游，进来了就是参与区域生态文明的建设。关于外来人员，它是一个宽泛的概念，长期居住者需要置业才可以，短期旅游者也产生消费，只要聚集人口，增加消费，这就是支持，十分重要。因此，推进区域生态文明建设，它不是禁止外部人员进入，而是吸收外部人员进入。只是旅游资源的开发中，景区需要根据负荷能力，进行适度的人流控制而已，这是另外的秩序管理问题。

2. 经济保障：建立促进侗族社区生态资源富集的生态补偿制度

侗族社区开展生态文明建设，以湘黔桂三省区的 18 个县市的区域为中心进行布局，这是一个区域性的重大生态建设工程。这个工程所涉及的范围，它不是一个"无人"区域，仅就侗族就有人口 277.78 万左右，加上区域汉族和其他少数民族人口，区域内总人口约为 579.43 万①。在推进生态文明建设过程中，区域内部广大人民群众的生活始终是一个重大的"民生"问题。因此，开展侗族社区生态文明建设，可以为国家提供优质生态产品，但必须以解决域内人们不断增长的生活需要作为前提，即需要有经济保障。关于经济保障，一是促进区域内部经济建设与发展，尤其发展在保护生态资源时又利用生态资源发展经济，形成生态经济，推动经济增长。二是必须实施国家和发达地区对该区域进行生态补偿。虽然目前生态补偿已有政策和相应的规定，但基本还处于探索和试验阶段，体制和机制需要进一步完善。侗族社区建立湘黔桂三省区侗族社区生态文化保护区推进生态文化建设，在经济保障方面需要建立促进侗族社区生态资源富集的生态补偿制度，这是实现经济保障的工作重点。

（1）侗族地区经济发展存在的矛盾问题。侗族社区的生态文明发展是走生态经济文化融合发展的道路，其中生态与经济融合形成生态经济路子。发展生态经济，可以形成适合生态发展的经济方向，但是经济增长因生态因素制约而毕竟有限，经济上的不足始终是需要解决的问题，引出区域生态文明建设的经济保障问题。关于经济保障问题，从具体的发展需要看，包括两个基本层面的问题解决：一是发挥侗族社区在全国主体功能区在规划中规定的生态功能，但同时需要同步解决域内人们的生产生活，实现生态目标与生计需要之间的统一。二是在促进区域生态资源不断富集，提高优质生态产品供给和保证国家生态安全的同时，也要考虑生态资源的富集过程中形成的对当地人生产生活形成的限制。解决这两个矛盾，其实就是一个矛盾，即区域内人员需要外部进行生活或其他方面的救济，实施生态补偿。

首先，我们看第一个方面，即区域内生态目标与生计需要之间的矛盾。这个矛盾是由于发展中的历史差异性和区域差异性造成的。从全国来

---

① 数据来源于湘黔桂三省区十八个县市 2016 年国民经济和社会发展公报的数据统计。

图 5 - 2   侗族传统收割的糯稻禾谷

看，侗族地区仅仅是全国发展的一个要素而已，它被当作生态资源建设的对象来规划，主要在于它是全国生态保护的重要资源，它的意义是从全国资源结构意义上讲的。我国工业化发展必然引起生态问题，特别是过度开发地区，虽然经济发展了，但是生态却脆弱了，这种不平衡的发展，使得国内生态资源的地方变成了工业发达地方的弥补，这就是生态优势地方的社会价值，侗族地区就如此。从一定意义上讲，侗族地区的生态保护不是针对自己的，而是着眼全国的。实际上，侗族地区的生态建设也就成为国家工业文明向生态文明发展的资源要素。但是，当下生态效益是一个公共产品，以致侗族地区保护了生态，却不能因此获得经济增长。基于此，在侗族地区必然发生生态目标与生计需要之间的矛盾，并且这个矛盾直接地反映在农民的现实利益上。如果保护了生态，但经济得不到回报，那么就是在生态建设中牺牲了自己经济增长来保证全国的生态需要。在这个意义上说，侗族地区的生态建设是全国或其他省市发展的重要环节。侗族地区产生生态目标与生计需要之间的矛盾，其实又是侗族地区与全国和其他省市之间的矛盾，应当以解决侗族地区与全国和其他省市之间的矛盾来解决侗族地区的内部矛盾。必须明白，虽然侗族地区的林业，它承担着生态建设和经济发展的双重职能，但是在侗族地区，林业是支柱产业，一旦林木禁伐或限伐，没有了林业经济，农民就失去了重要经济来源，立即产生民生问题。显然，对于侗族自身而言，长期以来生态环境一直良好，以致当前发展的首要目标不是生态，而是经济发展。但是，国家生态文明建设的需要，需要完成国家生态发展的规划而经济受到抑制，生态目标与生计需要之间的矛盾就立即表现出来了。在侗族地区推进生态文明建设，国家必须研究和协调生态与经济双重目标的矛盾，要保障二者均可实现，实施区域生态补偿就变得十分必要了。

其次，我们看第二个方面，即区域内生态资源富集及其对生计形成限制之间的矛盾。侗族社区实施生态文明实践，必须推进生态资源建设。促进生态资源积累，这是生态文明发展的一个重要指标。但是，侗族地区生态资源有一个重要的特点，那就是生态资源构成是以森林资源为主，或者说，侗族地区是以森林资源建立起来的生态体系。而这样一种生态资源结构，使得森林植被状况对生态产生重要影响。诚然，侗族地区的自然环境属于山地地形，处于亚热带季风气候，生态灾变主要来自地质灾害、水土流失和水灾、旱灾等。而其中水土流失和水灾、旱灾对侗族地区影响较大，其原因在于侗族是稻作民族，生产对水资源依赖很大。而山地地形，容易形成水土流失和发生季节性旱灾等。基于这样，侗族地区保持水土，避免季节性旱灾是十分重要的事情。而如何避免？侗族上千年的历史总结就是栽树，通过保持良好的植被来解决这些问题，以致森林对于侗族地区来说就十分重要了。关于这个问题，吉首大学罗康隆先生研究侗族生态性耕作方式，提出了侗族"林粮间作"技术，不是我们所说的在幼苗杉木地里栽种旱地作物的情况，而是指土坡种杉与稻田栽秧形成的"山与田"的空间布局，即在森林的山涧里开垦种稻粮，形成了另外一种"林粮间作"。这种"林粮间作"指的是，侗族通过山坡栽种杉木，以此保持水土，为山腰、山麓的稻田提供水源。在山腰、山麓种植水稻，当六月梅雨季节过后，就出现干旱，稻田几乎就靠井水或井水形成的溪水灌溉。为了保持井水、溪水长流，种树来保持高密度的植被就成为必要。而侗族地区栽种容易成活的就是杉木，杉木同时是木材经济林，因而起到了生态与经济双重价值，杉木在侗族生活中具有举足轻重的地位。

显然，侗族以杉木种植形成森林和以森林资源为主的生态体系，使得生态资源增量需要通过杉树种植来实现。但是，杉木作为经济资源总是要被砍伐的。于是杉木存量的大小因此变化，形成了森林资源在生态保持与经济转化之间的矛盾。如果为了保持生态资源，杉木长期不砍伐，经济就会受到影响；而如果大量砍伐来销售木材，那么经济增长了，但生态资源减少了。如果为了实现生态富集，禁止砍树，显然，经济就会形成较大影响。而且需要注意的是，侗族地区生产区域与生态区域在土地资源分布上存在"重叠"，造成土地利用上的矛盾。这里，所谓"重叠"是指农业和林业的发展用地都要集中对同类土地的利用。现代农业经济的发展趋势是结构的多元化和产业化。而侗族地区的各县市最适宜产业化经营的土地资源是都柳江和清水江沿岸的土地，同时这些区域又是适林种植及其生长较好的土地，长期以来这类区域土地既是农业的经营区域，也是林木种植区域，一般农民根据自己需要而自由种植与经营。但目前侗族地区各县在公益林规划中提出可视范围禁伐的原则后，这样的地带一般都变为公益林区域，农民不能再自由经营，同时对农业在产业化发展中有效利用土地存在影响，给农业经济调整和产业发展带来不利。生态建设与经济发展的协调不足。

基于上述情况，侗族推进生态文明建设，促进区域森林资源富集，那么域内人们的生活必然受到影响。这时就需要获得外部援助，国家建立并实施生态补偿就成为必要的了，即建立区域生态补偿机制。

（2）对三省区侗族社区生态文化综合保护区实施生态补偿的必要性。广大侗族地区是长江和珠江中上游生态屏障，同时经济发展落后，开展生态建设和保护必须以实施生态补偿为前提。清水江是长江支流沅水上游，都柳江是珠江的重要支流，两个支流的流域属于侗族地区，是长江和珠江中上游的重要生态屏障。1998年长江发大水后，对长江流域和珠江流域中上游地带实行退耕还林政策，覆盖了大部分侗族地区，由于禁止或限制树木砍伐，木材经济受限，经济增长减缓，侗族地区的大部分县市都列入国家贫困县，如贵州省的黎平、榕江、从江、锦屏、天柱、剑河、三穗、岑巩八个县，湖南省的通道县，广西壮族自治区的龙胜、三江、融水三个县，共有12个县进入国家贫困县名单。目前的经济仍然发展缓慢，从2016年和2017年湘黔桂侗族社区各县的城镇和农村人均居民可支配收入的统计可以反映出来，具体见表5-1。

表 5 - 1　　　　近年湘黔桂侗族社区部分县（市）人均居民

可支配收入统计

单位：元

年份	县（市）名	城镇人均居民可支配收入	农村人均居民可支配收入	备注
2016	通道	17635	5906	贫困县
2016	靖州	20151	8709	
2016	会同	15522	7851	
2017	芷江	22131	8086	
2017	新晃	18882	7663	
2016	黎平	24966	7213	贫困县
2017	榕江	34201	12303	贫困县
2017	从江	27529	8438	贫困县
2016	天柱	24733	7765	贫困县
2016	锦屏	24736	7112	贫困县
2016	三穗	25155	7723	贫困县
2016	镇远	24948	7658	
2016	玉屏	25550	9498	
2016	石阡	26344	8310	
2016	龙胜	27642	6637	贫困县
2016	三江	24193	6787	贫困县
2016	融水	24779	10310	贫困县
2016	全国	33616	12363	

数据来源：2016 年、2017 年侗族地区各县市和全国国民经济与社会发展统计公报数据整理。

从表 5 - 1 数据分析可知，湘黔桂三省区侗族社区的各个县市的城镇和农村人均居民可支配收入均低于全国平均水平。在城镇人均居民可支配收入中，最低的会同县 15522 元，仅占全国平均水平 33616 元的 46.17%；在农村人均居民可支配收入中，最低的通道县 5906 元，仅占全国平均水平 12363 元的 47.77%。[①] 这两个经济指标已经充分说明了侗族社区各县市经济发展还十分落后，解决民生依然是一个大问题，贫困人口比例较大，

---

　　① 数据来源于 2016 年湘黔桂三省区十八个侗族聚居县市的国民经济与社会发展统计公报数据。

如"十三五"期间，侗族主要聚居的黔东南州贫困人口就达82万，占全州总人口470万的17.44%。根据侗族社区各县市经济发展的这一状况，在推进生态文明建设中，经济开发受到一定的限制，经济增长不足。因此，基于建立区域生态文化保护区的情况下，应当建立生态补偿机制。

此外，在侗族社区实施生态补偿是有政策依据的。2007年，《国务院关于编制全国主体功能区规划的意见》（国发〔2017〕21号）中提出："以实现基本公共服务均等化为目标，完善中央和省以下财政转移支付制度，重点增加对限制开发和禁止开发区域用于公共服务和生态环境补偿的财政转移支付。"2012年，《国务院关于进一步促进贵州经济社会又好又快发展的若干意见》（国发〔2012〕2号）中提出："长江、珠江上游重要生态安全屏障。继续实施石漠化综合治理等重点生态工程，逐步建立生态补偿机制，促进人与自然和谐相处，构建以重点生态功能区为支撑的'两江'上游生态安全战略格局。"这两个文件关于生态补偿的实施区域都涵盖和适用于湘黔桂三省区侗族社区生态文化综合保护区。

（3）实施生态补偿的基本路径。在侗族地区推进生态文明建设，建立湘黔桂三省区侗族社区生态文化综合保护的条件下，如何实施生态补偿，需要思考它的基本路径。从侗族社区的生态资源构成看，主要是森林生态资源，目前国家实施对这一地区实施生态补偿也主要是对天然林和生态公益林进行补偿。补偿标准依据是2007年财政部出台的《中央财政森林生态效益补偿基金管理办法》，2014年废止并代之出台的《中央财政林业补助金管理办法》。两个文件实行的都是："国有的国家级公益林平均补偿标准为每年每亩5元，其中管护补助支出4.75元，公共管护支出0.25元；集体和个人所有的国家级公益林补偿标准为每年每亩15元，其中管护补助支出14.75元，公共管护支出0.25元。"这个补充标准偏低而且十余年不变，只是后面的文件增加了"造林补贴"和"林业贴息贷款"的资金支持项目。

这种过低的补偿标准不适用于湘黔桂三省区侗族地区，原因在于山地土坡也是人们的重要生产资源，除了少数稻田之外，农民需要通过坡地种植来为生。实际上，土坡栽种杉木时都必须进行"林粮间作"，同时杉木是经济资源，一旦成材就需要砍伐的。在这种条件下，进行天然林和生态公益林规划，农民自己种的树木也不能砍卖了，这就出现了冲突。在侗族地区予以天然林和生态公益林规划，当然是需要的，但是鉴于侗族地区生态林与经济林重合，同时土地资源利用也重合，因而不宜过多规划。实际上，侗族地区生态资源形成依赖于人工杉树种植，以杉木种植进行的经济经营能够使生态周期性循环恢复，规划大面积的天然林和生态公益林并禁止砍伐不符合这里实际情形。再加上，生态补偿过低，就形成了不符合这里的发展实际和需要。如侗族聚居的贵州省黔东南州，为落实国家关于天然林和生态公益林的规划，在 2007 年时全州就规划了公益林计划面积 1454.43 万亩，其中重点公益林 694.23 万亩，一般公益林 760.2 万亩。但是，到了 2009 年全州公益林的具体界定仅完成 527.9 万亩，其中重点公益林 364.6 万亩，一般公益林 163.3 万亩，落实率仅占规划的 36.29%。①后来落实的情况也很差。为什么落实率还这么低？其中的主要原因就是生计资源被规划为生态资源了，被规划的树林都是农民自己种的，农民不愿意。这个问题发展到今天仍然存在，如何解决需要重新设计生态补偿制度。根据生态经济文化融合发展的思路，生态保护要融进经济经营的实践来实现，否则天然林和生态公益林规划推不动。

　　基于湘黔桂三省区侗族社区生态文化综合保护区的规划，侗族社区生态文明的建设应走生态与经济融合和同步发展之路，在这个前提下来重新设计生态补偿机制。可以从两个方面来考虑：一是提高生态补偿标准和实施多极财政补偿机制；二是建立生态绩效管理的市场补偿机制。

　　第一，关于提高生态补偿标准和实施多极财政补偿机制问题。目前国家实行国有的国家级公益林平均补偿标准为每年每亩 5 元，集体和个人所有的国家级公益林补偿标准为每年每亩 15 元，这个补偿太低，不能满足侗族地区发展需要，也不能促进生态富集。目前的问题是，公益林面积规划过多，禁止砍伐，那么意味着农民"丧失"土地和生产资料，影响他们的经济生产和生活，而且补偿标准低，规划面积越多农民就越吃亏（要注意到土地已经承包到个人，承包的土地及其附属物属于承包者的私有财产）。为此，基于侗族地区以杉木为中心的生态资源在砍伐后是能够恢复的，而且这种人工林的林业使得生态林与经济林（商品林）同构的条件下，应实施政策调整：首先，不宜过多规划公益林面积，尤其对农民自栽的林木。其次，杉木生长和成材期一般为 15 年左右，周期长，因此"商

---

　　① 刘宗碧：《必须妥善处理生态目标与生计需要之间的关系——关于黔东南生态文明试验区建设中的问题之一》，《生态经济》2010 年第 5 期。

品林"也可纳入生态补偿范围。再次，提高补偿标准，标准低而且已经十年不变，这不科学，要提高到合理水平并且要逐年提高。最后，目前实行多级生态林规划，即包含国家、省、州（市）和县级规划，多级规划的结果就是增加公益林面积，同时实施各级规划分别承担补偿的办法，以致州（市）和县两级往往因财政困难而拖延补偿或不能补偿。在侗族地区实施生态补偿，可以探索国家一级统一规划并提高补偿标准，按比例分级承担补偿金额。这样，生态补偿措施更符合和利于侗族地区生态保护和生态资源积累。政策建议的具体化需要另外深入研究，不再赘述。

第二，关于建立生态绩效管理的市场补偿机制问题。侗族社区推进生态文明建设，对"保护区"实施国家财政性质的生态补偿，这是必需的，这是对生态产品供给地区实现最低的保障。但是，社会是发展的，需要在不断增强，而财政补偿总是有限的。为了保证生态补偿水平的提高和能够可持续发展，那就必须建立生态绩效管理的市场补偿机制。具体就是把生态资源通过量化和一定的中介转化为商品进行销售，使实行国家主体功能区规划的地方所提供的生态产品能够变成经济来源，弥补财政补偿不足和增强经济收入。目前，在国际上有《联合国气候变化框架公约》《京都议定书》，其确定了对各国二氧化碳排放量（指标）的规定，创设了一种碳汇量交易的机制，这为我们国内建立生态绩效管理的市场补偿机制提供了参考和借鉴。早在2007年，云南省腾冲县造林5000亩，卖了一部分二氧化碳减排量，获得104万元。而2017年12月18日，内蒙古大兴安岭重点国有林管理局绰尔林业局与浙江华衍投资管理有限公司，完成一笔金额为40万元的林业碳汇项目交易。这是一个实施市场补偿新机制的良好案例，应该推广。侗族社区开展生态文明实践，以湘黔桂三省区侗族社区生态文化综合保护区为载体推进，要取得良好的生态绩效和经济绩效，就要开展区域碳汇交易，对内外生产和排放二氧化碳等污染物和破坏生态环境应当承担责任的主体单位出售。当然，要推进这项工作，需要国家进行全国规划、评估，制定法规的基础上，规定碳汇交易主体，建立交易平台，促进市场的形成才可以。规定碳汇购买单位和碳汇出售单位以及各种量化计算方法，都需要出台政策性措施才能推进和操作。国内所有排放二氧化碳和其他污染物的企业，二氧化碳排放较多的发达地区行政区划主体（可以县为主体单位），都应该成为碳汇购买单位，而国家生态功能区的区域的行政区划主体（可以县为主体单位）和森林经营者就成为碳汇销售单位。侗族社区开展生态建设，属于国家生态功能区的区域，从而根据规划进入生态产品供应的主体，通过生产和保护生态资源而获益，如此才能够促进侗族社区生态资源的富集业态形成。

3. 法律保障：建立湘黔桂三省区侗族生态文化保护的法律制度

随着我国生态文明建设的大力开展和纵深发展，生态保护提上了日程。而对于少数民族地区，生态保护需要文化支持，因而"生态保护"需要"文化保护"予以支撑，"生态"与"文化"的联合"保护"，即"生态文化保护"就成为"现实"。侗族社区推进生态文明建设，以建立湘黔桂三省区侗族生态文化综合保护区为载体，在实施过程中需要立法确立法律保障的机制，也就是构建湘黔桂三省区侗族生态文化综合保护区的法律制度。

（1）"湘黔桂三省区侗族社区生态文化综合保护区"建立生态文化保护法律制度的重要性

"保护区"的建立能为西部地区乃至全国实现科学发展、绿色发展、跨越发展、和谐发展探索新路子、谋求新发展，具有重要的示范意义。而法律制度的建立是生态文化保护的基石，对于"湘黔桂三省区侗族社区生态文化综合保护区"的良性发展有着深远意义。

一是为湘黔桂三省区侗族社区生态文明实践提供法律支持。湘黔桂三省区侗族社区经济社会发展仍处于农业文明向工业文明过渡的阶段，面对生态文明时代的来临，如何推进经济、社会、人口、资源和环境的全面协调可持续发展是摆在该地区面前的现实问题。这就要求该地区要实现跨越发展，如何从农业文明向工业文明过渡的阶段或工业文明的初期阶段跨越到生态文明阶段，首先得从具备比较优势和发展条件的地区探索路径，作出示范。湘黔桂三省区侗族社区具有独特的比较优势、发展条件、人民群众强烈的生态意识和社会基础，探索把工业文明和生态文明结合起来，充分发挥生态优势、资源优势、区位优势和社会基础，以生态引领经济发展，通过产业集聚、新技术利用、新消费观念培养，坚持走新型工业化发展道路，不走先污染后治理的老路，着力推进绿色发展、循环发展、低碳发展，形成资源节约和保护环境的空间布局、产业结构、生产方式、生活方式，走出一条追赶型、调整型、跨越式、可持续的后发赶超路子。要走上这一新型发展道路，基于少数民族地区的特殊性来制定生态文化保护和运用的法律法规不可或缺。

二是为侗族社区推进生态文明建设中发挥整体协调、统一规范的作用。以经济建设为中心，尊重经济社会发展规律和自然规律、生态规律，努力以最小的资源环境代价谋求经济社会最大限度的发展，以最小的社会、经济成本保护资源和环境，坚持在科学发展中促进科学保护，在保护生态中实现新的发展。需要通过产业发展、生态移民搬迁、推进城镇化建设等方式，大规模将农民向产业园区集中、向城市集中，腾出更大的自然空间进行恢复、保护。在探索人与自然和谐相处的绿色崛起之中，需要处理各种社会问题并依赖于相关法律法规。同时，侗族社区在行政区划上分属于各省区，但文化和经济具有整体的联系性，一旦进行整体规划建立"保护区"，那么，开展工作需要整体的法律法规来处理有关矛盾和分歧。

三是为侗族社区在生态文明实践中传承和利用民族文化提供法律依据。生态文明建设，对于少数民族而言包括传统文化的利用，这就意味着蕴含传统文化的保护与传承。如何保护、传承民族文化？实质就是利用。在现代市场经济背景下，出现了文化产业化，特别是文化旅游业的兴起，传统文化资源可以转化为现代经济的资产，但是谁有权经营和谁受益呢？这是一个现实的矛盾问题。传统文化在过去是一种公共资源，在没有市场经济的背景下，大家只是单纯的文化参与和共享，而文化以一定的形式进入市场，需要产权明晰并规定产权人和受益人，这需要法律界定。文化的利用也会伴随文化的破坏，利用中蕴含保护的需要，也必须依靠法律规范。此外，还涉及传统文化与现代文化之间的关系处理问题，尤其是传统文化的生产主体即文化的呈现者，他们在政府或公司的规划中出现权益损害，一是有的因文化资源的资产组合而失去传统文化带来的权益享受，往往因政府越俎代庖而丧失文化主体权利，二是有的因在保护传统文化资源的各种刚性规定中失去对现代文明成果的享受，也因建筑、村落环境风格保存等而不能使用现代化材料、工具、物品等。生态文明建设推进，传统文化资源的利用一旦进入实践，矛盾就会产生，法律需要对这些矛盾、问题提供处理依据。

四是侗族社区生态文明实践，探索侗族地区发展的创新工作需要法律支持。推进生态文明实践，必须进行制度改革和创新，尤其经济体制和机制，建立侗族社区生态文化综合保护区，走生态经济文化融合发展之路，就必须对区域生态、经济、文化进行协调组合，提出新的发展模式。其中涉及到主体保障、经济保障、监控保障等，它们需建立制度并付诸法律规定和实践，比如主体保障涉及各种法人主体的职责、行为规范以及人才培养、个人的社会权利与义务等；经济保障问题，需要制定和出台促进区域生态经济文化发展的法规和具体措施，以及生态补偿方面的法律支持和保障。监控更是需要法律支持，既涉及生态保护的对象，也涉及生态保护的实践主体，都需要进行权限规范，都离不开法律，而且需要重新制定法律，才能适应尤其促进发展。

（2）探索和加强区域内地方立法机构协同立法工作

"湘黔桂三省区侗族社区生态文化综合保护区"跨越湖南、贵州、广西三个省级行政区域，要想在该保护区构建生态文化保护方面的法制体系，就立法工作而言，就会涉及启动区域协同立法问题。区域立法协作属于横向立法协调问题，不仅表现为共同的立法行为，更是地方立法上的沟通与合作。地方人大联手打造区域协同立法机制，能够整合立法资源，最大限度实现区域内的制度融合与统一，最终实现利益整合。能够通过加强合作，实现降低立法成本，提高立法质量与效率，从而有效避免多头立法，破除行政壁垒和地方保护主义。目前，国内地方立法部门在区域协同立法方面已经开始了尝试，并取得了重大突破。颇受社会各界关注的区域协调立法事件莫过于京津冀人大协同立法。2017年2月20日，京津冀人大协同立法工作会议在河北省石家庄市隆重召开，会议就推进京津冀协同立法工作进行讨论，通过了《京津冀人大立法项目协同办法》。这一事件标志着京津冀人大立法项目协同机制正式确立。该办法旨在通过建立紧密型立法协同机制，力争在顶层设计和制度安排上实现新突破，为京津冀协同发展提供更为有力的法律保障。因此，依据我国现行《立法法》的相关规定，侗族区域生态保护跨行政区协同立法已经没有法律障碍。

另一个跨区域协同立法事件就是湖南省湘西自治州龙山县与湖北省恩施自治州来凤县跨区域协作、同步立法保护酉水河，这是民族区域立法合作的第一次有益尝试。酉水河是流经鄂渝黔湘4个省市的一条重要河流，共汇接武陵山区190多条大河小溪，纵横4省市、2个州、11个县。近年来，由于污染严重，流域内的生态环境日益恶化。为解决酉水河跨行政区域环境污染问题，2015年1月，湖北省恩施自治州与湘西自治州协作开展酉水河保护立法合作。同年4月，在龙山县召开起草酉水河流域保护条例专家座谈会，明确两个自治州人大常委会为立法主体，双方共同委托吉首大学和湖北民族学院为第三方开展条例文本起草，并就协作立法工作步骤和重要时间节点安排达成共识。随后湘西自治州、恩施自治州人大常委会，将酉水河保护立法分别纳入本届人大常委会立法计划，成立立法工作协调领导小组，加强立法工作的组织协调，分别按立法程序同步进行条例草案起草。2016 年 9 月恩施自治州人大常委会表决通过《恩施土家族苗族自治州酉水河保护条例》。2017 年 1 月《湘西土家族苗族自治州酉水河保护条例》由湘西自治州十四届人大一次会议表决通过。

"湘黔桂三省区侗族社区生态文化综合保护区"在探索构建协同立法保障机制上具体操作层面上可以采用以下方式：①设立"保护区"协同立法工作委员会。分别从三省人大常委会立法机构抽调专业人员组成，并且可以吸纳法学专家以及立法领域所涉及的专家参与；②确立"保护区"协同立法工作机制，需要对关联度高的侗族非物质文化保护、区域生态环境问题加强探讨，坚持实事求是、深入调研、主动融入、求同存异；③搭建区域立法信息交流共享平台。交流的内容应包括：三地人大的五年立法规划和年度立法计划以及政府的年度立法计划的制定和实施情况；相同主题的立法项目的具体立法动态和法规、规章文本制定情况等；④三省要重点清理各自已经颁布实施，但是又与区域立法相冲突的地方性法规及法律条例。

（3）制定和实施有关专项治理和保护的法律条例

1）区域生态保护条例

通过立法的形式保护当地特有的环境资源和生态功能价值已经成为民族地区生态保护的重要措施。《环境保护法》是我国在生态保护方面的专门法，也是制定区域生态保护条例的重要依据。近年来，我国民族地区充分运用法律制度保护生态环境的优势，制定了大量的生态保护的地方性法规，省级人大层面的立法包括：《广西壮族自治区漓江流域生态环境保护条例》《宁夏回族自治区环境保护条例》等。自治州层面的立法包括《阿坝藏族羌族自治州生态环境保护条例》《果洛藏族自治州生态环境保护条例》《延边朝鲜族自治州生态环境保护条例》《黔东南州生态环境保护条例》等。但是这些立法往往因为缺乏操作性，常常形同虚设。因此，在制定侗族地区"保护区"生态保护方面的条例时，应结合"保护区"内生态环境的现状及特色，着重把握以下几个立法重点：第一，全面贯彻"保护为主"的生态环境理念。将生态环境的特殊性纳入侗族地区特殊性的考虑范围，坚持保护为主、统筹规划、科学利用、限制开发、恢复治理、生态补偿的原则。第二，正确处理"保护区"生态环境立法与上位法的关系时，重点突出保护区的民族特色和地方特色，融合"保护区"内的生态环境保护文化。重视保护区内侗族特殊的宗教信仰、生态观念、风俗习惯等传统文化的作用，将侗族优秀的生态保护传统与现代生态环境保护立法进行有效融合，将立法需要体现的法律意识，内化到保护区内民众的内心与行动中，从而加强生态环境立法的本土性与活力。第三，关注"保护区"生态保护与当地政治、经济、文化发展之间的互动关系，立法应尽量体现相关领域之间的协调性。"保护区"生态环境资源本身就是该地区经济发展的原动力，将生态保护与精准扶贫、经济发展、环境保护协调并进，立法效果才会达到预期。

2）区域文化遗产保护条例

区域文化遗产保护条例应当体现以下几个重要内容。

第一，规范文化遗产传承人的遴选机制及退出机制。非物质文化遗产主要依靠传承人薪火相传，因此，加强传承人的遴选机制及退出机制是关键。在遴选机制上，区域内的实践已基本成熟。但是在传承人的退出机制上却没有得到足够重视，建议细化退出机制，使得传承人保护呈现开放性形态。建议考虑以下具体办法：当传承人出现以下情况时，颁证机关应及时将传承人资格取消：①传承人死亡或者丧失传承能力的；②传承人无正当理由不履行传承义务或者不当履行传承义务的；③因其他原因无法履行传承义务的。

第二，非物质文化遗产保护传承相关的工具、场所等也纳入保护范围，规定应针对不同性质和生存状态的非物质文化遗产采取重点保护、抢救性保护、生产性保护等不同的保护手段和措施，并强调设立非遗保护专项经费，为非遗保护提供经济保障，同时还鼓励和支持高校、科研机构和社会团体等社会力量参与开展非遗保护、研究和传播等。

第三，保护文化遗产的相关资料。"重开发、轻保护"是文化遗产保护的一个普遍现象，这使得文化遗产屡遭破坏。据此，条例可以规定：县级以上地方政府应当依法加强开展非物质文化遗产的生产性活动，不得破坏或损坏与文化遗产密切相关的文化风貌和周围环境。

3）区域传统村落保护条例

区域传统村落保护条例应通过严格的保护制度和有效的激励机制，以村为单位，加强对传统村落原真性保护。具体内容应包括：

第一，条例内容应着眼于民族文化村寨的保护、管理和利用，涵盖了村寨内生态环境的保护、民族服饰的保护、传统工艺的传承、民俗节日的保护。重点突出四点：①保护好传统村落周边的自然景观；②保护村内的自然环境以及鼓楼、古道、古井、古树等历史文化遗产；③保护丰富的民俗活动及其场地、独特的传统民族工艺、传承人等非物质文化；④将传统村落建筑传承人纳入乡土人才范围，享受相应的补贴津贴，逐步形成保护和管理传统村落的长效机制。

第二，强化村规民约的法律效力，促进村民自治。传统村落之所以能保存数百年，村规民约的文化传承作用功不可没。在实践中，许多传统村落都制定了诸如传统村落保护利用村民款约、古村落群保护管理办法、防火公约、鸣锣喊寨制度等村规民约。村规民约中村寨议事规则生命力仍然顽强，比如决定村中重大事项必须村民集体商议，由德高望重的寨老来主持和宣布实行，既定事宜村民自觉履行，村民对村规民约具有较强的认同感及敬畏感，在村务治理中继续发挥作用。

第三，编制村落保护发展规划，促进村落可持续发展。按照《城乡规划法》等法律法规以及上级主管部门要求，修改完善、编制传统村落保护传承规划。涉及文物保护单位的，要编制文物保护规划并履行相关程序后纳入保护传承规划。涉及非物质文化遗产代表性项目保护单位的，要由保护单位制定保护措施并履行相关程序后纳入保护传承规划。明确传统村落强制性保护内容，严禁大拆大建，对村落规划建设进行全程监督管理。

4. 监控保障：建立湘黔桂三省区侗族社区生态监控管理体系

侗族社区实施生态文明建设，建立湘黔桂三省区侗族社区生态文化保护区，主要覆盖了该区域的18个县市，人口接近600万，形成了一个4.1823万平方千米的山区类型的生态板块。开展这一区域的生态文化保护区规划的目的在于通过"保护区"的建设，在少数民族地区尝试构建一个传统生态文化与现代文明相结合的生态文明试验区和生态保护示范区。而任何区域的生态环境都是一个动态体系，生态资源和相关指标的形成既与客观的自然要素有关，也与主观的人为因素有关，尤其在工业化进程的时代，人力活动对生态的影响巨大，在生产生活中必然会发生对生态资源、生态平衡、生态环境形成干扰、破坏的现象，特别是厂矿的污水、二氧化碳排放，这是影响生态的最主要因素。基于此，生态建设和保护过程中需实施监控，加强生态绩效管理。关于建立区域生态监控管理体系，其内容应包括：生态监测管理系统、空间管制与引导、生态监测评估方法和运用、生态绩效考核管理等。

（1）建立生态监测管理系统。建立生态监测管理系统，内容上应主要包括生态监测对象确立、生态指标体系和标准、生态责任主体划分以及制定区域生态监测办法和实施。具体来看，首先是生态监测对象确立，即规定监测对象，指应该监测的对象内容确定，包括生态系统现状，人类活动所引起的重要生态问题，资源开发和环境污染物引起的生态系统组成、结构和功能的变化，以及破坏了的生态系统的生态平衡恢复情况。其次是生态指标体系和标准，是指生态环境状况评价指标体系和标准，不同地方生态资源构成不一样，生态环境也有差异，但必须要有生态环境状况评价指标体系和标准，主要包括生物丰度指数、植被覆盖指数、水网密度指数、土地退化指数和环境质量指数。一个区域应该有这些指数信息并制定区域标准，或者与国家相应标准的比较数据，才能便于观测和控制操作。最后制定区域生态监测办法和实施监测评估。生态监测是在地球的全部或局部范围内观察和收集生命支持能力数据，并加以分析研究，以了解生态环境的现状和变化，需要特定技术支持，以运用相应设备和技术为前提。侗族社区制定区域生态监测办法不是指设备与技术运用，而是以此为前提的基础上根据侗族社区的生态资源结构和人类活动的实际，制定的区域监测管理办法，包括生态责任主体划分、监测实施主体、监测作业制度、生态保护工作绩效奖惩办法。生态责任主体划分指区域内活动主体的生态责任身份确认和职责划分，包括地方政府、企事业单位、村落、职工、居民以及外来人员，都是生态责任的承担者，只是职责不同而已。监测实施主体和监控作业制度，其中监测实施主体是确立和规定监控的机构和人员，当然可以划分法定人员和非法定人员，法定人员指专门机构的监控人员，非法定人员指一般公民所承担的监测义务；监测作业制度是指实施监控过程的法定环节和程序以及有关作业的职责、环节和技术运用规定。接着是实施生态监测评估，在侗族社区主要包括城市生态监测、农村生态监测、森林生态监测以及荒漠生态监测，方式上既要采取宏观的区域生态监测，又要采取微观的项目生态影响监测。监测的结果用于评价和预测人类活动对生态系统的影响，为合理利用资源、改善生态环境和自然保护提供决策依据。

（2）空间管制与引导。空间管制与引导，主要指区域内部对生态建设功能规划的空间布局监控，按照区域生态功能要求，对于不同功能区域内部人们生产生活活动的功能进行管理与引导。针对侗族社区的生态监控，建立生态监测管理系统和开展生态指标监控，这只是完成客观数据的采集与信息描述，完成了某一阶段的生态环境状况评价和认识，这是一项基础性的工作。而根据国家主体功能区的定位管理，需要对自然生态空间用途管制，引导相应自然空间的资源使用和引导其发展。这样，侗族社区的生态监控工作需要上升为区域的空间管制与引导。

2017 年，经国务院批准，国土资源部印发实施《自然生态空间用途管制办法（试行）》，推进对自然生态空间用途管制，明确了生态、农业与城镇空间的转用管理和生态空间内部用途转化规则与要求，将生态空间范围内划定的具有特殊重要生态功能必须强制性严格保护的区域，划入生态保护红线，原则上按禁止开发区的要求进行管理，实行特殊保护。其他生态空间，按限制开发区域的要求进行管理，执行区域准入制度，限制开发利用活动，在不妨害现有生态功能的前提下，允许适度的国土开发、资源和景观利用，对各类生态空间的开发利用进行管控。侗族地区实施湘黔桂三省区侗族社区生态文化综合保护区建设，应当根据国家颁布的《自然生态空间用途管制办法（试行）》进行具体规划管理，制定"区域"办法实施有效监控。

（3）制定生态保护工作绩效奖惩办法并组织实施。生态建设效果如何，需要定期绩效考核。生态绩效考核，是指基于生态指标体系和标准的运用，在依据各种监测信息的基础上，结合生态建设任务，对承担生态责任的主体单位完成的情况进行评估。考核结果的运用，就是根据绩效的优劣实施奖惩，如何进行需要制定具体实施细则。总之，这个方面属于业绩评价和激励机制的建构内容，不可或缺。侗族社区开展区域生态文化保护区的生态文明建设，需要建立以上内容的生态监测管理系统来进行生态保护工作管理。

第六章

侗族传统生态文化资源的当代重构利用

  侗族地区贯彻中央生态文明建设战略，必须立足自身实际来开展。这个实际，一方面是客观的自然环境，另一方面是历史形成的社会环境，在社会环境上包括文化因素。文化具有传统，而传统就是过去文化的积淀在当代的体现。立足于现实就要继承文化传统，生态文化建设就包括这个要求。

  当代侗族社区生态文明建设对侗族传统文化的继承，直接就是侗族生态文化，它包括传统的生态文明观、生态习俗、生态伦理以及各种生态知识和技术等。当然，时代发展了，传统文化的要立足于新环境的利用，需要新的起点，必须立足当代背景的社会需要，重点是重新进行价值发现和重构利用。侗族生态文化的利用，其内容广泛，包括蕴含生态观、生态知识维护的各种观念与习俗，但从深度实践的层次看，侧重点应该在自然资源直接利用的经济生产和建设领域。而立足侗族的经济社会发展来看，侗族实施生态文明建设在方案上，应包括四个基本路径：一是重构传统林业走区域林业生态经济发展道路；二是做好生态农业文化遗产的保护利用；三是走村落保护与生态文化传承融合道路；四是加强社区和学校主体的生态信息传播和生态知识教育。

第一节 侗族传统林业的生态经济重构与发展

  从侗族社区的历史传统、现实资源和未来发展的要求看，侗族社区实施生态文明建设的方案之一，应该是利用市场经济环境重构传统生态林业、传统生态有机农业的生产方式，走区域林业生态经济发展道路。

  侗族是湘黔桂毗邻地区的世居民族，清水江流域是侗族分布的主要地区，而清水江流域是我国西南地区的重要林区。明清以来，这里发明和运用了"人工育林"栽培技术，形成了以"人工林"为主要资源的林业以及经济模式，由于这里的林业生产同时蕴含经济和生态功能，因而具有生态经济的特征和价值。党的十八大以来提出了把"生态文明"建设融入其他领域来进行的部署，要转变经济发展方式，推进"两型社会"和建设"美丽中国"。在这一背景下，侗族地区如何发挥少数民族优秀传统文化，创造性地利用自身的林业优势和"人工育林"的生产方式，积极重构和利用林业文化资源，走出一条符合时代要求和地方发展的林业生态经济，这应是当代侗族地区生态文明建设的一个期待的内容。

一 必须重视侗族传统林业模式的重构利用

侗族的传统生态文化资源多种多样，其中以"人工育林"建构起来的林业生态经济是最富有生态功能的一个经济范畴，在当代仍然有重构利用价值。在侗族地区贯彻落实国家生态文明建设的目标过程中，其应予以重视。

但是，侗族的传统林业模式，虽然曾有几百年的历史，但到了抗战之后已经走向式微。接着，在中华人民共和国建设的过程中，经过"公有制"的改革，林业资源的内部交易不再存在，传统林业市场瓦解，传统林业模式遗存也只是以单纯的"人工育林"的栽培技术保留。经历这个阶段之后，过去大量市场交易并保留下来的契约文书，因生产关系的变换，全部变成一堆历史文献，而"人工育林"的技术以文化遗产的性质保留下来，至今仍以单纯的杉树栽培技术进行运用，但以林业资源流转为特征的传统林业市场和经营模式则消失了。在这种情况下，关于侗族区域经济文化的研究，人们关注的主要是可以直观地看到林业契约文书这个具体的历史文献，而对它背后隐藏的传统林业经济模式却被忽略了，这是不应当的。

诚然，侗族居住的清水江流域，这里的确有明清以来大量的林业契约文书，又称锦屏文书或锦屏林业契约。20世纪60年代，经贵州民族学院学者杨有赓的研究发现，锦屏文书迅速轰动全国乃至世界，并被誉为中国三大近现代的重要民间文献之一。锦屏文书主要包括遗存在民间，分布于清水江中下游的有关土地、山林、木材、房屋等财产的买卖、典当、经营、分成、分家的契约，以及族谱、家书、乡规民约等文本和碑刻，其中山林、林木、土地买卖和典当契约是核心部分。锦屏文书是侗族和清水江流域其他少数民族共同生活创造留下来的历史文献，是他们从事林业生产生活的真实写照。

锦屏文书的最大特点是绝大部分都属于"白契"。所谓"白契"是区别于"红契"而言的。一般地，买卖双方所拟定的契约文书加盖官方印信的称为"红契"；不加盖官方印信的，称为"白契"。"红契"则是有官方印信并要交纳税款的，而"白契"则无，但"白契"与"红契"一样作为清水江流域林业资源买卖流转的凭证并得到广泛认可。目前，清水江流域各县已征集并入档的契约文书几乎都是"白契"。据初步统计，黎平县为 24320 件，锦屏县为 36482 件，天柱县为 14000（余）件，三穗县为 19542 件，剑河县为 8000（余）件，台江县为 1212 件，共计 103556 件。另据估计，目前大约还有 30 余万份散落于民间。"白契"文书其在数量、内容和完整性上，在国内都罕见。

清水江流域"白契"的出现并广泛流存，充分说明了在明清时期乃至民国，这里民间的林业、土地以及相应资产交易的广泛性和普遍性存在。这种"白契"不需要官府确认，但在民间却是有效的契约文书，这是独特的文化现象。那么，需要我们反思的是"白契"何以能普遍地产生？

无需讳言，清水江流域大量林业资产流转交易的发生，需要以契约资证及确认财产归属，这是事实。实际上，有多少份契约就包括多少次交易。这种交易主要指清水江流域内部民间家庭各户之间的买卖，交易内容主要资产包括林地、青山等。当然，外来木商购买林木、青山而制契约也是有的，这种情况民国初期相对较多。这种契约式的民间买卖形成的文书，不计仍流落于民间的部分，目前各县征集入档的就有 103556 件，这已经充分说明清水江流域林业资产内部流转的规模了，也说明了林业契约文书大量产生与这种大规模林业资产让渡相关。

众所周知，契约是市场经济发展到一定阶段的产物。而市场经济的产生，必须具备两个基本条件：一是社会分工的普遍性。社会分工是商品经济产生的基础，社会分工是形成商品交换的必要条件。清水江流域林业经营通过与农业的适当分离并于域外形成交易，林业在这里以分工的形式得以发生和展开，这是其林业得以壮大的原因。二是不同归属的产权形成和明晰化。产权明晰是市场经济产生的前提。生产资料和劳动产品分属不同的所有者，才发生商品交换。

以清水江流域为核心的侗族地区林业贸易属于有一定发展了的市场经济范畴。这里出现林业繁荣有两个市场的支撑，即侗族区域的外部市场和内部市场。外部市场，即明清之际，京城、苏淮、两湖地区来侗族地区采购木材形成的市场，其交易主要是林木，就此形成有木行制度，外部市场成为刺激清水江人大面积"人工育林"的机制。内部市场，指侗族地区内部发生的林业资源自由买卖和流转。侗族地区内部的林业资源买卖的内容丰富，包括林木、林地、青山、房屋等，市场交易还包括与此相关的林地租佃活动和中介服务等。侗族地区林业资源交易包含了以这些资源资本化为前提，正因为这样才使林业资源能迅速流动和增值，它构成这里林业发展的一种内在机制。侗族地区林业内部市场的形成，正是侗族地区传统林业与其他地方林业不同的方面，也是一种优势。

图 6-1　侗族地区清水江河边人工杉树林

通过以上分析，以清水江流域为核心的侗族地区传统生态林业模式是存在的，它表现了侗族林业的生产内容和生产方式，具有历史传统性。当前，因地制宜地在侗族地区推广生态文明建设，需要关注锦屏文书即林业契约背后的传统林业模式。但是，目前锦屏文书的研究，从现有科研课题和学术成果看，更多地关注文献本身的抢救、收集、整理和出版，在锦屏文书研究的学科关联上，基于契约的性质主要归结于民间习惯法来开展法学研究，其他维度的研究不足。为此，目前锦屏文书的史学、法学研究是主流。而从历史现实看，锦屏文书作为契约发生，它不过是曾经一个林业经济现实的反映，即在它的背后有一个区域性规模的林业市场和林业经济模型的事实，在较长的一段时间内取得繁荣发展。这样，研究侗族地区锦屏文书，不能只停留在这些故纸堆上，而是要关注相应的林业经济这个事实。而事实上，以清水江流域为核心建立起来的侗族林业，它是生态林业经济，在今天开展生态文明建设中具有特别的意义，是能够重构运用的优秀文化内容。

另外一个重要性在于，清水江、潕阳河是长江中上游沅江的重要分支，其流域段是长江水灾和生态的重要屏障，这一带保护生态对长江水灾治理十分重要。1998年长江发大水，造成中下游水灾，其原因与长江中上游植被破坏、水土流失相关。就清水江而言，它是长江支流沅江上游河段，其所覆盖的流域的生态如何直接影响到长江水患的灾情。我们知道，1978年改革开放，我国农村实行生产联产责任制，分田耕作和包产到户，山林也同样实行承包，自主经营。如贵州省就推行"山林三定"政策，坡土和山林也分到农户经营。由于处于新政策运用初期，农民急迫利用从集体分来的山林资源来积累经营资本，一段时间里出现木材买卖频繁和大量砍伐的现象，从而植被破坏。植被破坏引起水土严重流失，到了1998年就酿成长江大水。1998年后国家对长江中上游地区推行退耕还林政策，长江大水才得到缓解。清水江、潕阳河流域都在退耕还林的治理范围之内。但是，退耕还林，实行禁伐，对当地群众生活有较大的影响，主要是当地财源对林业依赖大，老百姓依靠林业为生，地方政府也形成了"林业财政"的经济结构，清水江流域的黔东南州各县市就是如此。这样，"放开"和"禁伐"的两个极端都形成了不利的后果，实际上应当是折中进行。但是，这个适合的折中政策至今都还没有较好的建立，原因在于过去传统林业经济模式已经没有了，而在现在的社会条件下能够协调"经济"与"生态"的制度又尚未建立。基于此，在目前社会主义市场经济体制已经逐步完善的情况下，重构性继承过去千百年来清水江流域侗族和其他少数民族共同创造和积淀形成的传统生态林业模式，走生态林业经济发展之路应该得到重视和积极探索。

从侗族传统生态文化资源的当代利用看，生态林业经济应该是最好的传统文化资源，在开展生态文明建设的今天，创造性利用这一传统资源来发展区域生态林业经济是一条因地制宜的路子。

二 侗族传统林业经济具有良好的生态和经济效益

侗族的传统林业经济已经有了近 600 年的历史，能够存在这么长久是有优势的，符合当地经济与生态发展的需要，即具有经济、生态和社会效益，表现为良好的区域生态经济结构功能和区域生态经济运行机制。

1. 具有良好的区域生态经济结构功能

生态经济依赖于资源和对资源开发的方式，因此，它包含特定的内在结构，这种结构是指一定范围内的自然和社会资源作为生态经济要素的组合形式。侗族地区生态林业经济，它在结构上有如下组合形式和功能作用。

（1）以林产收益为主轴的经济增长结构。植树在侗族地区具有双重功能，既是森林生态形成的基础，又是林业经济形成的重要资源。侗族地区属于山地地形，自然环境适合栽种林木（杉木），因此，靠山吃山、靠水吃水，这里经营林业，做大做强林产，这是侗族地区经济发展的基本选择，长期以来当地政府的"林业财政"已经说明了这个事实。过去，侗族地区林业得到发展首先依赖于自然条件。而且随着林业市场的发展，林业的经济比重在整个经济结构中显得十分重要，同时在市场竞争中往往走上以资源和产品的规模化和优质化来争夺市场份额，才能保证效益的实现。这样，以清水江流域为核心建立起来的侗族林业模式，其规模不是越做越小，而是越做越大。为此，以林业为资源进行经营的经济模式，在地方经济发展上就形成了以林产收益为主轴的一种经济增长特征，对促进生态林业经济有积极作用。

（2）以林业资源持续增长来促进生态资源形成的功能结构。这里把侗族地区的林业理解为生态经济，这不是现代经济范畴，即不是当下的循环经济、低碳经济、绿色经济的概念和规定。它是特殊的区域传统生态林业经济，在于林业资源增长和生态资源增长具有同步性以及周期性恢复发展功能。这完全得益于侗族"人工育林"的生产方式的大规模大面积推广而形成的。一方面，侗族把林业当作主要经济来源之一，人们以杉木为主要林木资源栽种，树木增加了，森林生态资源以及相关生态要素也就增加了，这是同步增长的方面。另一方面，树木成材后需要砍伐，由于树木来于人工大量栽培，即树木砍伐后就立即又栽种，形成了不断周期循环恢复的栽树机制。不仅如此，侗族的"林粮间作"制度还能够扩大杉木种植。因此，侗族通过"人工育林"的运用，通过林业使区域境内生态资源与经济资源得到周期性同步增长和有效循环恢复，出现了以林业资源持续增长来促进生态资源形成的功能结构。在侗族地区，发展林业既是经济建设也是生态建设。

（3）以林业资源经营联动其他产业延伸的多重生态经济结构。林业资源发展，对社会而言具有生态、经济和社会的三大功能和效益。实际上，既成的林业资源的最大化利用，就在于如何让它同时把这三大功能的作用有效发挥出来，这也应是发展生态林业经济的目标。为此，实现生态资源与经济资源的有效组合至关重要，这是发展生态林业经济需要研究解决的问题。侗族地区的林业，它就具有以林业资源经营联动其他产业延伸的多重生态经济结构性，应当考虑他的经济资源与生态资源的科学组合，促进其产业化经营中的联动性产业延伸，形成多重产业互动的经济结构。林业大力发展了，就有了丰富的生态资源，而在此基础上就可以发展生态农业和生态旅游业等。恢复生态林业经济模式，应当在现代条件下得到创新发展，必须走"生态—经济"资源立体开发和综合利用的路线。侗族"人工育林"的传统林业还产生出相应的丰富的区域林业文化，这种林业文化又与侗族和其他少数民族文化融合于一体，生态旅游又包含民族文化旅游的开发。利用得当，侗族地区生态林业经济模式可以成为区域特色发展的成功路径。

2. 具有良好的区域生态经济运行机制

经济缘起于主体发展的需要，因而是实践范畴，表现为不断的再生产。而社会要实现这种不断再生产，经济活动就必须建立起有效的运行机制。侗族以林业为主要产业，以林业资源建立起生态经济模式，这种模式的长期存在，意味着它包含了特定的内在运行机制。从具体的实际看，其运行机制是由多个因素构成的，分析起来主要包括以下方面。

（1）以"人工育林"的技术运用保证森林生态资源和经济资源的再生性。侗族生态经济是以人工林业资源为基础，人工林业资源既是经济资源又是生态资源。因而经济资源和生态资源的形成都需要人工种植树木，但林业经济经营需要砍伐杉木，但杉木成林后的砍伐却是生态资源的破坏。要避免这种破坏就得恢复杉木的栽种，"人工育林"技术正是为了满足这种生产的需要。这样，杉木砍伐后的重新栽种是生态资源恢复和经济得以循环的保证。过去，侗族地区人们经营林产就是不断砍伐又不断栽培，循环不断。实际上，"人工育林"技术的发明与运用就是保证侗族地区林业资源得以再生的基础，即侗族地区以"人工育林"的技术保证林业资源和生态资源的再生性。

（2）以市场的存在保证林业资源和经济增长的有效性。侗族地区林业几百年的持续发展，原因在于有林业市场的拉动。从过去的经验看，这个林木市场有内外之分。外部市场以京城、苏淮、两湖的需要构成，市场产品是单一的林木。而内部市场则是包括林地、青山等在内的林业资源，都可以流转。外部市场的产生能够推动内部市场的形成。这个内部市场又能促进林业资源的资本化和自由流转，并通过这种自由流转的增值来实现林业经营规模的不断扩大。诚然，侗族地区的传统林业模式，能够使林业经济资源生态化，区域经济活动具有双重价值的构筑特征，维持生态资源生长。所谓"经济资源的生态化"，是指经济活动的物质积累不仅具有经济资源要素的增长，而且这种物质积累本身又是生态资源的增长过程，具有双重效益增长的特征。清水江流域传统林业活动就具有"经济资源生态化"的这个特征，从而林业生产经营本身内含维持生态资源增长的一种机制。在根本上，侗族地区林业生态经济形成，是以市场的存在来保证林业资源和经济增长的有效性。

（3）以林业资源的保持保证区域生态资源的优质性。侗族地区生态林业经济模式包含经济和生态双重建设功能，这双重功能蕴含了双重社会目标，即经济目标和生态目标。但是，在侗族地区的林业生产活动中，这两个目标的表达不一样，一个是显性的，一个是隐性的，即经济目标是显性的，得到个体和社会明确指认，而生态目标是隐性的，没有得到个体和社会明确指认，它们的相互关系是通过实现显性目标来达成隐性目标的。因此，林业的生态功能是它的经济功能追求中的附带。虽然如此，但是由于林业经济的最大化存在林业资源的积累中，因而侗族地区生态林业经济生产，具有以林业资源的保持来保证区域生态资源的优质性的机制。为此，在侗族地区只要发挥"人工育林"的积极性，生态资源也会因此而形成并优质化。

三 侗族社区走生态林业经济道路的可行性

当代，在侗族地区重构利用传统林业模式来发展生态林业经济，是基于资源优势的区域发展选择。那么，关于如何继承和创造侗族传统生态林业经济模式，需要分析当前的社会环境来把握这种经济模式内在的要素、结构和运行机制，才能揭示其当下实施的可行性与否。

1. 经济体制改革提供了市场运行环境

侗族的传统生态林业经济模式，它是包含林业资源的市场流转和资本化作为前提的，从史实看，过去以清水江流域为核心建立起来的侗族传统林业，它有内外两个市场的支撑，这意味着市场经济体制的环境是这一林业模式的社会环境，也是内在要素，即生态林业经济是以市场机制建立起来的。

而这里为什么需要分析这个市场经济体制的环境？在于历史上曾经因市场缺位而使这个林业模式走向衰微，甚至发生中断了，没有市场经济环境，这个模式就无法形成和持续。历史上，侗族生态林业经济模式经历了两个萎缩或中断的特殊阶段，以致仍然未得到完全的恢复或重构。一是 1937 年"七七事变"起的日本大规模侵华和抗日战争的爆发，国家大面积沦陷，全国经济都要为"救亡图存"的抗战服务，原有的经济结构被打破，形成了战时经济环境。侗族地区在这一环境下原有的外部市场式微了或不存在了。外部需求走弱，对内部市场就形成了约束，林业资源的交易减少，人们经营林业的积极性就不高了。侗族传统林业模式就发生了萎缩，这是第一次重大影响。二是中华人民共和国成立后进行社会主义经济改造，建立公有制，开展土地改革，把土地、林产等全收归集体，开展计划式的经济生产。在这种条件下，私有财产包括农户的林产就不能存在了，林业经营国家实行统购统销，自然原有的市场也不存在了。当然，林业再生产还是存在的，不过以集体的计划经济方式进行，包括国有林场和生产队的经营。在这种条件下，侗族传统林业经济，能保留下来的主要是"人工育林"技术、"林粮间作"生产方式这些纯粹技术性的东西。因村级集体所有权的建立和民间市场消失，中华人民共和国成立之前的林业契约文书就基本成为"历史文献"了。

以上是侗族传统林业生态经济衰缩的主要原因。但是，随着改革开放的发展，市场经济体制的建立，侗族传统林业生态经济又有了恢复的可能性。实际上，从 1978 年的经济改革以来，经过 40 年的发展，我国市场经济体制基本建立，这为侗族传统生态林业经济模式重构提供了环境，有了社会基础。而更重要的是，2000 年之后，我国在农村推行集体林权制度改革，以清水江流域为核心的侗族地区全部进入了这个改革进程，并在 2015 年前后基本完成，这为侗族传统生态林业经济的恢复发展提供了制度性保障。我国林权制度的改革是农村改革的一大突破，是农村实现家庭联产承包责任制后的一大改革，改革的核心是产权制度，与田土家庭联产承包责任制一样，把林地、林木的产权划分落实到户，确定经营主体，发放林权证，规定林地的使用权和经营权可以流转，还可以通过林权证进行抵押贷款等，促进林业资源资本化，变成市场资源配置的要素。总之，侗族地区紧随国家推进的农村集体林权制度改革，这为侗族传统生态林业经济的恢复发展提供了社会条件。

2. 具备传统林业经济重构的要素基础

区域性的生态经济类型依赖于境内的自然资源和社会环境，资源供给和社会机制的相应范畴就构成特定生态经济模式的基本要素，而且在特定区域的特定项目上，由于所涉及的经济元素各不相同，进而反映在资源及其利用方式、路径、技术以及经济制度的差异。关于侗族生态林业经济，基于清水江流域为核心的自然资源和人们适应性开发的历史积累来看，其基本要素显现了"人工林"的资源禀赋及其经营特点的内容。

（1）以杉木、松木为核心的林产生态资源和经济结构。生态是一个复杂系统，有多个要素及其平衡共生构成相应的环境，因此，一定区域的生态资源都是多样性存在的。通常区域内的地貌、地质、气候、土壤、水文、植被等自然物质因素都是生态资源，当然从地表上看，可用元素涉及土壤、动植物、各类水体（河流、湖泊、湿地）等。但是，这些地表资源又有差异性，有的因素既构成生态资源又构成经济资源，有的则不是。具体的资源能否成为具有生态和经济双重功能的要素，这还取决于它在区域的实际禀赋（比如品质和储存量）及社会技术（开发手段等）。以清水江流域为核心的侗族地区，基于自然环境和生产实践，在具体资源的利用上，已经形成了以杉木、松树为主的森林生态和林业经济，即杉木、松树构成为当地"既是生态资源又是经济资源"的要素。清水江流域以山地为主的地理特征和气候，具有适合种植或自然生长杉木、松树的自然条件，加上杉木能够"人工育林"，这就决定了它是一种以杉木为核心的林产生态资源和经济结构。这里，种植杉木包含了区域经济资源和生态资源的积累，也就是说，种植杉木既是经济投入，也是生态建设。因此，杉木种植具有特殊的生态经济功能。

按照以上资源的特点看，侗族地区主要属于森林生态类型。以清水江流域为核心的侗族地区，虽然其具有多元性生态资源，但既具有生态属性又有经济属性的产业资源是林业。从现实来看，侗族地区人们大面积种植杉树，经营林业，其功能不是单一的经济建设，也包括生态建设。诚然，由于侗族地区依赖于"人工育林"来实现经济与生态的资源积累，林业经济与森林生态的融合度很高，林业生产的造林包含以上的双重建设。"人工林"赋予了侗族地区的生态经济特点，以致从古至今，林业都是侗族地区的主要经济支柱之一。中华人民共和国成立后，虽然在1958年前后因"大炼钢铁"等生产工业化运动，以及改革开放初期的一度过度砍伐，侗族地区林业资源遭受一定的破坏，但也没有太大的影响，在于这里自然环境优越，生态容易恢复，尤其侗族有"人工育林"的习俗，发挥了传统的作用，人们积极造林，以致在大量砍伐后又能够经过种植迅速恢复。目前，这里的森林覆盖率很高，以黔东南自治州的情况看，现在森林覆盖率达到68.88%以上。良好的森林生态，还能延伸出其他生态经济项目，目前侗族地区是有机蔬菜种植的好地方，也适合具有生态价值的油茶树栽培等，这些都是生态林业经济的拓展。

（2）"人工育林"的育林技术保存。育林技术是侗族地区生态林业经济的人文资源要素，对于该地区能否建立生态林业经济十分关键。诚然，以清水江流域为核心的侗族地区，基于人工林的资源禀赋，其林业资源有着自身的特点，这个特点就依赖于广植的杉树而形成，也就是说，侗族地区的林业资源是依靠人工技术的运用而形成的。显然，侗族地区的林业资源和生态资源能够通过"人工育林"而实现出来。"人工育林"技术的发明运用保证了林业资源的可持续性，因此，育林技术是侗族地区生态经济建构不可缺乏的技术要素。此外，传统文化技术需要传承和利用，其作用才能现实。虽然，侗族传统林业的发展经历过曲折的道路，但是"人工育林"的育林技术一直以来不因为这些曲折道路而失传，而是一直保存到现在，今天侗族群众仍然热衷植树和技术的运用。这也是一直以来侗族地区生态一直良好的一个基本因素。今天，恢复侗族地区传统生态林业经济模式，这个传统杉木栽培技术的存留能为之提供技术保障。

（3）林产的社会需求、加工和中介服务优化问题。在以清水江流域为核心的侗族生态林业经济活动中，产品经营无疑是以林产品为主要内容。而林产品的形成包含众多环节，在生产链条上，开端以"人工林"的种植、栽培为起步，在终端则以林木的销售、使用为归宿。按照市场经济原则，需求决定市场，市场引导生产。因此，重构侗族地区生态林业经济模式，必须做好林业市场的培育。林业市场培育的环节，其中最重要的一个就是林产加工业。要促进林产加工业的发展，才能以此建构和壮大林产市场规模。过去，侗族地区的林业繁荣，主要有市场存在，外部市场有京城、苏淮、两湖的需求，内部市场是依托外部市场形成的。因此，如何做好林业市场十分重要。今天，虽然已经没有过去的京城、苏淮、两湖市场，但是却有别的市场。不过现在已经发生了建筑理念、建筑材料和技术运用的巨大变化，需要对林业市场进行深入研究，从新的市场需要来建构市场和培育市场，而林业加工产业要有这种适应性的变化。目前，侗族地区的外部林业市场依然存在，但已经不是关键，做好内部市场建设才是关键。关于区域内部市场，侗族地区经历长期的发展，人口已经有了相当的增长，以柳州、桂林、怀化、凯里、铜仁为核心的地区中心城市得到快速发展，逐步建立了区域工业，同时依赖于工业化和市场经济体制的作用，侗族地区已经走向了开放，与周边省市乃至国外都产生了一定的联系，这是重新建立林业市场的大好环境和时机，此时发展林业生态经济处于有利的阶段。这是林产终端的产业市场。内部市场还包括林产资源的内部流转和交易，这个也应积极推动。在集体林权制度改革的背景下，只要科学推进，就应有起色。事实是有市场，经济就能激活。抓林业市场，这不仅仅是着眼推销林木产品，而且有市场存在才能激活内部林业资源的流转，林业中的经济与生态互动和实现周期性恢复才成为可能。这是一个方面。

另一方面，就是关于发展林业交易服务中介问题。林业交易中介的存在是侗族地区生态林业经济的一个要素，离开了这个要素，这里所谓的生态林业经济就不会发生。过去，侗族林业经济之所以能够得以迅速发展，在于这个地方经营林业的中介普遍存在，服务于林业经济各种组织和社会人员较多，市场具有了一定的成熟性。为什么需要中介，除了跨民族的经济交往中有文化差异外，收集和发布林业市场信息也十分重要，不仅如此，还在于侗族地区的林业资源交易还有内部市场，涉及不仅仅只是林木，还有林地、青山以及相关的其他物产，内容丰富，需要参与。同时，在没有政府参与和承诺保护的民间交易，即以"白契"的合同形式完成交易手续，还需要交易第三方作为证人。因此，林业交易的中介大量产生，是符合当时林业发展情形的。今天，侗族地区林业交易还需不需要中介，这是肯定的。只不过，服务内容有所变化，如资产评估、税务服务等。至于信息提供、法律服务、文字工作服务这些传统内容也仍然需要，只是形式发生变化了，尤其当代网络、电脑等现代信息工具的发展和利用以后，改变了服务方式而已。而关于林业经济的中介建设，有的需要政府管理部门参与，有的可以由社会基于需求按市场规律建立。从近年农村集体林权制度改革的情况来看，国家也注重这方面的工作。目前，侗族地区的林改也有了相当的推进，这就为恢复生态林业经济模式创造了条件。

四　侗族传统林业生产方式重构的推进路径

从三省区的侗族地区在国家主体功能区规划的分类看，基本归为"生态重点功能区"和"限制开发区"，这两个区域都包含了生态保护与建设目标。在这个前提下，侗族地区需要探索走符合国家政策和适合地方资源的生态经济发展道路。而基于上述的分析，侗族以"人工育林"为基础建立的传统生态林业经济，是符合侗族地区生态经济发展需要的，应该得到重构运用。

1. 政府提高对侗族传统林业重要性的认识

我国经济改革经过40年的发展后，经济发展进入了新常态。经济发展从过去高增长转变为保持中高速度，逐步从量的增长改变为质量的提升。党的十九大报告提出我国主要矛盾发生了变化，即"我国社会主要矛盾已经转化为人民日益增长的美好生活需要和不平衡不充分的发展之间的矛盾"。"人民日益增长的美好生活需要"蕴含了经济发展向质量提升的要求。在这个前提下，必须转变经济发展方式，加强供给侧结构性改革，增强创新驱动能力。同时，还需要解决因资源大量消耗、环境破坏形成的生态压力问题。对于少数民族地区，遵循资源节约型和环境友好型的两型社会发展原则，建设美丽中国，从而走生态经济发展之路是必然的选择。侗族居住比例最大的贵州省黔东南苗族侗族自治州，已经提出了保住"生态"与"发展"两条底线，用好"生态资源"和"民族文化"两个宝贝的发展思路，这是立足实际贯穿中央精神的决策，也是正确的选择。侗族其他地区的地方政府和相关社会团体力量，也有走生态发展之路的思路和规划，如湘黔两省的侗学研究会也开展侗族生态文化保护的相关研究工作，还开展了侗族生态文化保护区申报工作，并编制有《湘黔桂三省坡侗族文化生态保护实验区规划纲要》。事实上，侗族地区的发展已经在走生态资源保护与利用的路子，并力图把这个路子与当地民族文化资源的利用结合起来。因此，近年实施了黔东南生态文明试验区，广泛推行传统村落保护，发展生态与民族文化旅游，都是这一思路的具体实践。但是，以清水江流域为核心建立起来的，过去几百年曾持续的侗族传统生态林业经济却没有得到应有的关注和重视。侗族地区发展生态经济，过去曾经有过的传统生态林业经济模式，应当引起地方政府和社会力量重视，充分认识传统生态林业经济的重要性和可行性，并加以重构发展。

2. 地方政府要科学制定生态林业经济的规划

侗族基于自然环境、林业资源、生产技术和生活方式的耦合，创造了独特的区域生态林业经济并延续下来，这是侗族长期适应环境而创造出来的特有生计方式。当前，在工业化和经济一体化发展的背景下，更加突出了侗族传统林业的生态经济性质和价值。目前，在遵循国家推行生态治理的背景下，改变资源利用方式和经济发展方式，走经济发展与生态环境保护有机结合的路子，是履行生态文明的必然需要。林业在侗族地区的重要性在于，它既是经济资源又是生态资源，如何在林业上通过林业发展来实现生态经济的建设，这是侗族地区发展应当解决的问题。目前在侗族地区发生的一个悖论就是，人们没有充分理解侗族传统生态林业经济的特征，在推进"生态文明试验区"建设时，就"提出并规定在河流两岸、公路两边、水库周围、旅游线路等地的可视范围内禁止砍伐树林的政策"。这一政策出台后，它引发了"生态目标"与"生计需要"之间的矛盾，变成了黔东南州内部的难题。的确，生态保护十分重要，但是，单纯的保护而忽略经济的话，又必然引发民生困难问题。实际上，侗族地区的林业是"人工林业"，在"人工育林"技术的支持下，林业中的经济效益与生态效益是能够协调的。在认识这个特点以后，侗族地区的各地政府，应当积极走生态林业经济发展模式，制定生态林业经济的相应规划和发展方略。通过林业经营使区域生产的经济与生态双重目标实现。

3. 结合林权制度改革，做好林业两个市场的培育工作

长期以来，侗族传统林业模式的形成和保持，在于它有内外两个市场。事实上，市场是侗族生态林业经济形成的核心机制。今天，如果要重构侗族传统林业生态经济模式，核心工作就是培育生态林业经济的市场，才能推动侗族传统生态林业经济模式的新生。如果没有林业市场的形成，对于侗族地区而言，它的林业经济就等于没有激活，优势就不可能发挥出来。一旦能够促进侗族地区林地、青山、林木等资源要素的资本化和自由流转，那么生态林业经济就会自然形成，想不发展都不可能。近年，国家

在农村林区推行林权制度改革，以清水江流域为中心的侗族地区，要抓住这个机会来研究和创新传统林业的恢复与发展，把侗族地区的林业资源推进市场，运用市场机制来优化林业的经济建设和生态建设。改进过去生态资源以静态形式保护的路子，不断转变为活态保护与利用。通过深化林权制度改革，建立生态林业经济模式，实质性地解决林地、林木等资源要素的资本化和自由流转问题。通过这样才能真正培育林业市场，侗族地区生态林业经济才能够建设起来。

4. 制定配套政策支持侗族地区重构林业生态经济

侗族地区生态林业经济的重建，这不是单一的种树或卖树，而是以林业资源作为经济基础和生态基础，通过综合性的开发利用，形成生态林业资源和经济资源的产业链来完成的。为此，要完成这一项工作，除了进行科学的规划外，它需要制定各种林业政策和配套政策来支持，否则都是难以实现的。改革开放的发展，分工和交换的普遍化，林业经济有新的环境和条件，如林业产品的多样性和现代性，这些都需要政策革新来支持。清水江、都柳江流域的侗族地区，应当以县域经济为基本单位，在推进侗族地区传统生态林业经济时，配套和实施新政策促进生态经济的形成，从而在林业经济改革中推动发展方式转变，建立起生态林业经济。

第二节　侗族传统生态农业文化遗产的保护利用

在世界各地，世居的农牧民根据因地制宜的生产实践法则，创造和发展了许多独具地域特色的农业系统以及农业生态景观，形成了以地方性知识和传统经验为基础的农业文化遗产，演绎着各民族人民及其文化多样性与生态环境之间演变关系的发展历程和发挥它的生态保护作用。这些农业文化遗产，一方面维护着全球农业生物多样性、传统知识系统与适应型生态系统，还持续为数以百万计的贫困人口和小农户提供了多样性的商品与服务、粮食与生计安全。侗族具有丰富的农业文化遗产，推进侗族地区生态文明建设，需要做好侗族传统生态农业文化遗产的保护利用。

一　侗族农业文化遗产

在 2002 年，联合国粮食及农业组织（FAO）启动了全球重要农业文化遗产（Globally Important Agricultural Heritage Systems，简称 GIAHS）的保

护和适应性管理项目，目的是为了保护和支持这些世界仍然保持较好的农业文化遗产系统。联合国粮食及农业组织把全球重要农业文化遗产（GI-AHS）定义为："农村与其所处环境长期协同进化和动态适应下所形成的独特的土地利用系统和农业景观，这种系统与景观具有丰富的生物多样性，而且可以满足当地社会经济与文化发展的需要，有利于促进区域可持续发展。"这一重大项目的启动和发展，不仅可以促进公众对其的理解与认识，还提高国家与国际对农业遗产系统的认可，同时还为农民家庭、小农户、原住民和当地社区提供有保障的社会文化、经济及环境相关产品与服务的农业与农村一体相结合的可持续发展方法。

目前公认的农业文化遗产具有八大特征，包括：①动态性；②活态性；③复合性；④适应性；⑤多功能性；⑥战略性；⑦濒危性；⑧可持续性。正是因为人类农业文化遗产如此宝贵，FAO才联合了十余家机构和组织，开启了GIAHS项目的实施。

1. 侗族"稻鱼鸭共生系统"被FAO列为全球重要农业文化遗产

"稻鱼鸭共生系统"也称"稻鱼鸭复合系统"，这种农业模式最早可溯源至两千年前的汉朝。早期分布主要集中于贵州、湘西、福建、四川、广东、广西以及浙江。随着历史推移，至今有的地方只保留了稻鱼共生方式，最具有代表性的是浙江省青田县"稻鱼共生系统"。而完整保留的稻鱼鸭共生系统，最具有代表性的则是贵州省从江县侗族的"稻鱼鸭共生系统"。进入21世纪以来，这种系统的数量正在逐年递减，出现濒临消失的危机。2011年6月，从江侗族的"稻鱼鸭共生系统"被联合国粮农组（FAO）织列为全球重要农业文化遗产（GIAHS）。截至2018年2月底，全世界范围内被FAO评为"全球重要农业文化遗产"称号的项目仅48个，其中，我国占了15个，居世界各国之首。我国这15个全球重要农业文化遗产，具体囊括了：①贵州从江稻鱼鸭系统；②云南哈尼稻作梯田系统；③云南普洱古茶园与茶文化；④浙江青田稻鱼共生系统；⑤江西万年稻作文化系统；⑥内蒙古敖汉旱作农业系统；⑦浙江绍兴会稽山古香榧群；⑧河北宣化城市传统葡萄园；⑨福州茉莉花种植与茶文化系统；⑩江苏兴化的垛田传统农业系统；⑪佳县古枣园；⑫甘肃迭部扎尕那农林牧复合系统；⑬浙江湖州桑基鱼塘系统；⑭山东夏津黄河故道古桑树群；⑮中国南方稻作系统（包括广西龙胜龙脊梯田、福建尤溪联合梯田、江西崇义客家梯田、湖南新化紫鹊界梯田）。

图 6 - 2　侗族春夏种植水稻的稻田

2. 侗族"稻鱼鸭共生系统"作为农业文化遗产的基本特征

作为中国南方一种长期发展的农业生态系统和全球重要农业文化遗产，侗族"稻鱼鸭共生系统"总体表现形态是农户在稻田中养鱼养鸭，通过一系列农事生产技术与组织活动，实现"稻、鱼、鸭"三丰收（如前文所述）。这种"稻鱼鸭共生系统"主要有以下五个基本特征：第一，具有粮食和生计安全功能；第二，具有生物多样性和生态系统功能；第三，具有农业景观及土地和水资源管理功能；第四，具有独特知识体系和适用技术；第五，具有独特文化、价值体系和社会组织（农业文化）。其中，这种"稻鱼鸭共生系统"最主要的特征是生物多样性。这种多样性主要体现在从稻、鱼、鸭等动植物遗传资源再到农业生态景观的不同尺度水平上。通过稻鱼鸭共生系统的共生共济方式，村民可以利用有限的资源，通过较低的农业技术水平，将农业产量长期保持较为稳定的水平，还可以将自然灾害所造成的损失降到最低，从而实现收益最大化。同时，这种生产技能还确保了食物来源的多样性，并促进了当地饮食结构的科学化、合理化。侗寨村民所栽培的水稻大部分是世代种植的本土品种，这些本地品种经过多年的选择和适应，具备了当地生长环境所需要的生产性状。与现代社会所培育的新型杂交水稻相比，这些传统水稻品种具有更高的遗传异质性，能够更有力地抵御自然灾害的来袭。对于本土鱼、谷子鸭等小牲畜品种也是如此，这些被当地人驯化了数百年的动物品种能够满足当地生态环境和人类社会发展的需求。在这种生物多样性为特征的农业生产系统中，还包含了捕食昆虫的鱼、鸭，具有分解能力的细菌，滋养稻田的水草植物以及其他各种改善生态功能的有机物。可见，这种传统的农业生产生态系统将农耕地与周边的动物栖息地进行了一个有机的整合，将自然和人工生态系统的多种利用方式连接在了一起。由于这种传统种植方式尽可能避免了化学物品的使用，形成了高度异质，而又多种多样的生态景观。这些生物景观的异质程度比自然状态下所形成的还要高。事实上，农作物生产、畜禽养殖以及相邻的栖息环境构成了一个有机整体，使得村民们愉快地在其中有序进行着田鱼捕捞、鸭子养殖和水稻作物生产等农事活动。因此，这种内容丰富的农业生态系统及景观之所以得到有效的保护和可持续的管理，关键在于系统内有机整合、与之所有利益相关者的积极参与，以及当地群众在生产实践中形成的地方性知识。

二 "稻鱼鸭共生系统"具有生态经济性质

目前，学界对"稻鱼鸭共生"传统经济效益研究不多。现有对不同稻鱼鸭共生方式下水稻性能和稻鱼鸭产量的试验研究，证明稻鱼鸭共生系统中，合理的稻—鱼—鸭"共生"能够发挥多重作用：在系统中，因鱼、鸭的积极加入会有效改善土壤氮、磷、钾等物质含量，优化水体环境，助推了水稻的生长，增加水稻的产量。这样的农业生产方式会带来显著增加稻田的经济效益。

1. "稻鱼鸭共生"农业生产投入成本相对比较少

现代农业通常要投入大量农药化肥和技术管理等成本才能获得较高的收成。相比之下，"稻鱼鸭共生系统"极大降低了投入成本。有研究指出，在中国南方传统的生产经验中，每一季水稻在生长过程中，需要施磷肥 375kg/hm^2，以 1.3 元/kg 的单价计算，折合人民币 487.5 元；需要尿素 450kg/hm^2，以 2 元/kg 计算，折合人民币 900 元；需要氯化钾 150kg/hm^2，以 1.9 元/kg 计算，折合人民币 258 元，以此推算，一季净作水稻约需投入化肥 1672.5 元/hm^2，基本才能满足水稻生长对氮、磷、钾的需求，但辛苦劳作、汗撒田间的农民在使用化肥过程中，却不会如此精准，投入的化肥数量一般会超过这个标准，才能换取他们心仪的"水稻大丰收"。一般秧田中，每一季水稻需喷一次多效唑，一次杀虫药，一次防病药；另外，在插秧过后大田需喷两次杀虫药以及两次防病药。依据目前农药的市场零售价，$1hm^2$ 净作水稻生长过程需投入购买农药的钱大约在 600 元人民币左右，才能达到基本防治稻田病虫害的目标，但在基本的防治措施之余，为节省劳动力，除草剂等的大量使用也在不断增加净作水稻的投入成本。与此相对的"稻鱼鸭共生系统"中，水田的养分一方面依赖人畜粪尿等农家肥供给，另一方面靠田鱼、鸭子排泄物供给，化肥在这里施用量较小，只是起到辅助作用。从种植水稻的经验发现，从一开始的底肥再到水稻成长期的追肥，"稻鱼鸭共生系统"只有在农家肥不足情况下才会使用化肥，此外，化肥的过量施用会致使稻穗壳满而里面的稻芯不满。由于稻虫、杂草成为田鱼的主要食物来源，在水稻的农药施用量方面也是较少的，有时为了防严重的病虫害在整个水稻成长期会喷洒低毒农药，次数也仅为二三次。通过比较得知，"稻鱼鸭共生系统"在生产投入成本上比普通种植要低。

2. "稻鱼鸭共生系统"的农业具有生态经济的性质

从当地种养结合、综合经营的农业系统来看，稻鱼鸭共生农业系统已经成为一个约定俗成的统称。实际上，它的内涵还不止于此，具体还包括稻虾、稻鳖等共生系统，他们与"稻鱼鸭共生系统"农业一样，都具有极其相似的生态经济效益规律：植物为动物提供食物来源，动物的粪便为植物提供肥料，将系统内生物之间的废物利用功能发挥到了极致，在共生系统内部就已经促成能量和物质的循环利用，因此大大减少了饲料以及肥料的投入。在山区侗族传统村落区域，鱼苗和鸭苗的培育都是自己供给，成本都是很低的，由于有了内部食物链的供给，田鱼的饲养成本也很低。每逢插秧过后，就可以将鱼苗投放至水田中，等到鱼苗、稻禾稍稍长大后，再放入雏鸭。这样稻田中的鱼和鸭就可以以稻花、稻虫、微生物、杂草等为食，直至水稻成熟收获时节，鱼、鸭也已经肥美。这样，农户在保证不会降低稻田生产能力的同时，还能额外获取鱼、鸭的丰收。许多人家还将多余的糯米、田鱼、鸭子进行出售，由于这些生态养殖的农产品供不应求，通常比人工池塘养殖的产品价格要高出 3—5 倍，甚至更多，这些农户人家因此也获得较好的经济收入。

3. "稻鱼鸭共生系统"支撑侗族人们保持生态生活方式

侗族乡民在劳作之余，闲暇时光和节庆日子也丰富多彩，亲朋好友互相拜访，在欢聚时人们会讨论一年的收成，长期往来之中互相赠送稻谷、田鱼、鸭子作为礼物，形成了建立在亲属网络基础之上的物物交换与馈赠。在长期的生产生活实践中，侗族村民还用糯米、田鱼、鸭子做成各种美味佳肴，比如做成糯粑、米酒、腌鱼、腌鸭等各种特色食品。由于村民日常往来的礼物馈赠与家庭生活消费都是自己生产出来的，就地取材，形成了生产—消费—馈赠的农耕组织制度下的消费机制。不同于现代城镇高昂的生活消费开支，勤劳的侗族乡民以"稻鱼鸭共生系统"为基础的生活形态，支撑和保护了侗族人们的生态性生活方式。

图 6-3　秋季侗族稻田养鱼的收成

三　结合其他产业推广"稻鱼鸭共生系统"

"稻鱼鸭共生系统"是侗族传统村落农耕文明的重要象征。随着工业化、城镇化的快速发展，传统村落衰落、消失的问题日益严重，同时，"稻鱼鸭共生系统"在现代农业产业的冲击下，也面临着传承推广的难题。由于"稻鱼鸭共生系统"具有粮食和生计安全、生物多样性和生态系统功能、农业景观及土地和水资源管理功能、独特知识体系和适用技术、独特文化价值体系和社会组织（农业文化）等特征，这一特殊性蕴含着极其珍贵的生态经济的价值。为更好地促进"稻鱼鸭共生系统"这一农业遗产的传承与发展，可将其与乡村旅游产业、民族饮食文化产业、农产品加工业等多个产业相结合，融合发展，一方面可以找到推广的路径，另一方面也可以促成自身发展成一种可持续的生态产业，通过与相关产业创新融合发展，促进当地村民脱贫致富。

1. 结合乡村旅游产业推广"稻鱼鸭共生系统"

在湖南、广西、贵州三省区的侗族区域中，黔东南是侗族人口最集中的地区，也是世界上侗族最大的聚居区域。黔东南现有 3307 个行政村，绝大多数是少数民族村寨，以侗族和苗族古村落为主，其中侗族传统村落主要分布在都柳江流域的有黎平、榕江、从江，清水江流域有锦屏、天柱等县。根据 2019 年国家住建部、文化部、国家文物局、财政部、国土资源部、农业部、国家旅游局《关于公布第五批列入中国传统村落名录的村落名单的通知》，黔东南已有 409 个村寨被列入"中国传统村落"名录，且基本上是苗族侗族村寨，占贵州省 724 个"中国传统村落"的 56.4%，占全国 6819 个"中国传统村落"的 5.99%，黔东南也成为侗族村落被列为"中国传统村落"最多的一个地区，2016 年有 123 个，2019 年新公布的"中国传统村落"，黔东南进入名录的又有增加。而没有进入国家名录的侗族村寨则更多。这些大大小小的侗族村寨，承载着生生不息的丰富多彩的民族文化。在非物质文化遗产方面：有联合国人类非物质文化遗产代表作名录 1 项（侗族大歌），是全国 30 项之一；有多处国家级非遗保护点、国家级艺术之乡、国家级非遗生产性保护示范基地和多个国家级非遗传承人。在物质文化遗产方面：有 10 个"侗族村寨"列入世界文化遗产预备名单。此外，至今还保存有鼓楼 400 多座（全国现存有 600 余座），风雨桥 300 余座（全国现存有 400 余座），戏楼、踩鼓堂、芦笙堂、斗牛场等民间文化服务设施几乎遍及村村寨寨。这些传统村落至今依然是充满活力、生生不息、世代相传的社会有机体，展示着侗族这一少数民族文化经久不衰的底蕴和魅力。在当前人们大量回归乡村田园和传统村落观光旅游的趋势下，可以突出"稻鱼鸭共生系统"农业景观及土地和水资源管理功能、独特知识体系和适用技术、独特文化价值体系和农业文化等特点，按照国家关于充分挖掘民族地区丰富的民族文化和旅游资源等相关政策导向，结合湘黔桂尤其黔东南等侗族地区的传统村落及其山地农业特点，扶持发展山区水稻种植，推广"稻鱼鸭共生系统"，打造从江县"加榜梯田"等一系列梯田景观，使"稻鱼鸭共生系统"和侗族传统村落人文景观融入乡村旅游产业图景中，为推动当地乡村旅游产业发展注入新的经济活力，增强侗族乡村旅游产业内生发展力量，推进可持续发展。

2. 结合饮食文化产业推广"稻鱼鸭共生系统"

有学者认为，湘黔桂边界一带的侗族有"饭稻羹鱼"的饮食习惯，这可能源于他们原属古越族（侗族先民）有关，为躲避战乱，在秦及西汉统治时期，他们先民从江浙一带向西南迁徙至现在侗族聚居地，而古越族长期以来就有"饭稻羹鱼"的饮食传统。在后工业文明时代的今天，人们饮食消费观念越来越趋于绿色、原生态。由于侗族"稻鱼鸭共生系统"中粮食生计安全，具有原生态、绿色、环保、有机的特点，因此可在人们"吃、住、行、购、娱"消费需求体系中，做好"稻鱼鸭共生系统"中"食"要素。将"稻鱼鸭共生系统"纳入饮食文化产业的政策支持，编制以侗族饮食为基础的习俗、传统、思想和艺术的"饮食文化"项目，争取国家项目支持，发展民族特色食品工业，培育一批特色食品小微企业，带动侗族民间"腌鱼""糯粑""腌鸭"等美味饮食行业发展。将侗族饮食习俗文化纳入旅游发展规划，引导外来游客消费格局。在侗族传统村落景区景点中建立"民族饮食文化生态村"，在当地城镇规划"民族饮食文化园"，从城镇、乡村等层面上充分挖掘"食"的特色。同时，突出"稻鱼鸭共生系统"全球重要农业文化遗产的主题，将侗族饮食文化作为旅游宣传的一个亮点，纳入旅游精品路线图。创立侗族饮食文化网站，或者利用地方性有关网络平台，建立侗族饮食文化资源信息库，开设网上专栏，推介饮食内涵和特色、名菜、名点等各种美味佳肴。利用侗族民间节日集会，策划美食文化节，推出侗族腌酸系列和其他特色菜系列，充分展示侗乡饮食之美。

3. 结合农产品加工业推广"稻鱼鸭共生系统"

在民族地区乡村旅游、绿色健康消费时尚的引领下，以乡村农业产品消费为支撑的食品（礼品）、日用品等加工产业也日渐兴盛。许多原属于地方性的特色食品商品逐渐走出狭小地域，受到不同群体的欢迎。可将侗族"稻鱼鸭共生系统"农产品加工做成的糯粑、糯酒、腌鱼、腌鸭等土特产，做成乡村旅游商品，供游客购买，也可以作为馈赠礼品，在人情往来中赠送。"稻鱼鸭共生系统"农产品通过加工成饮食行业商品，仅仅田鱼就表现出较好的收入。比如，田鱼被做成腌鱼后，在当地侗族菜馆餐桌上，一条腌鱼可以卖出20—30元的价格。又比如，这些田鱼被做成特色苗王鱼或酸汤鱼等菜肴后，1斤便可卖出60—100元左右。相比于稻鱼、稻鸭，人工池塘养殖的鲤鱼每斤只能卖出8—15元的价格。两种加工食品消费价格差距较大，主要原因是：（1）稻鱼和稻鸭以草和虫为食，近似野生，味道胜于饲料喂养的鱼和鸭，更加满足大众品味；（2）稻鱼和稻鸭来源无绿色生态环境中，不使用或很少使用农药化肥，因此符合现代都市人对于绿色食品和健康消费的追求；（3）限于山区地理环境下生产作业，"稻鱼鸭共生系统"的农产品在当地以家庭自用为主，同时作为上品招待亲朋，只有少量家庭有剩余的在市场上售卖，因而市场稀缺性的价格也会相应提高。现在侗族聚居的黔东南的很多城镇，糯粑、糯酒、腌鱼、酸汤鱼、特色苗王鱼等食品加工已经初步实现"产业化"。

此外，用鸭毛制作羽绒服，市场前景很好。鸭的绒是不含羽梗的毛，主要长在脖子到胸腹之间，非常柔软，纤维长而蓬松度高，折合体积较小，鸭绒的保暖抗寒功能强，并且防水性好，是制作羽绒服最上乘的材料。可以看出，结合农产品加工产业发展，不失为"稻鱼鸭共生系统"得到推广的有效途径。

四　做好传统物种和生产技术的保护利用

近年来，由于城镇化的加快推进和我国农业技术的大力普及，许多地方的传统农业技术正在日益消退。特别是随着我国农业科学技术的普及，粮食产量不断提高，但与此同时，土质硬化等环境问题也日益严重，主要是农药、化肥、除草剂等现代科技产品的大规模使用，削弱了传统种植技术的应用范围和应用程度，传统农业技术下的特色家禽也日益减少，传统农业技艺也逐渐失传等。新形势下，如何处理好侗族传统有机农业物种和技术的改造和利用问题，已成为重要而紧迫的课题。我们认为，由于侗族山区生态脆弱，水土保持难度较大，对山区农业来说，如果大规模使用机械作业，更容易造成水土流失。因此，在这些地方可以全面保留传统农耕技术，更加有利于实现对整个农耕系统下的物种和生产技术的全面保护利用、改造、传承、发展。

1. 糯稻粮种的保护利用

糯稻是侗族地区一种传统水稻品种。二十世纪中期政府推行糯稻品种改良改种以前，糯稻一直是侗族的主要粮食，而糯米也是当地人非常喜爱的食物。虽然糯稻产量上不及现代杂交水稻品种，但由于糯米品质超群，色、香、味俱佳，故仍然吸引着一代又一代的侗族人，耕种不息。

关于生态农业，从侗族具体生产实践的经验来看，最可靠的生态安全技术，应是当地一些传统的复合生计方式所构成的复合农耕生态系统，比如"稻鱼鸭共生系统"，由于其符合自然生态规律，因而形成一种稳态，并得到长期延续。但由于种植糯稻趋于减少，现今糯米不仅是食谱中的精品，也是日常消费中的稀品，平时只在各种节气、节日中才能作为佳肴出现，糯米的销售价格也更高，销售价格通常高于其他大米价格的3—4倍以上。为更好地保护传承"稻鱼鸭共生"等生态农业系统中的稀缺物种，需要培养农业文化遗产保护专门人才、建立农业文化遗产保护专项资金、农业生态博物馆，尤其扶持农业传统技艺传承人相结合的方式，多形式多层次进行保护传承，实现改进利用。

此外，还有油茶种植项目的保护利用。我国油茶树的种植和使用历史悠久，至今已有2000多年，是我国的食用油生产方式之一。油茶树产出的茶油，低脂，易消化，食用后可以达到一定的药用效果，是一种对人体健康极为有益的高档消费品。在黔东南侗族地区，随着人们现代生活水平的提高，天然油茶树的茶油成了很多食用油的首选，消费需求量大，所以油茶树种植产业市场前景广阔，而合理的对油茶树的管理又是对茶油经济效益的保障。侗族地区油茶树的种植，可以形成油茶生态经济产业，这是侗乡发展生态农业的一个优势。

2. 侗族传统生态农业施肥技术的利用

20世纪80年代以前，侗族社区村民仍然主要使用人畜粪便、草木灰等作为肥料进行农业生产。这类肥料都是就地取材，使用过程中对生态环境没有什么影响。侗族传统生态农业施肥技术的利用，主要体现在"水稻种植""稻田养鱼""林粮间作"等农事生计方式之中。这些农业施肥技术没有现代农药成分，对自然环境起到保护和平衡的作用。

（1）水稻生态农业施肥技术。在侗族地区，水稻种植过程中，施肥是秧苗茁壮成长、粮食丰收的重要保证。一般的传统是先给稻田下基肥，插秧之后就较少追肥了。过去主要使用农家肥。农家肥主要是指从猪圈、牛圈里面取出的草粪。这种草粪取出圈外堆放十天半月以后，使之充分发酵，腐熟程度越高，肥效越好。每年的冬季或者春季，把猪粪、牛粪、火灰、草灰等肥料挑到已经耕犁好了的田里堆放，等到耙田时，再把这些农家肥均匀撒在田里，在耙田过程中，肥料和田泥充分搅拌混合。为了增加土壤肥力，每年冬天到初春，要到山上采集"秧青"——青嫩树叶，放到田里，任其自然腐烂，作为农历五月水稻种植的底肥。"秧青"所选的树叶，主要是选择青岗树的嫩叶，因为青岗树的嫩叶易于腐烂。通常，一亩田要放入约 100 捆每捆 50—80 斤的"秧青"。有的农户也把自家种植的紫云英、萝卜花、苕子、野豌豆、油菜秆等浸泡在冬田里面，还有的人家在泡冬田里播撒浮萍等作"秧青"，作为基肥的补充。这些农业施肥技术由于没有化学农药的投放，对周遭的生态环境系统没有影响，有利于生态保护。20 世纪 80 年代以后，人们开始不断使用工业化肥，采集"青秧"作稻田基肥就逐渐减少了。工业化肥的使用，虽然减轻了劳力、节省了劳作时间，但大量使用工业化肥也造成土壤硬化变质、环境污染等新的问题。

（2）"林粮间作"立体林农生态施肥技术。"林粮间作"在黔东南侗族区域具有悠久的历史。黔东南地处云贵高原东端边缘，由高原到低丘陵变化，山地特征明显，山多地少，旱地多、耕地少，难以形成规模农业，零星分散的山区农业效益相对低下，历史上当地民众生产生活十分艰苦。这些区域在明朝以前，旱地作物小麦等作物就已被引入。到了明朝中叶，玉米（苞谷）从南美洲传入中国后，很快引入这一地区，成为这一地区重要的农作物之一。有研究指出，当地"人工育林"技术的形成与这些旱地作物的引进种植处于同一个年代。这一地区的"林粮间作"生产实践，主要表现为：农户为山主开山造林，利用林地，进行林下农作物种植生产而获得粮食。这对解决农户的粮食问题有很大的帮助。此后，"林粮间作"就成为"人工育林"的一个必要环节，同时进行。由林农生活生产需要，"林粮间作"就在生产中自然形成，在实践中不断发展，最后成为当地特有生产方式和经济形态。侗族地区特有的"林粮间作"，主要是在林地上套种五谷杂粮，形成多元经营互补的生产方式。套种时，农户所使用的肥料都是农家肥。使用这些农家肥的过程，都是用人力畜力运送，用手亲自逐一播撒。凡是有更新造林的人家，在林木幼苗（杉木苗）生长期内都实行作物套种 3—5 年，直到幼苗成林、不再适合套种为止。根据家庭生计需要，一般套种的作物有红薯、棉花、玉米、大豆、辣椒、花生、药材等。实行套种，在管理庄稼的同时，又兼顾对林木的管护，特别是在给庄稼除草、施肥、中耕的同时，也完成了对幼苗林木的松土、松根、追肥。松根有利于土壤透气，也有利于森林幼苗吸收养分，便于森林生长，快速成林，一般需要 8—18 年就可以间伐或砍伐。

3. 侗族传统生态农业耕作制度的区域传承

独特的地理位置、良好的自然环境，以及优越的气候条件、土壤环境和森林生态，适宜山地农业的发展，为侗族传统生态农业耕作制度的传承和发展提供了优越的自然条件。在侗族山区传统生态农业经济活动中，制度是一个基本要素。制度和水、土、牛、马等其他生产资料类似，可以理解为社会生产方式中不可分割的部分，缺乏制度的正常运转，生产、交换、分配、消费秩序就陷入混乱，生产资料也就无从产生价值。因此，这种制度保证是生产价值实现中不可缺少的重要形式。然而，有的学者往往忽视了侗族地区传统农耕制度与当地经济关系之间的联系。

（1）"林粮间作"制度与立体生态经济。据相关记载，黔东南侗族人工造林至迟始于明代中后期。后来，随着木材贸易的发展，植树造林规模日益扩大，成为乡民仅次于田间的生产活动，得到了官府的高度重视。乾隆五年（1710年），贵州巡抚张广泗向朝廷建议"杉木宜多行栽种"，他认为："黔地山多地广，小民取用日繁……令民各视土宜，逐年栽植，每户数一株至百株不等，种多者量加鼓励。"乾隆后期，清水江一带的侗族民众种植杉树的经验已较为成熟。中华人民共和国成立后，当地还进一步培育出"八年杉""十年杉"等速成品种，为支援中华人民共和国建设做出了贡献。目前，贵州省锦屏、天柱、黎平、榕江、从江盛产杉木，是全国八大林区之一，同时也是贵州省重点林业县。贵州锦屏、湖南省通道、广西壮族自治区三江县和融水县，又是全国重点林区。这些地方，森林覆盖率达65%以上。

"林粮间作"制度。侗族"林粮间作"指的是在林地里进行其他作物的套种的立体农业。从历史上看，这种"林粮间作"是侗族传统农耕环境下对林地综合经营的习惯性制度的总称，包括了林下种粮（"林粮间作"）、林下种菜（"林菜间作"）、林下种果（"林果间作"）等方式。"林粮间作"主要是在林地里种植玉米、红苕、洋芋等杂粮；"林菜间作"主要在林地里种植辣椒、红萝卜、白萝卜等蔬菜；"林果间作"主要在林地里种植西瓜、地瓜等瓜果。为保证这种套种的收成，必须坚持以下原则。比如，必须以土地的承载能力为限，每亩地只套种一定数量的作物；套种作物，不影响林苗的正常成长等。这种知识只能在长期的耕种实践中习得，世代相传，不断改进，并在生产过程中逐渐形成稳定的行为方式，即套种制度文化。据《黎平府志》记载古州（榕江）"上田每亩可出稻谷五石，中田可出四石，下田可出三石"，这说明，早在清代，湘黔桂边界侗族地区的农业经济就获得了迅速的发展，作物的种类也明显增多，如除水稻、小麦外，还有高粱、小米、豆类，以及甘蔗、麻等经济作物。尤其农田水利的建设，大大提高了水稻的产量，林下种植、稻田养鱼等综合经营的不断增强。如今，黔东南榕江、黎平、从江、锦屏等侗族地区，林下种植、稻田养鱼等农业业态良好，形成了现代立体农业生态。

（2）立体林农经济。侗族对自然生态环境的开发利用，总体坚持的方法：尽量保持原有生态环境不变，以免损伤生态系统及其平衡功能。比如，原来是森林的地带，就尽量在不破坏这些森林的前提下加以利用，从而逐渐形成一种立体的农业生态系统。这种立体农业生态系统，也为野生动物（包括濒危野生动物）提供了栖息地。侗族俗称的"林粮间作"，就是林农在植树造林的过程中培育出的林间套种农作物的耕作方法。这里仅仅以森林为例，就可见一斑：即在原有的林地或者新造的林地里，实施林下种粮（"林粮间作"）、林下种菜（"林菜间作"）、林下种果（"林果间作"）等方式。有几则民谣说："种树又种粮，一地多用有文章，当年有收益，来年树成行"；"林粮混栽好，一山出三宝，当年种小米，二年栽红苕，三年枝不密，再撒一年荞"；"种树又种粮，办法实在强，树子得钱用，粮食养肚肠"；"栽树又种粮，山上半年粮"。

侗族植树造林的传统，不管是穷人还是富人，都亲自参加，使植树造林和种稻一样，成为侗族传统农业中的另一半。营林制度（包括林粮间作制度）与水稻种植制度（稻田养鱼、稻鱼鸭共生）互为补充，稳定传承，最终带来当地整个农耕文明的兴盛繁荣。

第三节　做好侗族传统生态文化习俗的重构利用

少数民族地区的生态文明建设需要对少数民族生态文化价值与资源禀赋进行深度挖掘，充分认识少数民族生态文化习俗的价值和资源禀赋特征，在不断实践的过程中获得新的内涵，进行文化重构利用，进而建立一种适应时代的生态文明，是我们必须面对和解决的重要课题。

一　侗族传统生态文化习俗的现代意义

生活在黔湘桂交界地区的侗族有着悠长的历史。2012 年，侗族进入国家级非遗名录的就有 16 项、31 个保护点，进入省区级非遗名录的有 70 项。这些非物质文化遗产项目约有 60% 涉及侗族传统生态文化习俗，为侗族人民世代相承，是侗族智慧与文明的结晶，也是我国生态文明建设中珍贵而重要的文化资源，具有重要意义。

1. 有利于侗族人民生态价值观的培育和传承

侗族传统生态习俗具有鲜明的民族性和地域性色彩，是侗族人民在长期历史发展中适应其独特的山地环境的产物，是侗族经济社会生活条件和民族特征的反映。不夸张地说，侗族地区之所以直到今天仍然能够保存优美的自然风景以及人与自然和谐共生的面貌，都与他们良好的传统生态文化习俗密切相关，从而奠定了侗族传统文化生态化特征的基础。侗族传统生态文化习俗的核心可以概括为"和谐"二字。"和谐"体现在两个方面，一方面是人与自然的和谐相处。侗族人民关注人与自然的和谐共生，将自然界视为生命体，并赋予神灵意义。对自然的破坏，就是对神灵的不尊重，从而会引发生存危机。今天在传统文化保存较好的侗族村落看到的是人与自然和谐共处的祥和景致。另一方面，基于对人与自然关系的认知延及人与人、人与社会的关系认知。在认识、处理个人与个人、个人与群体关系时的第一条法则就是集体利益优先，个体服从于集体，这一特征反映在热衷公益、尊重传统、恪守规范、团结互助之中。侗族和谐文化虽然有与生态文明契合之处，但也需要借助生态文明理论对其进行适应性改良，唯有此才能让具有生命力的侗族生态文化习俗注入侗族人民的心里，真正实现生态价值观的培育和传承。

2. 有利于侗族人民坚持生态生活习惯和形成生态伦理约束

社会作为已有的环境对于个人发展具有影响的作用。美国学者本尼迪克特曾这样描述风俗在个体社会化过程中的重要作用：个人生活历史首先是适应由他的社区代代相传下来的生活模式和标准。从他出生之时起，他生于其中的风俗就在塑造着他的经验与行为。到他能说话时，他就成了自己文化的小小创造物，而当他长大成人并能参加与这种文化的活动时，其文化的习惯就是他的习惯，其文化的信仰就是他的信仰，其文化的不可能性亦是他的不可能性。人生活在民俗中，就像鱼生活在水中一样，须臾不可离开。

传统生态文化习俗作为侗族传统文化的有机组成部分，在参与侗族地区人与环境关系的调适和整合中，发挥了重要的功能。它们对克制人们无限索取的欲望，保护生存环境、维护生态平衡发挥了积极的作用。生态文明的实现除了建立一套健全的外部规范，更要形成普遍认同的伦理准则。一旦个人有了保护生态的自我意识，再加上群体的伦理规约，如同有了"保护环境、人人有责"的内心责任确认。这样的责任意识及伦理准则，将转化为保护生态的实际行动力，减少日常生活对环境造成的损害，这也正是生态文明建设过程中要突出的伦理价值观和规范体系的现实诉求。

3. 有利于传统生态生产方式的传承与创新利用

侗族传统生态民俗植根于深厚的农耕文化之中。侗族先民很早意识到农业生产离不开土地，而土地需有肥力才能盛产食物。在长期的生产劳动中，他们形成了珍惜土地、守护土地、培肥土地和合理利用土地的观念，在行动上通过休耕、轮作、堆肥等自然农耕法，维护土地的健康，奠定了发展生态农业的基础。现代农业中控制化学肥料、农药措施，用生物保健栽培法促进粮食生产和用绿色防控的方法控制农作物病虫草害等技术是对农耕文化的继承和发展。农耕文化为现代生态农业的发展提供了丰富的文化底蕴。农耕文化增强了发展现代生态农业的信心，传承农耕优秀文化，可在古为今用中增添创新动力，增强农业产业向现代生态农业发展的信心和热情。侗族传统种植项目，一般都属于有机种植的生态农业，产品属于绿色食品。湘黔桂侗族地区农业属于典型的山地农业，农业规模不大，有良好的生态环境和地方农业物种，要走以精品山地特色农业的发展为路径，这样就可以把传统农业文化遗产项目利用起来，生产出来有机生态绿色农业产品并推出村外，形成农业市场，这样才能使村落的生产具有现代化的转型和发展可能。

二　进行侗族传统生态文化习俗重构的可行性

侗族在生态保护的历史长河中留下了属于自己的文化烙印，为当今的生态文明建设提供了可资借鉴和利用的生态资源。为实现生态文明建设目标，对当前进行侗族传统生态文化习俗重构不但是必要的，而且是可行的。

1. 有自然物质基础

侗族地区多分布于云贵高原东南边缘、苗岭支脉延伸末端及云贵高原东缘向南岭山脉过渡地带。境内大小江河数百条，沟溪数不胜数，水资源丰富。得天独厚的自然条件，孕育了繁茂的森林资源和各种动植物资源，区域内生物多样性十分突出。根据2010年第六次人口普查的官方公布数据：侗族人口全国有 287 多万，其中贵州省有 143.19 多万，湖南省有 85.49 多万，广西壮族自治区有 30.55 多万。村落是传统文化的载体。侗族村落多处于山地地形，干栏建筑成为一种在山地中营造合适人居的优选方案，属于山地村寨聚落类型。侗族聚落形态的另一个特征就是"宗族聚落"。侗族人民在这一特殊的地理位置聚落安居，在靠山吃山、爱山护山的生机策略中，形成了侗族传统生态文化习俗。

2. 有社会实践基础

文化需要到生产实践去理解和把握。侗族传统文化的源头和形态无疑是农业，即属于农耕文明。侗族文化起源于农业，属于农耕文明范畴。今天，侗族文化的历史延续包括侗族的农耕文明。侗族地区的农业具有鲜明的民族性和地方性，从资源和生产方式看，其是"水稻种植" + "人工育林" + "鲤鱼养殖"构成的一个区域农业类型，这种类型是以稻作为中心的一种多元立体农业，具有三元结构的农业生产模式。侗族人民收获水稻以确保温饱，采伐林木以换取财富，养殖鲤鱼改善饮食结构。这一农业生产模式下，传统农耕技能得到了最大限度的发挥。立体化的农业生态模式展示的是一种低碳环保且相对高效的生态经济模式。这样的农业生产模式是侗族传统生态文化习俗重构实践的基础。

3. 国家政策基础

党的十七大明确提出建设生态文明的战略任务后，党的十八大进一步强调将生态文明建设纳入中国特色社会主义建设"五位一体"总体布局中。联合国"里约 + 20"峰会提出了在可持续发展和消除贫困的背景下发展绿色经济、建立可持续发展的体制框架和行动措施框架。生态文明建设已成为当今中国和全球的主流趋势。以贵州黔东南州为例，"十一五"时期以来，把"生态立州"作为重大发展战略之一，致力于探索建设生态文明的科学发展道路，取得了阶段性成效，获得了贵州省委、省政府的肯定，省委十届二次全会作出了"探索建立黔东南生态文明建设试验区"的决定。2010 年，17名两院院士在深入调研的基础上，联名提出"建设黔东南生态文明试验区"的重大建议，得到了国家有关领导同志的重视和关切。国务院《关于进一步促进贵州经济社会又好又快发展的若干意见》（国发〔2012〕2 号）高度重视贵州东南区域发展，赋予了黔东南建设生态文明示范区的战略定位。当前，黔东南州正处于谋求新发展、实现新跨越的关键阶段，力争到 2020 年全面构建生态州建设的基本体系，为建设人口均衡型、资源节约型、环境友好型社会提供良好的生态保障，使广大人民群众在生态良好的环境下生产和生活，实现经济社会的可持续发展。可见，国家和地方政府都以一种积极的姿态，支持少数民族传统生态文化习俗重构。

4. 具有文化基础

湘黔桂侗族地区作为我国重要的生态功能区，其生态文明建设不仅关乎侗族人民的生存发展，也关乎我国生态安全及整个社会发展战略的全局。生态文明建设的内涵丰富：环保、绿色等是其重要理念；人与自然共生共荣地实现可持续发展是其要义；人与自然相互依存、相互作用、相互促进，是生态文明建设的核心。侗族生态文化中蕴含着丰富的人与自然和平共处的生态思想，主要表现在侗族的生产方式、生活方式、物质技术手段、制度措施、思想观念和价值体系中。在民族地区生态文明建设中，充分挖掘侗族生态文化中的思想精华，并结合符合时代发展的生态文明建设理念，可以更好地服务于民族地区生态文明建设的实践。

三　侗族传统生态习俗重构利用的路径

1. 结合现代生态知识对侗族价值观进行传承教育

组织专家、学者对传统侗族价值观进行梳理，并结合现代生态知识进行理论提炼，撰写成教材、通俗读本、侗歌歌本、侗戏脚本。通过民族文化进校园的方式，将侗族生态价值观及生态文明观念注入青少年的思想中。通过侗族歌师编制歌本，在村落传唱。组织反映相关主题的侗戏，向群众表演。录制一些反映侗族生态价值观的电视节目，利用各级广播电视台、各种报刊进行宣传。还可以开展相关主题采风活动、摄影比赛、美术大赛等，在社会上形成强大的宣传攻势来增强影响力。

2. 生态生活习俗融入日常生产进行传承

民俗构成少数民族文化存在的生活背景。民族文化得以保存，在于有民俗这个生活背景作为前提并予以支撑。生态民族文化不是某几种单一的文化事象，而是与民族村落整个文化关联和融入各种民俗之中的，并在民俗的习以为常的日常操守中体现出来和传承下去。显然，关于生态生活习俗的保存，必须在民俗实践的活态演绎中得到理解，是特定人群现实生活的形式。民俗就是其现实的生活背景。如果离开了这个背景，民俗文化就会失去存在的现实条件。在侗族社区中，普遍存在的就有初春开秧门、关秧门仪轨，仲夏的吃新节、喊天节和秋收后的侗年等。这些节庆习俗的产生都与农事活动相关。如果这些传统习俗离开了生产生活，就会失去存在的空间和意义。前几年黔东南州官方举办的芦笙节的非持续性，就是一个可资分析的例子，即不能为了片面推广旅游，把一些节庆抽象化的设置，即随便篡改节日并离开原有的生产背景来设计节庆活动，也当作民俗来推广，虽然在短期内对宣传、推介黔东南发挥了作用，但因未融入民间生产生活而不能持续。因此，保护民俗的根本在于融入日常生产进行传承。

3. 作为传统村落保护的文化内容进行保护运用

发展是文化常态。文化传统作为表达村落保护的要素，需要以自己的基因为基础，不断在新的环境中构建新的表达形式，构制新传统，增强生命力。对于传统村落最好的保护莫过于对其进行合理利用，防止空心化。生态民俗作为传统村落保护的文化内容进行保护运用，应注意三点：一是注重村落空间的完整性，保持建筑、人文环境及周边田园风光等自然环境的依存关系，做到人与自然和谐相处，促进生态文明；二是注重村落历史的完整性，严禁拆并已经列入省级、国家级名录的传统村落，保护各个时期的历史记忆，防止盲目塑造特定时期的风貌；三是注重传统村落价值的完整性，充分挖掘村落的历史、文化、艺术、科学、经济、社会等价值，防止片面追求经济价值。

4. 与非物质文化保护项目结合使用

我国陆续颁布的四批非遗名录共计 1372 项，民俗项目占到了60.38%。侗族的非遗项目也不少，在全国占一定的比例。申报非物质文化保护项目并非单纯追求数量多少，加入名录只是给非物质文化保护项目办好了身份证、提高了知名度和影响力，但保护还要依靠所在地区，毕竟"非遗"的许多内容与当地百姓生活密切相关。目前许多地区的做法是对"非遗"项目开展生产性保护。比如有的非遗项目，其原有的基本功能已经发生了转化，不再是生活的一部分，但却以艺术品的形式走入市场。可以根据非遗项目的现有功能及体量大小，在开发利用非遗项目上进行选择：一走"非遗"项目产业化道路，帮助"非遗"项目进入市场，发挥"利用"功能，实现财富价值；二是进行适度的市场化开发、利用；三是以规划建设"非遗"展示中心和特色基地为核心，努力营造集演出、展示、加工、贸易、观光、文化交流于一体的旅游新景观，建立一批重点"非遗"经典景区，既向世人交流展示"非遗"精品，又可宣传传统工艺。

5. 村落社区生态治理的传统习俗利用

侗族社会治理具有传统的款组织体系。款组织是侗族历史上以地域为纽带的村寨内部或村与村之间的地方联盟组织，结盟的主要目的之一是防止自然资源的分配不均引起人际纠纷和社会混乱。款组织以盟誓而成的款约为纽带，通过合款而构成整个社会的组织体系，通过宣讲和执行款约而实现对整个社会的调动、控制和管理。讲款历来是侗族传统社会宣传习惯法、进行传统道德教育的重要形式。中华人民共和国成立后，随着中央对地方管理的加强，款组织被国家正式的行政组织所替代，村委会和由寨老组成的老人协会连同一起，就承担了决策村内大事、调解矛盾纠纷、宣传国法村约的职责。寨老治理村寨的传统被保留下来了，寨老都是人生经验丰富、有资历、有威望、有公心的德高望重老人。而村规民约实际上就款约在当代侗族村寨的延续。因此，村规民约的制定、颁布和实施应加强生态保护方面的内容，结合寨老治村的传统，将村落社区生态治理的自治传统充分利用。

第四节　推进生态价值观、生态知识和技术传承教育

生态保护与生态文明实践的可持续发展，依赖于主体自觉。而区域内人们自觉参与生态建设与保护，需要把生态文明作为人们的一种价值观并得到普遍确立。而主体观念觉悟需要通过教育来实现，从而需要大力推进侗族社区生态价值观、生态知识和技术传承教育。在社区开展生态价值观、生态知识和技术教育，这是文化观念输导的主体动员，包括社区群众的基本宣传教育和学校教育。尤其学校的学生教育，这是对未来生态文明实践的主体力量培育，十分重要。

从传播与教育的内容看，内容广泛，从生态价值观到国家关于生态文明建设的方针、政策、法律法规，从现代的生态知识和技术到侗族传统生态知识与技术，都要纳入生态传播和教育范围。尤其注意现代文明与传统文化的结合，创新侗族传统生态文化的传承，需要把其传统生态文化融入现代生态知识与技术教育之中，推进有关生态知识的结合传播、灌输，实现传统生态文化在当代的重构运用，这样更好地促进侗族社会的发展和进

步。基于此，一是要做好社区国家生态政策法规和现代生态知识和技术宣传培训；二是要做好侗族社区学校生态文化知识与技术教育的规划和实施。

一 做好国家生态政策法规和现代生态知识和技术宣传培训

开展生态文明建设，离不开相应的主体及其实践，因而需要培养主体的生态文明意识。生态文明通过主体实践来贯彻，首先发挥舆论和教育作用，提高生态文明重要性的认识，形成牢固的价值观；其次是学习相应的政策和法规，遵守法律法规，树立生态文明法治观；最后是面向基层积极开展生态知识与技术传授和培训，培养他们生态知识与技术。这是生态文明建设作为一项区域主体文化工程所要做的事情。侗族社区开始生态文明建设，在社区的文化建设上必须抓好这三个层次的工作。

1. 发挥舆论和教育作用，提高广大群众的认识和形成牢固的价值观

人是政治性动物。价值观具有个体形式，但是在本质上它是社会性的。因此，树立生态文明价值观，需要通过社会性渠道来实现，即需要利用各种空间、媒体和渠道发挥舆论作用。关于价值观，简单地说，就是对事物意义的理解和形成的思想、观念立场，生态价值观的形成又融于相应的文化理念中，通过文化理念的塑造影响人类的行为，从而发挥引领作用。侗族开展生态文明建设，需要在文化层面建立相应价值观，以此发挥其对生态建设的积极作用。过去，侗族人有相应的生态文化观，但鄙夷的是科学的生态文化观，对生态问题的认识，基于朴素的利害关系来形成文化规范并进行把握，其中蕴含非科学的因素，在当代社会的条件下，通常会反映出他的局限性。因此，科学的生态价值观树立，包括对传统价值观和相应文化理念的矫正。尤其是随着现代化进程，在工业化的现代性知识作用下，单一强调对大自然的征服，生态问题一度被忽略。同时，现代化进程又是对传统文化的革命，原有的传统生态文化观念也发生了断层、流失，在青少年一代传统生态文化变成了空白。于是出现了生态文化的双重缺陷，即没有现代的生态文明观念，也没有传统的生态文化观念，成为生态文明建设的不利文化因素。当前，推进文明建设，树立生态文明理念尤其相应的价值观尤为重要。促进区域的生态文明价值观的普遍树立，首先是利用各种空间、媒体和渠道发挥舆论作用，在侗族社区内部建立宣传、传播、推崇生态文明的意识观念，让生态文明理念在整个区域人们心中扎

下根，保护生态资源和维护环境成为共识并建构为一种持久的价值观念。其次利用各种场合和教育机会进行各种生态价值观的教育传授，强化灌输，把生态意识和价值观塑造为地区人们的理性思维和文化觉悟，形成一种强烈共同体意识发挥作用。生态价值观构建，在少数民族地方还涉及民族文化与现代文明之间的关系，最后二者的结合，基本途径是把侗族传统文化融入现代文明的生态价值观之中去，经过有效耦合对接，创造性地作为生态文化信息传播和教育资源来运用。

2. 全面深入地积极开展政策和法律宣传教育，树立生态文明法治观

生态文明建设是贯彻国家发展战略的举措，并通过落实相应的规划来推进。因此，生态文明建设不仅有政策基础，而且有法律基础，也就是说，生态文明建设是在贯彻国家有关政策和遵循相应法律的基础上来进行的。国家也针对生态文明推进制定有各种生态保护的政策和法规，近年来出台了许多促进生态文明的政策，同时从中央到地方，也根据需要开展了各个层级的生态立法工作，立法是实施生态文明的社会基础。开展生态文明建设的主体本质，在于全社会要树立生态文明的法治观。这一点对于侗族社区来说也是一样的，而且作为生态文明示范区来建设的话，区域群众的生态文明的法治意识应该更加强烈。近年，许多侗族聚居的州市县行政区划单位，在开展生态文明建设中，针对生态保护问题立足区域自然特点和民族文化特点，立法对地方生态进行保护，出台了有关区域生态保护法。如2009年3月26日贵州省第十一届人民代表大会常务委员会第七次会议通过了《贵州省环境保护条例》。2015年2月7日经黔东南苗族侗族自治州第十三届人民代表大会第五次会议通过，2015年7月31日贵州省第十二届人民代表大会常务委员会第十六次会议批准通过了《黔东南苗族侗族自治州生态环境保护条例》。这些区域性的"环境法"和"生态法"，为侗族地区实施生态文明建设提供了法律基础。而根据"湘黔桂三省区侗族社区生态文化综合保护区"的建设规划，侗族社区将跨省区联合出台区域性生态和环境保护法，为区域推进生态文明建设提供法律基础。法律是生态文明建设和生态问题治理的最低要求和规范，必须人人遵守。侗族社区开展生态文明实践，要做好国家生态政策法规和现代生态知识和技术宣传培训，需要全面深入地积极开展政策和法律宣传教育，树立生态文明法治观。

图 6-4 侗族村寨民间防火村规民约

3. 面向基层积极开展生态知识与技术传授和培训，培养群众生态知识与技术

生态文明建设具有层次性，在社会性工作上包括从观念到战略、规划、政策、法规的确立，而最基础性的一个层面就是面向基层积极开展生态知识与技术传授和培训，培养群众生态知识与技术。生态环境建设，最终要在实际的生产中得到维护或增强，包含各种生态知识和技术的运用，涵盖传统的和现代的，或者是建设性的和治理性的，或者是生产性的和消费性的，或者是高科技技术的和日常生活经验性的，总之它涉及的领域很宽很广。那么，生态知识与技术的运用主要在基层的具体单位，也包括直接生产的农民、牧民、渔民、林业工人等，生态知识与技术传授和培训主要面向基层群众开展。生态知识与技术传授和培训的内容，既包括现代的也包括传统的，涉及环保知识和生态技术运用。就现代环保知识方面，一般的防治内容如水体污染，通过悬浮物、pH 值、有机物、细菌和其他毒物观测或检测判断等。而生态技术方面，它分为很多类，如生产类有生态林业技术、生态农业技术、生态养殖技术、生态渔业技术、生态建筑技术、园林生态技术、沼气技术等；又如生态修复技术方面有土壤生态修复技术、河流生态修复技术、水土保持生态修复技术、森林生态修复技术、

湿地生态修复技术、湖泊生态修复技术、矿山生态修复技术、水体生态修复技术等。又如水体生态修复技术包括有人工增氧技术、复合生态虑床技术、生物膜净化技术、水生植物修改技术、底泥生物氧化技术和生物多样性调节技术。传统生态知识和技术方面，也需要总结和传承，就侗族而言，主要有复合式种养的"人工育林"的传统林业、复合式耕养的"稻鱼鸭共生"的传统农业以及一些植物、动物保育技术、林粮间作、休耕、有机施肥技术和居住、节庆等习俗中的生态经验与行为技术。要促进侗族社区生态文明的大力开展，要把湘黔桂三省区侗族社区建设成为我国少数民族生态文明发展示范区，必须大力进行生态政策法规和现代生态知识和技术宣传培训，培养一代代自觉参与生态建设的主体力量，才能变成现实。

二　做好侗族社区学校生态文化知识与技术教育的规划和实施

根据上述，在侗族地区开展生态建设中推进传统生态知识和技术教育是十分重要的。民族生态文化教育需要面向现实，必须进行科学规划，坚持并推动引入课堂，把它当作解决和服务于生态文明建设的一项重要工作来抓。

侗族传统生态知识和技术教育，在侗族地区的开展应该是全程的，即包括中小学的基础教育阶段、中等职业技术教育阶段和高等教育阶段，只是不同阶段的教育内容有区别以及深度和广度也有差异。侗族地区推进民族文化引入课堂势在必行，但是必须做好规划和实施。

1. 做好侗族传统生态知识和技能教育的整体性和层次性规划

教育是千秋大计，既是培养人才，又是文化传承。而在民族教育方面是在实施全国性的普通教育基础上的地方教育附加。因此，生态知识和技术教育融入民族教育，具有多维联系的特征和相应功能。其教育安排需要合理的设计和协调，在教育行为启动之前必须要有科学规划。

（1）侗族传统生态知识和技能教育规划要有整体性的原则。规划是项目科学实施的前提，侗族地区开展传统生态知识和技能教育首先要有规划。由于传统生态知识和技能教育，它既涵盖侗族地区的全域性，又涵盖整个教育的年龄时段，即从小学到大学都可以进行有关内容的教育，以致规划需要着眼整体性。这里讲整体性这个原则，在于考虑区域的整体和学习时段的整体的全部覆盖，使侗族地区生态知识和技能教育，不至于落入一些地方的零星开展和某一学校、某一阶段的个别行为，避免这一教育成为空话。我国有侗族分布的省份，在开展民族教育工作中，可以开展专项协同联合，共同进行规划在侗族地区作为特色办学项目推进学校。

（2）侗族传统生态知识和技能教育规划要有的层次性的原则。由于生态知识和技能教育具有内容的丰富性和教育阶段的差别性，因此，不同地方的学校、不同级别的学校和不同类别的学校，在教育内容和教育方式上存在差异，必须根据条件和需要来进行选择和部署。因此，侗族传统生态知识和技能教育，在整体规划的前提下还应该进行不同层级或不同类别的学校具体规划。如小学、中学与大学，可以根据教育的层次不同进行规划；而中等职业学校和高等学校，它们有学科专业的区别，可以根据不同学校办学的方向、学科专业的研究和发展方向进行规划。层次性的规划是整体规划的分解和落实，是具体工作开展和实施的依据，因此，开展侗族传统生态知识和技能教育的学校都应该有自己的具体规划，并根据发展不断修订。这样，侗族传统生态知识和技能教育才会落到实处。

2. 加强侗族传统生态知识与技术教育的具体措施

（1）中小学基础教育阶段应加强传统生态知识与技术灌输和初步实践学习。

第一，开好侗族传统生态文化知识课。民族文化知识和技能，适合从小培养，因此，侗族传统生态知识与技术教育也应从小抓起，在中小学基础教育阶段也应适当开展相应内容的教育活动。当然，在中小学基础教育阶段，由于学生年龄尚小，知识积累不够，还承担大量的基础性学科知识学习任务和品质形成教育，学习任务繁重，不宜过多开设课程。因此，适合于开展传统生态文化知识灌输和初步实践学习。其中生态文化知识方面，包括侗族区域的地理环境和生态特点的知识、侗族区域的物种及其分布、习性以及它们之间联系和平衡关系、侗族的自然观及其生态伦理、侗族的历史观及其生态伦理、侗族土地观中的生态文化、侗族水资源观中的生态文化、侗族森林观中的生态文化、侗族宗教观中的生态文化，以及侗族居住文化的生态因素、侗族节庆习俗的生态因素、农业生产中的生态因素、农业生产中的生态因素等。侗族生态文化知识和技术丰富，可以采用不同的题材进行整理，编写成乡土教材，供侗族地区基础教育阶段教学使用。教材编写好了，教学有了依据，学生学习有了内容，基础教育阶段的生态文化知识课就能够开设起来。

第二，适当开展生态教育观摩实践学习活动。侗族地区有丰富的生态自然资源，地区内部开展生态知识和技术教育可以组织生态体验的直观教育和实践教育。我们知道，理论都来自实践并在实践中得到检验。实践教育是生态文明教育的基本形式，开展生态文明教育应该包括一定形式的生态体验的直观教育和实践教育。在学校进行生态文明教育，从小学到大学的各种学校都能利用区域生态资源来建立自己的实践实验基地，以此帮助学生进行生态体验的直观教育和实践教育以及研究性教育。学生的素质教育是只有在实践中才能得到检验，在开展生态体验的直观教育和实践教育的基础上，还可以结合地域生态知识和技术组织环保知识宣传、知识竞赛、科技制作、讲座、主题教育活动、绿色出行等教育活动，让学生参与到环境保护行动中来。通过内容丰富、形式多样的教育活动，培养学生生态意识和养成生态行为。

（2）高等教育则加强专业性的传统生态知识与技术教育。高等教育与基础教育的不同在于有了专业学科方向，教育层次更高，知识和技术学习已经有了相当的深入，是社会人才供给的终端。而地方高等教育，它的办学立足地方，即服务于地方发展。因此，对于开展民族传统生态知识与技术教育也具有必要性和可行性。而开展传统生态知识与技术教育，它与学校的学科专业设置和建设、课程设置和教学开展以及有关技术研究、开发利用直接关联。具体上应该进行以下努力：

第一，可以结合侗族生态资源，加强地方高校生态文明教育资源建设。随着生态文明建设的深入，高校开展生态文明教育已经势在必行。当然，高校生态文明教育的内容很宽泛，但是，不同地方的高校的生态文明教育要适应地方发展的需要，因此，生态文明教育内容要体现地方性知识，其中民族生态知识和技术是重要方面。这样，基于此来开展地方高校生态文明教育资源建设，就要做到有针对性的结合。生态文明教育资源建设，一般地看应包括专业、学科和课程设置以及师资、教材、实习实训基地、教研室、科研平台等。在专业、学科和课程设置方面，侗族的传统生态知识和技术教育可以结合生态学、农学、林学以及民族学、人类学等专业学科来延伸建设；师资、教材、实习实训基地、教研室、科研平台等方面，可以在专业、学科和课程延伸设置的基础上针对性的建设，给予人力、物力的适当配置，把高校办学的发展建设置于地方资源基础的优势和发展需要来开展工作。

第二，可以结合侗族生态资源，建立地方高校生态研究机构和开展研究工作。科学研究是高校办学的职能之一。科研是有针对性的，有自身内容的规定性，但是，科研对于教学而言，它是专业和学科建设的基础。从地方高校办学服务于地方发展需要的性质而言，地方高校科研也必须立足地方资源和发展来进行。侗族的传统生态知识和技术是侗族地区人们千百年适应区域环境的生产生活经验总结和积淀的结果，是地方优秀的文化资源，有相当的实用价值。今天在开展生态文明建设之际，应当得到弘扬和利用。这样，侗族地区办学，在科学研究上可以结合侗族生态资源，建立地方高校生态研究机构和开展研究工作，由此服务于经济领域、文化保护、环境治理、生态农业的需要。通过这样，侗族的生态知识和技术，不仅得到保护传承，而且还可以创新利用，发扬光大。同时，学校也能因此突出地方性、民族性和特色性，也拓展学校的建设和发展空间。

第三，可以利用侗族生态资源以及基础，加强高校生态文明建设的咨询工作。服务地方是高校办学的另一重要职能，应当予以积极发挥。而科学研究和科技发明创造，就是服务地方发展的重要渠道。今天，工业化发展日益形成生态环境和资源能源问题，其根本出路之一在科技运用。诚然，高校科研成果就是用于服务地方。侗族地区高校建立生态研究机构和开展相应的研究工作，必须以服务地方为宗旨。服务包括参与生态建设规划、科研项目突破、专项服务咨询、有关项目的检测、生态危害治理以及生态灾变应急处理等，可以结合侗族生态知识和技术来开展。此外，还有如何发展地方循环经济、地方绿色标准体系制定以及面向社会建设生态科普和生态道德教育基地等，开展观摩实践的社会教育服务等。总之，服务是多方面的，合理利用地方资源是一条有效途径。

3. 加强侗族地区生态知识和技术教育的社会文化环境建构

在侗族地区推行传统生态知识和技术教育，这不是一个单纯的社会项目，它要与区域社会文化协调发展，即需要融入整个社会文化体系构成整体联动的一种发展机制和格局，它才能不断壮大。因此，在侗族地区推行传统生态知识和技术教育，需要加强侗族地区生态知识和技术教育的社会文化环境建构。具体包括四个方面：一是生态文化传承需要良好的社会文化环境，二是社会文化环境构建的核心是价值观的确立，三是价值观确立、巩固与生态观念与行为的习俗化，四是注重侗族传统生态生产生活习俗的保护传承。

（1）生态文化传承需要良好的社会文化环境。文化不是独立存在的。

关于这个属性的理解，首先在于文化具有主体本质，即具有实践性。我们知道，在这个大千世界中动物不具有文化，文化是属人的。原因在于，人类是实践的存在，而动物的存在不具实践性。实践的要害在于，人类通过自己的劳动实践，把自己变成了活动的对象，从而才在改造对象的同时也改变自己，使人类从自然界中分化出来创造出人类社会。文化就是关于实践存在的社会文明。动物没有实践，它们因而不能赖于自己的活动来改变自己并从自然界中分化出来，以致它们永远是自然界的一部分。因此，关于文化传承，需要置于实践的场景中来把握和理解。而实践是普遍联系的，是一个有机的社会过程，因而特定的文化不能单独发生和存在。特定文化因素的存在与否，不完全是这个文化因素的好坏，它是社会实践的结果。如侗族服饰的流失，在于生产方式的变革，因外出打工等，使当今侗族人们已经发生了国内大量的人口迁移，接受外地文化，再加上市场的普遍发展，外来服饰买卖的便捷等，人们适应环境而发生着装的改变就自然而然了。

诚然，侗族传统生态知识和技术的传承，它同样需要良好的社会文化环境来维持的，没有广泛的社会文化环境支持，持续传承是不可能的。为此，推进侗族地区推行传统生态知识和技术教育，必须加强侗族地区生态知识和技术教育的社会文化环境建构。

（2）社会文化环境构建的核心是价值观的确立。侗族生态知识和技术教育需要社会文化环境的建构支持。但是，社会文化环境建构的核心内容是什么呢？显然，这应该是价值观。文化是多元存在的，不仅具有要素的多元性，而且具有结构的复杂性。我们平时讲宗教文化、饮食文化、服饰文化、建筑文化、节日文化、婚庆文化、舞蹈文化等，这是从对象层次上指出要素文化或文化要素，而讲物质文化、制度文化和精神文化，这是从对象上指出文化的结构或层次。而关于文化的结构或层次还可以从认知角度在知识体系上划分为规定性文化和规范性文化。规定性文化即实然判断或事实判断的文化知识内容，包括自然、社会现象及其性质和发展规律的客观事实认知理论；而规范性文化即应然判断或价值判断的文化知识内容，包括理想、法律、伦理、道德、礼节等交往规范和习俗等具有主观性特征的文化因素，这些主观性文化因素基于一定的社会目标和生活意义作为前提建立起来的，即具有价值观的基础。关于规定性文化和规范性文化的比较看，规定性文化属于技术性范畴的，在于对对象的把握状况；而规范性文化属于价值性范畴，却是主体发展和主体际关系状态的把握。一个民族或一个社会与其他民族或社会的区别，有技术性的规定性文化因素，但根本上是价值观的规范性文化。我们知道，科学没有国界，但是文化习俗则"十里不同俗"，以价值观为本质的文化习俗是根深蒂固的。因此，社会文化环境的建构包括方方面面，但价值观才是最根本的。

那么，对于侗族传统生态知识和技术的教育而言，表现为文化环境的建构方面，不仅在于梳理有什么传统生态知识和技术和适用于什么领域，而且在于整个民族地区要基于生态文明的理念来弘扬侗族生态知识和技术，在社会价值观上树立一种积极的文化氛围，形成正确的价值引导机制。

（3）价值观确立、巩固与生态观念和行为的习俗化。文化环境的建构中价值观的确立需要日常的巩固。从广义而言，价值观属于意识形态，具有观念的倾向性。但价值观也分为不同领域和类型，比如政治的、经济的和文化的不同领域，生态价值观通常属于文化范畴的。文化范畴的价值观不同于政治领域的价值观，它植入生活领域，因而不能像政治领域的价值观需要强力灌输和说教，它是道德的养成和审美习惯的培育。

这样，关于侗族生态文化环境的建构落实于价值观的日常巩固，不是天天进行政治说教和宣传，而是把它融进日常的生产、生活习俗之中，把它变成人们普遍追求的道德养成和审美习惯。为了能够达成这个目标，就必须把侗族生态文化的生产、生活习俗保护和传承下来，让生态性的观念和行为具有广阔的文化基础和滋养。为此，生态文化传承与传统村落保护是同构的，必须贯通并立体开展保护工作。

（4）注重侗族传统生态生产生活习俗的保护传承。侗族传统生态知识和技术教育的文化环境构建，在于具有日常的民俗文化作为基础，因此，这一项工作的真正落脚点就是对村落日常支撑生态文化的习俗进行保护和传承，有了这个基础，传统生态知识和技术就获得了滋养，教育就与社会形成衔接。从文化的主体本质看，文化是生产的，只有进入或者构成日常生产生活的文化项目，才能够真正地实现保护和传承，或者，传承就在日常生活之中，把传统生态知识和技术教育与日常生产生活习俗的保护统一起来。同时，特定民族生产生活习俗的保护传承，重点不是在城市，而是在乡村。因此，注重侗族传统生态知识和技术的教育，不能局限于城市，不能局限于学校，必然地要进行实践教育，把理论教育与乡村的生产实践和日常生活联系起来，做到理论联系实际。这样的生态知识和技术教育才能立足实际，面向乡村社会，教育活动融入相应的文化环境，教育才会产生价值并得到社会支持和可持续发展。

第七章

大力推进侗族村落的生态文明建设

侗族聚居具有区域的整体性，因此，其生态文明建设进行宏观规划，这是一个基本的层面。但是，侗族整体性内部的构成主要是村落，村落是侗族社会具有自然内涵的基本细胞。因此，生态文明建设在微观层面上必须落实于村落保护与建设。

第一节　侗族推进生态文明建设需要
抓住传统村落这一载体

村落是侗族社会的基本细胞，开展侗族地区生态文明建设，必须抓住传统村落这一基本载体，这是由侗族社会的自然和人文条件决定的。

一　侗族地区自然基础决定了村落作为社区建设单元的客观性

侗族分布于我国第二阶梯的云贵高原向第一阶梯的长江中下游平原过渡地带，这里有武陵山、雷公山和月亮山山脉，属于中山地形地貌，山河交错分布，形成网络结构，村落分布其间若星罗棋布，一般在河流冲积形成的两岸平原地带和山间的小坝子，成为人们居住和耕种的主要场所，具有一种依托于自然分隔而形成的空间聚落，即侗族传统村落。侗族传统村落反映了自然分隔的客观性和人们活动的限制性。

侗族传统村落的产生伴随民族的形成而形成，具有悠久的历史，因而村落就是一个历史的文化载体。我们以湖南省会同县的高椅村为例就可见一斑。高椅村又称高椅古村，是历史悠久的侗族村寨，其建立于明朝之前。从现存的建筑物看，其中就有明洪武十三年到清光绪七年（1380—1881）连续500年间的古民居建筑104栋，总建筑面积19416平方米。古村现有住户 594 户，2205 人，绝大部分村民为杨姓，均系侗族，为南宋诰封"威远侯"杨再思的后裔。高椅村，因其三面环山，一面临水，宛如一把高高的太师椅而得名。高椅古村，其无论从古民居建筑群落的地理分布还是建筑的形态特点以及内部结构与周围山水园林、地形水系的关系看，都有着极好的人文和生态环境。其建筑整体布局按梅花状排列，巷道与封闭式庭院呈"八卦阵式"将古村分成了五个自然村庄。道路纵横交错，宛如网状，进入村中，如入迷宫。古村建筑均为木质穿斗式结构，四周封有高高的马头墙，构成相对封闭的庭院，当地称为窨子屋。这种建筑因是高墙密封，仅开小窗，对于防风、防盗、防火具有特殊功能。近百年来，高椅尚没有一家失火殃及毗邻的先例。这种建筑格式，用小青石砌筑地基，高出地面 60 厘米，有较深的排水沟，在房屋密集区，还设有下水道和水塘。所以在保干燥、防潮湿性能上也有独到之处，致使建筑历经 600 多年而不朽。

　　侗族地区由于山地地形的制约，城镇的发展很慢，而且不具规模，村落才是人们的主要居住形式。关于城镇，从现有的县域城市发展看，侗族主要聚居地横跨湘黔桂三省区的 17 个县市，实际上具有一定规模的城镇就是这 17 个县的县城。而村落的数量则比城镇要多得多。根据黔东南州侗族聚居的 9 个县的传统村落以自然村统计，大抵有 5300 个（根据黔东南州黎平、从江、锦屏等 9 个县的县志的数据进行统计形成）。因此，在侗族地区众多的村落仍然是人们居住以及生产生活的客观基础。

　　诚然，村落的形成具有历史性，从而村落作为一个实体具有客观性和稳定性。同时，村落作为一种聚落空间，它是以村民的活动存在而存在的，具有自身特性的主体性和实践性。没有村民的村落不叫村落，只能叫村落遗址。这样，从以上的特征看，侗族社会的经济文化创造，几乎都是以村落作为实践空间发生的，村落是侗族社会运行的最基础性的社会组织。任何社会行为都基于村落的承载而发挥作用。因此，今天推进生态文明建设，在侗族地区建构最基本的社会组织载体就是村落，即推动侗族地区生态建设必须抓住村落这个载体。

二　传统村落是一种地缘政治力量，具有社会组织动员能力

　　在农村，村落构成为社会组织的细胞，这个细胞的社会职能是多面的，包罗万象，不仅具有经济文化功能，而且还有政治功能乃至军事功

能等。侗族的村落，从它的历史形成以来就具有政治功能，是一种地缘性的政治力量，具有社会组织的动员能力。这个特征，不仅在于村落的一般本质规定，而且在于侗族社会的特殊性，在于侗族社会是以村落为基本单位建立起"款"组织的一种地缘政治的结构和治理传统。侗族是一个"没有国王的王国"，历史上没有形成过自己的国家和建立过自己的政权，但是侗族社会治理得井井有条，这完全依靠地缘政治的"款"组织。

"款"，作为地缘政治结构的组织，它是以村落为基本单位建立起来的，有小款、大款和联款，即最后联合形成款组织联盟。通常，按照地缘近远关系，附近的几个村落联合建立小款，然后几个小款联合建立大款，大款之间的统合就是侗族社会的款组织联盟。现在贵州省从江县、黎平县、榕江县境内的"六洞""九洞"等地区指称，就是过去相应款组织的名称。款组织作为侗族地缘政治机构，它有款首，相当于行政官员；有款约，是侗族社区管理规定；有款坪，是讲款和开展款组织活动的地方。侗族款组织后来逐渐消失了，但是其长久积淀的地缘政治思维和文化习俗依然有一定的残留。而且，虽然大款、联款的款组织没有了，但是作为最底层的小款内部传统村落却仍然存在，它的社会管理组织即寨老也仍然存在，为村落在当代发挥地缘性作用提供基础。今天的侗族社会里，民间社会活动、乡规民约的制定和执行，社会伦理道德的传承遵守等，仍然需要通过村落作为基本单位来开展，像寨老这些组织和人员就在其中发挥作用，具有政治动员功能。

在侗族地区开展生态文明建设，离开了传统村落就没有了平台。因此，推进侗族地区生态文明建设，需要抓住传统村落这个载体。

三　承载传统生产生活方式的村落是生态文化传承的载体

村落是一个综合的社会基层组织，具有经济功能，这源于它是生产发生的基本社会性单位和交往的基本社会空间。因此，它不仅是观念文化传播的基本载体，而且是经济的生产方式承继的基本载体。传统生产方式是一个社会系统内部长期探索，不断适应自然创造出来的能够恒久运用的生产形式，具体包括资源利用、工具使用、技术运用和耕作制度等。每个民族或社区都会有自己特定的生产方式并作为传统流传下来，它是人们与自然环境相互适应的历史结果，具有生态价值的优越性。

侗族的生态生产方式主要包括两个方面：一是复合型农业耕种（耕养）生产方式，其中最典型的是"稻鱼鸭共生系统"的稻作生产；二是人工育林技术运用为基础的生态林业经济模式。这两个生产方式覆盖侗族的农业和林业。农业和林业是侗族经济的支柱产业，是侗族的经济基础，对侗族社会发展具有核心的支撑作用。如果离开了农业和林业，侗族社会发展不仅受到制约，实际上生存都是有困难的。另一方面，侗族地区的生态建设需要融于侗族的生产生活方式来体现和完成。而这种"融入"，在侗族的历史上实际上是完成了的。这样说，在于侗族的农业和林业就是一种生态性的生产方式。因而，保护和传承侗族的农业、林业就是坚持生态经济的生产，是立足传统文化推进侗族生态文明建设的基本内容。

　　生态生产方式具有物质实践的规定性，它是侗族生态文化构成的核心部分，因为一切文化都是实践的历史结果，实质是有怎样的物质实践就会产生怎样的文化观念。对于生产的文化层次而言，其他文化形式都不过是它的派生罢了。在一切文化形式中，生产才是决定性的因素。侗族生态文化的传承需要科学把握这一基本原理。此外，从表面上看，生产方式似乎是一种技术化了的生产工艺和流程，可以被个体生产者人人随便运用，具有鲜明的个别性。单就技术而言，一定意义上这是可以单个个体使用的东西，但这只是其中一面。其实，生产方式在一定的族群或区域内部发生和运用，它是具有社会性特征的。

　　一种生产方式的区域运用，包括普遍认同的价值承诺和社会分工的支持。比如，有一户侗族人家在梯田里按"稻鱼鸭共生"系统进行耕种（耕养），如果周围其他户不种水稻，则有可能他们不需要水，以致他们就有可能改变水道流向，下面的稻田就可能接不上水，无法种水稻则鱼鸭也放养不成。如果有人改变种植物种，或许需要打农药，同样也不能放养鱼鸭。耕种或耕养，具体似乎是个别行为，但是却需要周边一道进行同类生产，建立起共同的环境才成为可能。这里包含了生产方式的区域内部集体协作的要求。另外，"稻鱼鸭共生系统"的生产也是社会分工的结果，因为"鱼鸭"的幼仔供给也是社会分工的产物，如果没有专门买卖鱼鸭幼仔的商贩，那么"稻鱼鸭共生系统"的种养也是不可能产生的。可以说，一种生产方式的形成和运用，它是一个社会工程，包含方方面面的协调和支持。诚然，侗族社会对其农业和林业生产方式的传承需要社会多方面的努力。其中村落就是侗族社会的基本空间，传统村落在哪一方面达成共识，这就包含了协调的发挥，是一种社会性的实现。为此，必须把村落理解为承载侗族传统生产方式的载体，并纳入生态文明建设的领域之中，研究和发挥它们的实际作用。

四 村落是侗族生态文化传承教育和生态主体培育的基本单位

教化是村落作为社区的基本社会功能之一。从传统文明过渡到现代文明，包含了主体的教化过程，村里也是一样。在传统村落开展生态文明建设，教化过程是少不了的。诚然，任何实践都需要一定的主体参与来支撑，侗族社会进行生态文明建设，离不开相应的主体。所以，做好侗族地区生态文明建设的主体工作是一个重要事情。然而，需要注意的是，侗族地区生态文明建设的主要主体构成，不应是外来人员以及政府或党政机关，而是侗族村落的村民。必须明白他们才是当地生态文明建设的受益者，更是参与者、推动者和建设者。如果没有村落的村民参加，那么所谓侗族社区生态文明建设就是一句空话。因此，推进侗族地区生态文明建设，开始政府可以引领，但最终必须由村民来承担。这样，需要动员村落村民来参加，需要他们知晓生态文明建设的政策、法律和各种基本知识和信息，尤其需要知道自己本民族的传统生态知识和技术，要树立生态文明的价值观和生活观。而在这个过程中，村落作为侗族社会基本的生产生活单位，它应来承担这个工作的具体进行，建构和发挥它的生态文明建设教化功能。

关于村落的这种教化功能，它包括两个基本的方面：一是普遍性的政策、法律和生态知识与技术宣传教育，这是日常工作范畴；二是对青少年儿童进行政策、法律和生态知识与技能教育，尤其是侗族社会的传统生态知识和技术以及生态习俗教育。这是生态主体的培育工作，这一项工作是面向未来的工作，是未来践行生态文明的社会公民和技术人员的培养和筹备，属于"主体建设工作"。比较地看，这一工作比前面一项还要重要得多。而生态教育，一般地看，人们会理解为学校的责任，这当然是一个方面。因此，民族地区学校在生态教育方面必须有相关课程，而且包括民族民间文化尤其传统生态知识引入课堂。但是，民族社会的特殊性在于，许多生态知识贯穿于日常生产生活之中，以文化习俗的形式出现，对它们的传承教育是一个实践的体验领悟过程，这时村落就显得十分重要了。民族社会的生态知识教育需要青少年儿童通过村落的生产生活参与来体验、领悟、把握和运用，贯彻在日常行为之中，村落就发挥这个作用。

因此，村落对于传播民族生态知识，习染生态生活习俗，以养成青少年儿童的生态观和行为习惯，这是生态文明的实践主体的培育，十分重要。实质上，关于村落的生态文明意义，必须把它理解为生态文化传承和生态主体培育的基本单位，需要规划建设，发挥它的教化作用。

第二节　侗族社区传统村落推进生态文明建设的基本原则

传统村落保护是侗族地区生态文明建设的重要方面和路径，如何开展，针对侗族社会实际，认为应该遵守以下原则。

一　侗族社区村落生态文明建设需要进行整体性规划

2014 年 5 月 16 日，国务院办公厅印发《关于改善农村人居环境的指导意见》（国办发〔2014〕25 号）确定了"到 2020 年，全国农村居民住房、饮水和出行等基本生活条件明显改善，人居环境基本实现干净、整洁、便捷，建成一批各具特色的美丽宜居村庄"目标任务，同时还提出"规划先行，分类指导农村人居环境"的改善方案，要求制定传统村落保护发展规划，抓紧把有历史文化等价值的传统村落和民居列入保护名录，切实加大投入和保护力度。2015 年中央 1 号文件《关于加大改革创新力度加快农业现代化建设的若干意见》，指出要"完善传统村落名录和开展传统民居调查，落实传统村落和民居保护规划。鼓励各地从实际出发开展美丽乡村创建示范。有序推进村庄整治，切实防止违背农民意愿大规模撤并村庄、大拆大建"。这些政策依据对于侗族社区村落生态文明建设的整体性规划无疑是一个很好的指引。侗族社区村落生态文明建设也应坚持规划先行的原则，能够在因地制宜的基础上防止千篇一律、无序建设和过度开发。

1. 认清侗族社区村落生态文明建设所处发展阶段

人类历史发展有一定的规律性，乡村建设发展历程也不例外。欧美及日本二战后乡村建设分三个阶段（见表 7–1）。

表 7 - 1   欧美和日本战后乡村建设阶段进程

序号	所处阶段	阶段性目标
1	农村生活基础设施建设阶段	保证基本生活条件
2	农村环境治理阶段	开展村庄环境治理
3	乡村景观美化阶段	建设美丽乡村

这个三阶段规律在我国不同发展水平的传统村落中也能得到印证。目前大部分侗族社区村落在此轮脱贫攻坚过程中基本完成农村生活基础设施建设，初步进入农村环境治理阶段。部分经济条件稍好的村落处于农村环境治理阶段，开始探索乡村景观美化。而已经成为旅游热门景点的广西三江程阳八寨、贵州黎平肇兴侗寨基本完成村庄环境治理，正在进入乡村景观美化阶段。侗族社区村落所处的阶段是生活性基础设施建设阶段的后期和环境治理阶段的前期。这一阶段的主要任务是全面保障基本生活条件和大力开展村庄环境治理。当前村庄规划的主要任务是为以上两项工作实施提供保障。这是我们进行村落规划的前提。

2. 村落规划应当被纳入到县域规划中来统筹

住房和城乡建设部通过深入调研发现，我国现有的城乡规划体系有一个关键性环节缺失，那就是没有县域乡村建设的系统规划考量。一个全面的县域规划应着眼于新型城镇化、农业现代化、新农村建设三个目标的实现。在很长一段时间里，在县域规划只关注城镇化进程，对于乡村发展不予重视，导致城乡发展失衡，农村人口过度流入城镇，乡村"过疏化"现象严重。将县域内的城区、乡镇、村落作为一盘棋来予以打造，既避免了村落规划中各司其职的凌乱或相互模仿的雷同，又实现了城乡发展的有效衔接。同时，县域规划可以解决传统村落缺乏公共服务的问题。县域规划可以基于生活圈理论配置公共服务设施，根据农村居民的一般出行距离、使用频率、设施服务半径来构建乡村生活圈，形成最终的公共服务设施配套体系，满足城乡需求，从而避免重复建设的浪费。此外，县域规划能够整合资源，打造村落产业区或线路。以贵州黎平县为例，该县的县域规划，就将肇兴、天香谷、四寨、黄岗、铜关、述洞、地扪、高近八个村寨与萨岁山规划在一起，打造成"八寨一山"精品旅游区，使生态堂安、民俗纪堂、坐月纪伦、图腾平善、民艺厦格、圣地萨岁民俗及景观整合在一起，带动连片发展。可以说，县域规划做到了乡村规划做不到的事。

3. 全面推进实用型乡村规划

现行乡村规划中有几个突出问题：一是村庄规划编制率低、规划编制成本较高。二是乡村规划严重脱离实际，也没有充分听取村落居民的意见，成为不受当地人欢迎的规划。因此，住建部提出了实用性村庄规划简明标准：需求导向、解决基本、因地制宜、农村特色、便于普及、简明易懂、农民支持、易于实施，力争使规划做到好编、好懂、好用。乡村建房规划主要解决建房位置、占地面积、层高、建筑风格等问题；乡村整治规划主要针对村内基础设施、公共服务设施以及公共环境的整治问题；特色村庄规划主要针对特色村落，编制能够体现民族性、差异性的规划。为保证规划的有效落实，发挥规划的实际效益，可以尝试将规划中的相关内容融入"村规民约"之中，让村民真正了解规划、熟悉规划、看懂规划、认同规划、参与实施。条件允许的情况下，让村民也参与到规划编制中来。农民集体协商确定管什么、建设什么。政府组织、支持、批准指推动、制定编制基本要求、给予一定奖励、依法批准。技术单位指导编制通俗易懂的规划指南或样本、下乡咨询指导。总之，村民参与村庄规划编制的优点是符合村庄实际、符合农民需求，做到省钱、效率、能实施。面对商业化，民风淳朴的湖南省会同县高椅古村，不仅守住了古砖古瓦的"原生态"，而且还走上了乡村旅游致富之路，这与村民参与和认同村落规划密不可分。在2012年，高椅古建筑群文物第一期维修工程开工，项目投资330万元，共维修古建筑群房屋16栋。2015年8月开工建设的第二期维修工程共投资2000余万元，共维修古建筑群房屋52栋。这些项目规划，得到了村民的认可，规划落实较为顺利。2017年高椅古村旅游收入约30万余元，占村集体总收入的20%。

二 侗族社区村落生态文明建设需要发挥属地主体作用

侗族社区村落是集生产、生活、生态为一体的综合区域。目前侗族社区村落生态文明建设中比较突出的是村民在建设中的缺位，没有起到主体作用。农民是村落生态文明建设最大的直接受益者，也应当成为乡村建设的主体。村民是乡村的主人，是乡村建设的主力军。侗族社区村落生态文明建设既需要地方政府创造条件进行引导，也需要发挥村民的主观能动性，以主人翁姿态加入到建设中来。

1. 地方政府应大力引导和发展乡村特色产业，吸引村民回乡建设家

园。美丽乡村建设的总要求是"产业兴旺、生态宜居、乡风文明、治理有效、生活富裕"。产业兴旺是美丽乡村建设的前提和基础，也是村民主体作用能否得到充分释放的源动力。基层政府应结合不同村情，选择发展优势特色产业，开辟致富门路，鼓励村民发展专业合作社联合社，充分利用电商、"互联网＋"等手段，开拓特色优势农副产品销售渠道，使村集体经济得到发展和壮大，村民收入水平得到切实提高，这样才能吸引和留住村民返乡参与建设乡村，推动乡村的可持续发展。

2. 政府应力戒越位、缺位和错位，让村民真正成为乡村建设主体。基层政府要加大美丽乡村建设政策的宣传，保障农民对乡村建设的知情权、参与权、决策权和监督权，政府加大乡村财政"以奖代补"资金投入力度，营造良好环境吸引社会资本投入，力戒工作上的越位、错位、缺位，避免美丽乡村建设沦为"形象工程"。

3. 加大对村民劳动技能的教育投入，提升村民返乡创业能力。乡村的建设和发展关键是村民。村民能否驻村和兴村的一个关键因素是：是否掌握了发展兴村特色产业的劳动技能，这一点还是需要政府和社会各界的关注和帮助。只有相关劳动技能提高了，村民得住家，家才能守得住。

三 侗族社区村落生态文明建设需要落实于生产来发展

2012 年 2 月，文化部颁布的《关于加强非物质文化遗产生产性保护的指导意见》提出对非物质文化遗产进行"生产性保护"以来，文化部已向社会公布两批共 98 家生产性保护示范基地。从非物质文化遗产的特征出发所提出的"生产性"保护方式，已经成为重要的"中国经验"。对于这一"中国经验"的内涵与外延的研究发现，生产性保护方式不应仅局限于传统技艺、传统美术和传统医药药物炮制类非物质文化遗产领域，还应拓展到侗族社区村落生态文明建设中。侗族社区村落由物质文化和非物质文化两大内容共同组成，是保存和全面呈示地方性文化的空间载体。生态文明建设在本质上是实践性的，因此，侗族社区村落生态文明建设需要靠生产性来推动是必然的。关于"生态文明"的理解，大部分人都是从"客体"的视角并当作"实体对象"去理解的，当作可以操作的对象去理解。① 这种将"外延"当

---

① 刘宗碧、唐晓梅：《中国原生态文化问题研究——文化经济学的视野》，中国社会科学出版社 2015 年版，第 385 页。

作"定义"，把"属性"理解为本质的逻辑思维，得出的结论就是"生态文明"被客观化了。"生态文明是人类遵循人、自然、社会和谐发展这一客观规律而取得的物质与精神成果的总和"这个定义，虽然关涉到"人"，但却不是以"主体"及其活动去理解的，而是从主体活动的"结果"去理解。对于这种认知路径和方法，马克思批评为形而上学"抽象直观"，不是改变世界的唯物史观。按照唯物史观，对于实践的理解，不是单纯地对外在自然界的改造（生产），而实质是人以自己对外在自然界的改造作为中介来改造自己的过程，使自己得到更好的生存和发展。实际上，客体不是离开主体而存在的，它是主体活动所关联的对象及其产物，因而，客体的社会性必须把它归结为主体活动和发展去把握。对于"生态文明"也应如此。必须明确"生态文明"是根植于人们的生产、生活之中以及在认识上形成特定观念和以之把握的物质活动。生态文明只有进入生产才能真正谈得上"建设"，而真正的生态文明建设是生产性的建设。

侗族社区村落生态文明建设需要进行生产性推动，无疑是市场经济性质的。从这个背景考虑，侗族社区村落生态文明建设的生产性推动，在宏观上应当有以下几点基本思路。

1. 坚持正确导向。坚持生态文明建设的生产性推动的正确导向，严格遵循生态文明发展的规律，处理好保护传承和开发利用的关系，始终把保护传承放在首位，坚持在保护的基础上合理利用，尊重生态文明建设生产方式的多元性，不能为追逐经济利益而忽视非物质文化遗产的保护和传承。

2. 坚持生态产业化和产业生态化。生态产业化，就是用产业发展理念去保护好生态。产业化是以行业需求为导向，以实现效益为目标，本身有一个体系，有支柱产业、有配套产业、有基础设施、有服务、有人才等来支撑。所以，要按照发展产业的理念、按照产业原则和思路，把生态保护好、完善生态体系。产业生态化则要求我们在生产中大力推广资源节约型生产技术，建立资源节约型的产业结构体系，减少对环境资源的破坏，倡导绿色环保消费。侗族社区应该围绕实施乡村振兴战略，做强做优山地特色农业，打造山地特色农业基地，培育推广绿色优质安全、具有鲜明特色的农产品品牌，加强农业投入品和农产品质量安全追溯体系建设，形成"一村一品、一乡一业"。

3. 通过旅游观光来带动特色侗族村落的发展。对于这些拥有较高审美价值、文化价值与历史价值的侗族村落，可以通过旅游观光来展示其秀丽的山水自然风光和独特的民俗风情，通过发展旅游产业，使文化资源走出深山，实现其经济价值，这是侗族村落生产性保护的要义之所在。

总之，侗族社区村落生态文明建设肩负传承侗族传统生态文化、保护生态平衡、脱贫致富的三重使命。

四　侗族社区村落生态文明建设需要实施救济性实践

贵州省黔东南州榕江县人民检察院代表国家向怠于履行传统村落保护职责的栽麻镇人民政府提起的行政公益诉讼案，榕江县人民法院判决支持了检察机关的全部诉讼请求。该县9个行政部门、14个乡镇及部分村"两委"负责人到庭参加旁听，判决结果实现了法律效果、社会效果、政治结果的统一。案件的起因是，榕江县人民检察院在履行公益诉讼职责中发现，该县栽麻镇境内的宰荡村和归柳村两个侗族传统村落，由于缺乏正确引导，加之政府监管缺位，村内传统村落保护发展规划以及控制性保护措施未予以落实，导致村民在改善居住环境、拆旧建新以及重置新房等建房活动中处于混乱无序状态，违法占地以及乱搭乱建、占用河道违规建房等问题十分突出，已经严重影响侗族传统村落的整体面貌，侗族村落的民族元素遭受严重破坏。2018年5月7日，榕江县人民检察院向栽麻镇政府发出检察建议：鉴于榕江县栽麻镇人民政府对于宰荡村和归柳村的村落保护和监管，存在怠于履行保护职责的行为，致使国家利益和社会公共利益持续处于受侵害状态。建议榕江县栽麻镇人民政府立即采取措施解决传统村落遭到持续破坏的问题。检察建议发出2个月后，榕江县人民检察院在回访过程中发现，宰荡、归柳两个侗寨村容村貌遭受严重破坏的问题仍然未能得到解决。为使问题得到重视和解决，榕江县人民检察院于2018年12月28日向榕江县人民法院提起行政公益诉讼。庭审中，榕江县人民检察院就起诉的诉求以及事实、理由依法进行了举证、质证，并就法律适用进行了阐释，最后发表辩论意见。在充分的证据面前，被告栽麻镇人民政府负责人当庭认可了检察机关提出的诉讼请求，当庭表示将制定传统村落保护工作方案，认真对辖区内的传统村落进行整改，确保侗寨传统村落保护措施落到实处。①

---

①　参见2019年3月6日多彩贵州网刊发题为《全国首例保护传统村落行政公益诉讼案在榕江开庭》的报道。

这一全国首例保护传统村落行政公益诉讼案意义重大，这里讲的只是法律救济。救济还有其他方面的路径，其他处于濒危状态的村落文化遗产，尤其传统生态设施，必要的应该采取救济保护，在于侗族社区村落生态文明建设需要实施救济性参与，以发挥传统村落的生态文化建设作用。

第三节　促进侗族传统村落生态文明建设的主要思路

　　侗族社区生态文明建设在乡村的现实化，就必须落实为传统村落作为载体的推动，因为村落是侗族社会的基本细胞，具有多元的功能性。推进侗族社区生态建设需要抓住传统村落这个载体。

一　做好村落生态保护的主体责任划分和作用发挥

　　生态文明建设是一项实践工程，是需要相应主体参与才能完成的。而侗族地区生态建设，它最终的贯彻需要落实到传统村落这个载体上来。而侗族传统村落作为载体来理解，这是相对于国家推进全国生态文明这一目标之对象这一意义上而言的，具有客体的规定和工具性的含义。而实际上，生态文明也是传统村落的发展目标，也是传统村落发展的基本要求。因而，一旦把生态文明理解为传统村落实践目标的时候，传统村落就上升为主体了。事实上，生态文明建设的主体是多元化和多层次的，在村落与国家的关系上，一个是国家内部的区域主体，一个是整体共同体主体。虽然层次不同，但都是主体，这是共同性的方面。当然，村落作为主体与国家是不同的，具有层次和地位差异的区别。而村落作为生态保护的主体来理解，在于村落具有主体本质。村落是有村民存在的，当然就是一个社会主体，具有生产职能的单位，即一个"活态"的社会范畴。村民就是村落的鲜活主体要素，具有实践功能，能够不断改变自己并影响周围。

　　在侗族地区开展生态文明建设，落脚于村落这个层面来进行，需要把村落当作一个主体范畴来对待，并能动地构建和发挥它的主体作用。这是贯彻生态文明建设遵循的一个基本原则和政策制定的一个方向。我国住建部、财政部和文化部印发的《关于加强传统村落保护发展工作的指导意见》中明确提出"规划先行、统筹指导、整体保护、兼顾发展、活态传承、合理利用、政府引导、村民参与"① 的保护发展工作原则，这就包括了把传统村落当作主体单位来对待的，我们需要正确把握好这个维度。每一个村落都是主体单位，村落只是整个社会推进生态文化建设中的一个主体层面而已。从全社会看，参与生态文明建设的主体，在决策和管理上有各级党委和政府；在责任和利益关联上有各种社会组织、团体和有关行业人士；在村落内部还有家庭和村寨个体成员等。每一层级的各种主体都有各自的责任，需要多方配合才能推动工作。显然，在侗族地区实施生态文明建设，实质是一个系统工程。那么，在这个系统中如何界定和划分各自责任，在具体工作中是需要明确的。一般我们能够注意到，各级党委和政府是工程的决策者、推动者和主导者，而低层组织如村落往往就被忽略，把村落理解为是被改变的对象，是没有看到村里的村民，村落被当作一个实体，从而被客体化了。客体化地处理村落，村落就丧失主体身份。这显然是一种思维毛病，但它形成的负面影响是很大的。生态建设被理解为是上级的需要，而不是村寨和村民的需要，村民没有自觉地参与自己身边的工作，他们始终是局外人。我们走访了许多侗族乡村，并采访了一些侗族同胞尤其40多岁这种中等年龄以上的人，很少知道什么是生态和生态问题，说搞一些村落环境整治，即整脏治乱这也是上级安排的，他们对生态文明建设没有认识，也不关心，村落缺乏内生力，发展劲头差。实际上，村落就是生态文明建设的现实力量和受益者，他们作为区域内的实际生产者，他们才是真正的力量即内部力量或内部主体。其他都是外部力量，并且外部的因素都需要通过他们去实施才产生作用。因此，在侗族地区开展生态文明建设，必须确立村落的主体地位，同时厘清村落主体与其他主体的关系和责任，在村落层级上梳理好内外力量的关系，准确规划村落的作用，提升村落自身生态建设的能力。村落是生态文明建设的主体，必须让村落人们做个明白人，知道自己的角色，这样才能真正作为活动主体和能够自觉地投入其中。

　　基于这样的思考，我们研究侗族地区生态文明建设，在传统村落这个层级上，必须界定和明确村落在生态文明建设中的责任，做好它们工作任务的界定，确立它们应有的地位，使每一位村民都在村落这个平台上成为

---

　　① 《关于加强传统村落保护发展工作的指导意见》，http://www.mohurd.gov.cn/wjfb/201212/t20121219_212337.html.

生态文明建设的主体，这样才能发挥村落的生态功能和作用。目前，我们国家缺乏这样的政策性安排，导致乡村生态文明建设的责任全部推到当地党委和政府的肩上去了，村落和村民变成旁观者。乡村生态文明建设，村落这个"内在主体"的"缺失"，对于推动农村（村落）生态文明建设工作带来不利。侗族地区，村落是人们的基本居住形式，也是生产生活的基本单位，在生态文明建设中，需要进行村落层级的规划和职能规定，并把它贯彻到实际工作中去。

二 与"乡村振兴"结合，重构村落"生态再生产体系"

综观世界的生态问题，都不是纯粹的自然界本身的问题，而是人的活动而形成的问题。人的生产必然利用和消耗自然资源，从而会形成对资源环境的破坏，最后会破坏生态平衡，发生生态灾难，导致社会危机。因此，真正的生态问题是人为的。为此，生态民族学把人类生存的环境理解为"生境"，认为它是自然界与人的活动双重作用的耦合结果。自然本身具有平衡性，平衡的打破一般都是来源于人类实践本身。基于此，能够对此予以证明的就是近代工业的兴起，工业的大规模发展，它的直接结果就是资源枯竭，环境恶化，以致生态学才会诞生于近代，而不是古代。对生态建设的工作理解，不要把生态文明的推进单纯地理解为是对自然资源和环境的单纯保护，根本上是对人的生产的调节，这才是根本。我国关于生态文明建设提出要建设"资源节约型"和"环境友好型"的社会，这就是立足于生产的调节来论证生态建设的，这是一种科学的把握。

在侗族地区开展生态文明建设，绝不是生态资源的单纯保护，而是生产调节，即应该在侗族地区推崇怎样的生产，使生产本身有利于生态环境建设，促进生态文明发展。从这个角度看，当然就是广泛发展生态产业，使这里的人们活动能够与自然环境达到和谐相处，在促进经济发展的同时也能保护生态。这是侗族地区生态文明实践融入经济发展的基本选择，如果做到了生态建设与经济发展相协调，那么生态文明建设就真正走上了一条成功之路。党的十八大、十九大报告都强调生态文明建设，把它当作基本国策来推进，并且与其他四个"文明"相互融合开展，提出了"五位一体"的理论，这个理论就是要求把生态文明建设融于其他文明来进行。为此，在侗族地区开展生态文明建设，不能单打一，不能把生态文明建设与其他方面分开来进行推进和处理。近年，黔东南州在推进生态文明试验区的建设中，也有过简单化处理的教训，即曾经提出在州内所有的铁路、公路、水库和旅游景点的可视范围内的一切林木实行禁伐。这一政策本质上是为了维护生态，目的是好的。但是，它没有充分考虑黔东南是人工育林的森林资源禀赋，那些林木尤其杉木都是农民栽培出来的，都是有归属的农民财产。而政府一个文件就把它们规定为不能砍伐和买卖了，等于剥夺了农民原有的财产，农民当然是有意见的，体现在参与集体林权制度改革的不积极上面。实际上，保护生态不等于不要生产，不等于农民的利益就不需要考虑。农民有农民的需要，一纸禁伐，影响了农民的生产生活，这不切实际。生态保护是必须坚持的，但是生态保护不是拒绝生产，而是如何做好二者的有机统一，相互融合，使生产不至于破坏生态，而且生产能够促进生态可持续发展，这才是正确的方向。

侗族地区的传统生产方式是具有生态性质的，体现在复合型农业的耕种（养）方式和人工育林的生态林业经济模式。它们都是侗族人民千百年来总结、创造和积累的生产经验和生活经验，应得到发扬光大。这是一个层面。而目前，我国提出了"乡村振兴"计划，这个计划也会推进到侗族地区。"乡村振兴"的内容包括产业、人才、文化、生态和组织建设五个方面。其中"产业"与"生态"都列入其中。如何做好二者的连接，这是一个关键，这个关键的内容其实就是发展生态产业。从侗族地区的自然地理环境和气候特征看，发展生态林业和农业产业都是适合的。就农业来看，基于山地地形，最适合发展山地地形的小型生态农业。而从需要来看，随着我国生态文明建设的推进，人们逐步认识到生态环境的重要性，并把追求生态资源和产品消费当作优质生活方式，也是未来社会和人们美好生活的谋划。在农业上生产有机生态产品，这是未来农业的发展方向。因此，侗族地区推进生态文明建设，结合国家"乡村振兴"计划的展开，应当积极发展生态产业，而且应大力支持乡村村落这种产业的再生产能力创建，促进成为区域经济优势，才能促使侗族社会走上生态文明建设的康庄大道。

三　合理协调城镇化与传统村落保护，完善村落生态建设功能

侗族地区的居民生活空间布局，以乡村聚落为主，至今仍然保留有大量的传统村落。传统村落就是侗族社区的社会结构和基础。基于这个现实，在当代侗族地区就成为国家传统村落保护的主要地带。如在黔东南境

内的传统村落，到了第四批国家名录就有 309 个，其中侗族的有 123 个左右。第五批又增加了 100 个，侗族部分也会有所增加。这些只是进入国家名录的传统村落，实际上，没有进入国家名录的传统村落则更多。在我们查阅黔东南州各县志的过程中，对其中黎平、从江、锦屏等九个侗族聚居的县的自然村落进行初步统计就有 5300 个之多。可见，侗族地区传统村落是侗族发展的社会组织基础，是生态文明建设工作运作的载体，是生态建设具体工作的落脚点。

但是，这项工作在侗族地区碰到了一个矛盾，即与城镇化之间重要协调的问题。城镇化也是国家大政方针，是现代化发展的必由之路，侗族地区也避开不了这个必然要求。然而，城镇化又必然带来相应的后果，主要是农村人口的大量迁移、生产生活方式的改变和民俗文化的大量流失。它们发生的相应结果就是村落人口"空心化"，生活形态和需要变化，民族民间文化断层，这是十分不利于传统村落保护的。侗族社会的特殊性，把城镇化与传统村落保护置于一起时，它们之间就形成了张力，即发生了矛盾，需要协调。所谓协调，这就是如何使双重政策的区域实践建立一个合理的度，并且需要考虑城镇化与传统村落保护如何耦合，找到一条合理共谋的科学发展路线。

城镇化属于现代化发展的内容，突出对传统的改造，而传统村落保护需要进行遗产继承和尽力原貌性保存，把二者放在一起就需要"保持适度"的原则，城镇化过度则传统村落保护就会形成压力，而传统村落保护过度则社会没有得到改造改进，人民生活得不到改善，也不符合人们发展的需要。因此，需要解决的是，乡村现代化如何包容传统村落保护，而传统村落保护又如何融进现代化即城镇化，这就需要双重转型创造。侗族地区生态建设具有传统文化的依托性，传统村落就是其依托的载体。如果没有了这个载体，民族和民俗化的生态文明建设就受到影响。必须在现代化（城镇化）的进程中使传统村落保护下来，这就要求传统村落不能发生人口大量迁移、生产生活方式大面积的改变、民俗文化大面积的流失。要实现这样一些目标，这就要求政府在城镇化发展规划上，如何把传统村落保护拉进来，变成相关项目，实现在发展中保护，在保护中发展，努力促进区域社会发展，又要避免传统村落迅速衰落。

这样的特殊发展要求，落实到经济层面就是现代经济创新要覆盖传统村落，而传统村落保护要渗透于现代经济项目之中，促进传统的现代转换。诚然，传统不过是过去的文化积淀在当代的体现。传统村落保护就是要实现过去的文化获得当代体现。这蕴含技术创新和观念的转变，需要政府大力主持和具体运作。而城镇化对传统村落保护的融合，可以把经济项目办在村落门口，办在乡村地区。只要经济发展了，人口就留住了，而人口留住了，则民俗文化就能够保住了。民俗文化保住了，生态文明建设就能融入于乡村了，可以试探出自己发展的新路。

四　加强侗族地区生态博物馆建设，实施分类管理

生态博物馆的实践源自西方，对中国而言是一个舶来品，而作为一种运动则起源于西方后工业化反思对传统博物馆的改革，中国移植的主要是传统村落的生态博物馆模式的运用。需要注意的是，在现代化背景下，传统村落作为一个主体生产单位，特定保护对象却往往被文化产业化开发，变成了特定文化产品的生产。这个过程中，村落从过去的生产自足过渡到非自足，形成了新的生产特征。但是，西方的生态博物馆理论与实践，一般采取实证主义路线，以原貌的原地性文化客体（实体）视角谋求所谓的保护和保存，与村落的主体性质和再生产性相悖，因而在实践上存在限度。中国实施传统村落保护工作，应深入分析生态博物馆理论的特征和不足，从村落作为生产单位及其主体利益出发，建立适合传统村落保护与发展的生产性支持体系。

具体做法可以根据各个侗族传统村落的主要特点，确定"生态博物馆"的主要模式和内容，实施分类管理。一般而言，在一处既定的环境中（一般是村寨为单位）建立一个动态的"生态博物馆"，保护民俗文化，开发民俗文化生态旅游资源，如黔东南州黎平县堂安侗寨等。文化是一个融合传承与更新、保全与创造为一体的动态的发展运动过程，是在特定的时间与空间范围内，它又是一个不断再生与重复的相当稳定的主体的存在。如果将文化视做一个球体，可以看到它大致由三个层次构成：内层，是核心文化；中层，是主杆文化；外层，是边缘文化。摸清家底，梳理文脉，合理布局，坚持少开发，多利用的原则，以尊重文化为基本前提，完整地、系统地体现侗族的文化，依据核心文化、主杆文化和边缘文化的不同作用，来确定村寨之间的角色、地位和分工，形成侗族文化核心地位。在侗族地区开发村落博物馆和不同主题的家庭博物馆，如寨老家庭博物馆，活路头、歌师家庭博物馆，银饰、刺绣加工户家庭博物馆等家庭系列

博物馆。如今，在不同的侗族村寨，已经设置了如小黄的侗族大歌博物馆、占里的生育文化博物馆、银坛的婚嫁文化博物馆等，构建了侗族生态环境型、节庆型、婚嫁型、歌舞型、建筑型、服饰型、传统手工艺型等不同主题、不同功能、不同特色的博物馆体系。比如堂安侗寨是 1999 年 12 月经贵州政府批准成立的中国与挪威合作建设的侗族生态博物馆，辐射整个六洞地区。

表 7 - 2　　　　黔东南州侗族地区露天生态博物馆主题类型一览表

县（市）	序号	寨名	族别	角色定位
榕江	1	三宝	侗族	萨玛文化
	2	大利	侗族	环境与林落文化
从江	3	占里	侗族	生育文化
	4	银坛	侗族	婚嫁文化
	5	增冲	侗族	鼓楼文化
	6	小黄	侗族	大歌文化
黎平	7	肇兴	侗族	侗族综合文化
	8	堂安	侗族	侗族生态文化博物馆
	9	地扪	侗族	侗戏文化
	10	地坪	侗族	花桥建筑文化
天柱	11	三门塘	侗族	北侗建筑文化

五　推动社区民俗保护，提供生态知识和技术传承社会基础

首先，民俗构成侗族社区传统村落存在的生活背景。侗族传统村落的整个文化已经融入各种民俗之中，并在民俗的习以为常的日常操守中体现出来和传承下去。侗族传统村落的保存，必须在民俗实践的活态演绎中得到理解，是特定人们现实生活的形式。关于侗族传统村落实际是主体活动、需要和生产的特定空间形式，并不能简单地认为是特定民族的某一些事项，而是以这些事项为载体显现出来的主体生活状态。从而"民俗"作为一种行为模式，它就是侗族传统村落形成和依赖的传统基础。为此，对于侗族传统村落而言，民俗就是其现实的生活背景。如果离开了这个背景，侗族传统村落就丧失了产生或保存的现实条件以及存在的意义。2015 年 10 月和 2018 年 11 月我们两次对贵州黎平县永从乡三龙中罗村这个典型

的侗族传统村落进行了个案考察研究，从三龙中罗村的侗族文化看，该村落的原生态文化元素得到了较完整的保存，主要原因就在于侗族传统的"月也"活动、侗戏、"莲花闹"、婚俗等各种民俗依然存在，这对于维护文化的原生性、传统性起到了"环境性"的保护作用。可以说，民俗使传统村落的传统价值得以保存。

其次，民俗是侗族传统村落创新发展的基础。文化是发展的，在发展上有快慢之分。那些发展慢的文化要素之所以变化慢就在于其更有强烈的传统传承性。文化存在，它们以自己的基因为基础不断在新的环境中构建新的表达形式，如此才形成生命力，否则其就会灭亡。实质上，如果将侗族传统村落在发展上来理解，则民俗以"传统的构制"在新形态上实现为民族性要素和资源。黎平县永从乡中罗村的侗戏，每年的节庆、喜事上演，但新的时代的内容总是不断融入剧目之中，至于活动的技术运用诸如戏台布景、扩音器、乐器的使用都有了现代的东西。民俗的侗族社区化保护成为侗族社区的传统资源和基本条件。

总之，侗族社区传统生态知识和技术蕴含于大量的民俗之中，比如"开秧门"与农事技能相关，侗族婚俗中包含有民族服饰制作技艺、刺绣技艺、侗族民歌歌唱技艺。因此，只有加大侗族社区的民俗化保护，才能为传统生态知识和技术传播运用提供社会基础。

参考文献

一 专著

《中共中央关于完善社会主义市场经济体制若干问题的决定》，人民出版社 2003 年版。

陈幸良、邓敏文：《中国侗族生态文化研究》，中国林业出版社 2014 年版。

陈怡魁、张茗阳：《生存风水学》，学林出版社 2005 年版。

陈应发：《哲理侗文化》，中国林业出版社 2012 年版。

崔海洋：《人与稻田：贵州黎平黄岗侗族传统生计研究》，云南人民出版社 2009 年版。

邓敏文、吴浩：《没有国王的王国——侗款研究》，中国社会科学出版社 1995 年版。

侗族简史编写组：《侗族简史》，民族出版社 2008 年版。

樊胜岳：《生态经济学》，中国社会科学出版社 2010 年版。

高其才、王奎主编：《锦屏文书与法文化研究》，中国政法大学出版社 2017 年版。

广西三江侗族自治县三套集成办公室：《侗族款词、耶歌、酒歌》（资料集）（内部资料印刷）1987 年版。

贵州省编辑组：《侗族社会历史调查》，《中国少数民族社会历史调查资料丛刊》（27），民族出版社 2009 年版。

贵州省侗学研究会：《侗学研究》（三），贵州民族出版社 1998 年版。

贵州省哲学学会：《贵州省少数民族哲学及社会思潮资料选编》第 1 辑，1884 年版。

国务院人口普查办公室、国家统计局人口和就业统计司编：《中国 2010 年人口普查资料》，中国统计出版社 2012 年版。

胡锦涛：《高举中国特色社会主义伟大旗帜　为夺取全面建设小康社会新胜利而奋斗——在中国共产党第十七次全国代表大会上的报告》，人民出版社 2007 年版。

胡锦涛：《坚定不移沿着中国特色社会主义道路前进　为全面建成小康社会而奋斗——在中国共产党第十八次全国代表大会上的报告》，人民出版社 2012 年版。

湖南省少数民族古籍办公室主编：《侗款》，杨锡光、杨锡、吴治德整理译释，岳麓书社 1988 年版。

江泽民：《全面建设小康社会　开创中国特色社会主义事业新局面——在中国共产党第十六次全国代表大会上的报告》，人民出版社 2002 年版。

蒋深：《思州府志》，贵州省图书馆馆藏刻本，1964 年复制。

廖君湘：《侗族传统社会过程与社会生活》，民族出版社 2009 年版。

廖君湘：《南部侗族传统文化特点研究》，民族出版社 2007 年版。

陆中午、吴炳升：《侗族文化遗产集成》，民族出版社 2006 年版。

罗康隆：《文化适应与文化制衡——基于人类文化生态的思考》，民族出版社 2007 年版。

罗康智、罗康隆：《传统文化中的生计策略：以侗族为案例》，民族出版社 2009 年版。

马久杰、李歆：《林业投资改革与金融创新》，中国人民大学出版社 2008 年版。

［德］马克思：《1844 年经济学哲学手稿》，人民出版社 2000 年版。

［德］马克思：《马克思恩格斯选集》第 1 卷，人民出版社 1995 年版。

［德］马克思：《马克思恩格斯选集》第 4 卷，人民出版社 1995 年版。

黔东南苗族侗族自治州文艺研究室、贵州民族民间文艺研究室（杨国仁、吴定国整理）：《侗族祖先从哪里来》（侗族古歌），贵州人民出版社 1981 年版。

黔东南州林业局编：《黔东南苗族侗族自治州林业志》，中国林业出版社 1990 年版。

清华大学中国发展规划研究中心课题组：《中国主体功能区政策研究》，经济科学出版社 2009 年版。

石干成：《侗族哲学概论》，中国文联出版社 2016 年版。

宋蜀华：《中国民族地区现代化建设中民族学与生态环境和传统文化关系

的研究》,《民族学研究》第十一辑,民族出版社 1995 年版。

王贵明:《产业生态与产业经济:构建循环经济之基石》,南京大学出版社 2009 年版。

王新清等:《集体林权制度改革与社会主义新农村建设论丛》,中国人民大学出版社 2008 年版。

吴浩:《中国侗族村寨文化》,民族出版社 2004 年版。

吴浩、张泽忠、黄钟警:《侗学研究新视野》,广西民族出版社 2008 年版。

吴嵘:《贵州侗族民间信仰调查研究》,人民出版社 2014 年版。

习近平:《决胜全面建成小康社会 夺取新时代中国特色社会主义伟大胜利——在中国共产党第十九次全国代表大会上的报告》,人民出版社 2017 年版。

徐晓光:《款约法——黔东南侗族习惯法的历史人类学考察》,厦门大学出版社 2012 年版。

徐晓光:《清水江流域传统林业规则的生态人类学解读》,知识产权出版社 2014 年版。

杨权、郑国乔等:《侗族》,民族出版社 1997 年版。

杨权、郑国桥:《侗族史诗——起源之歌》第一卷,辽宁人民出版社 1988 年版。

杨庭硕:《生态人类学导论》,民族出版社 2007 年版。

杨庭硕、罗康隆、潘盛之:《民族文化与生境》,贵州人民出版社 1992 年版。

杨筑慧:《中国侗族》,宁夏人民出版社 2012 年版。

杨筑慧等:《侗族糯文化研究》,中央民族大学出版社 2014 年版。

余达忠:《侗族生育文化》,民族出版社 2004 年版。

越文化与环境国际研讨会组委会:《越文化与水环境研究》,人民出版社 2008 年版。

张泽忠:《变迁与再地方化:广西三江独峒侗族"团寨"文化模式解析》,民族出版社 2008 年版。

张泽忠、吴鹏毅、米舞:《侗族古俗文化的生态存在论研究》,广西师范大学出版社 2011 年版。

朱慧珍:《诗意的生存:侗族生态文化审美论纲》,民族出版社 2005 年版。

二 论文部分

陈容娟：《侗族传统村落地景与空间结构研究——以广西三江高定侗寨为例》，《怀化学院学报》2015 年第 7 期。

陈容娟：《侗族民间故事中蕴含的生态伦理观研究——以柳州三江县高定村为例》，《柳州师专学报》2015 年第 2 期。

程安霞：《侗族村落建筑的生态意蕴——基于贵州黎平县双江乡黄岗村的田野调查》，《原生态文化学刊》2014 年第 2 期。

崔海洋：《浅谈侗族传统稻鱼鸭共生模式的抗风险功效》，《安徽农业科学》2008 年第 9 期。

崔明昆：《民族生态学：从方法论看发展趋势》，《广西民族大学学报》（哲学社会科学版）2013 年第 4 期。

邓晓芒等：《东西方四种神话的创世说比较》，《湖北大学学报》（哲学社会科学版）2001 年第 6 期。

董景奎：《建立黔东南州生态补偿机制探析》，《生态经济》2012 年第 5 期。

杜金林：《贵州苗族侗族村寨建筑的主要传承元素》，《城建档案》2012 年第 11 期。

范俊芳：《侗族聚落空间形态演变的生态因素及其影响》，《湖南农业大学学报》（社会科学版）2011 年第 1 期。

范俊芳：《山水村落——芋头侗寨的村落景观空间及价值研究》，《华中建筑》2010 年第 4 期。

范俊芳、熊兴耀：《侗族村寨空间构成解读》，《中国园林》2010 年第 2 期。

范俊芳、熊兴耀：《山水村落——芋头侗寨的村落景观空间及价值研究》，《华中建筑》2010 年第 4 期。

方磊：《融合与共生：通道坪坦河流域侗寨寨门研究》，《民族论坛》2015 年第 5 期。

方煜东：《侗族北部方言区主要标志文化探析》，《侗韵》2015 年第 3 期。

封志明、李鹏：《20 世纪人口地理学研究进展》，《地理科学进展》2011 年第 30 期。

冯金朝、薛达元、龙春林：《民族生态学的形成与发展》，《中央民族大学学报》（自然科学版）2015 年第 1 期。

冯金朝、薛达元、龙春林：《民族生态学的形成与发展》，《中央民族大学
学报》（自然科学版）2015 年第 1 期。

冯金朝、薛达元、龙春林：《我国民族生态学研究进展》，《中央民族大学
学报》（自然科学版）2017 年第 2 期。

傅安辉：《侗族祭天初探》，《中央民族学院学报》1992 年第 2 期。

傅安辉：《九寨侗族的原始食俗遗风初探》，《中南民族学院》（哲学社会
科学版）1998 年第 1 期。

傅安辉：《九寨侗族的原始食俗遗风初探》，《中南民族学院》（哲学社会
科学版）1998 年第 1 期。

傅安辉：《黔东南侗族地区火患与防火传统研究》，《原生态民族文化学
刊》2011 年第 2 期。

高倩、赵秀琴：《黔东南地区苗族、侗族民居建筑比较研究》，《贵州民族
研究》2014 年第 9 期。

龚进宏、熊康宁等：《基于主体功能区划的黔东南州生态补偿机制研究》，
《贵州师范大学》自然科学版 2011 年第 5 期。

龚敏：《农耕模式下的贵州侗族聚落生态可持续性景观探析》，《中国农业
文摘》2016 年第 5 期。

顾永江、顾永芬：《黔东南生态文明建设农产品冷链物流市场体系产业发
展战略研究》，《农技服务》2017 年第 2 期。

顾永忠：《从江县稻鱼鸭共生系统保护与初探农业发展对策》，《耕作与栽
培》2009 年第 5 期。

管彦波：《关于民族地理学的概念及其实用价值》，《黑龙江民族丛刊》
1995 年第 2 期。

何丽芳、黎玉才：《侗族传统文化的环境价值观》，《湖南林业科技》2004
年第 31 卷第 4 期。

何雁：《分析黔东南州生态文明建设背景下旅游发展》，《旅游纵览》2015
年第 8 期。

侯乔冲：《侗族原始宗教的特点和功能探微》，《贵州民族研究》1992 年第
1 期。

胡碧珠、柳肃：《湖南侗族鼓楼与村落形态的关系研究》，《中外建筑》
2012 年第 4 期。

胡牧：《侗族诗歌中诗意生存的感受》，《重庆广播电视大学学报》2014 年第 2 期。

胡艳丽、曾梦宇：《侗族文化生态保护实验区建设刍论》，《前沿》2010 年第 23 期。

黄才贵：《侗族堂萨的宗教性质》，《贵州民族研究》1990 年第 2 期。

黄正宇、暨爱民：《国家权力与民族社会生计方式变迁——以湖南通道县阳烂村侗族为例》，《原生态民族文化学刊》2010 年第 2 期。

蒋长洪等：《黔东南侗族村落景观空间结构特征比较研究》，《重庆师范大学学报》（自然科学版）2016 年第 4 期。

蒋星梅：《侗族的农耕祭祀与节日民俗》，《安徽农业科学》2010 年第 4 期。

蒋映辉：《靖州侗族民间禁忌记略》，《怀化师专学报》1993 年第 3 期。

金双：《传统民族聚落公共空间形式探析——以贵州侗族为例》，《四川建筑科学研究》2012 年第 6 期。

康洪：《侗族创世神话中的生态伦理精神》，《湖南财经高等专科学校学报》2009 年第 12 期。

雷启义：《黔东南糯禾遗传资源的传统管理与利用》《植物分类与资源学报》2013 年第 2 期。

黎良财：《侗族聚居区森林资源可持续发展评价——以三江侗族自治县为例》，《湖北农业科学》2012 年第 12 期。

黎森：《生态博物馆利益相关者利益冲突分析——以三江侗族生态博物馆为例》，《中国农学通报》2012 年第 2 期。

李涵青：《独峒侗族的自然认知与建筑空间——以独峒乡八协寨为例》，《建筑科学》2015 年第 9 期。

李军等：《侗族传统社会林业价值观》，《湖南林业科技》2001 年第 28 卷第 2 期。

李品良：《近三十年清水江流域林业问题研究综述》，《贵州民族研究》2008 年第 3 期。

李时学：《侗族鼓楼及鼓楼文化管见》，《贵州民族研究》1992 年第 4 期。

李艳：《稻鱼鸭共生系统在水资源保护中的应用价值探析——以从江县侗族村寨调查为例》，《原生态民族文化学刊》2016 年第 2 期。

李艳芳、李玉蓉：《浅论鄂西土家族饮食文化的象征意蕴——以春节饮食民俗为例》，《重庆文理学院学报》（社会科学版）2012 年第 1 期。

李咏梅：《侗族先民放排苦难生活的诗意叙述——侗族长篇口传叙事诗
〈放排歌〉研究》，《贺州学院学报》2013 年第 1 期。

李哲、柳肃：《湘西侗族传统民居现代适应性技术体系研究》，《建筑学
报》2010 年第 3 期。

李宗军：《侗族传统发酵肉的微生物特性》，《中国微生态学杂志》2002 年
第 1 期。

梁斌：《浅谈油茶的种植与管理》，《吉林农业》2011 年第 7 期。

廖君湘：《侗族禁忌与原生型宗教：内涵及其社会控制功能》，《经纪人学
报》2005 年第 1 期。

廖君湘：《侗族萨岁文化生态问题刍议——以湖南通道坪坦侗寨"萨岁安
殿仪式"田野考察为背景》，《吉首大学学报》（社会科学版）2016 年第
6 期。

廖开顺：《"栖居"哲学与侗族文化心理》，《三明职业大学学报》2000 年
第 4 期。

廖开顺：《侗族"栖居"的文化研究》，《中央民族大学学报》2001 年第
2 期。

刘彩清：《影响侗族传统生育行为和生育观中的因素分析》，《凯里学院学
报》2012 年第 1 期。

刘洪波、蒋凌霞：《侗族鼓楼建造仪式——以三江县平寨新鼓楼建造为
例》，《文化学刊》2015 年第 9 期。

刘慧：《黎平县肇兴侗族饮食文化述论》，《贵州民族大学学报》（哲学社
会科学版）2013 年第 1 期。

刘慧群、罗康隆：《款约与侗族传统生计方式的和谐运行》，《学术探索》
2010 年第 1 期。

刘晓燕：《黔东南州生态建设中建立农业生态补偿机制的实践探索》，《贵
州农业科学》2012 年第 9 期。

刘艳：《生态博物馆发展创新初探——以贵州地扪侗族生态博物馆为例》，
《淮海工学院学报》（社会科学版）2006 年第 3 期。

刘雁翎：《藏族与侗族环境习惯法比较研究》，《中共贵州省委党校学报》
2012 年第 6 期。

刘宗碧：《必须妥善处理生态目标与生计需要之间的关系——关于黔东南

生态文明试验区建设中的问题之一》，《生态经济》2010 年第 5 期。

刘宗碧：《从江占里侗族生育习俗的文化价值理念及其与汉族比较》，《贵州民族研究》2006 年第 1 期。

刘宗碧：《论侗族自然观中的生态伦理及其价值》，《中央民族大学学报》（自然科学版）2017 年第 4 期。

刘宗碧：《论侗族宗教文化的基本特征》，《黔东南民族师专学报》1998 年第 1 期。

刘宗碧：《清水江流域"人工林"地资源禀赋和生态经济发展模式初探》，《贵州师范大学学报》（哲学社会科学版）2015 年第 1 期。

刘宗碧：《生态博物馆的传统村落保护问题反思》，《东南文化》2017 年第 6 期。

刘宗碧：《宗教设释侗族社会生活解说的文化范型》，《黔东南民族师专学报》2000 年第 4 期。

刘宗碧、唐晓梅：《侗族"人工育林"的文化遗产性质及其价值研究》，《凯里学院学报》2015 年第 2 期。

刘宗碧、唐晓梅：《农耕文明背景下的侗族水资源观和生态意识》，《昆明理工大学学报》（社会科学版）2017 年第 5 期。

刘宗碧、唐晓梅：《清水江流域传统林业模式的生态经济特征及其价值》，《生态经济》2012 年第 11 期。

刘宗碧、许瑞芳：《侗族历史观与生态伦理的文化建构及其意义》，《原生态民族文化学刊》2016 年第 3 期。

龙初凡、周真刚、陆刚：《中国侗族传统村落融入旅游保护与发展路径探索——以黔东南黎平县侗族传统村落为例》，《贵州民族研究》2017 年第 1 期。

龙华平：《黔东南生态文明试验区建设的金融支持探讨》，《会计师》2010 年第 11 期。

龙耀宏：《侗族"萨神"与原始"社"制之比较研究》，《贵州民族学院学报》（哲学社会科学版）2011 年第 2 期。

龙耀宏：《侗族原始宗教》，《贵州民族学院学报》（社会科学版）1986 年第 8 期。

卢敏飞：《追求群体的永生——融水苗族自治县滚贝侗族丧葬文化透视》，《广西民族研究》2002 年第 2 期。

陆桂林：《人才资源开发与黔东南生态文明试验区建设》，《人口社会法制研究》2011 年第 1 期。

吕永锋：《浅谈民族地区水土资源信息的搜集、诠释和利用——兼论生态民族学在信息整合上的特殊价值》，《贵州民族研究》2003 年第 2 期。

罗斌圣、龙春林：《民族生态学研究的文献计量学可视化分析》，《生态学报》2018 年第 4 期。

罗康隆：《传统生计的制度保障研究——以侗族稻作梯田建构为例》，《云南社会科学》2012 年第 2 期。

罗康隆：《侗族传统人工营林业的青山买卖》，《贵州民族学院学报》（哲学社会科学版）2006 年第 6 期。

罗康隆：《侗族传统社会习惯法对森林资源的保护》，《原生态民族文化学刊》2010 年第 1 期。

罗康隆：《侗族传统生计方式与生态安全的文化阐释》，《思想战线》2009 年第 3 期。

罗康隆、杨成：《侗族传统家族制度与清代人工营林业发展的契合》，《广西民族研究》2009 年第 3 期。

罗康隆、杨曾辉：《生态民族学的当代价值》，《民族论坛》2012 年第 3 期。

罗康智：《侗族传统珍稀糯稻丢失的文化思考》，《鄱阳湖学刊》2012 年第 2 期。

罗康智：《侗族美丽生存中的稻鱼鸭共生模式：以贵州黎平黄岗侗族为例》，《湖北民族学院学报》（哲学社会科学版）2011 年第 1 期。

罗康智：《论侗族稻田养鱼传统的生态价值：以湖南通道阳烂村为例》，《怀化学院学报》2007 年第 4 期。

罗康智：《掩藏在大山深处的农艺瑰宝：以侗族传统稻作农艺为例》，《原生态民族文化学刊》2009 年第 2 期。

罗义云：《侗族人口出生性别比及其社会基础——基于一个村落的分析》，《人口与经济》2012 年第 2 期。

毛殊凡：《论桂北文化与生态文化》，《学术论坛》1998 年第 6 期。

米舜：《侗族神话遗存与“救月亮”母题的适生智慧》，《怀化学院学报》2012 年第 4 期。

闵庆文、张丹：《侗族禁忌文化的生态学解读》，《地理研究》2008 年第

6 期。

聂华林、李泉：《中国西部民族地区产业经济生态化发展初论——来自生态民族学的理论解读》，《西北民族大学学报》2006 年第 4 期。

潘晓军：《侗族风雨桥文化》，《广西地方志》2006 年第 1 期。

潘永荣：《浅谈侗族传统生态观与生态建设》，《贵州民族学院学报》（哲学社会科学版）2004 年第 5 期。

潘永荣：《浅谈侗族传统生态观与生态建设》，《贵州民族学院学报》（哲学社会科学版）2004 年第 5 期。

裴朝锡等：《侗族的传统林地管理与乡村林业》，《湖南林业科》1994 年第 1 期。

裴盛基：《中国民族植物学研究三十年概述与未来展望》，《中央民族大学学报》（自然科学版）2012 年第 2 期。

彭无情、吴才敏：《侗族丧葬习俗的宗教文化内涵探析——以黔东南苗族侗族自治州为例》，《经济与社会发展》2009 年第 2 期。

任爽、程道品、梁振然：《侗族村寨建筑景观及其文化内涵探析》，《广西城镇建设》2008 年第 2 期。

任爽等：《侗族村寨建筑景观及其文化内涵探析》，《广西城镇建设》2008 年第 2 期。

佘小云：《侗族萨崇拜仪式的象征及其历史文化积淀》，《湘潭师范学院学报》（社会科学版）2009 年第 6 期。

佘小云：《论侗族民间信仰的现代化功能》，《民族论坛》（学术版）2011 年第 11 期。

佘小云：《论侗族祖先崇拜——以湖南侗族田野调查为例》，《湖南冶金职业技术学院学报》2009 年第 4 期。

沈文嘉、董源、印嘉祐：《清代清水江流域侗、苗族杉木造林方法初探》，《北京林业大学学报》（社会科学版）2004 年第 4 期。

石慧：《从"五普"到"六普"看侗族人口数量及地区分布变化》，《贵州民族大学学报》（哲学社会科学版）2014 年第 2 期。

石佳能：《侗族神话初探》，《中南民族学院学报》（哲学社会科学版）1990 年第 4 期。

石佳能、廖开顺：《侗族神话与侗族先民的哲学观》，《民族论坛》1996 年第 1 期。

石开忠:《侗族传统聚落观念与环境的交融》,《思想战线》1998 年第 11 期。

石开忠:《明清至民国时期清水江流域林业开发及对当地侗族、苗族社会的影响》,《民族研究》1996 年第 4 期。

石开忠:《象征的源起、隐喻及其认同仪式——对侗族鼓楼的象征人类学诠释》,《思想战线》1997 年第 3 期。

石开忠:《新中国成立后五次人口普查侗族人口的发展》,《贵州民族学院学报》(哲学社会科学版) 2006 年第 5 期。

石开忠:《宗教象征的来源、形成与祭祀仪式——以侗族对"萨"崇拜为例》,《贵州民族学院学报》(哲学社会科学版) 2005 年第 6 期。

孙玲:《毕节地区史前辉煌的启示——喀斯特生态民族学意义探微》,《毕节师范高等专科学校学报》2004 年第 3 期。

覃彩銮:《侗族传统节日文化》,《广西民族研究》1994 年第 4 期。

唐晓梅:《忧郁的山林:雷公山地区林权纠纷个案的法人类学考察》,《原生态民族文化学刊》2014 年第 2 期。

田光辉:《试述侗族的原始宗教兼议民族传统文化的特点及价值》,《贵州民族研究》1997 年第 2 期。

童华伟:《贵州吊脚楼防火对策研究》,《贵阳学院学报》(自然科学版) 2014 年第 3 期。

童中平:《生态文化维度下的贵州侗族习俗:以生产习俗和宗教信仰为例》,《经营管理者》2016 年第 35 期。

万义:《侗族"舞春牛"文化生态的变迁——通道侗族自治县菁芜洲镇的田野调查》,《体育学刊》2010 年第 12 期。

汪兴:《侗族风雨桥的文化内涵》,《中共铜仁地委党校学报》2011 年第 4 期。

王东、唐孝祥:《黔东南苗侗传统村落生态博物馆整体性保护探析》,《昆明理工大学学报》(哲学社会科学版) 2016 年第 8 期。

王献薄等:《贵州黔东南生态文明建设试验区建立和可持续发展》,《贵州科学》2011 年第 8 期。

魏建中、姜又春:《侗族民间信仰的生态伦理学解读》,《民族论坛》2014 年第 1 期。

魏建中、吴波:《侗族古俗文化的生态伦理意蕴及其现代启示》,《贵州民族研究》2014 年第 9 期。

吴春明、王樱:《文物中的蛇:无锡鸿山越国墓葬出土蛇形器物》,《南方文物》2010 年第 2 期。

吴寒婵:《侗族公益事业行为的田野调查——以通道高团村为个例》,《黔南民族师范学院学报》2017 年第 2 期。

吴浩:《款坪、埋岩、石碑的共同文化特征》,《中南民族学院学报》1990 年第 1 期。

吴琳:《贵州侗族鼓楼宝顶斗栱构造》,《建筑学报》2009 年第 4 期。

吴佺新、龙初凡:《侗族地区立体林业经济开发构想》,《贵州民族研究》1996 年第 2 期。

吴子斌等:《湖南省通道县侗族聚居村寨环境生态系统调查》,《绿色科学》2016 年第 6 期。

向春敏:《黔东南州建立生态补偿示范区的对策措施》,《中国农业信息》2013 年第 9 期。

向零:《侗族的伦理道德与社交礼仪》,《贵州民族研究》1995 年第 3 期。

向零:《一本珍贵的侗族古籍——〈东书少鬼〉》,《贵州民族研究》1990 年第 2 期。

谢耀龙:《侗族传统村寨中的灵魂观与信仰礼俗研究——基于广西三江县车寨村的调查》,《重庆文理学院学报》(社会科学版)2016 年第 6 期。

熊晓庆:《侗乡鸟巢:广西木构建筑新一绝——广西木制建筑欣赏之六》,《广西林业》2015 年第 2 期。

徐赣丽:《侗族的转世传说、灵魂观与积阴德习俗》,《文化遗产》2013 年第 5 期。

徐晓光:《中国草根规则与生育观念:生态与社会文化视野下的民族地区生育规则——以贵州省从江县侗族村落为例》,《中南民族大学学报》(人文社会科学版)2010 年第 7 期。

薛世平:《葫芦崇拜鱼崇拜水崇拜——中国文明史上的奇特现象》,《福建师大福清分校学报》1997 年第 1 期。

严奇岩:《从碑刻看清水江流域苗族、侗族招龙谢土的生态意蕴》,《宗教学研究》2016 年第 6 期。

杨安华等:《侗族传统农业伦理对发展畜牧业经济的制约》,《吉首大学学报》(社会科学版)2008 年第 5 期。

杨岑、周江菊：《黔东南州森林生态补偿机制及实施途径探讨与建议》，《中国园艺文摘》2015年第12期。

杨成光、赵斌：《贵州水族、侗族原始宗教文化对比研究》，《探索带》2013年第1期。

杨海龙、吕耀、闵庆文：《稻鱼共生系统与水稻单作系统的能值对比——以贵州省从江县小黄村为例》，《资源科学》2009年第1期。

杨红梅：《侗族粽子节的原始经济形态考察——以黎平县竹坪村为聚焦》，《原生态民族文化学刊》2011年第4期。

杨经华：《生态经济的重建是否可能？——基于侗族生态文化模式的实践反思》，《广西民族研究》2012年第3期。

杨经华、董迎轩：《在诗意中共存——论侗族地方性知识的和谐生态意识》，《贵州民族研究》2011年第5期。

杨军昌：《侗寨占里长期实行计划生育的绩效与启示》，《中国人口科学》2001年第4期。

杨顺青：《略论侗族林农对我国南方林区传统育林技术的贡献》，《贵州民族学院学报》（社会科学版）1996年第1期。

杨顺清：《侗族传统环保习俗与生态意识浅析》，《中南民族学院学报》（人文社会科学版）2000年第1期。

杨庭硕：《论侗族梯田经营化解气候风险的潜力》，《云南社会科学》2012年第1期。

杨庭硕：《生态维护之文化剖析》，《贵州民族研究》2003年第1期。

杨庭硕：《生态治理的文化思考——以洞庭湖治理为例》，《怀化学院学报》2007年第1期。

杨宵：《山区农村经济发展与生态文明建设探索——以黔东南为例》，《当代贵州》2008年第6期。

杨秀春：《侗族社会地方性制度对森林资源的保护》，《吉首大学学报》（社会科学版）2007年第6期。

杨秀海等：《贵州侗族体质人类学研究》，《人类学学报》2010年第1期。

杨艺：《审美人类学视野中侗族款词的创生机制》，《广西右江民族师专学报》2003年第2期。

杨有庚：《汉民族对开发清水江少数民族林区的影响和作用》（上），《贵州民族研究》1993年第2期。

杨筑慧：《变迁中的侗族村寨》，《中央民族大学学报》（哲学社会科学版）
　2001 年第 5 期。

姚莉：《贵州北侗聚落形态构成及其影响因素研究——以玉屏县朝阳侗寨
　为例》，《贵州师范学院学报》2014 年第 2 期。

尹绍亭：《中国大陆的民族生态研究（1950—2010）》，《思想战线》2012
　年第 2 期。

袁仁琼：《论侗族饮食文化》，《贵州民族研究》1994 年第 2 期。

袁泽清：《侗族传统婚姻家庭习惯法的伦理思想》，《贵州民族研究》2014
　年第 5 期。

詹全友：《生态文明建设视域下贵州从江侗乡稻鱼鸭系统生态模式调研报
　告》《贵州民族研究》2014 年第 3 期。

张丹、闵庆文、孙业红、龙登渊：《侗族稻田养鱼的历史、现状、机遇与
　对策——以贵州省从江县为例》，《中国生态农业学报》2008 年第 4 期。

张凯、闵庆文、许新亚：《传统侗族村落的农业文化涵义与保护策略——
　以贵州省从江县小黄村为例》，《资源科学》2011 年第 6 期。

张民：《探侗族的祖先崇拜》，《贵州民族研究》1995 年第 3 期。

张勤：《论侗族日常生活审美化》，《广西民族大学学报》（哲学社会科学
　版）2008 年第 6 期。

张世姗、杨昌嗣：《侗族信仰文化》，《中央民族学院学报》1990 年第
　6 期。

张晓春：《侗族鼓楼建筑象征“天人合一”的宇宙观——以通道侗族自治
　县阳烂村为个案分析》，《船山学刊》2010 年第 1 期。

张新民：《走进清水江文书与清水江文明的世界——再论建构清水江学的
　题域旨趣与研究发展方向田》，《贵州大学学报》2012 年第 1 期。

张泽忠：《侗族居所建筑的场所精神》，《河池学院学报》2013 年第 4 期。

张泽忠：《侗族栖居法式的“人类学诗学”视角探析》，《社会科学战线》
　2006 年第 6 期。

张泽忠：《侗族栖居之所的时空印痕与居所哲学观》，《广西民族大学学
　报》（哲学社会科学版）2012 年第 5 期。

张泽忠：《侗族原生性生存空间与族群生命共同体的统合》，《河池学院学
　报》2013 年第 3 期。

张泽忠、温婷：《侗族居所建筑的行为文化想象》，《贵州大学学报》（艺

术版）2015 年第 1 期。

张泽忠、温婷：《侗族栖居传统的"潜在再生能力"与"创造性转化"》，《河池学院学报》2015 年第 1 期。

赵朝弘：《侗族民居建筑的组成及构成美》，《山西财经大学学报》2012 年第 3 期。

赵曼丽：《贵州侗族建筑的审美特征试探》，《贵州民族研究》2009 年第 3 期。

赵巧艳：《侗族传统民居的关键性象征符号研究》，《广西民族师范学院学报》2015 年第 2 期。

赵巧艳：《侗族传统民居色彩象征研究》，《内蒙古大学艺术学院学报》2014 年第 4 期。

赵巧艳：《侗族传统民居上梁仪式的田野民族志》，《广西师范大学学报》（哲学社会科学版）2015 年第 2 期。

赵巧艳：《侗族传统民居象征人类学个案研究的田野调查经验总结》，《凯里学院学报》2014 年第 1 期。

赵巧艳：《汉族风水理念对侗族住居文化影响广义阐释》，《广西民族师范学院学报》2015 年第 6 期。

赵巧艳：《空间·实践·表征：侗族传统民居的象征人类学阐释》，《红河学院学报》2014 年第 3 期。

赵巧艳：《空间实践与侗族村落文化表征——以宝赠为例》，《广西师范大学学报》（哲学社会科学版）2014 年第 4 期。

赵运林等：《通道侗族自治县传统农业生态系统的类型及其效益》，《湘潭师范学院学报》1996 年第 3 期。

钟吉林等：《侗族传统文化与生物多样性》，《湖南林业科技》1994 年第 2 期。

周丕东等：《现代农业技术及其推广的文化反思：基于对贵州侗族传统稻田养鱼影响的实证分析》，《贵州农业科学》2006 年第 4 期。

周卫健等：《利用黔东南区域优势，建立生态文明试验区》，《科技导报》2012 年第 12 期。

朱慧珍：《诗意的生存：侗族审美生存特征初探》，《广西民族学院学报》（哲学社会科学版）2004 年第 5 期。

朱慧珍：《原始宗教与侗族民间文艺》，《贵州民族研究》1991 年第 1 期。

邹红娟、马黎进:《广西三江侗族民居夏季室内风环境评价及改善策略》，《广西城镇建设》2013 年第 7 期。

解娟:《黔东南侗族村寨建筑结构及细部研究》，硕士学位论文，哈尔滨师范大学，2014 年。

李志英:《黔东南南侗地区侗族村寨聚落形态研究》，硕士学位论文，昆明理工大学，2002 年。

［俄］科兹洛夫:《民族生态学的基本问题》，《国外社会科学》1984 年第 9 期。

［俄］科兹洛夫:《民族生态学研究的主要问题》，《民族论丛》1984 年第 3 期。

［法］乔治·梅塔耶、贝尔纳尔·胡塞尔:《民族生物学》（上），《世界民族》2002 年第 3 期。

《中共中央关于加强党的执政能力建设的决定》，《人民日报》2004 年 9 月 27 日第 1 版。

《关于加强传统村落保护发展工作的指导性意见》，http：//www. gzgov. gov. cn/xwzx/mtkgz/201509/t20150923_ 337930. html，2017 - 12 - 1.

《侗族款文化及社会功能》，http：//www. sohu. com/a/202863437_ 747222，2017 - 12 - 1.

后　记

　　这个课题成果系国家社会科学西部项目，2013 年批准立项，历经四年多才完成。

　　侗族历史悠久，分布湘黔桂三省区，居住较广，在研究过程中，除了需要大量阅读文献之外，还有大量实地调研，其中辛劳在所难免。但是，我们作为黔东南苗侗子弟，理当为本地区民族事业服务，因此所谓辛苦就不足挂齿了。非常庆幸的是这 50 多万字书稿最终顺利完成并得以结项，总算为民族做了一件有益的事。

　　该研究得以完成，要感谢贵州民族大学的石开忠教授、龙耀宏教授和凯里学院傅安辉教授，他们在课题开题时欣然到场作具体指导。要感谢贵州民族大学蓝东兴教授、李锦平教授和贵州社会科学院的麻勇斌研究员，在课题成果初稿完成后，他们不辞辛苦审读并提出了许多有益的修改意见。还要感谢中国社会科学出版社孙萍博士等编辑老师，他们为本书出版提出了许多宝贵的修改意见并承担了巨量的编辑工作。最后感谢本书使用参考文献的所有作者。

　　一本书的完成只是对一个事情或问题的阶段性认识，这里对侗族生态文化的研究应该只是一个开端，而著述会有不足之处，欢迎批评指正。同时，希望它的出版能够在推动侗族生态问题研究中提供一些参考和借鉴，则足矣！

刘宗碧　唐晓梅

2019 年 12 月 12 日